Pandas 数据预处理详解

机器学习和数据分析中高效的预处理方法

日本Lombard
增田 秀人 著
陈欢 译

中国水利水电出版社
www.waterpub.com.cn
·北京·

内 容 提 要

Python 因其拥有强大的第三方软件库，广泛应用在人工智能开发、科学计算和数据分析中。而 pandas 就是一款基于 NumPy 的解决 Python 数据分析任务的软件库。在机器学习和数据科学中，因为很少有数据可以直接使用，所以对数据进行预处理就成为必不可少的工作。《Pandas 数据预处理详解》就利用数据处理必需的 pandas 库，从 pandas 基本操作、数据结构，到 pandas 将执行的各种任务，如汇总统计信息、检查缺失值 / 异常值 / 重复数据以及合并和分组数据等，通过简单易懂的示例，对预处理的基础知识和各种预处理方法进行了透彻讲解。学完本书，读者将能够顺利执行各种机器学习和数据分析任务。本书特别适合作为机器学习工程师、数据科学及科研工作者初学数据预处理的参考书，也适合作为案头手册，随时翻阅查看。

图书在版编目（CIP）数据

Pandas 数据预处理详解 / 日本Lombard著 ; 陈欢译. -- 北京 : 中国水利水电出版社，2021.11（2024.1重印）

ISBN 978-7-5170-9898-0

Ⅰ. ①P… Ⅱ. ①日… ②陈… Ⅲ. ①数据处理 Ⅳ. ① TP274

中国版本图书馆 CIP 数据核字 (2021) 第 178284 号

北京市版权局著作权合同登记号 图字：01-2021-4515

現場で使える！ pandasデータ前処理入門

(Genba de Tsukaeru! pandas Data Maeshori Nyumon: 6067-2)

书 名	Pandas 数据预处理详解 Pandas SHUJU YU CHULI XIANGJIE
作 者	日本Lombard 增田 秀人 著
译 者	陈欢 译
出版发行	中国水利水电出版社 （北京市海淀区玉渊潭南路 1 号 D 座 100038） 网址：www.waterpub.com.cn E-mail：zhiboshangshu@163.com 电话：（010）62572966-2205/2266/2201（营销中心）
经 售	北京科水图书销售有限公司 电话：（010）68545874、63202643 全国各地新华书店和相关出版物销售网点
排 版	北京智博尚书文化传媒有限公司
印 刷	北京富博印刷有限公司
规 格	148mm×210mm 32开本 20.5印张 630千字
版 次	2021年11月第1版 2024 年 1月第 3 次印刷
印 数	7001—8000册
定 价	128.00元

PREFACE

前言

机器学习工程师80%的工作时间都用在预处理上

关于机器学习工程师的工作，有一种很常见的说法，就是在机器学习和数据分析工作中“预处理”所占的比例非常大。而且，其中大部分处理都是使用pandas实现的。机器学习工程师会对通过各种方式收集到的庞大数据进行分析，而为了从中分析出具有实际意义的结论，他们需要执行各种各样的预处理操作。毋庸置疑，pandas是数据分析和机器学习中最常用的软件库。它可以读取数据、对缺失值和重复值等数据进行处理，还可以执行多方面的数据分析处理。

实现机器学习，开发者需要具备广泛的知识及对多种软件库和编程框架的交叉运用能力。笔者认为，其中最基础的软件库就是pandas。通过学习pandas的基本操作，就可以高效地完成数据的分析和预处理。

本书就是一本使用pandas对预处理的基本操作进行全面讲解的书籍。其中面向初学者示范了大量简洁且通俗易懂的示例代码。因此，读者不仅可以学习pandas的基本操作方法和数据结构，还可以学习如何理解预处理的基本要领。

本书是以想要学习机器学习和数据分析的读者，以及还不熟悉pandas操作的读者为对象而专门编写的书籍。在一些很热门的数据分析竞赛中，也有很多选手使用的就是pandas。本书可以帮助读者加深对pandas的理解，以期在实现预处理和提供高级解决方案时起到极大的帮助作用。

熟练操作pandas是机器学习工程师首先需要掌握的技能。如果本书能够对机器学习工程师和数据科学家在日常的数据处理工作中起到一定的帮助作用，那将是笔者莫大的荣幸。

致谢

在编写本书时，笔者得到了很多朋友的帮助和关照。首先，由衷地感谢从美国大学毕业回国到现在的13年间，无论何时何地都给予笔者很多指导和帮助的平野隆之先生。

此外，还要特别感谢在提高本书质量方面提供了诸多指导的竹下博之先生、立野纯先生、宇野杏梨先生。最后，感谢本书的编辑宫腰隆之先生，他不仅给予笔者写作本书这一宝贵的机会，也为本书的完成倾注了大量的心血。

衷心地感谢大家。

Lombard　增田 秀人

INTRODUCTION 本书阅读对象需必备的基础知识

本书是使用pandas对预处理的基本操作进行全面讲解的书籍。阅读本书时，读者需要具备下列相关知识。

- Python的基础知识
- 机器学习的基础知识
- 数据科学的基础知识

STRUCTUER 本书的结构

本书共分为9章，各章主要内容如下。

第1章　对pandas的概要和Python的基本操作进行讲解。

第2章　对pandas的数据结构进行讲解。

第3章　对数据的引用和读取方法进行讲解。

第4章　对数据的聚合和排序方法进行讲解。

第5章　对数据变形进行讲解。

第6章　对缺失值、离群值和重复数据进行讲解。

第7章　对函数应用和分组化处理进行讲解。

第8章　对其他相关操作进行讲解。

第9章　对数据分析的基本要领进行讲解。

About the SAMPLE

关于本书示例程序及其执行环境等

本书中的所有示例代码都在如表 1 所列的环境中进行了确认，可以正常执行。此外，本书示例代码的执行结果是基于操作系统macOS的。

表 1　示例代码的执行环境及所需语言和软件库

环境/编程语言	版　本
OS	Windows 10、macOS Mojave
浏览器	Google Chrome（Windows）、Safari（macOS）
Anaconda	4.5.12
Python	3.6.7（Google Colaboratory 环境下为Python 3.6.9）

软件库	版　本
Jupyter	1.0.0
Matplotlib	2.1.2
openpyxl	1.14.6
pandas	3.0.3
pytables	3.6.1
scipy	1.1.0
xlsxwriter	1.1.8
xlrd	1.2.0

关于本书的配套文件及联系方式

（1） 扫描二维码,或在微信公众号中直接搜索 “人人都是程序猿”，关注后输入pan8y7并发送到公众号后台，即可获取资源的下载链接。

（2）将链接复制到计算机浏览器的地址中，按Enter键即可下载资源。注意，在手机中不能下载，只能通过计算机浏览器下载。

（3）如果对本书有什么意见或建议，请直接将信息反馈到2096558364@QQ.com邮箱，我们将根据你的意见或建议及时做出调整。

免责声明

本书及配套文件中的内容是截至2020年3月的相关法律允许公布的。

本书及配套文件中所记载的URL可能在未提前通知的情况下发生

变更。

对于本书及配套文件中提供的信息，虽然在本书出版时力争做到描述准确，但无论是作者本人还是出版商都对本书的内容不作任何保证，也不对读者基于本书示例或内容进行的任何操作承担任何责任。

本书及配套文件中提到的公司名称、产品名称都是各个公司所有的商标和注册商标。

关于著作权

翔泳社　编辑部

目 录

第 2 章 pandas 的数据结构 062

第 3 章　数据的引用与读取　148

第 4 章　数据的聚合与排序　235

第1章 pandas的概要与Python的基本操作

在本章中，将先对pandas的概要、执行本书中代码所需的软件库及环境的构建等方面的知识进行讲解。在第1.3节和第1.4节中，将对Python核心的数据结构和基本操作进行讲解。在第1.5节中，将对Jupyter Notebook的基本操作和一些使用过程中非常便捷的功能进行讲解。

1.1 机器学习领域中的刚需库——pandas

在基于Python的数据分析应用及在编程实现机器学习的过程中，pandas无疑是一项不可或缺的重要工具。在本节中，将对pandas进行概要性介绍。

1.1.1 何谓pandas

近年来掀起的新一轮人工智能热潮，使机器学习和数据分析技术的发展引起了社会各界的广泛关注。在众多用于机器学习的编程语言中，人气最旺的则非Python莫属。

Python如此广受欢迎的原因之一是它提供了非常丰富的软件库和编程框架。例如，可以用于高效处理复杂数值计算的NumPy，以及可以轻易实现数据可视化处理的Matplotlib等软件库。而pandas也是其中极为重要的软件库。

pandas是一种可提供数据分析功能的Python开源软件库，它提供了极为高效的分析表格数据和时间序列数据的数据结构实现功能，以及相关的各种处理功能。在开发机器学习软件进程中，经常需要使用各种软件库。毋庸置疑，无论是pandas还是NumPy，都是必不可少的软件库。

关于pandas的读音，在日语中通常读作“潘达思”，而在英语中通常读作“潘达兹”。在本书中，将统一采用pandas这一称谓。实际上，pandas这个词源自统计学等领域中使用的panel data。

1.1.2 pandas的主要功能

在本书后面章节中，将学习pandas的基本操作，以及在实际机器学习应用中至关重要的数据预处理和基本分析操作。在开展上述操作学习前，本小节将对pandas拥有的下列几大功能进行展示。

- 拥有可灵活且高效地处理数据的数据结构。
- 支持对各种不同格式的数据进行读/写操作（图1.1）。

- 数据的子集化（索引引用、切片、过滤等）。
- 数据转换（合并、连接、变形等）（图1.2）。
- 数据清洗（对不完整数据和重复数据的删除等）。
- 数据的聚合与分组运算（Pivot和GroupBy等）。
- 时间序列数据的处理。

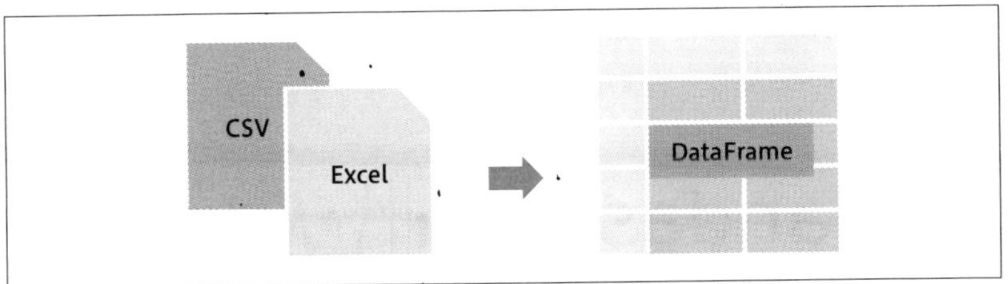

图 1.1　数据读取的示例

	身高
A	176
B	154

	体重
B	52
A	81

→

	身高	体重
A	176	81
B	154	52

图 1.2　数据合并的示例

使用pandas可以非常轻松地实现对大量数据的处理及分析。与此同时，pandas中还提供了大量用于各种不同类型数据预处理和数据分析的函数与类方法。在后面的章节中，还将会对pandas中提供的对象数据结构，以及使用pandas完成初步数据分析任务的操作方法进行讲解。

补充

关于pandas与NumPy的区别

经常会有刚刚接触机器学习的初学者提出诸如“pandas与NumPy有什么区别呢？”这样的问题。pandas（图1.3）是一种基于NumPy开发的软件库，两者类方法等的编程方法大多数情况下都是相同的。NumPy可用于处理多维数组的数值数据。而pandas既可以处理数值数据，又可以处理字符串和时间序列等数据。此外，pandas还支持数据的聚合和分组运算等处理方式。

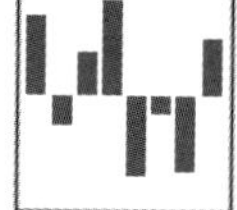

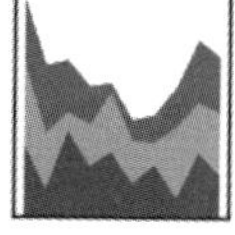

图 1.3　pandas 的标识

来源　The pandas project

URL　https://pandas.pydata.org/_static/pandas_logo.png

1.2 构建 pandas 的使用环境

本节将对本书中使用的Python及pandas的执行环境在每一种操作系统中的构建方法进行讲解，还会对可以通过在线浏览器运行Google Colaboratory（Google Colab）构建环境的方法进行讲解。读者可以根据自己的安装环境，选择需要阅读的内容。

1.2.1 三种构建环境下的工具包和软件

在本小节中，将对基于操作系统Windows、macOS，以及网络浏览器这三种Python应用环境的构建工具包、软件等进行简单介绍。

Anaconda

对于操作系统Windows和macOS，将对使用了Anaconda的环境构建方法进行讲解。Anaconda是众多机器学习工程师都在使用的、用于构建软件环境及管理开源代码的工具包（图1.4）。它提供了可以适用于多款操作系统的数据科学软件包。

Google Colab

所谓Google Colab，是指由Google公司提供的在Google云服务器上运行的Jupyter Notebook环境（Jupyter Notebook相关的知识将在第1.5节中进行讲解）。这是Google公司的一个以教育领域和研究机构为对象、以普及机器学习为目标的研究项目。用户使用该环境前，需要预先注册Google公司的免费账户。由于Google Colab中已经事先安装了包括pandas在内的用于机器学习的大量软件库，因此用户可以很简单地实现在线使用，这是其最大的特点之一。

图 1.4　Anaconda 的标识

来源　Anaconda, Inc

URL　https://www.anaconda.com/

Jupyter Notebook

本书中的所有代码均将在Jupyter Notebook中执行。所谓Jupyter Notebook，是指在浏览器中操作的一种基于对话模式的程序执行环境。它是一款除了支持Python语言，还可以支持Julia和Ruby等多种语言的开源软件（图1.5）。

在Jupyter Notebook中可以创建以Notebook File（.ipynb）为单位的文档、编写并执行程序代码，也可以绘制简易的图表和添加代码注释等。它不仅是本书中使用的基础工具，还是机器学习和数据分析领域的专业工具。

图 1.5 Jupyter 的标识

来源 Project Jupyter

URL https://jupyter.org/index.html

本书中使用的是以下语言及软件库。如果计算机中已经安装了Python的执行环境，建议单独安装软件库。

- Python 3.6.7
- Anaconda 4.5.12
- pandas 0.22.0
- NumPy 1.14.6
- Matplotlib 2.1.2

注意事项

关于本书中的示例代码

本书中使用的所有代码的执行都是以成功导入程序清单 1.1 中软件库为前提的。执行代码时，需先确认这些软件库是否已安装完毕。使用as关键字实现为模块或对象加上指定的名称后，再进行导入。通常情况下，会将pandas简化成pd进行导入。

程序清单 1.1　需要预先导入的代码

In

```
import pandas as pd
import numpy as np
import matplotlib.pyplot as plt
```

1.2.2　在Windows操作系统中构建

在Windows操作系统中，由于Python并没有与操作系统绑定在一起，因此需要对Python进行自行安装才能使用。虽然可以采用独立的Python软件包对其进行安装，但这里会使用前面介绍过的Anaconda工具包进行安装操作。

1. 安装程序的下载

下面将从Anaconda的官方网站中下载针对Windows操作系统的安装程序。请在图 1.6的Anaconda Distribution网页中选择与自己的计算机规格匹配的安装程序，并进行下载。

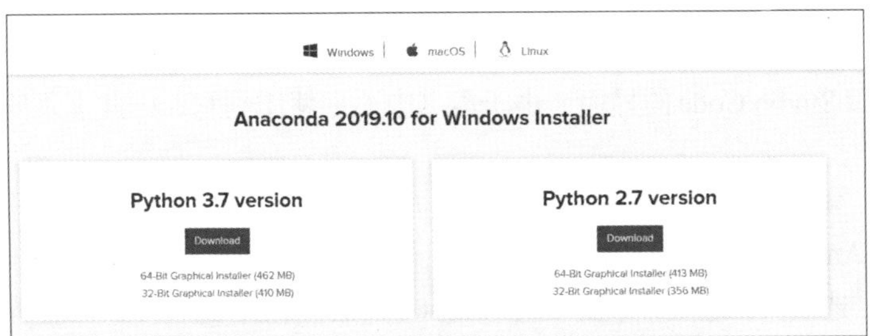

图 1.6　Anaconda Distribution

URL https://www.anaconda.com/download/

本书截稿时（2020年3月），新版Anaconda 2019安装程序支持的语言版本包括Python 3.7和Python 2.7。由于本书中使用的是Python 3.6，因此这里选择支持Python3以上版本的安装程序并进行下载。

执行文件会以“Anaconda3- <年. 月> -Windows- < 32位系统为x86、64位系统为x86_64>.exe”这一命名形式呈现，以供用户下载。注意，“<>”中的内容会根据所选版本的不同而有所差异。本书撰写过程中，使用的安装程序文件是64位系统的Anaconda3-2019.10-Windows-x86_64.exe。

2. 安装程序的启动

如果有正在运行的应用程序，需要将这些应用程序全部关闭后，再双击启动Anaconda安装程序（Anaconda3- 2019.10 -Windows-x86_64.exe）。接下来，进入图1.7所示的欢迎界面，按照提示步骤进行Anaconda的安装。

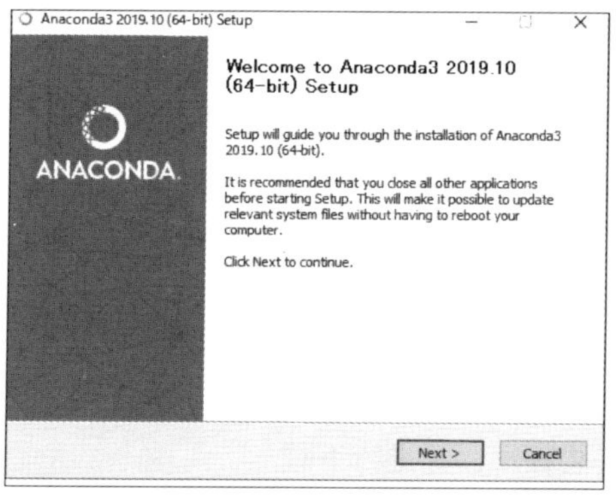

图 1.7　Welcome to Anaconda3 2019.10（64-bit）Setup 的界面

此外，跟随向导进行安装，最后会出现推荐安装Microsoft公司Visual Studio Code的界面。由于本书中不会使用到它，因此无须安装。

3. Anaconda Prompt的启动

Anaconda安装完后，在“开始”菜单中会自动添加“Anaconda3 <字长>”选项。在这里，单击Anaconda3（64-bit）按钮，选择Anaconda Prompt选项，即可启动相应的界面（图1.8）。

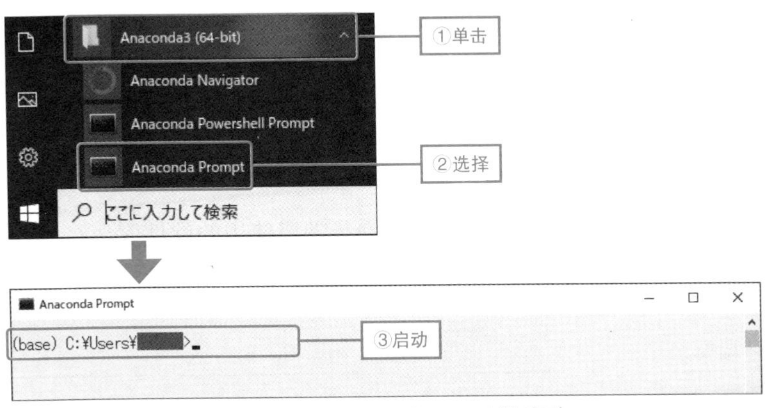

图 1.8 Anaconda Prompt 的启动

4. 虚拟环境的构建

在Anaconda中可以单独创建针对不同版本Python语言和软件/软件库进行管理的“虚拟环境”。通过构建虚拟环境，可以在一台计算机上同时管理多个不同的虚拟环境。由于本书中使用的版本是Python 3.6，因此下面将构建针对此版本的Python虚拟环境。

在Anaconda Prompt中执行下列命令。其中，pandas_book部分为定义的虚拟环境名称（本书中使用的虚拟环境命名为pandas_book）。在生成虚拟环境的过程中，会出现需要用户确认的提示信息，如果没有问题，则按下Y键继续执行。

[终端窗口]

```
> conda create --name pandas_book python=3.6.7
```

使用虚拟环境前，还需要执行conda activate命令启动虚拟环境。因此，下面将在Anaconda Prompt中执行下列命令启动虚拟环境。这里使用的虚拟环境命名为pandas_book，如果需要使用其他名称命名，则只需修改pandas_book这部分即可。

[终端窗口]

```
> conda activate pandas_book
```

启动虚拟环境后，会发现Anaconda Prompt中开头的字符“(base)”变成了“(pandas_book)”，其实两者代表的都是虚拟环境的名称。每次执行本书中的代码时，都需要使用Anaconda Prompt启动虚拟环境。

5. 软件库的安装

下面将在新构建的虚拟环境中安装需要使用的软件库。在启动虚拟环境的状态下，使用conda install命令依次执行下列每一行命令。

[终端窗口]

```
(pandas_book)> conda install pandas=0.22.0
(pandas_book)> conda install numpy=1.14.6
(pandas_book)> conda install matplotlib=2.1.2
(pandas_book)> conda install jupyter
```

至此，就完成了对Python及本书中使用的软件库版本的修改。下面尝试启动Jupyter Notebook。

6. Jupyter Notebook的启动

初次启动Anaconda Prompt时，工作文件夹默认位于主路径中。接下来，在Anaconda Prompt中使用cd命令，将其移到桌面上。

[终端窗口]

```
(pandas_book)> cd desktop
```

启动Jupyter Notebook。在Anaconda Prompt中输入jupyter notebook并按Enter键确认执行。

[终端窗口]

```
(pandas_book)> jupyter notebook
```

在浏览器中会自动弹出Jupyter Notebook的界面。在其中单击New按钮（图1.9），并选择Python 3选项，即可创建新的Notebook文件。

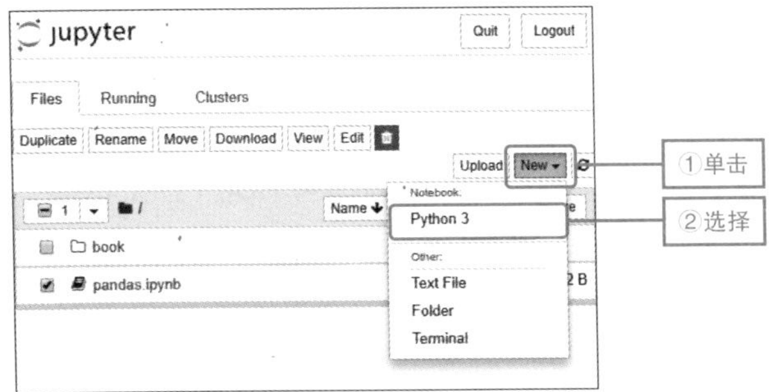

图 1.9　Jupyter Notebook 的界面

7. 版本的确认

下面尝试导入Python的sys模块和各个软件库并对其版本号进行显示，只需在新启动Jupyter Notebook界面的最上方单元中输入下列代码并执行即可。在选择了单元的状态下，按Shift+Enter组合键就可以执行单元中的代码（程序清单1.2）。

程序清单 1.2　Python 和软件库版本的输出

In

```
import sys
import pandas
import numpy
import matplotlib
print('python version : ', sys.version_info[0:3])
print('pandas version : ', pandas.__version__)
print('numpy version : ', numpy.__version__)
print('matplotlib version : ', matplotlib.__version__)
```

Out

```
python version :  (3, 6, 7)
pandas version :  0.22.0
numpy version :  1.14.6
matplotlib version :  2.1.2
```

如果可以输出每个软件库的版本号，就表示没有问题。至此，基于Windows操作系统的环境已构建完成。

下面关闭浏览器中的Jupyter Notebook界面，返回Anaconda Prompt。然而，Anaconda Prompt中的Jupyter Notebook仍处于运行状态，因此需要按Ctrl+C组合键退出内核。

接下来，需要退出Anaconda的虚拟环境（Deactivate）。只需在Anaconda Prompt中执行下列命令，便可退出虚拟环境。

[终端窗口]

```
(pandas_book)> conda deactivate
```

使用虚拟环境前，必须使用conda activate <虚拟环境名>对其进行启动；而结束时需要使用conda deactivate结束操作。

对于Windows操作系统的用户来说，此时可以转到第1.3节学习后续的内容。

注意事项

关于Windows操作系统下NumPy数值类型的初始设置

NumPy数值类型的初始设置是依赖于操作系统环境的。macOS中使用的是int64，而Windows操作系统中有时也会将int32作为初始设置使用。这样，虽然在执行本书中的代码时不会出现太大的问题，但是如果包含数值类型的数据结构，则其内存使用量可能会有所不同，读者需要留意。

1.2.3 在macOS中安装程序

macOS中默认已安装了Python，但其版本为Python 2。因此，下面将使用Anaconda对Python 3及必要的软件库进行安装。

1. 安装程序的下载

在Anaconda Distribution网页中选择与个人计算机规格匹配的基于macOS的Anaconda安装程序。macOS下的Anaconda安装程序是以.pkg

格式或Shell脚本文件形式提供的，请从下列URL中下载.pkg格式的安装程序。

截至本书截稿时（2020年3月），新版Anaconda 2019安装程序支持的语言版本包括Python 3.7和Python 2.7。由于本书中使用的版本是Python 3.6，因此这里选择支持Python 3以上版本的安装程序并进行下载。

- Anaconda Distribution

URL https://www.anaconda.com/download/

2. 安装程序的启动

接下来，我们将双击启动Anaconda安装程序（Anaconda3-2019.10-MacOSX-x86_64. pkg）。下面可以按照安装程序的提示步骤进行安装。

安装Anaconda时，最后会出现推荐安装Microsoft公司Visual Studio Code的界面。由于本书中不会使用到它，因此无须安装。Anaconda安装完后，关闭安装程序即可。

3. 虚拟环境的构建

在Anaconda中可以使用单独对不同版本Python语言和软件/软件库进行管理的“虚拟环境”。通过构建虚拟环境，可以在一台计算机上管理多个不同的虚拟环境。由于本书中使用的版本是Python 3.6，因此下面将构建针对此版本的Python的虚拟环境。

在macOS下的Anaconda应用程序中启动“终端窗口”并执行下列命令。其中，pandas_book部分为虚拟环境的名称（本书中使用的虚拟环境命名为pandas_book）。在生成虚拟环境的过程中，会出现需要确认的信息，如果没有问题，则按Y键继续执行。

［终端窗口］

```
$ conda create --name pandas_book python=3.6.7
```

使用虚拟环境前，需要使用conda activate命令启动虚拟环境。因此，下面将在终端窗口中执行下列命令启动虚拟环境。这里使用的虚拟环境命名为pandas_book，如果需要使用其他名称命名，则只需修改pandas_book这部分即可。

[终端窗口]

```
$ conda activate pandas_book
```

启动虚拟环境后，会发现终端窗口中开头的字符“(base)”变成了“(pandas_book)”，其实两者代表的都是虚拟环境的名称。每次执行本书中的代码时，都需要在终端窗口中启动虚拟环境。

4. 软件库的安装

下面将在新构建的虚拟环境中安装需要使用的软件库。在启动虚拟环境的状态下，使用conda install命令依次执行下列每一行命令。

[终端窗口]

```
(pandas_book)$ conda install pandas=0.22.0
(pandas_book)$ conda install numpy=1.14.6
(pandas_book)$ conda install matplotlib=2.1.2
(pandas_book)$ conda install jupyter
```

至此，就完成了对Python及本书中使用的软件库版本的修改。下面尝试启动Jupyter Notebook。

5.Jupyter Notebook的启动

下面将在macOS下的Anaconda应用程序终端窗口中执行cd命令，将其移到桌面上。

[终端窗口]

```
(pandas_book)$ cd ~/desktop
```

启动Jupyter Notebook。在终端窗口中执行下列命令。

[终端窗口]

```
(pandas_book)$ jupyter notebook
```

在浏览器中会自动弹出Jupyter Notebook的界面。在其中单击New

按钮（图 1.10），并选择Python 3选项，即可创建新的Notebook文件。

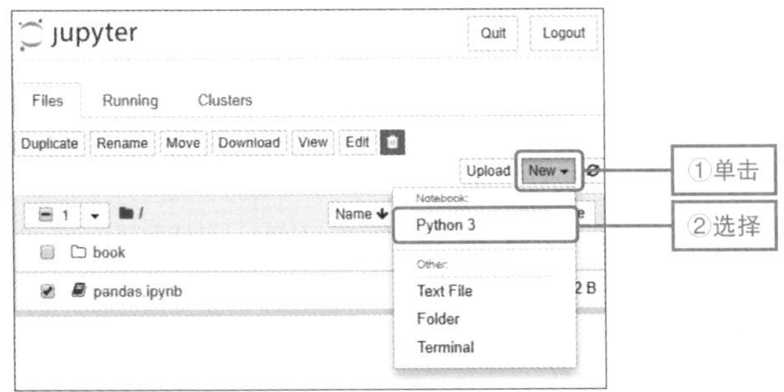

图 1.10　Jupyter Notebook 的界面

6. 版本的确认

下面将尝试导入Python的sys模块和各个软件库并对其版本号进行显示，在新启动Jupyter Notebook界面最上方单元中输入下列代码并执行即可。在Jupyter Notebook中，在选择单元的状态下，按Shift+Enter组合键就可以执行单元中的代码（程序清单 1.3）。

程序清单 1.3　Python 和软件库版本的输出

In

```
import sys
import pandas
import numpy
import matplotlib
print('python version : ', sys.version_info[0:3])
print('pandas version : ', pandas.__version__)
print('numpy version : ', numpy.__version__)
print('matplotlib version : ', matplotlib.__version__)
```

Out

```
python version :  (3, 6, 7)
pandas version :  0.22.0
numpy version :  1.14.6
matplotlib version :  2.1.2
```

如果可以输出每个软件库的版本号，就表示没有问题。至此，基于macOS的环境已构建完成。

下面关闭浏览器中的Jupyter Notebook界面，返回终端窗口。由于终端窗口中的Jupyter Notebook仍处于运行状态，因此需要按Command+C组合键退出内核。

接下来，需要退出Anaconda的虚拟环境（Deactivate）。只需在终端窗口中执行下列命令，便可退出虚拟环境。使用虚拟环境前，必须使用conda activate <虚拟环境名>对其进行启动；结束时需要使用conda deactivate结束操作。

［终端窗口］

```
$ conda deactivate
```

对于macOS的用户来说，此时可以转到第1.3节学习后续的内容。

1.2.4 Google Colab平台

Google Colab是一种可以在云服务器上运行的Jupyter Notebook环境。虽然用户可以免费使用，但是需要持有Google账号。如果没有账号，请在下列网址对应的“注册Google账号”的界面中注册。

- 注册Google账号

URL https://accounts.google.com/signup

在Google Colab中创建的Notebook文件（.ipynb）是保存在Google云盘中的。Google云盘是指Google公司提供的网络存储服务。打开下列URL对Google云盘进行访问，并注意访问前，需要先登录Google账号。下面将按照步骤，尝试在Google Colab中启动Jupyter Notebook。

- Google云盘

URL https://drive.google.com/

注意事项

Google Colab的操作方法

Google Colab的操作方法可能会随着服务提供方的具体情况变化而发生变化。本书中Google Colab的操作方法是基于本书截稿时（2020年3月）的服务内容进行讲解的。最新的操作方法可以参考Google Colab的官方文档。

- Google Colaboratory

URL https://colab.research.google.com/?hl=ja

1. Google云盘的添加

单击Google云盘中的“新建”按钮（图1.11），并选择“其他”→“添加应用程序”选项。

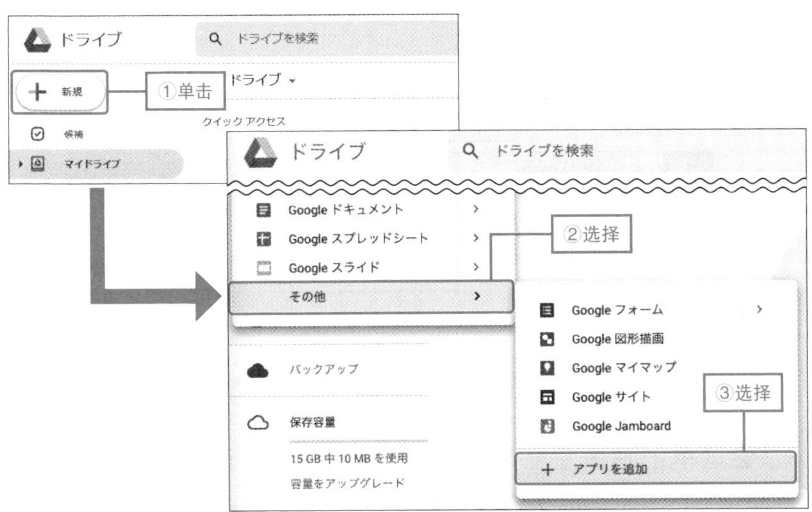

图1.11　选择“其他”→“添加应用程序”选项

然后，会弹出一个“云盘中添加应用程序”的窗口，在其“搜索应用程序”框中输入并搜索Google Colab。随后，在下方的应用程序一览表中会显示出Colaboratory，单击它右侧的“+连接”按钮进行连接（图1.12）。

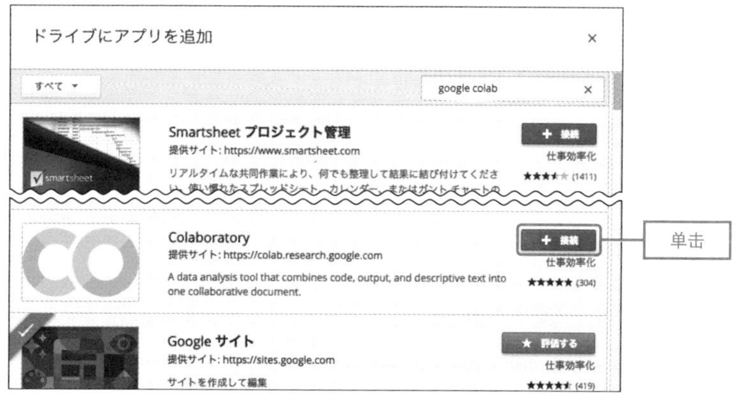

图 1.12　连接 Google Colab 应用程序

连接完后，关闭弹出的窗口。

2. Google Colab的启动

再次单击Google云盘中的“新建”按钮，可以看到“其他”菜单中添加了新的Google Colaboratory。单击它后，即可在“新建”选项中启动Google Colab（图 1.13）。

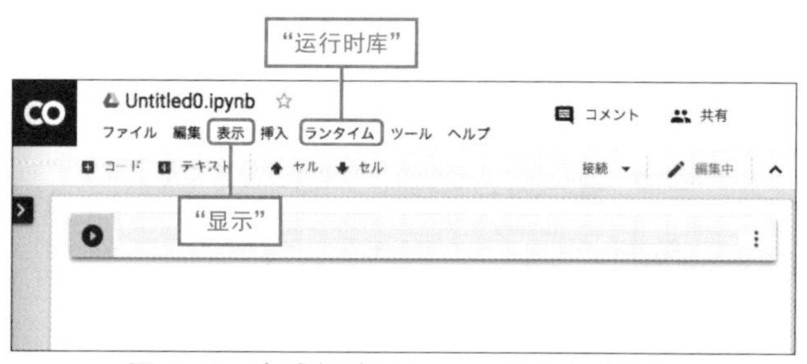

图 1.13　完成新建 Google Colab 的启动

尝试单击界面左上方的Untitled0.ipynb。这样就可以在Google Colab中修改Notebook文件的名称。返回Google云盘界面，就可以看到Notebook文件已经保存在了云盘中。日后再进行访问时，就可以在Google云盘中选择Notebook进行启动并再次对其进行访问。

3. Notebook的设置

在Google Colab中提供了对Python 2和Python 3版本语言的支持。由于本书是以Python 3为标准编写的，因此下面将在Notebook的设置窗口中确认运行时库的类型是否为Python 3。

在Google Colab中的“运行时库”菜单中单击“修改运行时库的类型”，会弹出Notebook的设置窗口。如果此时“运行时库的类型”为Python 2，需将其修改为Python 3（图1.14）。

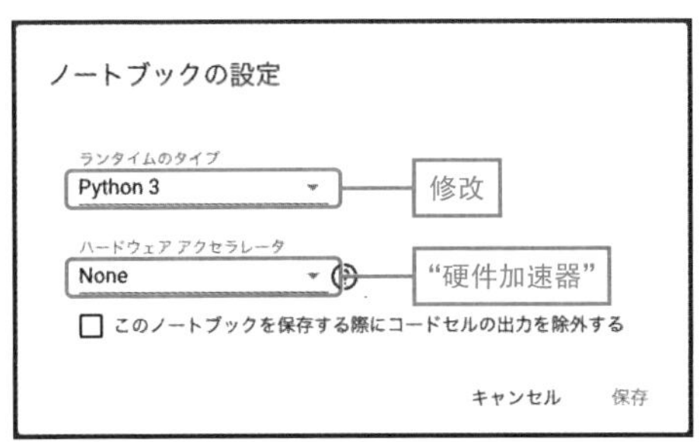

图 1.14　Notebook 的设置窗口

补充

GPU、TPU

在Google Colab中可以免费使用GPU和TPU，只需在Notebook设置窗口的“硬件加速器”（图1.14）中进行设置。本书中虽然不会使用这一功能，但是请务必在处理大规模数据时尝试使用。可免费使用GPU也是Google Colab受到众多数据科学家喜爱的原因之一。

4. 软件库的版本变更

在Google Colab中事先安装了专门用于机器学习的大量软件库。无须花费精力构建环境也是Google Colab的一个极大优势。Google Colab中的软件库会根据具体情况进行自动更新，因此版本并不是固定的。如果需要在团队中进行数据分析的项目，就需对软件库的版本进行统一。

下面将Google Colab中安装的软件库版本统一成本书使用的版本。在“代码单元”中输入程序清单1.4中的代码，并按Shift+Enter组合键执行代码。

程序清单 1.4　软件库的版本变更

In

```
!pip install pandas==0.22.0
!pip install numpy==1.14.6
!pip install matplotlib==2.1.2
```

程序清单1.4的输出结果会根据Google Colab中安装的软件库版本不同而有所区别。只要能输出Successfully installed <软件名>（< >中显示的是各个软件库的名称）的结果，就表示没有问题。此外，输出结果中可能会发出警告（WARNING，表示需要再次启动运行时库），这是由Google Colab的运行时库启动时的初始设置导致的。此时，请在“运行时库”菜单中执行“再次启动运行时库”。

5. 版本的确认

下面将尝试导入Python的sys模块和各个软件库并对版本进行显示。在Google Colab的“代码单元”中输入程序清单1.5中的代码并执行。

程序清单 1.5　Python 和软件库的版本输出

In

```
import sys
import pandas
import numpy
import matplotlib
print('python version : ', sys.version_info[0:3])
print('pandas version : ', pandas.__version__)
print('numpy version : ', numpy.__version__)
print('matplotlib version : ', matplotlib.__version__)
```

Out

```
python version :  (3, 6, 9)
pandas version :  0.22.0
numpy version :  1.14.6
matplotlib version :  2.1.2
```

Google Colab中Python的版本也会根据实际情况进行自动更新。到本书截稿时（2020年3月），Google Colab中Python的版本更新到3.6.9。

> **注意事项**
>
> **在Google Colab中执行代码**
>
> Google Colab会丢失运行时库的每个会话执行代码的全部内容（如局部变量等）。软件库的版本变更需要在Google Colab每个会话中执行。

文件的上传

本书中还提供了使用CSV等文件进行数据分析的方法，下面将对在Google Colab中上传文件的方法进行讲解。

在Google Colab中选择“显示”菜单并从展开的菜单中选择“目录”选项，界面的左侧会显示目录菜单，单击目录菜单中的“文件”（图1.15）。读者可以根据自身需求，单击“上传”按钮上传文件。该方法在Google Colab中上传文件是最简单的。

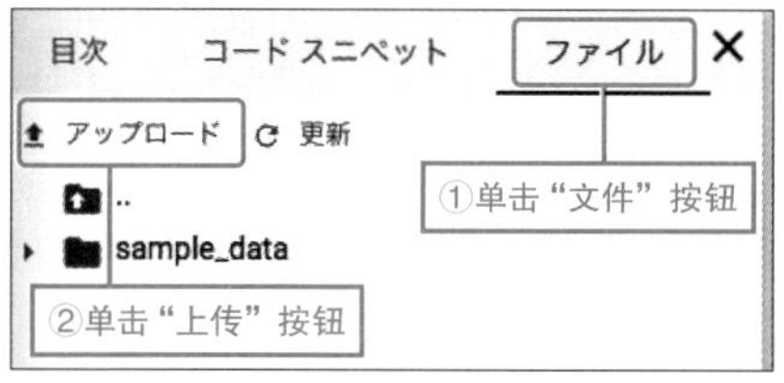

图 1.15　Google Colab 中的目录菜单

注意事项

关于Google Colab的Python版本说明

Google Colab的运行时库包含“主机型”和“本地”这两种类型。主机型事先已经构建了包括Python在内的机器学习所需的环境，因此可以轻易地实现在线使用，但是，也有一定的局限性。正如本小节中所讲的，虽然可以对软件库的版本进行变更，但是无法对主机型运行时库的Python版本进行变更。到本书截稿时（2020年3月），Google Colab的Python版本为3.6.9。由于本书是按照Python 3.6.7编写的，因此本书的多处代码的输出结果可能会有所不同。如果需要使用与本书相同的Python版本，则使用Google Colab本地运行时库或本地主机（参考第1.2.2小节和第1.2.3小节）。

1.3 Python 的数据结构

在学习pandas的操作方法前，还需对Python的基础知识和入门的操作方法进行介绍，但本书并不会对Python进行全面的讲解。在本节中，我们将重点对有关Python数据结构的基础知识进行讲解。

1.3.1 为何在机器学习中使用Python

Python是一种非常强大的编程语言。这一编程语言不仅可以应用于开发网络和桌面应用程序，还可以广泛应用于机器学习、统计及数据分析等领域。Python之所以拥有如此高的人气，其原因主要包括两个：第一个原因是，代码简洁，可读性高，即使是初学者也可以很容易理解其句法；第二个原因是，存在以Python为中心的成熟生态系统（不仅包括本书中主要讲解的pandas，还包括NumPy，以及机器学习软件库Scikit-learn、TensorFlow这些使用方便且功能强大的软件库和框架）。

数据分析和机器学习除了可以使用Python语言，还可以使用R语言和Octave语言等多种编程语言。根据分析师的背景或数据分析任务的不同，使用的编程语言也会有所不同，因此，并不是说只有Python语言才可以用于数据分析。在本书中，将针对Python初学者，对特别重要的基础性Python操作方法进行讲解。

以软件库的导入为前提

在执行本节中的示例代码前，先执行如程序清单1.6所示的代码。

程序清单 1.6 需要预先导入的代码

In

```
import pandas as pd
import numpy as np
import matplotlib.pyplot as plt
```

1.3.2 变量

在其他的编程语言中使用变量时，有时是需要对变量进行声明的。在Python中只需直接代入值即可使用变量，对数据类型也无须进行明确的声明；将值代入变量时，使用运算符“=”即可。下面尝试将数值和字符串代入变量中，并使用print函数进行输出（程序清单1.7）。

程序清单1.7 将值代入变量

In

```
var_1 = 12345
print(var_1)

var_2 = "机器学习"
print(var_2)
```

Out

```
12345
机器学习
```

变量中的第一个字符必须是字符串或下划线（_），不允许使用数字。此外，Python还具有对变量大小写的敏感性（对大小写进行区分时使用），因此变量abc与变量ABC将作为不同的变量分开使用。当然也可以将多个值代入多个变量，只要在值间和变量间使用逗号（,）隔开，在一行中进行代入即可（程序清单1.8）。

程序清单1.8 将多个值代入多个变量

In

```
abc = 12345
ABC = 67890
a, b, c = 100, 0.5, "日语"
print(abc)
print(ABC)
print(a, b, c)
```

Out

```
12345
67890
100 0.5 日语
```

 1.3.3 运算符

Python中主要提供了7组运算符。下面将对其中常用且最基本的"算术运算符""赋值运算符""比较运算符"进行讲解。

首先，将尝试使用算术运算符。所谓算术运算符，是指进行加法和减法等算术运算时使用的运算符。在对下列代码中各种运算的结果进行思考的同时，执行代码（程序清单 1.9）。

程序清单 1.9 Python 的算术运算符

In

```
a = 10
b = 2

print(a * b)  # 10 * 2
print(a / b)  # 10 ÷ 2
print(a - b)  # 10 - 2
print(a % b)  # 10 ÷ 2的余数
print(a // b) # 10 ÷ 2的整除
print(a ** b) # 10的2次幂
```

Out

```
20
5.0
8
0
5
100
```

其次，将对赋值运算符进行讲解。赋值运算符是指需要将值代入变量时使用的运算符。上述程序清单 1.7 中显示的 var_1 = 12345，就是

使用了赋值运算符"="将数值12345代入变量var_1。除此以外，Python还提供了其他多种赋值运算符。下面将对Python中的部分赋值运算符进行讲解。关于每个赋值运算符的含义，都会在下列每行代码的注释中进行说明(程序清单1.10)。在Python中可以使用分号(;)，将多行代码集中在一行中进行编写。

程序清单 1.10 Python 的赋值运算符

In

```
a = 3.0
a += 2; print(a)  # 与a = a + 2等同
a -= 2; print(a)  # 与a = a - 2等同
a *= 2; print(a)  # 与a = a * 2等同
a **= 2; print(a) # 与a = a ** 2等同
a /= 2; print(a)  # 与a = a / 2等同
a %= 4; print(a)  # 与a = a % 4等同
```

Out

```
5.0
3.0
6.0
36.0
18.0
2.0
```

最后，在对值进行比较时，需要使用比较运算符。比较运算符会根据相应的条件，返回bool类型值True或False(程序清单1.11)。

程序清单 1.11 Python 的比较运算符

In

```
a = 5.0
b = 2.0

print(a > b)
print(a < b)
print(a == b)
print(a != b)
```

Out

```
True
False
False
True
```

1.3.4 动态类型

在进行数据分析时，对数据类型的把握是十分重要的。数据类型取决于使用的编程语言。由于C语言和Java语言等采用的是“静态类型”，因此就需要明确地对数据类型进行声明。而Python语言采用的是动态类型，因此在变量中代入数值后，再代入字符串就可以动态地更改对象的类型。

下面尝试将数值1代入变量a，再将字符串“啊”代入变量a（程序清单1.12）。type函数是用于返回参数中指定对象数据类型的函数。从下列代码中可以看到，变量a的数据类型根据代入的值，从int类型变成了str类型。

程序清单 1.12 Python 动态类型的确认

In

```
a = 1
print(type(a))
a = '啊'
print(type(a))
```

Out

```
<class 'int'>
<class 'str'>
```

在静态编程语言（如Java）中，如果如程序清单1.12所示的那样不对变量的类型进行声明就直接进行处理，则会出现意想不到的错误。

Python中的所有对象都存在“数据类型”。例如，int（整数类型）、float（浮点类型）、str（字符串类型）、list（列表类型）和tuple（元组类型）等。下面将依次对需要记住的数据类型的要点进行讲解。

1.3.5 数值类型

在Python 3中，整数为int类型，浮点数为float类型。Python 2中int类型的最大值和最小值是有限制的，而在Python 3中只要在内存容量允许范围内，就可以对最大值和最小值进行指定。

下面将尝试创建整数为int类型和浮点数为float类型的变量，并使用type函数对数据类型进行确认。isinstance函数可以确认对象是否属于特定的类型（或类）（程序清单1.13）。

程序清单 1.13 数值类型的确认

In

```
a = 5
print(a, type(a))

b = 2.0
print(b, type(b))

c = 1
print(c, "是属于整数int类型吗？ ", isinstance(c, int))
print(c, "是属于浮点数float类型吗？ ", isinstance(c, float))
```

Out

```
5 <class 'int'>
2.0 <class 'float'>
1 是属于整数int类型吗？ True
1 是属于浮点数float类型吗？ False
```

浮点数float类型还可以用指数形式表示。1.23e3表示为1.23×10^3。如程序清单1.14所示，使用比较运算符进行a == b的比较，就会得到相等的结果（True）。相对地，1.23e–3表示为1.23×10^{-3}，也就是说，其表示的是0.00123。使用比较运算符进行c == d的比较，也同样是返回True。浮点数的指数形式也经常出现在数据分析中，因此建议记住它。

程序清单 1.14　浮点数类型的指数形式

In

```
a = 1.23e3
b = 1.23 * 10 ** 3
print('a和b的数据类型是', type(a), type(b))
print('变量a和b相等吗？ ', a == b)

c = 1.23e-3
d = 0.00123
print('变量c和d相等吗？ ', c == d)
```

Out

```
a和b的数据类型是 <class 'float'> <class 'float'>
变量a和b相等吗？ True
变量c和d相等吗？ True
```

1.3.6　字符串类型

Python的字符串使用str类型表示，它是一种包含在序列类型中的不可变（Immutable）的对象。创建字符串字面量时，需要使用单引号“'”或双引号“"”括起来。所谓序列类型，是指一种Python中的基本内置类型，用于将有序的多个数值作为一个对象进行保存的数据结构。例如，在后续内容中将要讲解的元组和列表等也是属于序列类型的一部分。

下面将创建包含字符串值的变量，然后使用type函数进行数据类型确认，并使用算术运算符对字符串类型的变量进行合并（程序清单1.15）。变量a使用单引号、变量b则使用双引号将字符串代入，这两个变量都属于str类型。

程序清单 1.15　字符串类型的合并

In

```
a = '我的年龄是'
b = "12岁"

print(type(a), type(b))
print(a + b)
```

Out

```
<class 'str'> <class 'str'>
我的年龄是12岁
```

将多行字符串进行合并时，需要使用3个引号。下述变量ab是包含换行的字符串，变量cd则是不包含换行的字符串（程序清单1.16）。

程序清单 1.16　多行字符串

In

```
ab = '''我的年龄是
12
岁
'''

cd = '我的年龄是12岁'
print(ab)
print(cd)
```

Out

```
我的年龄是
12
岁

我的年龄是12岁
```

由于字符串属于序列类型，因此还可以进行索引引用和切片操作。a[0] 是指引用变量a中索引号为第0号的值。a[2:] 称为切片，引用的是变量a中索引号为第2号及之后的值。与C语言和Java语言相同，Python语言的序列也是从第0号开始的（程序清单1.17）。

程序清单 1.17　字符串的索引引用

In

```
a = 'abcde'
print(a[0])
print(a[2:])
```

Out

```
a
cde
```

虽然Python中的大多数对象属于可变(Mutable)对象，但字符串是不可变对象，下面将尝试对其进行确认（程序清单1.18）。变量a中已经代入过字符串'abcde'，由于该字符串类型是不可变的，因此使用a[0]='z'，将变量a中索引编号为0的值修改为字符串'z'是无法实现的，并会出现TypeError警告。

程序清单 1.18 由于字符串是不可变对象，因此出现错误警告

In

```
a = 'abcde'
a[0] = 'z'
```

Out

```
(…略…)
TypeError: 'str' object does not support item assignment
```

Python的对象包括可变对象和不可变对象，建议读者牢记这一点。

1.3.7 元组

与字符串类型一样，元组也是序列类型的数据结构。其包含以下几个特点。

- 不可变。
- 由于是不可变对象，因此在重复处理中会比可变对象更加高速。
- 元组的元素可以作为字典的键值使用。

下面将尝试创建元组。元组的创建方法是：使用逗号“,”将元素隔开，并使用圆括号“( )”括起来。虽然圆括号“( )”是可以省略的，但是为了避免造成混淆，建议使用圆括号“( )”进行明确的表示。如程序清

单1.19所示，使用比较运算符“== ”对变量a和变量b进行比较时，由于这两个都是元组，因此可以得到True的结果。

程序清单 1.19　元组的创建

In

```
a = (1,2,3)
b = 1,2,3

print(type(a), type(b))
print(a == b)
```

Out

```
<class 'tuple'> <class 'tuple'>
True
```

与字符串相同，元组也是不可变的。因此，对定义为元组的元素进行变更时，会出现TypeError警告（程序清单1.20）。

程序清单 1.20　由于元组是不可变对象，因此出现错误警告

In

```
a[0] = 4
```

Out

（…略…）

```
TypeError: 'tuple' object does not support item assignment
```

元组的元素中可以代入整数、浮点数及字符串等不同数据类型。此外，还可以使用tuple函数将字符串等序列转换为元组（程序清单1.21）。

程序清单 1.21　多种数据类型和 tuple 函数的使用

In

```
a = (1, 2, '三', 4, 'Five')
b = '12345'
```

```
c = tuple(b)

print(type(a))
print(type(b))
print(type(c))
print(c)
```

Out

```
<class 'tuple'>
<class 'str'>
<class 'tuple'>
('1', '2', '3', '4', '5')
```

为了便于处理更加复杂的结构，还可以对元组进行嵌套使用（程序清单1.22）。

程序清单 1.22 元组的元组（嵌套）

In

```
nest = ((1,2,3),(4,5,6))
print(nest)
print(type(nest))
```

Out

```
((1, 2, 3), (4, 5, 6))
<class 'tuple'>
```

Python的序列类型元组可以通过在方括号“[ ]”中指定索引号对元素进行引用，索引号从0开始。程序清单1.23中显示的是，使用a[0]将索引编号为0的元素1进行输出。此外，Python的序列还可以处理负的索引。索引号–1引用的是最后一个元素，索引号–2引用的则是倒数第二个元素。

程序清单 1.23 元组的索引引用

In

```
a = (1,2,3,4,5)
print(a[0])
print(a[-1])
print(a[-2])
```

Out

```
1
5
4
```

也可以在索引中使用“切片”对元素进行引用。类似a[1:3] 这样，指定索引范围对元素进行引用的方法称为切片。a[1:3] 是指引用从1号开始到3号为止的元素。使用切片进行引用时，最后一个作为终点的元素是不包含在范围内的。如程序清单1.24所示，a[1:3] 引用的值为（2,3）；a[:2] 引用的索引号为0和1，因此返回的元素就是（1,2）；a[1:] 则是引用索引编号为1及之后的所有元素。

程序清单 1.24 使用切片的索引引用

In

```
a
```

Out

```
(1, 2, 3, 4, 5)
```

In

```
print(a[1:3])
print(a[:2])
print(a[1:])
```

Out

```
(2, 3)
(1, 2)
```

```
(2, 3, 4, 5)
```

还可以将由多个元素构成的元组分解成多个变量进行代入。即使是嵌套结构，也可以进行这一分解操作（程序清单 1.25）。

程序清单 1.25 分解元组的多个元素

In

```
tup_1 = (1,2,3)
one,two,three = tup_1
print(one,two,three)

tup_2 = (4,5,6,(7,8,9))
one,two,three,four = tup_2
print(one,two,three,four)
```

Out

```
1 2 3
4 5 6 (7, 8, 9)
```

元组提供了各种不同的方法，下面将对其中特别常用的count方法和index方法进行讲解。count方法是一种对指定到第一个参数中的值出现的次数进行统计的方法。index方法则是将第一个参数中指定的值对应的最开始位置的索引号进行返回的方法。虽然列表中也提供了同样的方法，但是由于元组为不可变对象，因此具有执行速度更快的特点（程序清单 1.26）。

程序清单 1.26 元组方法的确认

In

```
a = ('啊', '咦', '唔', '呃', '哦')
print('「啊」出现在元组中的次数：', a.count('啊'))
print('「咦」在元组中最开始出现的位置对应的索引号：', a.index('咦'))
```

Out

```
「啊」出现在元组中的次数： 1
「咦」在元组中最开始出现的位置对应的索引号： 1
```

1.3.8 列表

列表是在Python中最常用的数据类型之一，它是有序的数据类型且是可变对象。其可以保存任意数据类型（数值类型和字符串类型等）的元素，也可以将重复的值作为元素。

下面将尝试创建列表。创建列表时，需要使用方括号（[ ]）或list函数。变量a使用方括号（[ ]）指定元素创建列表；接着创建变量b的元组；最后使用list函数创建列表作为变量c（程序清单1.27）。

程序清单 1.27 列表的创建

In

```
a = ['a','b','c',1,2]
b = ('a','b','c',1,2)
c = list(b)
print(type(a))
print(type(b))
print(type(c))
```

Out

```
<class 'list'>
<class 'tuple'>
<class 'list'>
```

列表属于可变对象。而元组如果进行变更处理，则会出现错误警告。如程序清单 1.28所示，可以看到列表中索引编号为0的值已经被修改了。

程序清单 1.28 列表的元素变更

In

```
a = [1,2,3,4,5]
print(a)
a[0] = 6
print(a)
```

Out

```
[1, 2, 3, 4, 5]
[6, 2, 3, 4, 5]
```

列表和元组一样，都是Python的序列类型，可以使用方括号（[ ]）进行索引引用和切片处理。如程序清单1.29所示，变量a使用list函数将字符串'啊咦唔呃哦'转换为列表；a[0] 引用的是列表a中第0号的元素“啊”；也可以像a[2:] 这样，使用切片对列表a中索引编号为2及之后的元素进行显示。

程序清单 1.29　列表的索引引用与切片

In

```
a = list('啊咦唔呃哦')
print(a)
print(a[0])
print(a[2:])
```

Out

```
['啊', '咦', '唔', '呃']
啊
['唔', '呃']
```

下面将尝试在列表中添加元素(使用列表的append方法可以添加单个元素，使用extend方法则可以添加多个元素），并使用运算符“+ ”对两个列表进行合并（程序清单1.30）。

程序清单 1.30　列表中元素的添加

In

```
a = [1,2,3,4,5]
a.append(6)
print(a)
a.extend([7,8])
print(a)
b = [9,10,11]
print(a + b)
```

Out

```
[1, 2, 3, 4, 5, 6]
[1, 2, 3, 4, 5, 6, 7, 8]
[1, 2, 3, 4, 5, 6, 7, 8, 9, 10, 11]
```

下面将尝试删除列表中的元素。删除的方法有多种。其中，使用del语句可以删除整个列表中的元素，也可以指定索引号删除一部分元素。此外，列表还根据不同的用途，提供了可以进行删除处理的多种方法。

使用remove方法可以对元素的值进行检索，将最开始找到的元素删除；使用pop方法可以将指定索引号的元素删除并将值返回；使用clear方法则可以将所有的元素删除。下面将创建列表，并对上述各种操作进行确认（程序清单1.31）。

程序清单 1.31 列表中元素的删除

In

```
a = [1,2,3,4,5]
print(a)

del a[0]
print(a)

a.remove(2)
print(a)

b = a.pop(0)
print(b, a)

a.clear()
print(a)
```

Out

```
[1, 2, 3, 4, 5]
[2, 3, 4, 5]
[3, 4, 5]
```

```
3 [4, 5]
[]
```

1.3.9 字典

除了元组、列表，字典也是Python中常用的数据类型之一。字典是“值”和与其关联“键”的集合，它适合以键引用与其关联的值。

字典通过在大括号({ }) 中使用冒号(:)将键和值隔开进行创建。列表和元组可以使用索引号对元素进行引用。字典则是使用键对值进行引用，可以在方括号([ ])中指定键，或者使用get方法指定键对值进行引用(程序清单 1.32)。

程序清单 1.32 字典的创建和值的引用

In

```
a = {'b':[1,2,3], 'c':[4,5,6]}
print(type(a), a)
print(a['b'])
print(a.get('c'))
```

Out

```
<class 'dict'> {'b': [1, 2, 3], 'c': [4, 5, 6]}
[1, 2, 3]
[4, 5, 6]
```

使用字典的键进行引用时，如果不包含该键，程序就会在方括号（ [ ] ）中返回KeyError。get方法则会返回None，因此需要注意。None是Python的内置常量，当不存在值时使用。字典a中指定了字符串的值b和c的键，并没有指定d的键。因此，使用get方法对字符串'd'进行指定后不会出现错误警告，而是返回None（ 程序清单1.33 ）。

程序清单 1.33 字典的 get 方法

In

```
print(a.get('d'))
```

Out

```
None
```

字典的值与列表相同，都是可变对象。下面将尝试使用赋值运算符“=”对字典的值进行变更。如果键存在于字典中，就会对相应的值进行变更。如果键不存在于字典中，新的键和值就会被添加到字典中（程序清单 1.34）。

程序清单 1.34 字典值的变更和添加

In

```
a = {'b':[1,2,3], 'c':[4,5,6]}
print(a)
a['b'] = [7,8,9]
print(a)
a['d'] = [10,11,12]
print(a)
```

Out

```
{'b': [1, 2, 3], 'c': [4, 5, 6]}
{'b': [7, 8, 9], 'c': [4, 5, 6]}
{'b': [7, 8, 9], 'c': [4, 5, 6], 'd': [10, 11, 12]}
```

有多种删除字典值的方法。其中，使用pop方法可以将指定键的项目删除，并返回该值；使用del语句也可以进行删除操作（程序清单 1.35）。

程序清单 1.35 删除字典的值

In

```
a.pop('c')
print(a)

del a['b']
print(a)
```

Out

```
{'b': [7, 8, 9], 'd': [10, 11, 12]}
{'d': [10, 11, 12]}
```

字典中也提供了方便的使用方法。使用update方法可以对值进行变更和添加操作，甚至可以将不同的字典进行连接。下面将尝试创建字典a、字典b和字典c，并使用update方法将字典a与字典b进行连接（程序清单1.36）。字典b和字典c的键相同，都是“咦”。因此，从下列示例代码中可以看到，在连接了字典b的字典a中，如果使用update方法指定字典c，键中“咦”的元素就会被更新。

程序清单 1.36　字典的 update 方法

In

```
a = {'啊':[1,2,3]}
b = {'咦':[6,7,8,9]}
c = {'咦':[9,10,11,12]}

a.update(b)
print(a)

a.update(c)
print(a)
```

Out

```
{'啊': [1, 2, 3], '咦': [6, 7, 8, 9]}
{'啊': [1, 2, 3], '咦': [9, 10, 11, 12]}
```

1.3.10　集合

Python中支持集合运算的数据结构就是集合。集合是无序的，且所有的元素都是唯一的值。创建集合时，可以使用大括号（{}）的方法和在set函数中指定序列的方法。如程序清单1.37所示，变量a在大括号（{}）中指定了整数并创建集合，变量c则是在set函数中指定了保存列表的变量b来创建集合。

程序清单 1.37　集合的创建

In

```
a = {1,2,3,4,5}
b = [1,2,3,4,5]
c = set(b)

print(type(a))
print(type(b))
print(type(c))
```

Out

```
<class 'set'>
<class 'list'>
<class 'set'>
```

集合的值可以是整数类型或字符串类型等多种数据类型的。但是，就像在前面讲解过的,集合的值通常都是唯一的。如程序清单 1.38所示，虽然变量a中包含整数3和字符串'three'这样重复的值，但它们都是唯一的值。

程序清单 1.38　集合中只包含唯一的值

In

```
a = {1,3,3,'three','three',}
print(a)
```

Out

```
{1, 3, 'three'}
```

下面将尝试对集合进行集合运算。

首先创建两个集合：a和b，再求取它们的并。集合的并是指将各个集合元素放在一起，求唯一值的运算。计算集合的并时，可以使用union方法或使用运算符“|”实现。从程序清单 1.39中的输出结果可以

看到，已将两个集合组合起来，并构成没有重复元素的新集合。

程序清单 1.39 集合的并

In

```
a = {1,2,2,3,4,5}
b = {6,2,3,7,8,}

print(a.union(b))
print(a | b)
```

Out

```
{1, 2, 3, 4, 5, 6, 7, 8}
{1, 2, 3, 4, 5, 6, 7, 8}
```

集合的交是指求两个集合共有元素的运算。计算集合的交时，可以使用intersection方法或运算符“&”实现（程序清单1.40）。

程序清单 1.40 集合的交

In

```
print(a.intersection(b))
print(a & b)
```

Out

```
{2, 3}
{2, 3}
```

本节中对Python处理的主要对象及其数据结构进行了讲解。在第1.4节中，将对使用if等语句的基本操作进行讲解。

1.4 Python的基本操作

在本节中，将对进行条件分支处理的if语句和进行循环处理的for语句等进行讲解，以期读者对Python的基本操作有所了解。

1.4.1 if语句

与其他的编程语言相同，Python中也提供了用于条件分支处理的if语句。if语句可以对给定的条件进行评估，并且根据评估结果对紧跟在后面的代码块进行处理。

下面将使用if语句创建条件分支。条件表达式为num > 0，当变量num大于0时，其返回值为True，后面的代码块会被执行。在Python中，代码块通过缩进表示。在同一缩进中的代码会被识别为同一个代码块，如果取消缩进，该代码就会从代码块中剥离出来，作为单独的代码被执行（程序清单1.41）。

程序清单 1.41　if语句条件表达式的返回值为True时的情况

In

```
num = 5

if num > 0:
    print('如果条件为True就会被执行的代码块')
    print(num, '为正的数')
print('代码块之外（单独执行）')
```

Out

```
如果条件为True就会被执行的代码块
5 为正的数
代码块之外（单独执行）
```

当变量num等于或小于0时，条件表达式的返回值为False，代码块中的处理不会被执行。但是取消缩进后，代码块之外的处理则会被执行（程序清单1.42）。

程序清单 1.42　if 语句条件表达式的返回值为 False 时的情况

In

```
num = -5

if num > 0:
    print('如果条件为True就会被执行的代码块')
    print(num, '为正的数')
print('代码块之外（单独执行）')
```

Out

```
代码块之外（单独执行）
```

下面将对if语句中elif的使用方法进行验证。Python语言中的elif与C语言中的elseif是相对应的。通过添加elif的代码块，可以进行更细的条件分支处理。如程序清单 1.43所示，将Python中的random模块导入，并使用randint函数生成从–10到10的整数类型随机数。根据生成的随机数，会由if语句和elif代码块控制输出，多次执行代码，确认if语句和elif代码块是如何执行操作的。

程序清单 1.43　if 语句和 elif 代码块的条件分支

In

```
import random
num = random.randint(-10,10)

if num > 0:
    print(num, '为正的数')
elif num < 0:
    print(num, '为负的数')
```

Out

```
-3 为负的数
```

根据实际需要，还可以添加多个elif代码块。从if语句开始，如果条件返回值为False，就从上面按顺序对elif的条件进行评估。如果最终所有的条件返回值都为False，还可以通过添加else代码块进行输出指定并执行处理。

程序清单1.44中显示的是，使用if语句对变量num是否大于0进行评估。变量num的值如果为0，elif代码块就会被执行；如果小于0，那么else代码块会被执行。这里也使用randint函数生成整数类型的随机数，尝试多次执行代码，对不同条件分支语句的操作进行确认。

程序清单 1.44 if语句、elif代码块及else代码块的条件分支

In

```
import random
num = random.randint(-10, 10)

if num > 0:
    print(num, '为正的数')
elif num == 0:
    print(num, '为零')
else:
    print(num, '为负的数')
```

Out

```
0 为零
```

1.4.2 while语句

while语句的功能是指当给定的条件返回值为True时，程序会对代码块中的代码进行反复执行处理。通常情况下，当事先并不知道反复处理的次数时，都会使用while语句。

while语句会先对条件表达式进行评估，如果评估结果为True，代码块就会被执行，直至代码块中的代码执行完毕，条件表达式才会重新被评估。这一过程会反复地被进行，直到条件表达式的返回值变为False为止。

与if语句相同，while语句也通过缩进表示代码块。下面将尝试使用while语句对从1到n的自然数进行求和计算。代码块每执行一次，变量i就会加上1。将条件表达式指定为"i <= n"，通过反复处理，实现

对从1到n的自然数进行求和计算（程序清单1.45）。

程序清单 1.45　使用 while 语句对从 1 到 n 的自然数进行求和计算

In

```
n = 5
total = 0
i = 1

while i <= n:
    total = total + i
    print(i, '次合计 :', total )
    i = i + 1
```

Out

```
1 次合计: 1
2 次合计: 3
3 次合计: 6
4 次合计: 10
5 次合计: 15
```

while语句中也可以添加else。由前面可知，每当条件表达式的值为True时，while语句就会持续进行反复处理。而通过添加else，可以添加当条件表达式的值为False时的处理。如程序清单1.46所示，变量count从0开始，每次经过while语句处理都会加上1；当count与n相等时，while语句条件表达式的值会变成False，此时else代码块被执行。

程序清单 1.46　while 语句和 else 代码块的条件分支

In

```
count = 0
n = 10

while count < n:
    count += 1
    print(count, '次循环')
else:
    print('条件表达式的值为False')
```

Out

```
1 次循环
2 次循环
3 次循环
4 次循环
5 次循环
6 次循环
7 次循环
8 次循环
9 次循环
10 次循环
条件表达式的值为False
```

1.4.3 for语句

for语句可以将列表和元组等序列中的各个元素按顺序代入变量中进行处理。当到达最后的元素时，for语句会结束反复处理。

程序清单 1.47 中显示的是，将保存了列表的变量nums中的每个元素按顺序进行相加处理。由于for语句也是通过缩进表示代码块的，因此代码块之外的print函数是在for循环处理完后才执行的。

程序清单 1.47　for 语句的循环

In

```
nums = [1,2,3,4,5]
total = 0

for num in nums:
    print(num, '+', total)
    total = total + num

print(total)
```

Out

```
1 + 0
2 + 1
```

```
3 + 3
4 + 6
5 + 10
15
```

由于字符串也是序列，因此可以使用for语句进行反复处理。下面将尝试对变量letters的字符串中各元素进行单独输出的操作。先使用for语句将每个元素按顺序代入变量letters中，并使用print函数对其进行输出（程序清单1.48）。

程序清单 1.48 使用 for 语句处理字符串的元素

In

```
letters = 'pandas'

for letter in letters:
    print(letter)
```

Out

```
p
a
n
d
a
s
```

for语句与range函数一起使用的情况也并不少见。range函数可以生成均等分配的连续整数、等差数列。如果指定为range(5)，就会返回从0到4均等分配连续整数的range对象。下面使用list函数将range(5)变成列表进行展示（程序清单1.49）。

程序清单 1.49 range 函数值的查看

In

```
print(range(5))
print(type(range(5)))
print(list(range(5)))
```

Out

```
range(0, 5)
<class 'range'>
[0, 1, 2, 3, 4]
```

range函数和len函数结合使用，还可以实现对列表等序列的索引形式进行引用。len函数可以获取对象的元素数量。如程序清单1.50所示，使用len函数获取变量pet的元素数量，再使用range函数在for语句中对变量pet的索引形式进行引用。

程序清单1.50 range函数、len函数与for语句实现的索引引用

In

```
pet = ['cat', 'dog', 'fish']
print('变量pet的元素数量 : ', len(pet))

for i in range(len(pet)):
    print('变量pet的索引', i, pet[i])
```

Out

```
变量pet的元素数量： 3
变量pet的索引0 cat
变量pet的索引1 dog
变量pet的索引2 fish
```

1.4.4 break语句与continue语句

使用break语句和continue语句可以对for语句和while语句等的循环进程进行变更控制。for语句在条件表达式的值变成False前会一直进行迭代处理，使用break语句则可以将其人为地中断。

在程序清单1.51中，虽然使用包含列表的变量nums进行了for语句的迭代处理，但是当if语句中变量num值变成3时，会使用break语句对循环处理进行中断。由于变量nums的元素为3时使用break语句进行了中断处理，因此print函数输出的只是中断前的1和2。

程序清单 1.51　使用 break 语句中断 for 语句

In

```
nums = [1,2,3,4,5]
for num in nums:
    if num == 3:
        break
    print(num)
```

Out

```
1
2
```

相对地，continue语句则是在需要跳过当前循环内的处理时使用。程序清单1.52中显示的是，当if语句中变量num值为3时，使用continue语句跳过循环处理。读者可以重点看一看输出结果中，跳过3，后面的4、5是继续执行处理的。

程序清单 1.52　使用 continue 语句跳过 for 语句

In

```
nums = [1,2,3,4,5]
for num in nums:
    if num == 3:
        continue
    print(num)
```

Out

```
1
2
4
5
```

1.4.5　函数

为了执行特定的任务或处理，可以将关联的处理集合成一组程序，该程序组称为函数（Function）。在Python中执行数据分析任务时，对不同的数据反复地执行相同处理的情况并不少。类似这种情况，可以将处理作为函数进行定义来简化代码。此外，使用函数还可以提高代码的可读性。

函数需要使用def语句进行定义。程序清单1.53中显示的是，函数接收a和b两个参数（argument），并对计算和显示它们乘积（a * b）的multi函数进行定义。

程序清单 1.53　定义计算参数a和参数b乘积的multi函数

In

```
def multi(a, b):
    c = a * b
    print(c)
```

下面将尝试对经过定义的multi函数进行调用。multi函数会取两个参数值，这里将3传递给参数a，将5传递给参数b，再执行处理（程序清单1.54）。multi函数会对参数a和参数b的乘积进行计算并输出，从下列结果中可以看到输出了3 × 5的结果为15。

程序清单 1.54　在定义后的multi函数中指定参数3和参数5并执行处理

In

```
multi(3, 5)
```

Out

```
15
```

函数可以使用return语句指定返回值。在一个函数中存在多个return语句也是没有问题的。程序清单1.55中，对返回参数绝对值的函数进行了定义。如果参数为正的数值或0，就直接返回该值；其他情况则返回转换成正数的值。

程序清单 1.55　对返回绝对值的 absolute 函数进行定义

In

```
def absolute(a):
    if a >= 0:
        return a
    else:
        return -1 * a

print(absolute(5))
print(absolute(-5))
```

Out

```
5
5
```

函数中可以包含参数，包括“位置参数”和“关键字参数”两种。虽然可以在一个函数中同时指定位置参数和关键字参数，但是位置参数必须写在前面。

关键字参数可以以类似“参数名= 值”这样的形式，使用关键字指定参数值，常在指定函数的默认值时使用。通过事先对默认值进行指定，在调用函数时也可以省略参数。

程序清单1.56中显示的参数a和参数b属于位置参数。而参数name则是关键字参数，默认值指定为5。如果将参数（2, 4）传递给cal函数，由于省略了关键字参数name，因此此时使用的就是默认值5。如果在cal函数中指定参数（2, 4, name=10），由于关键字参数name中指定了10，因此cal函数的返回值就是2 + 4 –10，等于–4。

程序清单 1.56　定义位置参数与关键字参数

In

```
def cal(a, b, name=5):
    return(a + b - name)

print(cal(2, 4))
print(cal(2, 4, name=10))
```

Out

```
1
-4
```

本节对Python的最基本操作进行了讲解。虽然常用于数据分析的编程语言并不仅限于Python，但是如果需要使用Python，那么本书中介绍的Python基本操作等相关知识是必须具备的。

如果对Python的操作方法不是很了解，那么建议仔细阅读Python的官方文档来加深对相关知识的理解。

备注

Python的官方文档

- Python的官方文档

URL https://docs.python.org/ja/3.6/

1.5 Jupyter Notebook 的基本操作

本节将对使用Jupyter Notebook分析数据时的基本操作进行讲解。

1.5.1 代码补全功能

可以毫不夸张地说，Jupyter Notebook是一种全球数据科学家应用最多的工具。为了可以高效且正确地进行机器学习或完成数据分析的任务，建议读者掌握Jupyter Notebook的基本操作方法。

首先，对Jupyter Notebook的代码补全功能进行了解，它是一种大多数IDE（集成开发环境）都具备的功能。如果在Jupyter Notebook中输入变量或一部分表达式，并按Tab键，系统马上就会显示补全提示。下面将尝试对代码补全功能进行验证，创建变量var_1和变量var_2（程序清单1.57）

程序清单 1.57　创建变量测试代码补全功能

In

```
var_1 = 12345
var_2 = '机器学习'
```

在新单元中输入var并按Tab键时，由于在程序清单1.57中已经创建变量var_1和变量var_2，因此这里会显示补全提示。图1.16是在Google Colab环境中启用代码补全功能时的示意图。如果在其他环境中执行上述操作，则显示的内容可能会有所差别。

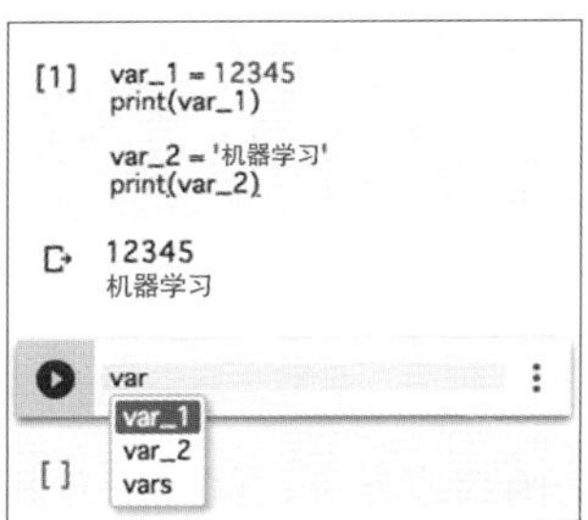

图 1.16　Jupyter Notebook 的代码补全功能（在 Google Colab 环境中）

1.5.2 对象类型信息查看

通过编写命令语句等方式对该对象的信息（类型等）进行查看的操作，称为introspection（内省）。在Jupyter Notebook中，只需在变量的前面或后面加上问号（？），就可以对对象的详细信息进行查看。下面尝试将字符串'codexa'代入变量obj中，并执行"?obj"命令进行确认。在输出结果中可以看到变量obj的数据类型（Type）和字符长度（Length）等显示信息（程序清单1.58）。

程序清单 1.58 在Jupyter Notebook中进行对象信息查看

In

```
obj = 'codexa'
?obj
```

Out

```
Type:        str
String form: codexa
Length:      6
Docstring:
str(object='') -> str
str(bytes_or_buffer[, encoding[, errors]]) -> str

Create a new string object from the given object. If en➡
coding or
errors is specified, then the object must expose a data ➡
buffer
that will be decoded using the given encoding and error ➡
handler.
Otherwise, returns the result of object.__str__() (if de➡
fined)
or repr(object).
encoding defaults to sys.getdefaultencoding().
errors defaults to 'strict'.
```

如果引用的对象是函数或方法，就可以对其说明（Docstring）信息进行参考。如程序清单1.59显示的就是range函数的说明。当忘记了方法的参数等信息时，无须特意去搜索，在Jupyter Notebook中就可以快速地确认，因此这是一个使用起来非常方便的功能。如果使用的是Google Colab主机型运行时库，由于与本书使用的Python版本是不同的，因此range函数的说明信息可能会有所不同。

程序清单 1.59　range 函数的说明

In

```
?range
```

Out

```
Init signature: range(self, /, *args, **kwargs)
Docstring:
range(stop) -> range object
range(start, stop[, step]) -> range object

Return an object that produces a sequence of integers f➡
rom start (inclusive)
to stop (exclusive) by step.  range(i, j) produces i, i➡
+1, i+2, ..., j-1.
start defaults to 0, and stop is omitted!  range(4) pro➡
duces 0, 1, 2, 3.
These are exactly the valid indices for a list of 4 ele➡
ments.
When step is given, it specifies the increment (or decr➡
ement).
Type:           type
Subclasses:
```

1.5.3　魔法命令

所谓魔法命令，可以理解为一条可将Jupyter Notebook的功能进行扩展的捷径。魔法命令只需在命令的前面加上“%”，然后执行即可。Jupyter Notebook中提供了多种多样的魔法命令。下面将对常用于数据分析的魔法命令进行讲解。

魔法命令是由Jupyter Notebook的前身IPython软件库提供的。需要注意的是，执行魔法命令得到的结果会因IPython的版本及操作系统等的不同而有所不同。本书中魔法命令的输出是以macOS的IPython 7.5.0为基准的。如果要将操作环境与该IPython版本相结合，就可以使用“pip install Ipython==7.5.0”对版本进行变更。如果使用的是Google Colab环境，则需要在软件库更新后，重新启动运行时库。

魔法命令“%time”是常用于机器学习的命令之一，它可以对代码的执行时间进行确认。对于使用了大型数据的机器学习而言，了解、控制每条代码的处理时间是非常重要的。因此，使用魔法命令“%time”对处理时间进行确认，并搜索代码执行速度的情况也并不少见。使用“%time”命令进行行潜入时，可以输出一行代码的执行速度。如程序清单1.60所示，Wall time的输出为2.58 ms，这是指执行速度为2.58毫秒。

程序清单 1.60 使用“%time”命令确认代码的执行速度

In

```
n = 100000
%time sum(range(n))
```

Out

```
CPU times: user 2.4 ms, sys: 19 µs, total: 2.42 ms
Wall time: 2.58 ms

4999950000
```

使用“%%time”命令还可以对整个单元的处理时间进行测量（程序清单1.61）。如果使用的是Windows操作系统，需要注意某些情况下可能不会显示CPU times，而只是输出Wall time。

程序清单 1.61 使用“%%time”命令测量整个单元的处理时间

In

```
%%time
n = 100000
print(sum(range(n)))
```

Out

```
4999950000
CPU times: user 2.65 ms, sys: 105 µs, total: 2.76 ms
Wall time: 2.76 ms
```

如果是执行时间较短的代码，就可以使用“%timeit”命令处理。“%timeit”命令使用了Python的timeit模块，其可以多次执行指定的处理，对处理时间进行测量。“%timeit”命令用于测量行潜入的处理时间，“%%timeit”命令则用于测量单元的处理时间（程序清单1.62）。

程序清单 1.62 使用“%timeit”命令测量行潜入的处理

In

```
%timeit 100 * 100
```

Out

```
19.2 ns ± 1.69 ns per loop (mean ± std. dev. of 7 runs,➡
 10000000 loops each)
```

In

```
%%timeit
99 * 99
```

Out

```
18.5 ns ± 0.477 ns per loop (mean ± std. dev. of 7 runs➡
, 100000000 loops each)
```

Matplotlib是一种常用于机器学习的数据可视化软件库(关于Matplotlib的更多知识，将在第8.2节中进行讲解)。Jupyter Notebook还提供了可操控Matplotlib软件库行为的魔法命令。下面使用“%matplotlib inline”命令实现将inline参数传递给“%matplotlib”，并将绘制的图表等显示在Jupyter Notebook的单元中（程序清单1.63）。

程序清单 1.63　使用“%matplotlib inline”命令绘制图表并进行显示

In

```
%matplotlib inline
```

最后，将尝试使用非常便利的魔法命令“%whos”。使用“%whos”命令，可以对正在运行的命名空间中存在的变量一览表进行显示。程序清单 1.64 中的结果※1，会根据执行的代码不同而显示出不同的结果，需要多注意。

程序清单 1.64　使用“%whos”命令对所有变量一览表进行显示

In

```
%whos
```

Out

```
Variable   Type      Data/Info
------------------------------
n          int       100000
np         module    <module 'numpy' from '/mi<...>kage➡
s/numpy/__init__.py'>
obj        str       codexa
pd         module    <module 'pandas' from '/m<...>ages➡
/pandas/__init__.py'>
plt        module    <module 'matplotlib.pyplo<...>es/
matplotlib/pyplot.py'>
var_1      int       12345
var_2      str       机器学习
```

此外，将 str 类型的参数传递给“%whos”命令还可以只获取字符串的变量（程序清单 1.65）。

程序清单 1.65　将 str 类型的参数传递给“%whos”命令只获取字符串的变量

In

```
%whos str
```

※1　程序清单 1.64 的输出结果中，显示的是第 1.5 节中代码按顺序执行后的结果。

Out

```
Variable    Type    Data/Info
-----------------------------
obj         str     codexa
var_2       str     机器学习
```

对于使用Python进行机器学习和数据分析操作而言，Jupyter Notebook是事实上的标准工具，尤其是经常会使用其中的魔法命令。建议读者牢记这些基本的魔法命令。

第2章 pandas的数据结构

pandas中提供了各种各样的对象，用于实现高速数据分析操作所需的数据结构。如果想要掌握pandas的运用方法，就必须理解Series、DataFrame及Index等对象。在本章中，将学习pandas中这几大主要对象的数据结构和基本操作。

注意事项

导入第2章中需要使用的软件库

在执行本章示例程序前，先执行下列代码。

程序清单 需要提前执行的代码

In

```
import pandas as pd
import numpy as np
import matplotlib.pyplot as plt
```

2.1 Series

Series对象是pandas软件库中最基本的数据结构之一。在本节中，将对Series对象的概要及其基本的类方法属性等知识进行讲解。

2.1.1 Series的概要

Series对象是用于保存带有索引的多种数据类型（int、str和float等）一维数组的对象。所谓索引，是指为数据设置的标签，常用于对数据的引用及各种处理的场景中。索引可以使用数值或字符串表示，也可以指定重复的数值。

听到一维数组的对象这种说法，读者可能很难想象出它具体是什么样的。实际上，Series对象是如图2.1所示的那样，由索引和一列数据组成。为了对数据进行引用和操作，就必须为每一个数据添加一个索引（即标签）。

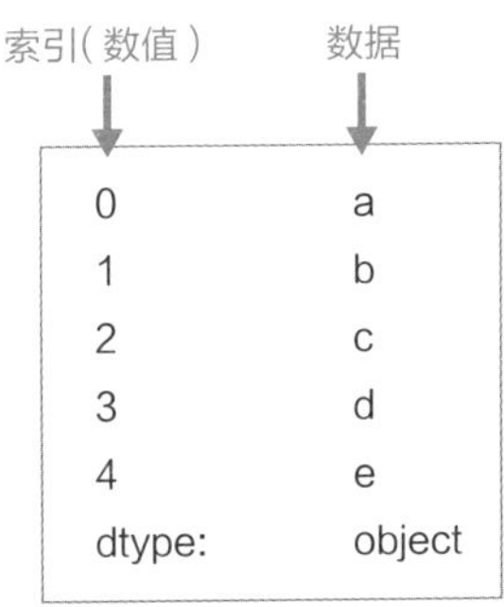

图 2.1　pandas 的 Series 对象示意图

Series对象的创建

Series对象可以通过使用Series类的构造函数创建，也可以使用Python的列表或字典创建。下面尝试将height（身高）的数据保存在Python的列表中，并使用Series类的构造函数创建Series对象（程序清单2.1）。在Series对象中，使用RangeIndex类可以将索引初始化为从0开始的标签。

程序清单 2.1 使用列表创建 Series 对象

In

```
height_list = [185,162,171,155,191,166]
height_series = pd.Series(height_list)
print(height_series)
```

Out

```
0    185
1    162
2    171
3    155
4    191
5    166
dtype: int64
```

还可以使用NumPy数组创建Series对象。下面将weight（体重）的数据作为NumPy数组创建Series对象。程序清单2.2与程序清单2.1相同，都是从0开始初始化索引标签。这里，各索引标签对应保存的每个值就是weight_arr的值。

程序清单 2.2 使用 NumPy 数组创建 Series 对象

In

```
weight_arr = np.array([72,51,69,55,87,78])
weight_series = pd.Series(weight_arr)
print(weight_series)
```

Out

```
0    72
1    51
2    69
3    55
4    87
5    78
dtype: int64
```

可以在Series类中指定name属性(该属性在将Series对象与DataFrame对象进行连接操作时会用到)。下面将字符串传递给构造函数的name参数，以实现对name属性的设置(程序清单2.3)。

程序清单 2.3　指定 Series 类的 name 属性

In

```
ser = pd.Series([1,2,3], name='some series')
print(ser)
```

Out

```
0    1
1    2
2    3
Name: some series, dtype: int64
```

还可以使用构造函数的index参数指定索引标签。虽然索引标签允许指定为重复的值，但是其长度必须与Series对象的长度保持一致。如程序清单2.4所示，虽然Series对象ser的索引值(变量labels)中包含重复的字符串，但是程序也很顺利地创建了Series对象，并不会有什么问题。

程序清单 2.4　指定参数 index 创建 Series 对象

In

```
val = [1,2,3,4,5]
labels = ['a','a','c','d','f']
ser = pd.Series(val, index=labels)
print(ser)
```

Out

```
a    1
a    2
c    3
d    4
f    5
dtype: int64
```

Series类的索引标签可以通过Series对象的index属性进行查看。从下列执行结果中可以看到，程序成功地返回了在程序清单2.4的index参数中指定索引标签的值（程序清单2.5）。关于Index对象的详细内容，将在第2.3节中进行讲解。

程序清单 2.5　通过 Series 对象的 index 属性查看索引标签

In

```
print(ser.index)
```

Out

```
Index(['a', 'a', 'c', 'd', 'f'], dtype='object')
```

下面使用Python的字典创建Series对象。如果不对构造函数的index参数进行指定，字典的键就会被作为索引使用，对应的数值就会作为Series元素的值（程序清单2.6）。

程序清单 2.6　使用字典创建 Series 对象

In

```
dic = {'T':185, 'H':162, 'B':171, 'R':155, 'M':191, 'S':166}
ser = pd.Series(dic)
print(ser)
```

Out

```
B    171
H    162
M    191
R    155
S    166
T    185
dtype: int64
```

注意事项

在Python 3.6以上或pandas 0.23以上版本中创建Series对象

在Python 3.6以上或pandas 0.23以上版本中使用字典的键值创建Series对象时，Series对象的顺序与字典的顺序是相同的。如果使用的是以前的版本，Series对象的顺序会根据键值的顺序自动进行重新排序。

使用字典创建Series对象时，如果指定index参数，程序就会根据指定给index参数的索引标签值提取字典的value值。变量dic的键是字符串'a'、'b'、'c'。下面将不包含在键中的'd'添加到index参数中，以完成Series对象创建。如程序清单2.7所示，创建好的Series对象是根据变量dic的键和index参数的值代入元素值的。由于变量dic的键中不包含'd'，因此Series对象的索引标签d对应的元素就表示为NaN（缺失值）。

程序清单 2.7 字典与参数 index 的指定

In

```
dic = {'a':0,'b':1,'c':2}
a = pd.Series(dic, index=['a','b','c','d'])
print(a)
```

Out

```
a    0.0
b    1.0
c    2.0
d    NaN
dtype: float64
```

备注

NaN

pandas中使用NaN（not a number）表示缺失值。有关缺失值的详细内容，将在第6.1节中进行讲解。

虽然也可以通过标量值创建Series对象，但是必须同时指定index参数。如程序清单2.8所示，程序是根据指定的索引标签对标量值进行代入的。

程序清单 2.8　使用标量值创建 Series 对象

In

```
pd.Series(10, index=['A','B','C'])
```

Out

```
A     10
B     10
C     10
dtype: int64
```

Series对象的索引引用

下面将只对Series对象的基本索引引用方法进行讲解。关于索引引用的具体操作方法，将在第3.1节中进行讲解。

pandas的Series对象与NumPy数组有很多部分是类似的。如程序清单2.9所示，为了确认索引引用的操作，使用构造函数创建值为1 ~ 5的整数、索引标签为字符串'啊 咦 唔 呃 哦'的Series对象。

程序清单 2.9　Series 对象的创建

In

```
val = [1,2,3,4,5]
ser = pd.Series(val, index=list('啊 咦 唔 呃 哦'))
ser
```

Out

```
啊    1
咦    2
唔    3
呃    4
哦    5
dtype: int64
```

下面将尝试使用方括号（[ ]）对Series对象的索引进行引用。如果在Series对象中使用方括号（[ ]），就可以使用Series对象的索引标签进行值的引用。程序清单2.10中，ser['啊']表示Series对象ser引用的是索引标签“啊”对应元素的值。

程序清单 2.10　使用方括号（[ ]）进行索引引用

In

```
ser['啊']
```

Out

```
1
```

Series对象与Python的序列一样，可以使用切片进行索引引用。如果使用ser['啊':'呃']，就表示使用索引标签“啊”到“呃”的切片进行值的引用（程序清单2.11）。基于使用索引标签的切片进行索引引用时，索引的起点和终点都是包含在引用范围内的。在Python的列表中使用切片进行索引引用时，终点不包含在引用范围内。关于切片索引引用的详细讲解，可参考第3.1.2小节的内容。

程序清单 2.11　使用切片进行索引引用

In

```
ser['啊':'呃']
```

Out

```
啊    1
咦    2
唔    3
呃    4
dtype: int64
```

Series对象不仅可以使用索引标签进行引用，还可以使用整数类型的位置索引进行引用。虽然Series对象ser的索引标签是字符串'啊 咦 唔 呃 哦'，但是也可以指定Series元素的位置进行引用（位置标签从0

开始）。使用位置索引进行引用时，需要使用iloc属性。由于索引标签“啊”的位置索引号为0，因此ser['啊']与ser.iloc[0]引用的是相同的值（程序清单2.12）。

程序清单 2.12　索引标签与位置索引

In

```
print(ser['啊'])
print(ser.iloc[0])
```

Out

```
1
1
```

还可以使用方括号（[ ]）对Series对象各个元素的值进行索引引用。下面将使用比较运算符，对Series对象ser中大于3的元素进行索引引用（程序清单2.13）。从下列结果中可以看到，Series对象中值为4和5的元素被成功地引用了。

程序清单 2.13　对满足指定条件的进行索引引用

In

```
ser[ser > 3]
```

Out

```
呃    4
哦    5
dtype: int64
```

Series对象的运算

下面将对Series对象的基本运算操作进行确认。例如，对Series对象ser各个元素的值加上整数2进行处理。Series对象与NumPy数组一样，无须对每一个元素进行迭代处理，只需使用算术运算符即可自动实现对Series对象的各个元素进行处理。执行“ser + 2”，将Series对象的各个元素与整数2相加（程序清单2.14）。

程序清单 2.14 Series 对象与运算符“+”

In

```
ser + 2
```

Out

```
啊    3
咦    4
唔    5
呃    6
哦    7
dtype: int64
```

在Python的列表中，如果使用运算符“+”，则会对元素进行连接操作，这与在Series对象中的操作有极大不同。下面将创建值为1 ~ 5的列表，将其保存到变量mylist中，并执行“mylist + [2]”操作（程序清单2.15）。从下列结果可以看到，Python列表变量mylist中最后的元素与整数2连接在一起。

程序清单 2.15 列表与运算符“+”

In

```
mylist = [1,2,3,4,5]
mylist + [2]
```

Out

```
[1, 2, 3, 4, 5, 2]
```

如果要对Python列表中的每个元素进行加2处理，就需要使用for语句循环对每个元素进行加法运算。下面将使用for语句对mylist的每个元素加2，使用运算符“+=”执行加法运算（程序清单2.16）。由于pandas的Series对象可以使用运算符“+”对每个元素进行加法运算，因此与Python列表的操作是不同的。

程序清单 2.16　对列表的元素进行加法运算

In

```
for i in range(5):
    mylist[i] += 2

print(mylist)
```

Out

```
[3, 4, 5, 6, 7]
```

其他的乘法和除法等运算，也可以用于在pandas的Series对象中对每个元素进行一次性的处理。下面将使用不同算术运算符对程序执行进行确认（程序清单2.17）。

程序清单 2.17　Series 对象中每个元素的乘法和除法运算

In

```
ser * 2
```

Out

```
啊     2
咦     4
唔     6
呃     8
哦    10
dtype: int64
```

In

```
ser / 2
```

Out

```
啊     0.5
咦     1.0
唔     1.5
呃     2.0
哦     2.5
```

```
dtype: float64
```

Series对象之间的运算是基于索引标签的值进行处理的。对两个Series对象进行运算时，程序会自动对每个索引标签进行调整和处理。Series对象ser的索引标签为'啊 咦 唔 呃 哦'，而程序清单2.18中Series对象ser2的索引标签则是'啊 咦 唔 呃 嘎'。执行“ser + ser2”后，ser3的索引标签是两个Series对象索引标签的合集（即至少是属于其中任意一个集合元素的整体集合）。对应的两个Series对象的索引标签位置上会返回两个元素相加后的值，如果索引标签对应的位置上没有值，程序则会自动显示NaN。

程序清单 2.18　Series 对象之间的运算

In

```
ser2 = pd.Series([6,7,8,9,10], index=list('啊 咦 唔 呃 嘎'))
ser3 = ser + ser2
print(ser3)
```

Out

```
啊     7.0
咦     9.0
唔    11.0
呃    13.0
哦     NaN
嘎     NaN
dtype: float64
```

pandas对象就如上述那样，标签与元素是相对应的，原则上是将标签与元素成对地进行处理。正因为遵循这一原则，所以pandas具有可灵活且高效地进行大量数据处理的优势。

2.1.2　Series的基本操作

Series对象是pandas中最基本的数据结构，在数据分析中经常需要使用它对数据进行处理。在本小节中，将对Series对象的基本属性

(Attributes)和方法(Methods)进行讲解。

由于DataFrame(在第2.2节中进行详细讲解)的属性及类方法有很多与Series的是相通的，因此，无须记住所有的属性和类方法，只需记住常用的基本属性和类方法即可。

Series对象的属性

接下来，我们将对用于确认Series对象索引标签的index属性进行讲解。index属性会返回Series的Index对象。

Index对象包含很多不同的种类。如果不在构造函数中指定index参数，默认值就是RangeIndex；如果指定了整数，默认值就是Int64Index；字符串则是Index。下面将在构造函数中指定包含不同索引标签的Series，并使用index属性对每个Series对象的索引进行确认(程序清单2.19)。关于Index对象的详细内容，将在第2.3节中进行讲解。

程序清单 2.19 Series 对象的 index 属性

In

```
val = [1,2,3,4,5]
a = pd.Series(val)
b = pd.Series(val, index=[0,1,2,3,4])
c = pd.Series(val, index=list('abcde'))
print(a.index)
print(b.index)
print(c.index)
```

Out

```
RangeIndex(start=0, stop=5, step=1)
Int64Index([0, 1, 2, 3, 4], dtype='int64')
Index(['a', 'b', 'c', 'd', 'e'], dtype='object')
```

使用dtype属性可以对Series对象中元素的数据类型进行确认。下面将使用不同类型的数据对dtype属性进行确认。Series对象也支持同时保存多种数据类型的情况，这种情况下的数据类型为object(程序清单2.20)。

程序清单 2.20　Series 对象的 dtype 属性

In

```
a = pd.Series(['a','b','c'])
b = pd.Series([1,2,3])
c = pd.Series([1.0,2.0,3.0])
d = pd.Series([True,False,True])
e = pd.Series(['a',1,True])

print(a.dtype, b.dtype, c.dtype, d.dtype, e.dtype )
```

Out

```
object int64 float64 bool object
```

Series对象的索引引用除了可以使用方括号（[ ]），还可以使用loc属性和iloc属性进行。iloc属性是使用位置索引的值进行引用；loc属性是使用索引标签进行索引引用。loc属性和iloc属性都支持切片处理。

首先，将创建两个包含不同索引标签的Series对象并进行确认（程序清单2.21）。Series对象a指定整数1 ~ 3为索引标签；Series对象b则指定字符串a ~ c为索引标签。

程序清单 2.21　创建包含不同索引标签的 Series 对象

In

```
a = pd.Series([1,2,3], index=[1,2,3])
a
```

Out

```
1    1
2    2
3    3
dtype: int64
```

In

```
b = pd.Series([1,2,3], index=list('abc'))
b
```

Out

```
a    1
b    2
c    3
dtype: int64
```

loc属性是使用索引标签的值对数据进行引用。下面将指定Series对象a的标签为1、Series对象b的标签为'a'对数据进行索引引用。从下列结果中可以看到，程序返回的是每个索引标签对应的元素值1（程序清单2.22）。

程序清单 2.22　使用 Series 对象的 loc 属性进行索引引用

In

```
print(a.loc[1])
print(b.loc['a'])
```

Out

```
1
1
```

iloc属性是使用整数类型的位置索引对元素进行引用。下面将对Series对象a和对象b的位置索引号0对应的数据进行引用（程序清单2.23）。

程序清单 2.23　使用 Series 对象的 iloc 属性进行索引引用

In

```
print(a.iloc[0])
print(b.iloc[0])
```

Out

```
1
1
```

iloc属性和loc属性都可以进行切片处理（程序清单2.24）。但是它们对终点的处理是不同的，在实际开发中需要注意。loc属性包含索引的终点，而iloc属性则不包含索引的终点。虽然容易混淆，但是希望读者能够准确地记住这一点。

程序清单 2.24 loc 属性和 iloc 属性的切片

In

```
a.iloc[0:1]
```

Out

```
1    1
dtype: int64
```

In

```
b.loc['a':'b']
```

Out

```
a    1
b    2
dtype: int64
```

接下来，我们将对Series对象的其他属性进行确认。如果需要确认Series对象中包含元素的数量，使用size属性是非常方便的。size属性是指用于确认Series对象中包含元素数量的属性，即使包含重复的值也是没问题的。下面将创建包含重复值的Series对象，并对其size属性进行确认（程序清单2.25）。

程序清单 2.25 Series 对象的 size 属性

In

```
ser = pd.Series([1,1,3,4,'a'])
print(ser.size)
```

Out

```
5
```

确认Series元素值是否存在重复时，可以使用is_unique属性。如果Series元素值没有重复，is_unique属性就返回True；如果Series元素包含重复值，is_unique属性就返回False。下面将创建包含唯一值的Series对象a和包含重复值的Series对象b，并对它们的is_unique属性进行确认（程序清单2.26）。

程序清单 2.26 Series 对象的 is_unique 属性

In

```
a = pd.Series([1,2,3])
b = pd.Series([1,1,3])
print(a.is_unique)
print(b.is_unique)
```

Out

```
True
False
```

使用机器学习的框架建模时，有时需要将pandas中Series对象的元素转换为NumPy数组处理。values属性是将Series对象作为NumPy数组进行返回的属性。但是，如果Series对象中包含的数据类型是pandas中特有的category类型，是无法将其作为NumPy数组处理的。下面将创建包含字符串和数值的Scries对象a和Series对象b及包含category类型值的Series对象c，并进行确认。通过Series类的构造函数下的dtype参数，可以指定Series对象中元素的数据类型（程序清单2.27）。

程序清单 2.27 Series 对象的 values 属性

In

```
a = pd.Series([1,2,3])
b = pd.Series(['a','b','c'])
c = pd.Series(['a','a','b'], dtype='category')

print(type(a.values), a.values)
print(type(b.values), b.values)
print(type(c.values), c.values)
```

Out

```
<class 'numpy.ndarray'> [1 2 3]
<class 'numpy.ndarray'> ['a' 'b' 'c']
<class 'pandas.core.categorical.Categorical'> [a, a, b]
Categories (2, object): [a, b]
```

元素的修改与添加

接下来，我们将尝试对Series对象中的元素值进行变更。对元素值进行变更时，我们是通过对需要变更的位置上的索引进行引用并将元素值代入其中实现的。如果使用切片处理，还可以同时对多个元素值进行变更。下面将创建元素值为1 ~ 5的整数，索引标签为'a' ~ 'e'的Series对象（程序清单2.28）。

程序清单 2.28　Series 对象的创建

In

```
ser = pd.Series([1,2,3,4,5], index=list('abcde'))
print(ser)
```

Out

```
a    1
b    2
c    3
d    4
e    5
dtype: int64
```

在这里，将Series对象ser的索引标签a的值从1变更为6。此外，使用切片将索引标签'b' ~ 'd'的元素值变更为7（程序清单2.29）。

程序清单 2.29　变更 Series 元素值

In

```
ser['a'] = 6
ser['b':'d'] = 7
print(ser)
```

Out

```
a    6
b    7
c    7
d    7
e    5
dtype: int64
```

我们可以通过指定没有包含在现有Series对象中的索引标签和值添加新的元素。已知Series对象ser的索引标签为'a'～'e'的英文字母字符串，下面将在方括号（[ ]）中指定现有Series对象的索引标签中不存在的索引标签'啊'，将数值4添加到Series对象中（程序清单2.30）。

程序清单 2.30　向 Series 对象中添加元素

In

```
ser['啊'] = 4
print(ser)
```

Out

```
a    6
b    7
c    7
d    7
e    5
啊    4
dtype: int64
```

我们还可以使用Series对象的append方法对不同的Series进行连接。下面将创建值为5和6，索引标签为'咦'、'唔'的Series对象ser2，并使用append方法将其与Series对象ser进行连接（程序清单2.31）。

程序清单 2.31　使用 Series 对象的 append 方法连接对象

In

```
ser2 = pd.Series([5, 6], index=['咦','唔'])
ser.append(ser2)
```

Out

```
a     6
b     7
c     7
d     7
e     5
啊    4
咦    5
唔    6
dtype: int64
```

通过append方法的ignore_index参数(默认值为False)，还可以为连接得到的Series对象重新分配索引标签。在程序清单2.31中对Series对象ser和对象ser2中原有的索引标签进行连接，产生新的Series索引标签。下面将通过在ignore_index参数中指定True重新分配索引标签(程序清单2.32)。

程序清单 2.32 使用 append 方法的 ignore_index 参数重新分配索引标签

In

```
ser.append(ser2, ignore_index=True)
```

Out

```
0     6
1     7
2     7
3     7
4     5
5     4
6     5
7     6
dtype: int64
```

◎元素的删除

删除Series对象中元素的方法有很多。首先，尝试使用Python的del语句对Series对象的元素进行删除。下面创建值为1 ~ 3、索引标签为'a' ~ 'c'的Series对象，并使用del语句将索引标签'a'的元素从Series对象中删除（程序清单2.33）。

程序清单 2.33 使用 del 语句删除 Series 对象中的元素

In

```
ser = pd.Series([1,2,3],index=list('abc'))
del ser['a']
ser
```

Out

```
b    2
c    3
dtype: int64
```

使用Series对象的drop方法也可以实现元素的删除操作。drop方法默认返回一个删除了指定元素后的Series对象，但是如果将inplace参数（默认值为False）指定为True，则可以直接对Series对象的内容进行变更。下面将使用drop方法将Series对象ser的索引标签'b'及其对应元素删除（程序清单2.34）。

程序清单 2.34 使用 drop 方法删除 Series 对象的元素

In

```
ser.drop(index='b', inplace=True)
print(ser)
```

Out

```
c    3
dtype: int64
```

重复数据

在数据分析中，经常需要对重复数据进行处理。使用Series对象的drop_duplicates方法可以将重复数据从Series对象中删除。在keep参数（默认值为first）中可以指定删除重复数据的方法。其中，first允许对重复数据中最开始的值进行保留，并将其他的重复数据删除；last则是对重复数据中最后的值进行保留，并将其他的重复数据删除。如果指定False，则可以将所有的重复数据从Series对象中删除。下面将尝试创建包含重复数据的Series对象，在drop_duplicates方法的keep参数中指定first，保留重复数据中最开始的值，并对其他的重复数据进行删除操作（程序清单2.35）。

程序清单 2.35　Series 对象的 drop_duplicates 方法

In

```
ser = pd.Series([1,1,2,2,2,3], index=list('abcdef'))
ser
```

Out

```
a    1
b    1
c    2
d    2
e    2
f    3
dtype: int64
```

In

```
ser.drop_duplicates(keep='first')
```

Out

```
a    1
c    2
f    3
dtype: int64
```

从程序清单2.35中的输出结果可以看到，Series对象ser的索引标签'a'、'c'、'f'的值被保留了，而其他重复值已经被删除。如果在keep参数中指定False，程序会将所有的重复值删除，执行操作后就只剩下索引标签'f'（值为3）（程序清单2.36）。

程序清单 2.36 drop_duplicates 方法的 keep 参数

In

```
ser.drop_duplicates(keep=False)
```

Out

```
f    3
dtype: int64
```

◎缺失数据

数据中缺少的部分称为"缺失数据"。关于pandas中对缺失数据的处理，将在第6.1节中进行详细的讲解。下面将对Series对象中提供的用于处理缺失数据的方法和属性进行讲解。

缺失数据的处理方法多种多样，其中最简单的处理方法是将缺失数据从数据中删除。下面将创建包含缺失数据的Series对象，并确认其中是否包含缺失数据，然后将缺失数据删除。使用NumPy中表示非数值的常数np.nan创建包含缺失数据的Series对象（程序清单2.37）。

程序清单 2.37 创建包含缺失数据的 Series 对象

In

```
ser = pd.Series([1,np.nan,3,4,np.nan], index=list('abcde'))
print(ser)
```

Out

```
a    1.0
b    NaN
c    3.0
d    4.0
e    NaN
dtype: float64
```

使用Series对象的isna方法可以确认元素中是否包含缺失值。这个类方法会在Series对象的元素中缺失值所在的位置返回True，其他情况则会返回False。Series对象ser的索引标签'b'和'e'对应的元素为NaN，是缺失值。从下列结果中可以看到，使用isna方法返回的Series对象中只有索引标签'b'和'e'为True，其他均为False（程序清单2.38）。

程序清单 2.38　Series 对象的 isna 方法

In

```
ser.isna()
```

Out

```
a    False
b     True
c    False
d    False
e     True
dtype: bool
```

使用isna方法可以返回一个包含bool类型的值且大小相同的Series对象。使用方括号（[ ]）引用索引，还可以将缺失值的位置从Series对象中单独提取出来（程序清单2.39）。

程序清单 2.39　使用 isna 方法提取缺失值

In

```
ser[ser.isna()]
```

Out

```
b    NaN
e    NaN
dtype: float64
```

当我们需要删除缺失值时，使用dropna方法是非常方便的。使用dropna方法会返回一个将元素中缺失值对应位置删除后的Series对象。从下列结果中可以看到，返回的是将Series对象ser的元素中缺失值的索引标签'b'和'e'及其对应元素删除后的Series对象（程序清单2.40）。

程序清单 2.40　Series 对象的 dropna 方法

In

```
ser.dropna()
```

Out

```
a    1.0
c    3.0
d    4.0
dtype: float64
```

pandas的Series类中还提供了很多其他的方法。从第3章开始，将对数据引用和文件的读取等更加实用的操作方法进行详细讲解。

2.2 DataFrame 对象

DataFrame对象是pandas中的一种数据结构。可以毫不夸张地说，它是最重要且最常用的对象。在本节中，将对DataFrame对象的概要及DataFrame对象的基本属性和方法进行讲解。

2.2.1 DataFrame对象的概要

所谓DataFrame对象，是指包含索引的二维数据结构。DataFrame的横纵方向上都附带了标签。纵向上的标签称为索引标签，横向上的标签则称为列标签。表格数据中的纵向数据称为列，横向数据称为行。行与列都有属于各自的标签，也可以指定数值或字符串等不同的数据类型。索引标签和列标签都是由pandas的Index对象构成的（Index对象的相关知识将在第2.3节中进行详细的讲解）。

也可以说DataFrame对象是一种将多个Series对象以字典形式保存的数据结构。用语言描述可能会有些复杂，如果将DataFrame对象想象成图2.2中的表格数据，将会更加容易理解。

列

索引（行）

	Name	Sex	Address	Height	Weight	Eye
0	山田	Female	Tokyo	180	86	0.8
1	竹下	Male	Osaka	176	71	1.2
2	平野	Male	Tokyo	177	66	1.5
3	村山	Male	Nagoya	184	74	0.1

图 2.2 pandas 的 DataFrame 对象

要使用pandas进行数据分析，必须先理解DataFrame对象。因此，在本节中，将对DataFrame对象的概要和基本的操作方法一起进行讲解。

DataFrame对象的创建

创建DataFrame对象的方法有很多种，可以使用Python的列表、字典及NumPy数组等数据格式创建。首先，我们将使用列表创建DataFrame对象。

我们将使用DataFrame类的构造函数创建DataFrame对象。在第一个参数中指定列表，就可以将其转换成DataFrame对象并返回。在Jupyter Notebook中，pandas的DataFrame会自动转换成HTML格式输出。下面将字符串、整数、浮点数等数值保存到变量val中，使用pd.DataFrame的构造函数创建DataFrame对象（程序清单2.41）。

程序清单 2.41　使用列表创建 DataFrame 对象

In

```
val = ['a',1,0.5]
df = pd.DataFrame(val)
df
```

Out

```
      0
------
0     a
1     1
2   0.5
```

我们在程序清单2.41中使用列表创建了DataFrame对象。虽然看起来像是一个Series，但它是包含列标签的。而Series不包含列标签。如果没有指定索引和列，程序就会自动为其分配默认值从0开始、公差为1的等差数列。

DataFrame对象的构造函数中提供了用于指定索引标签和列标签的index参数和columns参数。下面将创建列表元素中包含列表对象的变量val，在index参数和columns参数中指定字符串创建DataFrame对象。从下列结果中可以看到，程序创建了以index参数中指定的标签'a'和标签'b'为索引标签，columns参数中指定的标签'c'～标签'e'为列标签的DataFrame对象（程序清单2.42）。

程序清单 2.42 使用二维数组创建 DataFrame 对象

In

```
val = [[1,2,3],[4,5,6]]
df = pd.DataFrame(val, index=['a','b'],
columns=['c','d','e'])
df
```

Out

	c	d	e
a	1	2	3
b	4	5	6

变量val的列表中保存了分别包含3个元素的列表[1,2,3] 和[4,5,6]。如果在DataFrame对象的构造函数中指定了大小不同的列表数据，程序会自动地代入缺失值(NaN) 作为对应元素的值。下面将在构造函数中指定大小不同的列表作为元素的列表。从下列执行结果中可以看到，在第2行第3列的位置上自动代入了NaN (程序清单 2.43)。

程序清单 2.43 大小不同时会自动代入 NaN

In

```
val = [[1,2,3],[4,5]]
df = pd.DataFrame(val)
df
```

Out

	0	1	2
0	1	2	3.0
1	4	5	NaN

我们也可以通过字典创建DataFrame对象 (程序清单 2.44)。如果在构造函数中指定一个字典对象，字典的键就会成为DataFrame对象的列标签，value值则是每一列元素的值。字典中的value必须是相同长度大小的。如果value的长度大小不同，就会出现ValueError警告。

程序清单 2.44　使用字典创建 DataFrame 对象

In

```
dictionary = {'a':[1,2,3], 'b':[4,5,6]}
df = pd.DataFrame(dictionary)
df
```

Out

```
   a  b
-------
0  1  4
1  2  5
2  3  6
```

我们还可以将pandas的Series作为字典的value使用，对DataFrame对象进行创建。如果需要将多个Series作为DataFrame合并在一起时，各个Series的索引标签的合集就会作为DataFrame的索引标签。如果Series中没有相应的索引标签，程序则会自动代入缺失值NaN。

下面将创建索引标签为'A'、'B'、'C'，并且包含年龄值的Series对象age，以及索引标签为'C'、'A'、'D'，并且包含字符串'M'或'F'的Series对象sex。在DataFrame的构造函数中指定字典创建DataFrame对象。由于Series对象age中不包含索引标签'D'，因此DataFrame对象df的列age的索引标签'D'对应的值（第4行第1列）为NaN（程序清单2.45）。

程序清单 2.45　将字典中的 value 作为 Series 创建 DataFrame 对象

In

```
age = pd.Series([10,12,9], index=['A','B','C'])
sex = pd.Series(['M','F','F'], index=['C','A','D'])
df = pd.DataFrame({'age':age, 'sex':sex})
df
```

Out

```
    age  sex
------------
A  10.0    F
```

```
B   12.0   NaN
C    9.0     M
D    NaN     F
```

使用嵌套结构的字典(每个元素中保存的是字典对象的字典)也可以实现类似程序清单2.45中那样的操作(程序清单2.46)。

程序清单 2.46　使用嵌套字典创建 DataFrame 对象

In

```
nest_dict = {
    'age':{'A':10,'B':12,'C':9},
    'sex':{'C':'M','A':'F','D':'F'}
}

df = pd.DataFrame(nest_dict)
df
```

Out

```
     age   sex
------------
A   10.0     F
B   12.0   NaN
C    9.0     M
D    NaN     F
```

我们可以使用DataFrame的构造函数的dtype参数，明确指定元素的数据类型。但是，dtype参数只允许指定一种数据类型，可以在需要对DataFrame整体的数据类型进行统一时使用。dtype参数的默认值是None，数据类型是根据构造函数中指定的数据推测出来的。

下面将在dtype参数中指定None和np.float64创建DataFrame对象(程序清单2.47)。dtype参数中指定了None的df1是从数据中推测出来的int64类型，而dtype参数中指定了np.float64的df2则是float64类型。通过DataFrame的dtypes属性可以对每个列的数据类型进行确认。

程序清单 2.47 DataFrame 构造函数与 dtype 参数

In

```
val = [[1,2],[4,5]]
df1 = pd.DataFrame(val, columns=['A','B'], dtype=None)
print(df1.dtypes)
```

Out

```
A    int64
B    int64
dtype: object
```

In

```
df2 = pd.DataFrame(val, columns=['A','B'], dtype=np.float64)
print(df2.dtypes)
```

Out

```
A    float64
B    float64
dtype: object
```

DataFrame对象的索引引用

接下来，将对DataFrame对象的索引引用的基本操作进行确认。在这里，将对基本的索引引用方法进行讲解。

为了确认DataFrame对象索引引用的操作，将使用构造函数创建列标签值为'math'、'eng'、'chem'，结构为3行3列的DataFrame对象（程序清单2.48）。

程序清单 2.48 DataFrame 对象的创建

In

```
df = pd.DataFrame({
    'math':[82,93,77],
    'eng':[77,87,71],
```

```
    'chem':[69,91,89]
})

df
```

Out

```
  chem  eng  math
-----------------
0   69   77    82
1   91   87    93
2   89   71    77
```

与Series对象相同，DataFrame对象也可以使用方括号([ ])指定列标签进行索引引用。下面将使用方括号([ ])对DataFrame对象df的列标签为math的列进行引用（程序清单2.49）。如果只从DataFrame对象中引用一个列，程序就会将其作为Series对象返回。接下来，将使用type函数对对象的类型进行确认。

程序清单 2.49 使用方括号（[]）进行索引引用

In

```
df['math']
```

Out

```
0    82
1    93
2    77
Name: math, dtype: int64
```

In

```
print(type(df['math']))
```

Out

```
<class 'pandas.core.series.Series'>
```

如果需要从DataFrame对象中同时选择多个列，那么可以将列标签作为列表在方括号（[]）中指定。当同时选择了多个列时，返回的不是两个Series对象，而是一个包含两个列的DataFrame对象（程序清单2.50）。

程序清单 2.50　指定多个列进行索引引用

In

```
df[['math','eng']]
```

Out

```
   math  eng
-----------
0   82   77
1   93   87
2   77   71
```

In

```
print(type(df[['math','eng']]))
```

Out

```
<class 'pandas.core.frame.DataFrame'>
```

与Series对象相同，也可以使用方括号([])对DataFrame对象中每个元素的值进行索引引用。下面将使用比较运算符对math的值大于80的元素进行索引引用(程序清单2.51)。

程序清单 2.51　引用 bool 类型的值

In

```
df[df['math'] > 80]
```

Out

```
   chem  eng  math
-----------------
0   69   77    82
1   91   87    93
```

在pandas中，DataFrame的索引引用是一种非常重要的操作方式。在第3.1节中，将对索引引用的内容进行更为深入的讲解。

2.2.2 DataFrame的基本操作

DataFrame中提供了超过200种不同的属性和方法。关于缺失数据和重复数据及函数应用等实际业务中常用的操作方法，会从第3章开始进行讲解。为了便于理解DataFrame类，下面将从最基本的属性和方法的操作进行讲解。

DataFrame的属性

DataFrame类中的很多属性与Series类是相同的。虽然要求读者记住所有的属性显然是不太现实的，但是可以记住一些常用的属性。

需要确认DataFrame的索引标签时，可以使用index属性。与Series相同，如果没有在构造函数的index参数中进行指定，程序就会采用RangeIndex对象为其分配从0开始、公差为1的等差数列。下面将不对index参数进行指定，使用默认值创建DataFrame对象，并通过index属性对索引标签进行确认（程序清单2.52）。

程序清单 2.52 DataFrame 对象的 index 属性

In

```
val = [[1,2,3],[4,5,6]]
df = pd.DataFrame(val)
print(df.index)
df
```

Out

```
RangeIndex(start=0, stop=2, step=1)
```

	0	1	2
0	1	2	3
1	4	5	6

我们可以使用index属性和赋值运算符对DataFrame对象的索引标签进行变更。DataFrame对象df的索引标签的默认值是0和1。下面将使用index属性将索引标签变更为字符串'a'和'b'（程序清单2.53）。从下列执行结果中可以看到，索引从RangeIndex对象变更成了包含指定字符串'a'和'b'值的Index对象。有关Index对象的知识，将在第2.3节中进行讲解。

程序清单2.53　使用index属性变更索引标签

In

```
df.index = ['a','b']
print(df.index)
df
```

Out

```
Index(['a', 'b'], dtype='object')
```

	0	1	2
a	1	2	3
b	4	5	6

正如前面讲解的那样，DataFrame对象的行与列都带有不同的标签。使用index属性可以获取索引标签，而获取列标签则可以使用columns属性。DataFrame对象df的列标签是由RangeIndex对象分配的默认值从0开始、公差为1的等差数列（程序清单2.54）。

程序清单2.54　DataFrame对象的columns属性

In

```
df.columns
```

Out

```
RangeIndex(start=0, stop=3, step=1)
```

下面将列标签变更为字符串'c'、'd'、'e'，可以通过将字符串以列表的形式代入columns属性中实现变更。从下列结果中可以看到，执行代码后，索引变更成了包含指定字符串值的Index对象（程序清单2.55）。

程序清单 2.55　使用 columns 属性变更列标签

In

```
df.columns = ['c','d','e']
df.columns
```

Out

```
Index(['c', 'd', 'e'], dtype='object')
```

与Series相同，DataFrame也提供了loc属性和iloc属性。我们可以使用这两个属性对DataFrame进行索引引用。下面将进行实际的操作。

loc属性可以指定行或列的标签对数据进行引用。DataFrame的loc属性是像loc['行标签', '列标签'] 这样，使用逗号(,)隔开的方式对行和列进行指定。下面将使用loc属性对索引标签为'a'的行进行引用（程序清单2.56）。如果在索引引用时使用冒号(:)进行指定，就表示选择所有行或列。df.loc['a', :] 是指对DataFrame对象df的索引标签'a'中所有的列进行选择。

程序清单 2.56　DataFrame 对象的 loc 属性

In

```
df.loc['a', :]
```

Out

```
c    1
d    2
e    3
Name: a, dtype: int64
```

接下来，将使用loc属性对索引标签为'b'、列标签为'e'的列进行引用。在程序清单2.56中，由于选择了索引标签为'a'的所有列，因此返回的是包含选择的值的Series对象。而这里返回的则是索引标签为'b'且列标签为'e'的元素的值，也就是整数6（程序清单2.57）。

程序清单2.57　使用loc属性进行索引引用

In

```
df.loc['b', 'e']
```

Out

```
6
```

DataFrame与Series相同，既可以通过标签进行引用，也可以使用整数对位置进行索引引用。如果是DataFrame，位置索引就是在行方向和列方向上从0开始、公差为1的等差数列整数。通过DataFrame的iloc属性，可以指定整数对行和列的位置进行索引引用。下面将尝试在刚刚使用loc属性进行引用的相同位置上，通过iloc属性进行引用。iloc属性也支持使用逗号隔开的方式对行和列进行指定（程序清单2.58）。

程序清单2.58　DataFrame对象的iloc属性

In

```
df.iloc[0, :]
```

Out

```
c    1
d    2
e    3
Name: a, dtype: int64
```

In

```
df.iloc[1, 2]
```

Out

```
6
```

下面将对DataFrame的其他属性进行确认。在进行大规模的数据分析时，对DataFrame大小的把控是非常重要的。通过shape属性可以将DataFrame的大小以元组类型返回。df是一个2行3列的DataFrame对象，如果确认shape属性，就会得到(2, 3) 的输出结果。shape属性返回的是“(行数, 列数)”形式的元组对象（程序清单2.59）。

程序清单 2.59　DataFrame 对象的 shape 属性

In

```
df.shape
```

Out

```
(2, 3)
```

对DataFrame对象中包含的元素数量进行确认时，可以使用size属性。使用size属性返回的是单纯将DataFrame对象的行数与列数相乘的数值。由于df是一个2行3列的DataFrame对象，因此其中包含的元素数量就是6（程序清单2.60）。

程序清单 2.60　DataFrame 对象的 size 属性

In

```
df.size
```

Out

```
6
```

使用size属性确认DataFrame的元素数量时，如果元素中包含缺失值NaN，也会一起被计入。下面将使用DataFrame类的构造函数创建一个包含缺失值3行2列的DataFrame，使用shape属性对DataFrame的尺寸进行确认，并使用size属性对元素数量进行确认（程序清单2.61）。由于是3行2列的DataFrame对象，因此shape属性返回的就是（3, 2）。此外，size属性则会返回包含缺失值的元素数量为6。

程序清单 2.61　size 属性与缺失值 NaN

In

```
df = pd.DataFrame([[1.0,np.nan],[2.0,np.nan],[np.nan,3.0]])
print(df.shape)
print(df.size)
```

Out

```
(3, 2)
6
```

DataFrame的修改与添加

pandas 的 DataFrame 与 Python 的字典操作方法类似，可以使用索引引用对 DataFrame 中特定位置的值进行变更。

下面将创建DataFrame对象，并将值为5的元素变更为100（程序清单2.62）。使用DataFrame的iloc属性引用指定的位置，并使用赋值运算符“=”进行变更。

程序清单 2.62　变更 DataFrame 对象的值

In

```
df = pd.DataFrame([[1,2,3],[4,5,6]])
df.iloc[1,1] = 100
df
```

Out

	0	1	2
0	1	2	3
1	4	100	6

向现有的 DataFrame 对象添加新的列或行也是经常需要的操作。添加列可以像 df['新的索引标签'] 这样进行指定和添加。如果代入标量值，则所有的行都会代入相同的值。虽然可以使用列表对象对值进行添加，但是如果指定的是大于行数的列表，就会出现 ValueError 警告。

下面将向DataFrame对象df中添加'new1'、'new2'这两个新的列（程序清单2.63）。

程序清单 2.63　向 DataFrame 对象中添加列

In

```
df['new1'] = 10
df['new2'] = [5,6]
df
```

Out

```
    0    1   2  new1  new2
--------------------------
0  1    2   3    10     5
1  4  100   6    10     6
```

接下来，向DataFrame对象中添加行。添加行的方法也有很多。其中，使用DataFrame类的append方法可以实现高效的行数据添加操作。在第5章中，会对更具实践性的数据转换进行讲解，在这里先对基本的操作进行确认。

append方法是在第一个参数中指定Series对象或DataFrame对象对行进行添加。下面将创建与DataFrame对象df的列数相等的Series对象，并添加为新的行。

Series类的name属性可以作为索引标签使用。此外，添加时程序会对每一个列标签进行对照和添加。因此，在程序清单2.64中，将需要添加的Series的索引标签与df的列标签设置为相等。

程序清单 2.64　向 DataFrame 对象中添加行

In

```
val = [7,8,9,10,11]
idx = [0,1,2,'new1','new2']
series_add = pd.Series(val, index=idx, name='new3')
df = df.append(series_add)
df
```

Out

```
        0    1  2  new1  new2
---------------------------
   0  1    2  3    10     5
   1  4  100  6    10     6
new3  7    8  9    10    11
```

在数据分析的任务中，经常需要灵活地对数据进行转换。

行与列的删除

从DataFrame中删除不需要的行或列时，可以使用drop方法执行处理。drop方法是通过在参数中对要删除对象的索引标签或列标签进行指定删除的。此外，删除的坐标轴需要在axis参数中指定。删除索引标签时指定axis=0，删除列标签时指定axis=1。由于默认值是axis=0，因此labels参数中指定的索引标签会被删除。

下面将删除DataFrame对象df中索引标签为new3的行。在drop方法的labels参数中指定'new3'，axis参数中指定0。将inplace参数指定为True，直接对DataFrame进行修改（程序清单2.65）。

程序清单 2.65　使用drop方法删除行

In

```
df.drop(labels='new3', axis=0, inplace=True)
df
```

Out

```
   0    1  2  new1  new2
-----------------------
0  1    2  3    10     5
1  4  100  6    10     6
```

列的删除是在axis参数中指定1，并以相同的方式，在labels参数中指定列标签。如果要同时删除多个行或多个列时，可以分别将多个标签以列表对象的形式进行指定。下面将对DataFrame对象df的列标签new1和new2对应的列进行删除（程序清单2.66）。

程序清单 2.66　使用 drop 方法删除多个列

In

```
df.drop(labels=['new1','new2'], axis=1, inplace=True)
df
```

Out

	0	1	2
0	1	2	3
1	4	100	6

重复数据

在第2.1节中，学习了如何对Series中的重复数据进行处理，在这里也将对DataFrame中重复数据的处理方法进行讲解。使用DataFrame类的duplicated方法可以将包含重复数据的行或列单独提取出来。首先，将创建一个包含重复数据5行3列的DataFrame对象（程序清单2.67）。

程序清单 2.67　DataFrame 对象的创建

In

```
val = [[1,2,3],[4,5,6],[1,2,3],[3,5,6],[1,2,3]]
df = pd.DataFrame(val, columns=list('ABC'))
df
```

Out

	A	B	C
0	1	2	3
1	4	5	6
2	1	2	3
3	3	5	6
4	1	2	3

使用duplicated方法可以对每行的重复数据进行搜索。如果有重复数据，就会返回True；如果都是唯一的值，则会返回False这样包含

bool类型值的Series对象。通过keep参数可以对提取重复数据的方法进行指定。默认值first是在重复数据中开始的位置上返回False，随后的重复值则返回True。与此相对，last是在重复数据中最后的位置上返回False，其他的重复值则返回True。如果在keep参数中指定False，所有重复数据的位置上都将返回True。

DataFrame对象df的索引标签0、2、4的值是重复的。下面将keep参数设为first，对DataFrame的重复数据进行提取。从下列执行结果中可以看到，使用duplicated方法返回的Series元素中，True位置对应的是重复的行（程序清单2.68）。

程序清单 2.68　使用 duplicated 方法对重复数据进行提取

In

```
df.duplicated(keep='first')
```

Out

```
0     False
1     False
2      True
3     False
4      True
dtype: bool
```

接下来，将使用方括号（[ ]）和duplicated方法返回Series对象引用DataFrame对象df中的重复的行（程序清单2.69）。

程序清单 2.69　使用 duplicated 方法提取重复数据

In

```
df[df.duplicated(keep='first')]
```

Out

```
   A  B  C
----------
2  1  2  3
```

```
4  1  2  3
```

从DataFrame对象中删除重复数据时，可以使用drop_duplicates方法。使用drop_duplicates方法可以将包含重复数据的行删除。DataFrame类提供了与duplicated方法相同的可以对重复数据的提取方法进行指定的keep参数。下面将指定first，将重复数据从DataFrame对象中删除（程序清单2.70）。

程序清单 2.70 使用 drop_duplicates 方法删除重复数据

In

```
df.drop_duplicates(keep='first', inplace=True)
df
```

Out

```
   A  B  C
----------
0  1  2  3
1  4  5  6
3  3  5  6
```

缺失数据

与Series类相同，DataFrame类也提供了各种不同的用于处理缺失数据的功能。从DataFrame对象中提取缺失数据时，使用isna方法是非常方便的。isna方法会在缺失数据的位置上返回True，其他情况则会返回False（程序清单2.71）。

程序清单 2.71 DataFrame 类的 isna 方法

In

```
val = [[1,2,3],[4,5,np.nan],[1,np.nan,np.nan],[3,5,6],[7,8,9]]
df = pd.DataFrame(val, columns=list('ABC'))
df.isna()
```

Out

```
        A      B      C
---------------------
0  False  False  False
1  False  False   True
2  False   True   True
3  False  False  False
4  False  False  False
```

此外，还有一个notna方法执行与isna方法相反的处理。notna方法是在DataFrame对象中不是缺失值的位置上返回True，在缺失值的位置上则返回False（程序清单2.72）。

程序清单 2.72 DataFrame 类的 notna 方法

In

```
df.notna()
```

Out

```
      A      B      C
---------------------
0  True   True   True
1  True   True  False
2  True  False  False
3  True   True   True
4  True   True   True
```

要删除DataFrame对象中的缺失数据时，使用dropna方法是非常方便的。通过axis参数，可以在行和列的方向上对数据进行指定，如axis=0表示行方向；axis=1表示列方向。下面将对不同坐标轴方向进行指定并对操作进行确认（程序清单2.73）。从下列结果中可以看到，返回了在每个坐标轴方向上删除缺失数据的DataFrame对象。

程序清单 2.73 DataFrame 类的 dropna 方法

In

```
df.dropna(axis=1)
```

Out

```
   A
----
0  1
1  4
2  1
3  3
4  7
```

In

```
df.dropna(axis=0)
```

Out

```
   A    B    C
--------------
0  1  2.0  3.0
3  3  5.0  6.0
4  7  8.0  9.0
```

在本节中，对DataFrame类的概要、DataFrame类的基本属性和方法进行了讲解。DataFrame类中提供了功能丰富的属性和方法，建议读者牢记本节中讲解的基本操作。

2.3 索引

pandas的Series和DataFrame中是一定会包含索引(Index)的。因此，为了实现高效的pandas处理，就必须理解Index对象的特性。在本节中，将对Index对象的概要和基本操作进行讲解。

2.3.1 索引的概要

Index对象是有序的、不可变的多维数组。Index对象中保存着行和列的标签信息，以及其他的数据（name属性等）。

下面将图2.3中的DataFrame作为示例进行思考。图中的列标签“啊咦、唔、呃、哦”和索引标签“a、b、c”都是由Index对象构成的。

	啊	咦	唔	呃	哦
a	1	2	3	4	5
b	6	7	8	9	10
c	11	12	13	14	15

图 2.3　列与索引的示例

正是因为有Index对象的存在，pandas才能够实现灵活的数据引用和复杂的处理。Index对象拥有复杂的结构，且具有不可变的数组和有序的集合等特点。下面将对Index对象的特性和基本操作方法进行讲解。

索引的创建

创建Series对象或DataFrame对象时，即使不指定索引，也会自动根据默认值生成索引。下面将创建DataFrame对象，并使用index属性对Index对象进行确认。

DataFrame对象中纵向的标签称为索引标签，横向的标签则称为列标签。前面已经讲解过，DataFrame对象的索引和列都是由Index对象构成的（程序清单2.74）。

程序清单 2.74 Index 对象的确认

In

```
df = pd.DataFrame([[1,2,3],[4,5,6]])
df
```

Out

```
   0  1  2
----------
0  1  2  3
1  4  5  6
```

In

```
print(df.index)
print(df.columns)
```

Out

```
RangeIndex(start=0, stop=2, step=1)
RangeIndex(start=0, stop=3, step=1)
```

虽然在实际数据分析业务中不会经常执行这一操作，但是还是可以使用Index类的构造函数创建Index对象。下面将在第一个参数中指定一个一维数组，并使用type函数对新生成对象的类型进行确认（程序清单2.75）。

程序清单 2.75 Index 对象的构造函数

In

```
idx = pd.Index([1,2,3,4,5])
idx
```

Out

```
Int64Index([1, 2, 3, 4, 5], dtype='int64')
```

In

```
type(idx)
```

Out

```
pandas.core.indexes.numeric.Int64Index
```

◎索引的特点

索引具有类似数组的特性。例如，可以通过索引引用提取Index对象的值。此外，还可以使用切片操作（程序清单2.76）。

程序清单 2.76 Index 对象的索引引用

In

```
print(idx[0])
print(idx[1:3])
```

Out

```
1
Int64Index([2, 3], dtype='int64')
```

不可变是Index对象非常重要的特点之一。如果强行对索引的值进行变更，就会出现TypeError警告（程序清单2.77）。

程序清单 2.77 Index 对象不可变

In

```
idx[0] = 1
```

Out

```
（…略…）
TypeError: Index does not support mutable operations
```

pandas是专门针对处理复杂的数据转换和复杂的数据统计而设计的软件库。在这些处理中，很多情况下都使用了集合运算。Python中提供了专门用于处理集合的集合（set）对象（参考第1.3.10小节），而pandas的Index对象也具有集合对象的特征。

下面将创建两个Index对象，并进行集合运算。使用运算符“&”进行交集运算，使用运算符“|”进行并集运算（程序清单2.78）。

程序清单 2.78　Index 对象的运算

In

```
idx1 = pd.Index([1,7,2,3,5])
idx2 = pd.Index([3,4,1,5,6])

print(idx1 & idx2)
print(idx1 | idx2)
```

Out

```
Int64Index([1, 3, 5], dtype='int64')
Int64Index([1, 2, 3, 4, 5, 6, 7], dtype='int64')
```

Python的集合对象中的值必须是唯一值，而pandas的Index对象则允许包含重复的值（程序清单2.79）。

程序清单 2.79　Index 对象可以包含重复的值

In

```
set_obj = {1,1,2,2,4,5}
idx3 = pd.Index([1,1,2,2,4,5])

print(set_obj)
print(idx3)
```

Out

```
{1, 2, 4, 5}
Int64Index([1, 1, 2, 2, 4, 5], dtype='int64')
```

● 不同种类的Index对象

Index对象中存在为提高内存效率而设计的对象和处理特定数据类型的对象。下面将对其中较为常用的Index对象进行讲解。

创建DataFrame对象或Series对象时，如果不指定索引，程序就会使用RangeIndex对象分配默认值。RangeIndex对象会生成包含均等分配的连续整数值的索引（程序清单2.80）。

程序清单 2.80　生成 RangeIndex 对象的索引

In

```
df1 = pd.DataFrame([1,2,3,4,5])
df1.index
```

Out

```
RangeIndex(start=0, stop=5, step=1)
```

我们也可以使用RangeIndex类的构造函数生成索引。与Python的range函数类似，将起点（start）、终点（stop）和步长（step）作为参数进行指定即可（程序清单2.81）。

程序清单 2.81　RangeIndex 类的构造函数

In

```
idx = pd.RangeIndex(start=0,stop=5,step=1)
idx
```

Out

```
RangeIndex(start=0, stop=5, step=1)
```

如果指定整数生成Index对象，程序就会自动生成Int64Index对象。在DataFrame类的构造函数的index参数中指定任意整数，即可创建将Int64Index对象作为索引的DataFrame对象（程序清单2.82）。

程序清单 2.82　Int64Index 对象的创建

In

```
df2 = pd.DataFrame([1,2,3,4,5],index=[0,1,2,3,4])
df2.index
```

Out

```
Int64Index([0, 1, 2, 3, 4], dtype='int64')
```

由于RangeIndex对象比Int64Index对象的内存使用效率更高，因此在很多情况下可以使用RangeIndex对象缩短计算时间。

pandas还擅长处理时间序列数据。DatetimeIndex是用于处理NumPy的datetime64类型数据的Index对象，它可以高效地对时间序列数据进行处理。关于时间序列数据的详细操作，将在第8.4节中进行讲解。

我们可以使用DatetimeIndex类的构造函数生成DatetimeIndex对象。其中，freq参数可用于指定时间序列数据的频率；字符串'D'用于指定使用日期频率。下面将指定起点（start）和终点（end）生成DatetimeIndex对象（程序清单2.83）。

程序清单 2.83　DatetimeIndex 对象的生成

In

```
idx_date = pd.DatetimeIndex(
    freq='D',
    start='2018-12-28',
    end='2019-01-05'
)

idx_date
```

Out

```
DatetimeIndex(['2018-12-28', '2018-12-29', '2018-12-30'➡
, '2018-12-31',
               '2019-01-01', '2019-01-02', '2019-01-03'➡
, '2019-01-04',
               '2019-01-05'],
              dtype='datetime64[ns]', freq='D')
```

由于DatetimeIndex对象也是Index对象，因此也可以在DataFrame类的构造函数的index参数中指定idx_date，将其作为DataFrame对象的索引标签使用（程序清单2.84）。

程序清单 2.84　创建包含 DatetimeIndex 对象的 DataFrame 对象

In

```
df_date = pd.DataFrame([1,2,3,4,5,6,7,8,9], index=idx_date)
```

```
df_date
```

Out

```
                0
-------------
2018-12-28   1
2018-12-29   2
2018-12-30   3
2018-12-31   4
2019-01-01   5
2019-01-02   6
2019-01-03   7
2019-01-04   8
2019-01-05   9
```

使用DatetimeIndex对象就可以通过表示时间的字符串进行索引引用。虽然在DatetimeIndex对象的idx_date中分配了2018年和2019年的索引，但是如果将2019作为字符串指定，就可以单独对与2019年相对应的索引标签进行引用（程序清单2.85）。

程序清单 2.85　DatetimeIndex 对象的索引引用

In

```
df_date['2019']
```

Out

```
                0
-------------
2019-01-01   5
2019-01-02   6
2019-01-03   7
2019-01-04   8
2019-01-05   9
```

2.3.2 索引的基本操作

Index对象的作用是为Series对象或DataFrame对象中的元素分配标签，使数据操作及其他各种处理得以更高效地执行。虽然Index对象在pandas的操作中起着非常重要的作用，但是需要单独处理Index对象的情况极为少见。

与DataFrame对象类似，Index对象中也存在大量的属性和类方法。下面将对其中一些需要着重掌握的核心操作方法进行讲解。

Index对象的属性

Index对象的许多属性与Series对象中的属性是相同的。Index对象的size属性可以用于确认索引中包含的元素的数量，缺失值NaN也会作为一个元素被计入（程序清单2.86）。

程序清单 2.86　Index 对象的 size 属性

In

```
idx = pd.Index([1,2,3,4,np.nan])
print(idx.size)
```

Out

```
5
```

前面已经介绍过，Index对象的值不一定都是整数。使用dtype属性可以输出Index对象对应元素的数据类型。下面将创建包含不同数据类型元素的Index对象，并使用dtype属性对数据的类型进行确认（程序清单2.87）。

程序清单 2.87　Index 对象的 dtype 属性

In

```
idx_int = pd.Index([1,2,3])
idx_float = pd.Index([0.1,0.2,0.3])
idx_obj = pd.Index([1,'a',0.1])

print(idx_int.dtype)
```

```
print(idx_float.dtype)
print(idx_obj.dtype)
```

Out

```
int64
float64
object
```

在实际中，将DataFrame对象或Series对象的索引值作为NumPy数组使用的情况也不少见。通过使用values属性，可以将Index对象的值转换为NumPy数组（程序清单2.88）。

程序清单 2.88　Index 对象的 values 属性

In

```
idx_arr = pd.Index([1,2,3])
print(type(idx_arr))
print(type(idx_arr.values))
```

Out

```
<class 'pandas.core.indexes.numeric.Int64Index'>
<class 'numpy.ndarray'>
```

Index对象中允许包含重复的值。访问is_unique属性时，当索引的值都是唯一值时返回True；如果包含重复的值，则返回False（程序清单2.89）。

程序清单 2.89　Index 对象的 is_unique 属性

In

```
idx = pd.Index([1,2,2])
print(idx.is_unique)
```

Out

```
False
```

重建索引

虽然索引的值是不可变的，但是为DataFrame对象或Series对象重新分配索引也是很常用的操作。pandas的Series对象和DataFrame对象中提供了可以用于重建索引的reindex方法。

下面将使用DataFrame对象的reindex方法，为其重新分配索引。因此，这里特意创建了索引标签为0、2、4的DataFrame对象（程序清单2.90）。

程序清单 2.90 DataFrame 对象的创建

In

```
val = [[1,2,3],[4,5,6],[7,8,9]]
df = pd.DataFrame(val,index=[0,2,4],columns=['a','b','c'])
df
```

Out

	a	b	c
0	1	2	3
2	4	5	6
4	7	8	9

接下来，将重建DataFrame对象df的索引标签，将新的索引值传递给DataFrame对象中reindex方法的第一个参数。df原有的索引值为0、2、4，这里将使用reindex方法指定0 ~ 4的整数作为新的索引值（程序清单2.91）。

程序清单 2.91 使用 reindex 方法重建索引

In

```
df = df.reindex([0,1,2,3,4])
df
```

Out

	a	b	c
0	1.0	2.0	3.0

```
1  NaN  NaN  NaN
2  4.0  5.0  6.0
3  NaN  NaN  NaN
4  7.0  8.0  9.0
```

从上述程序清单2.91中可以看到，未包含在原始索引标签中的索引标签对应的行中被自动代入NaN。这样，就可以保持原有DataFrame对象的索引标签与列标签之间成对的关系。

我们还可以使用DataFrame对象的index属性对索引标签进行变更。由于Index对象是不可变的，因此执行这一操作就会导致程序分配新创建的Index对象。此外，原始Index对象和新的Index对象长度大小必须是相同的。如果长度大小不同，程序执行时就会出现ValueError警告（程序清单2.92）。

程序清单 2.92　使用 index 属性重建索引

In

```
df.index = [5,6,7,8,9]
df
```

Out

```
     a    b    c
---------------
5  1.0  2.0  3.0
6  NaN  NaN  NaN
7  4.0  5.0  6.0
8  NaN  NaN  NaN
9  7.0  8.0  9.0
```

我们还可以使用Index对象生成列标签。下面将使用reindex方法重建列标签，只需在reindex方法的columns参数中指定新的值即可实现重建。在程序清单2.93中，与索引标签一样，新添加的d列中被自动代入NaN。

程序清单 2.93　使用 reindex 方法重建列标签

In

```
df = df.reindex(columns=['a','b','c','d'])
df
```

Out

```
     a    b    c    d
---------------------
5  1.0  2.0  3.0  NaN
6  NaN  NaN  NaN  NaN
7  4.0  5.0  6.0  NaN
8  NaN  NaN  NaN  NaN
9  7.0  8.0  9.0  NaN
```

reindex方法还允许在重建索引时设置填充缺失值NaN，只需在method参数中指定填充方法即可。填充方法有多种，这里将使用ffill添加缺失值。如果没有明确指定，在程序清单2.94中添加的新索引标签为10的元素值就会是NaN。但是，由于在method参数中指定了基于ffill的填充处理，因此索引标签10对应的元素中代入的就是索引标签9对应的元素值。

程序清单 2.94　基于 reindex 方法的 ffill 填充

In

```
df = df.reindex([5,6,7,8,9,10], method='ffill')
df
```

Out

```
      a    b    c    d
----------------------
 5  1.0  2.0  3.0  NaN
 6  NaN  NaN  NaN  NaN
 7  4.0  5.0  6.0  NaN
 8  NaN  NaN  NaN  NaN
 9  7.0  8.0  9.0  NaN
10  7.0  8.0  9.0  NaN
```

在处理时间序列数据时，缺失值的填充方法使用起来非常方便。建议读者将其作为一项基本的操作牢记于心。

◎索引的排序

我们还可以将索引的值作为基准，使用sort_values方法进行排序。在sort_values方法的ascending参数中可以指定升序（True）和降序（False）。此类方法的默认值是True，表示按升序排序（程序清单2.95）。

程序清单 2.95　Index 对象的 sort_values 方法

In

```
idx = pd.Index([5,1,3,4,2])
print(idx)
print(idx.sort_values())
print(idx.sort_values(ascending=False))
```

Out

```
Int64Index([5, 1, 3, 4, 2], dtype='int64')
Int64Index([1, 2, 3, 4, 5], dtype='int64')
Int64Index([5, 4, 3, 2, 1], dtype='int64')
```

如果索引的值是字符串，就是按照字典的顺序进行排序（程序清单2.96）。

程序清单 2.96　使用 sort_values 方法对字符串进行排序

In

```
idx = pd.Index(['咦','啊','唔'])
print(idx.sort_values())
```

Out

```
Index(['啊','咦','唔'], dtype='object')
```

当需要根据Index对象对应的元素进行排序时，则可以使用Index对象的sort_values方法；当需要根据Series对象或DataFrame对象的索引标签对应的值进行排序时，则可以使用sort_index方法。下面将创建一个Series对象，并使用sort_index方法，基于索引标签对其进行排序（程序清单2.97）。

程序清单 2.97　Series 对象的 sort_index 方法

In

```
ser = pd.Series([1,2,3], index=idx)
ser
```

Out

```
咦    1
啊    2
唔    3
dtype: int64
```

In

```
ser.sort_index()
```

Out

```
啊    2
咦    1
唔    3
dtype: int64
```

在实际数据分析任务中，基于特定列的值或索引标签进行排序的需求是相当多的。关于DataFrame和Series的数据排序方法，将在第4.2节中进行详细的讲解。

包含重复数据的索引

pandas的Index对象中允许包含重复数据。当需要对索引的值中是否包含重复数据进行确认时，可以使用is_unique属性。如果所有的值都是唯一值就返回True，其他情况则返回False（程序清单2.98）。

程序清单 2.98　Index 对象的 is_unique 属性

In

```
idx1 = pd.Index([1,1,2,3,4,5])
idx2 = pd.Index([1,2,3,4,5,6])

print(idx1.is_unique)
print(idx2.is_unique)
```

Out

```
False
True
```

使用Index对象的duplicated方法对重复数据进行判断，其结果会以对应索引的NumPy数组形式返回。此外，正如已经在DataFrame的基本操作（参考第2.2.2小节）中讲解过的，还可以在duplicated方法的keep参数中指定提取重复数据的方法。下面将keep的值指定为False，将所有的重复数据提取出来（程序清单2.99）。

程序清单 2.99　Index 对象的 duplicated 方法

In

```
print(idx1)
print(idx1.duplicated(keep=False))
```

Out

```
Int64Index([1, 1, 2, 3, 4, 5], dtype='int64')
[ True  True False False False False]
```

与Series对象和DataFrame对象类似，Index对象也提供了drop_duplicates方法。下面将在keep参数中指定False，将Index对象idx1中包含的重复数据删除（程序清单2.100）。

程序清单 2.100　Index 对象的 drop_duplicates 方法

In

```
idx1.drop_duplicates(keep=False)
```

Out

```
Int64Index([2, 3, 4, 5], dtype='int64')
```

包含缺失数据的索引

极少数情况下，索引中也会包含缺失数据。因此，在Index对象中也提供了专门用于处理缺失数据的属性和方法。对索引中是否包含缺失数据进行确认时，可以使用hasnans属性。如果找到了缺失数据，就会返回True（程序清单2.101）。

程序清单 2.101 Index 对象的 hasnans 属性

In

```
idx = pd.Index([1,np.nan,3])
print(idx.hasnans)
```

Out

```
True
```

使用isna方法可以提取缺失索引值的位置。此外，与DataFrame和Series类似，使用dropna方法也可以对缺失数据进行删除操作（程序清单2.102）。

程序清单 2.102 isna 方法与 dropna 方法

In

```
idx.isna()
```

Out

```
array([False,  True, False])
```

In

```
idx.dropna()
```

Out

```
Float64Index([1.0, 3.0], dtype='float64')
```

虽然单独使用Index对象的情况并不多，但是在对DataFrame对象和Series对象的操作过程中，Index对象是必不可少的。因此，建议读者牢记Index对象的基本操作方法。

至此，已经对pandas的数据结构Series、DataFrame和Index的基本操作进行了讲解。这些数据结构都是在运用pandas时非常重要的对象，并且对数据结构的理解是开发人员在进行正确的数据分析时必须具备的能力。在第2.4节中，将使用实际的数据集，对基于pandas的数据分析基本操作步骤进行讲解。

注意事项

面板

pandas中不仅包括Series、DataFrame和Index等数据结构，还包括一种名为面板（Panel）的数据结构。虽然面板是专门用于处理三维结构的对象，但是由于我们可以使用DataFrame的多重索引（Multiindex）处理三维结构，因此将来面板这种数据结构可能会被废除。本书将在第8.3节中对DataFrame的多重索引进行讲解，但是并不会对面板的内容进行讲解。

2.4 pandas的初次接触

在对pandas的详细操作方法进行深入讲解前，将演示如何通过pandas对实际数据进行基本的数据分析。本节的主要目标是让读者了解pandas是如何对实际数据集进行处理的，并在脑海中留下大概的印象。

2.4.1 数据集的概要

本节中，将使用美国加利福尼亚大学尔湾分校（UCI）运营的UCI Machine Learning Repository公布的Adult Data Set数据集。该数据集是美国人口普查局于1994年进行人口普查的子集数据。其中包括美国的劳动年龄人口（17岁以上）的学历和职业等属性信息，以及年收入是否高于或低于5万美元的分类类别。我们在下列表格中对该数据集的概要进行了总结（表2.1）。

表2.1 Adult Data Set数据集的概要

出处	加利福尼亚大学尔湾分校 URL https://archive.ics.uci.edu/ml/datasets/adult
资料捐赠	Ronny Kohavi、Barry Becker Data Mining、Visualization Silicon Graphics

该数据集包含作为人口普查对象的32561个人的数据。数据的属性信息如表2.2所列。

表2.2 Adult Data Set数据集的属性信息

列名称	说　明	列名称	说　明
age	年龄	workclass	职业分类
fnlwgt	调整后的所得指数	education	学历
education.num	在校年数	marital.status	婚姻状况
occupation	职业	relationship	家庭关系
race	人种	sex	性别
capital.gain	资本收益	capital.loss	资本亏损

续表

列名称	说　明	列名称	说　明
hours.per.week	每周工作时间	native.country	国籍
income	年收入5万美元	—	—

2.4.2　数据的读入

在本小节中，将使用pandas读取数据，并对基本的数据分析任务进行处理。关于pandas的详细操作方法，将在第3章中进行讲解。

Adult Data Set数据集可以从加利福尼亚大学的下列网页中获取。网页上面总共公布的相关文件有4份，本书使用的是其中的adult.data文件（注意扩展名为.data），其内容是用逗号分隔的文本数据。

- Index of /ml/machine-learning-databases/adult

URL　https://archive.ics.uci.edu/ml/machine-learning-databases/adult/

我们将使用pandas把adult.data文件作为DataFrame对象进行读取。使用pandas可以读取各种格式的文件。例如，CSV文件可以使用pandas的内置函数read_csv读取（在第一个参数中指定需要读取的目标文件路径）。此外，使用read_csv函数可以将CSV文件的数据转换为DataFrame对象并返回。

首先，将存储了adult.data的URL变成域名、路径、文件名的字符串代入各个变量中，使用read_csv函数直接从URL中读取文件。由于adult.data是不包含表头信息的，因此需要在read_csv函数的header参数中指定None。此外，如果直接打开adult.data，就可以看到在逗号分隔符的后面加入了空格。下面将在read_csv函数的skipinitialspace参数中指定True，以实现将分隔符后面的空格删除后，再进行读取（程序清单2.103）。

程序清单 2.103　使用 read_csv 函数读取文件

In

```
domain = 'https://archive.ics.uci.edu'
path = '/ml/machine-learning-databases/adult/'
file = 'adult.data'
df = pd.read_csv(domain + path + file, header=None, ➡
skipinitialspace=True)
```

接下来，将使用iloc属性对DataFrame对象的前两行数据进行显示。每一行都是一名人口普查对象的记录（程序清单2.104）。

程序清单 2.104 使用 iloc 属性显示 DataFrame 对象的前两行

In

```
df.iloc[0:2]
```

Out

	0	1	2	3	4	5	6	7	8	9	10	11	12	13	14
0	39	State-gov	77516	Bachelors	13	Never-married	Adm-clerical	Not-in-family	White	Male	2174	0	40	United-States	<=50K
1	50	Self-emp-not-inc	83311	Bachelors	13	Married-civ-spouse	Exec-managerial	Husband	White	Male	0	0	13	United-States	<=50K

由于adult.data文件中没有为每列数据分配标签，因此并不知道每一列中都保存了什么样的数据。下面将根据数据集公开网页上的说明，为DataFrame对象的列分配标签。

列标签可以通过DataFrame类的columns属性进行访问。这里将使用字符串类型的列表创建每个列标签，并使用columns属性将值代入，然后使用iloc属性对DataFrame类的任意3行数据进行显示（程序清单2.105）。

程序清单 2.105 DataFrame 类的 columns 属性

In

```
col_name = ['age','workclass','fnlwgt','education','education.num','marital.status','occupation','relationship','race','sex','capital.gain','capital.loss','hours.per.week','native.country','income']

df.columns = col_name
df.iloc[25:28]
```

Out

	age	workclass	fnlwgt	education	education.num	marital.status	occupation	relationship	race	sex	capital.gain	capital.loss	hours.per.week	native.country	income
25	56	Local-gov	216851	Bachelors	13	Married-civ-spouse	Tech-support	Husband	White	Male	0	0	40	United-States	>50K
26	19	Private	168294	HS-grad	9	Never-married	Craft-repair	Own-child	White	Male	0	0	40	United-States	<=50K
27	54	?	180211	Some-college	10	Married-civ-spouse	?	Husband	Asian-Pac-Islander	Male	0	0	60	South	>50K

从程序清单2.105中最下方的行可以看到，列workclass和列occupation的值是“?”。这是表示数据不详的位置，即缺失数据。使用read_csv函数还可以将指定的任意值作为缺失值（NaN）读取。下面将在na_values参数中指定问号（?）并重新读取数据。从下列执行结果中可以看到，表示缺失值的问号（?）被成功地转换成NaN（程序清单2.106）。

程序清单 2.106 read_csv 函数的 na_values 参数

In

```
df = pd.read_csv(domain+path+file,
                 header=None,
                 names=col_name,
                 skipinitialspace=True,
                 na_values="?")
df.iloc[25:28]
```

Out

	age	workclass	fnlwgt	education	education.num	marital.status	occupation	relationship	race	sex	capital.gain	capital.loss	hours.per.week	native.country	income
25	56	Local-gov	216851	Bachelors	13	Married-civ-spouse	Tech-support	Husband	White	Male	0	0	40	United-States	>50K
26	19	Private	168294	HS-grad	9	Never-married	Craft-repair	Own-child	White	Male	0	0	40	United-States	<=50K
27	54	NaN	180211	Some-	10	Married-	NaN	Husband	Asian-	Male	0	0	60	South	>50K

本数据集中包括15列的全部数据，下面将从其中选择9列数据进行分析任务的处理。使用DataFrame对象的drop方法，即可将不会用到的列从DataFrame对象中删除。如果使用drop方法的columns属性对列标签进行确认，就可以看到指定的6个列已经从原有的15个列中删除，只保留了其中9列（程序清单2.107）。

程序清单 2.107　DataFrame 对象的 drop 方法

In

```
df = df.drop(columns=['fnlwgt','relationship','race','c➡
apital.gain','capital.loss','native.country'])

df.columns
```

Out

```
Index(['age', 'workclass', 'education', 'education.num',➡
      'marital.status','occupation', 'sex', 'hours.pe➡
      r.week', 'income'],dtype='object')
```

pandas提供了可以灵活地读取各种不同文件格式的函数和参数。在第3.2节中，将对读取数据的操作方法进行详细的讲解。

2.4.3　数据的显示

在前面的内容中，已经完成了对CSV文件的读取操作。接下来，将对这一数据集的结构和特性进行确认。DataFrame对象的大小可以使用shape属性查看。执行df.shape后，由下列输出结果可知，这是一个32561行9列的DataFrame对象（程序清单2.108）。

程序清单 2.108　DataFrame 对象的 shape 属性

In

```
df.shape
```

Out

```
(32561, 9)
```

一次性对超过3万行的数据集进行处理是非常不现实的，因此我们就需要频繁地使用显示DataFrame对象中部分数据的head方法。head方法默认显示DataFrame对象中前5行的数据（程序清单2.109）。

程序清单 2.109　DataFrame 对象的 head 方法

In

```
df.head()
```

Out

	age	workclass	education	education.num	marital.status	occupation	sex	hours.per.week	income
0	39	State-gov	Bachelors	13	Never-married	Adm-clerical	Male	40	<=50K
1	50	Self-emp-not-inc	Bachelors	13	Married-civ-spouse	Exec-managerial	Male	13	<=50K
2	38	Private	HS-grad	9	Divorced	Handlers-cleaners	Male	40	<=50K
3	53	Private	11th	7	Married-civ-spouse	Handlers-cleaners	Male	40	<=50K
4	28	Private	Bachelors	13	Married-civ-spouse	Prof-specialty	Female	40	<=50K

还存在一种与head方法类似的tail方法。使用tail方法可以显示DataFrame对象中最后的5行数据。head方法和tail方法都可用于快速地查看数据，因此在实际开发中使用频率都很高（程序清单2.110）。

程序清单 2.110　DataFrame 对象的 tail 方法

In

```
df.tail()
```

Out

	age	workclass	education	education.num	marital.status	occupation	sex	hours.per.week	income
32556	27	Private	Assoc-acdm	12	Married-civ-spouse	Tech-support	Female	38	<=50K
32557	40	Private	HS-grad	9	Married-civ-spouse	Machine-op-support	Male	40	>50K
32558	58	Private	HS-grad	9	Widowed	Adm-clerical	Female	40	<=50K
32559	22	Private	HS-grad	9	Never-married	Adm-clerical	Male	20	<=50K
32560	52	Self-emp-inc	HS-grad	9	Married-civ-spouse	Exec-managerial	Female	40	>50K

使用info方法可以显示DataFrame对象的概要信息。执行df.info( )后，从下列结果可以看到，DataFrame对象中每列的元素数量、数据类

型等信息都可以一目了然（程序清单2.111）。

程序清单 2.111 DataFrame 对象的 info 方法

In

```
df.info()
```

Out

```
<class 'pandas.core.frame.DataFrame'>
RangeIndex: 32561 entries, 0 to 32560
Data columns (total 9 columns):
age               32561 non-null int64
workclass         30725 non-null object
education         32561 non-null object
education.num     32561 non-null int64
marital.status    32561 non-null object
occupation        30718 non-null object
sex               32561 non-null object
hours.per.week    32561 non-null int64
income            32561 non-null object
dtypes: int64(3), object(6)
memory usage: 2.2+ MB
```

用于表示数据分布特征的指标称为“概括统计量”，它常用来对分布的中心位置（平均值或中位值）进行确认。使用DataFrame对象的describe方法可以了解概括统计量的作用。describe方法设计得非常灵活，根据传递数据类型的不同，返回的值也会相应地发生变化。

下面将查看包含数值型数据的列age的概括统计量。如程序清单2.112所示，列age中包含的元素数量（count）、平均值（mean）、标准差（std）及四分位数（25%～75%）都能尽收眼底；此外，可以看到这一数据集中的最小年龄（min）为17岁，最大年龄为（max）90岁，平均年龄（mean）约为38.58岁。

程序清单 2.112 DataFrame 对象的 describe 方法

In

```
df['age'].describe()
```

Out

```
count    32561.000000
mean        38.581647
std         13.640433
min         17.000000
25%         28.000000
50%         37.000000
75%         48.000000
max         90.000000
Name: age, dtype: float64
```

下面将列education和列workclass以列表的形式传递给describe方法（程序清单2.113）。包含字符串的这些列会输出不同的概括统计量，如这里输出结果中便包括列中包含的元素数量（count）、唯一值的计数数量（unique）、出现次数最多的众数（top）及其出现频率（freq）。

程序清单 2.113　describe 方法与 object 类型数据

In

```
df[['education', 'workclass']].describe()
```

Out

	education	workclass
count	32561	30725
unique	16	8
top	HS-grad	Private
freq	10501	22696

使用value_counts方法可以很方便地查看特定的列中包含元素的唯一值及其频率。下面将查看列education的分布情况。从下列结果可以看到，本数据集中人数最多的学历是HS-grad（高中毕业）（程序清单2.114）。

程序清单 2.114　DataFrame 对象的 value_counts 方法

In

```
df['education'].value_counts()
```

Out

```
HS-grad          10501
Some-college      7291
Bachelors         5355
Masters           1723
Assoc-voc         1382
11th              1175
Assoc-acdm        1067
10th               933
7th-8th            646
Prof-school        576
9th                514
12th               433
Doctorate          413
5th-6th            333
1st-4th            168
Preschool           51
Name: education, dtype: int64
```

describe方法和value_counts方法都是在数据分析中很常用的方法。由此可见，对于大约3.2万份数据，可以使用非常简单的操作查看其平均值等数据分布情况信息。

2.4.4 数据的引用

由于本数据集中包含大约3.2万份数据，要将全部数据一次性显示是相当低效的。因此，将使用DataFrame的索引引用，仅对需要使用的部分数据进行引用。

DataFrame对象的loc属性可以使用标签对数据进行引用，其语法格式为loc[索引标签, 列标签]。下面将对DataFrame对象df的列age和列workclass中索引标签0 ~ 2对应的数据进行显示（程序清单2.115）。

程序清单 2.115 DataFrame 对象的 loc 属性

In

```
df.loc[0:2, ['age','workclass']]
```

Out

	age	workclass
0	39	State-gov
1	50	Self-emp-not-inc
2	38	Private

iloc属性允许通过位置索引进行引用，其语法格式为iloc[行的位置索引，列的位置索引]。下面将对DataFrame对象中100 ~ 102行数据的所有列进行显示（程序清单2.116）。

程序清单 2.116　DataFrame 对象的 iloc 属性

In

```
df.iloc[100:103, :]
```

Out

	age	workclass	education	education.num	marital.status	occupation	sex	hours.per.week	income
100	76	Private	Masters	14	Married-civ-spouse	Exec-managerial	Male	40	>50K
101	44	Private	Bachelors	13	Married-civ-spouse	Exec-managerial	Male	60	>50K
102	47	Self-emp-not-inc	Masters	14	Never-married	Prof-specialty	Female	50	<=50K

需要根据数据内特定的值对数据进行引用的情况，也是比较多见的。列sex中保存了表示性别值的'Male'和'Female'字符串。下面将根据列sex的值引用数据，并使用shape属性对包含每种值的行数进行确认。从下列结果中可以看到，32561行中男性有21790行，女性有10771行。由此可见，本数据集中男性所占的比重较大（程序清单2.117）。

程序清单 2.117　根据 bool 类型引用数据

In

```
print(df[df['sex'] == 'Male'].shape)
print(df[df['sex'] == 'Female'].shape)
```

Out

```
(21790, 9)
(10771, 9)
```

按照与程序清单2.117类似的方式，我们将根据列sex的值对数据进行引用，并使用describe方法查看每个子集的列age的概括统计量（程序清单2.118）。从下列结果可以看到，男性（Male）的平均年龄约为39.4岁，女性（Female）的平均年龄约为36.9岁。由此可见，本数据集中女性比男性稍微年轻一些。

程序清单 2.118 男性和女性年龄的概括统计量

In

```
df[df['sex'] == 'Male']['age'].describe()
```

Out

```
count    21790.000000
mean        39.433547
std         13.370630
min         17.000000
25%         29.000000
50%         38.000000
75%         48.000000
max         90.000000
Name: age, dtype: float64
```

In

```
df[df['sex'] == 'Female']['age'].describe()
```

Out

```
count    10771.000000
mean        36.858230
std         14.013697
min         17.000000
25%         25.000000
50%         35.000000
```

```
75%          46.000000
max          90.000000
Name: age, dtype: float64
```

在程序清单2.118中，根据DataFrame对象的列sex的值（Male和Female），计算得到了列age的概括统计量。针对这类操作，如果使用pandas的GroupBy对象，就可以通过更为简单的方式得出结果。对于这部分内容，将在数据的分组（参考第7.3节）中详细讲解。

2.4.5 数据的排序

在数据分析中，需要根据任意值对数据进行排序的情况也不少。当根据DataFrame对象的元素进行排序时，可以使用sort_values方法。

接下来，将根据DataFrame对象df的列age，对数据进行排序（程序清单2.119）。在sort_values方法的by参数中指定作为排序基准的列标签，注意sort_values方法的默认排列顺序为升序；在head方法的第一个参数中指定整数，即可对需要显示的行数进行变更。

程序清单 2.119 DataFrame 对象的 sort_values 方法

In

```
df.sort_values(by='age').head(3)
```

Out

	age	workclass	education	education.num	marital.status	occupation	sex	hours.per.week	income
12318	17	Private	11th	7	Never-married	Sales	Female	8	<=50K
6312	17	Private	11th	7	Never-married	Sales	Male	15	<=50K
30927	17	Private	11th	7	Never-married	Other-service	Male	17	<=50K

我们还可以在sort_values方法的by参数中以列表的形式，同时指定多个列标签。下面将根据列age和education.num的值进行排序（程序清单2.120）。在排序后的数据中，可以看到年龄（age）最小且在校年

数（education.num）最少的行被显示了出来。

程序清单 2.120　根据多个列进行排序

In

```
df.sort_values(by=['age', 'education.num']).head(3)
```

Out

	age	workclass	education	education.num	marital.status	occupation	sex	hours.per.week	income
335	17	Private	5th-6th	3	Never-married	Other-service	Male	48	<=50K
9971	17	Private	7th-8th	4	Never-married	Craft-repair	Male	45	<=50K
17474	17	Private	7th-8th	4	Never-married	Farming-fishing	Male	40	<=50K

2.4.6　缺失数据的处理

在现实情况中，我们处理的绝大部分数据都是包含缺失值的。在本小节中，将对数据集中包含的缺失数据进行确认并对其处理方法进行讲解。

首先，对数据集中每个列中是否包含缺失数据进行确认。对缺失数据的遍历可以使用DataFrame对象的isna方法。此外，如果使用any方法，只要元素中有一个为True就会返回True，全部都为False时则返回False。在any方法的axis参数中还可以指定目标坐标轴方向（axis=0为行方向，axis=1为列方向）。下面将尝试使用isna方法和any方法查看DataFrame对象的各个列中是否包含缺失数据NaN（程序清单2.121）。

程序清单 2.121　DataFrame 对象的 isna 方法

In

```
df.isna().any(axis=0)
```

Out

```
age                False
workclass           True
education          False
education.num      False
marital.status     False
occupation          True
sex                False
hours.per.week     False
income             False
dtype: bool
```

从上述结果可以看到，列workclass和列occupation中包含缺失数据。下面将使用sum方法计算缺失数据的合计数量。使用sum方法可以返回遍历轴的合计值。如果是bool类型数据，会将True作为1、False作为0处理。下面将指定sum方法的axis参数，对缺失数据的合计数量进行计算（程序清单2.122）。

程序清单 2.122　计算缺失数据的合计数量

In

```
df.isna().sum(axis=0)
```

Out

```
age                  0
workclass         1836
education            0
education.num        0
marital.status       0
occupation        1843
sex                  0
hours.per.week       0
income               0
dtype: int64
```

接下来，将对数据集中的缺失数据进行删除。使用DataFrame对象的dropna方法，将inplace参数指定为True，即可对DataFrame对象的内容直接进行修改；执行完isna方法和sum方法后，可以看到缺失数据已经成功地被删除（程序清单2.123）。

程序清单 2.123　DataFrame 对象的 dropna 方法

In

```
df.dropna(inplace=True)
df.isna().sum(axis=0)
```

Out

```
age               0
workclass         0
education         0
education.num     0
marital.status    0
occupation        0
sex               0
hours.per.week    0
income            0
dtype: int64
```

2.4.7　数据的分组

在数据分析中，经常需要从不同角度将数据集合并后再进行分析。pandas的groupby方法适用于对数据进行分组的处理。关于数据的分组，将在第7.3节中进行更为深入的讲解。这里仅介绍如何使用groupby方法执行分组操作，并对其结果进行确认。

首先，将性别（sex）数据分组，对年龄（age）、在校年数（education.num）、每周工作时间（hours.per.week）按性别进行比较。groupby方法会返回GroupBy对象，单独使用GroupBy对象的情况是极少的。GroupBy对象中也提供了很多类方法，可以使用相应的方法对分组后的数据进行统计（或处理）。

下面将根据DataFrame对象df的列sex的值进行分组，并将其返回的GroupBy对象代入grouped中，然后使用GroupBy对象的mean方法计算出元素为数值类型的列平均值（程序清单2.124）。

程序清单 2.124 DataFrame 对象的 groupby 方法

In

```
grouped = df.groupby('sex')
grouped.mean()
```

Out

```
                 age   education.num   hours.per.week
   sex
-------------------------------------------------
Female   36.884995       10.102719        36.955287
  Male   39.188089       10.143496        42.857177
```

从上述结果可以看到，男性和女性的在校年数（education.num）的平均值并没有太大的区别。而每周工作时间（hours.per.week）的平均值，则显示男性比女性多出约6个小时。

接下来，将计算按职业分类（workclass）的每周工作时间的平均值。使用GroupBy对象grouped对hours.per.week用方括号（[ ]）进行引用，并调用mean方法，就可以将每个分组中每周工作时间的平均值计算出来（程序清单2.125）。

程序清单 2.125 使用 GroupBy 对象 grouped 用方括号（[ ]）进行引用

In

```
grouped = df.groupby('workclass')
grouped['hours.per.week'].mean()
```

Out

```
workclass
Federal-gov         41.379167
Local-gov           40.982800
Private             40.267096
Self-emp-inc        48.818100
Self-emp-not-inc    44.421881
State-gov           39.031587
Without-pay         32.714286
Name: hours.per.week, dtype: float64
```

从程序清单2.125的输出结果可以看到，每周工作时间的平均值最高的是Self-emp-inc（自行成立法人机构的自雇人士），而每周工作时间的平均值最短的则是Without-pay（没有工资）的人群。

使用groupby方法可以将多个列标签以列表的形式进行传递，同时根据多个列的值进行分组。下面将根据职业分类（workclass）和性别（sex）进行分组，对每周工作时间（hours.per.week）的平均值进行计算（程序清单2.126）。

程序清单 2.126 基于多个列进行分组

In

```
grouped = df.groupby(['sex','workclass'])
grouped['hours.per.week'].mean()
```

Out

```
sex     workclass
Female  Federal-gov          40.009524
        Local-gov            39.252695
        Private              36.500000
        Self-emp-inc         42.985185
        Self-emp-not-inc     36.573935
        State-gov            37.008180
        Without-pay          29.200000
Male    Federal-gov          42.048062
        Local-gov            42.131161
        Private              42.221226
        Self-emp-inc         49.620795
        Self-emp-not-inc     45.883754
        State-gov            40.254635
        Without-pay          34.666667
Name: hours.per.week, dtype: float64
```

虽然每个职业分类的每周工作时间的平均值是有差异的，但是似乎同一职业分类中男女之间的差异还更大一些。然而，即使是按性别进行比较，在得出的结果中每周工作时间最长的还是Self-emp-inc、最短的还是Without-pay。

通过使用pandas的groupby方法对数据进行分组，可以加深对各类不同数据的理解。

2.4.8 数据的合并

所谓数据的合并，是指根据设定的步骤或规则，将多个数据合并为一个数据。当数据的格式不同或将其保存在其他文件中时，往往需要将多个数据集进行合并。使用pandas可以非常灵活地对数据进行合并和连接处理。

在程序清单2.125中，对每个职业分类的每周工作时间的平均值进行了计算，可以看出根据职业分类的不同，每周工作时间也是有区别的。下面将这一结果作为新的指标，添加到DataFrame对象df中。

首先，对每个职业分类的每周工作时间的平均值进行计算。这期间，使用pd.DataFrame的构造函数，可以将通过GroupBy对象的mean方法计算得到的数据转换为DataFrame对象的数据。然后，将职业分类（workclass）的值作为DataFrame对象的workclass_hours的索引标签进行保存（程序清单2.127）。

程序清单 2.127 不同 workclass 的每周工作时间的平均值

In

```
grouped = df.groupby('workclass')
workclass_hours = pd.DataFrame(grouped['hours.per.week'].➡
mean())
workclass_hours
```

Out

```
                 hours.per.week
         workclass
-------------------------------
       Federal-gov     41.379167
         Local-gov     40.982800
           Private     40.267096
      Self-emp-inc     48.818100
  Self-emp-not-inc     44.421881
```

```
    State-gov        39.031587
  Without-pay        32.714286
```

接下来，将包含每个workclass的每周平均工作时间数据的DataFrame对象workclass_hours与DataFrame对象df进行合并。

对两个DataFrame对象进行合并时，可以使用merge方法。在merge方法的第一个参数中可以指定需要合并的DataFrame对象（workclass_hours）。将被合并的DataFrame对象df的workclass值，与需要合并的DataFrame对象 workclass_hours的索引标签进行对照并合并。left_on参数是被合并的DataFrame对象中使用的键值，right_index参数则是需要合并的DataFrame对象中使用的键值。如果将right_index参数指定为True，那么需要合并的DataFrame对象workclass_hours的索引标签就可以作为键值使用。在suffixes参数中指定合并后的列（程序清单2.128）。

程序清单 2.128　DataFrame 对象的 merge 方法

In

```
merged = df.merge(
    workclass_hours,
    left_on='workclass',
    right_index=True,
    suffixes=('','_avg')
)
```

下面将对合并得到的DataFrame对象merged的workclass、hours.per.week、hours.per.week_avg等列的值进行确认（程序清单2.129）。从下列结果可以看到，基于DataFrame对象df的workclass的值，DataFrame对象workclass_hours的每周平均工作时间（hours.per.week_avg）被添加到数据中。

程序清单 2.129　对合并后的 DataFrame 对象进行确认

In

```
merged[['workclass','hours.per.week','hours.per.week_avg']].➡
head()
```

Out

```
     workclass  hours.per.week  hours.per.week_avg
---------------------------------------------------
  0  State-gov              40           39.031587
 11  State-gov              40           39.031587
 34  State-gov              15           39.031587
 48  State-gov              40           39.031587
123  State-gov              50           39.031587
```

大家可能会认为合并处理是一项很复杂的操作，但是如果掌握了其操作方法，就可以将其用于应对复杂的处理中。有关更加具体的合并和连接的操作方法，将在第5.2节中进行详细的讲解。

2.4.9 数据的可视化

通过数据的可视化处理，可以更加准确地实现大型数据的分析处理。本节处理的数据集中保存了约3.2万份数据。因此，使用表格数据对这一庞大数据的趋势和特性进行解读是非常低效的。而通过数据的可视化处理，有时可以更加明确地把握数据整体的变化趋势。

pandas的DataFrame对象和Series对象中提供了可以高效进行数据可视化处理的plot方法。plot方法又称为Matplotlib，它是一个可以实现高速数据可视化处理开源软件库的封装类。有关数据可视化的详细操作方法，将在第8.2节中进行讲解。在这里，将只对使用plot方法可以进行怎样的数据可视化处理的基本操作方法进行讲解。

接下来，将对婚姻状况（marital.status）的分布进行可视化处理。使用value_counts方法对婚姻状况唯一值的频率进行计算，在plot方法的kind参数中指定图表的种类，这里将在kind参数中指定bar，使用条形图对数据进行可视化处理（程序清单2.130）。

程序清单 2.130 使用 plot 方法绘制条形图

In

```
merged['marital.status'].value_counts().plot(kind='bar')
```

Out

```
<matplotlib.axes._subplots.AxesSubplot at 0x113f137f0>
```

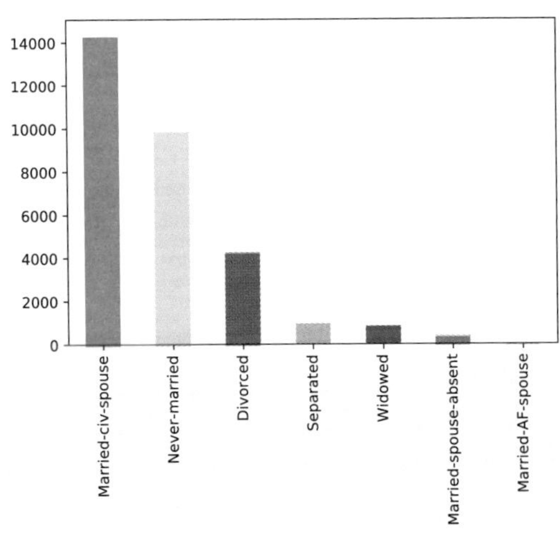

从上面的统计图表中可以很明显地看到，占比较高的数据是Married-civ-spouse（与普通人结婚）和Never-married（未婚）。

在kind参数中指定pie，即可使用饼形图对数据进行可视化处理。下面使用value_counts方法和plot方法将职业分类（workclass）的分布情况，以饼形图的形式显示出来。在plot方法的figsize参数中可以指定图表的大小。从程序清单2.131的输出图表中可以看到，职业分类中将近75% 属于Private（民营企业）。

程序清单 2.131　使用 plot 方法绘制饼形图

In

```
merged['workclass'].value_counts().plot(kind='pie', fig➡
size=(4,4))
```

Out

```
<matplotlib.axes._subplots.AxesSubplot at 0x113ade940>
```

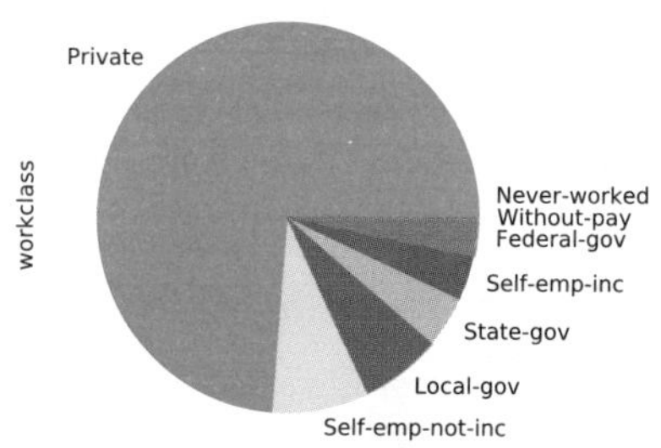

下面将使用直方图对在校年数（education.num）进行可视化处理。所谓直方图，是指一种以x轴为等级、y轴为频数的图表。所谓等级，是指使用任意区间将连续的值隔开；频数是指属于该等级的数据数量。在plot方法的kind参数中指定hist以创建直方图；在bins参数中指定直方图的等级数，如果指定为15，绘制出来的就是包含15个区间的直方图（程序清单2.132）。

程序清单 2.132　使用 plot 方法绘制直方图

In

```
merged['education.num'].plot(kind='hist', bins=15)
```

Out

```
<matplotlib.axes._subplots.AxesSubplot at 0x119668a90>
```

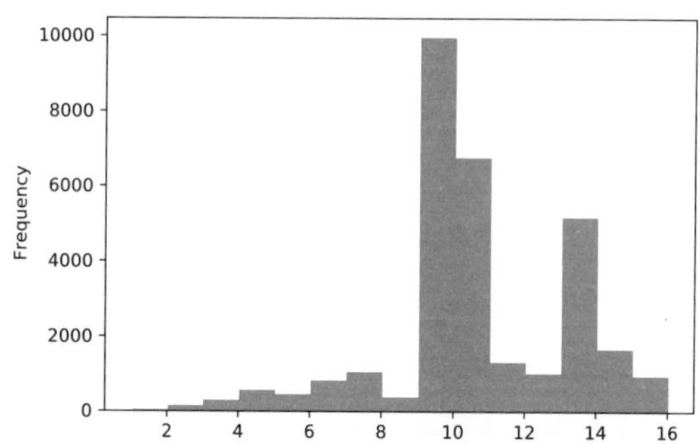

在本节中，使用Adult Data Set数据集对基于pandas的基本数据分析操作方法进行了讲解。pandas是一种设计非常灵活，且具备海量丰富功能的软件库。从第3章开始，将对其中的每个功能进行更加细致的讲解。

第3章 数据的引用与读取

从本章开始，将对更加接近实际业务的pandas操作方法进行讲解。在第3.1节中将对索引引用的操作方法进行详细讲解。在第3.2节中会学习使用pandas对各种格式的文件进行读取和写入操作。

注意事项

导入第3章中需要使用的软件库

执行本章的示例程序前，先执行下列代码。

程序清单 需要提前执行的代码

In

```
import pandas as pd
import numpy as np
import matplotlib.pyplot as plt
```

3.1 数据的引用

pandas的设计极为灵活，可以高效地处理复杂的数据分析任务。因此，其中包含了各种各样的可以在数据集中选择特定数据的类方法。在本节中，将对使用pandas对象引用任意数据的方法进行讲解。

3.1.1 引用数据的方法

引用数据在数据分析中是非常重要且最为频繁的操作之一。可以从DataFrame对象（或Series对象）中选择任意的方法对特定行或列的数据进行分析和预处理。由于pandas提供了很多不同的数据引用方法，因此有时可能会让人感觉有些复杂。下面将基于pandas的数据结构，对更为正确且更为高效的实现数据引用的方法进行讲解。

位置索引和标签

要正确理解数据的引用，就必须先掌握pandas的数据结构相关知识。pandas的DataFrame对象中的“位置索引”和“标签”是一定会带有行与列方向的。标签可以使用数值或字符串，而位置索引则一定是从0开始、公差为1的等差数列（0、1、2、…、n）。下面将创建一个索引标签为0、2、4的整数，列标签为字符串d、e、f的DataFrame对象，并对标签和位置索引进行确认（程序清单3.1）。

程序清单 3.1　DataFrame 对象的创建

In

```
val = [[1,2,3],[4,5,6],[7,8,9]]
df = pd.DataFrame(val, index=[0,2,4], columns=list('def'))
df
```

Out

```
   d  e  f
----------
0  1  2  3
```

```
2  4  5  6
4  7  8  9
```

loc属性可以基于标签对数据进行引用，而iloc属性可以基于位置索引对数据进行引用。如果对DataFrame对象df指定df.loc[2]，就表示选择索引标签为2的数据（程序清单3.2）。而指定df.iloc[2]则是选择行的位置索引为2的数据。从下列结果可以看到，程序分别对DataFrame对象中不同元素进行了引用。

程序清单 3.2　DataFrame 对象的索引标签和行的位置索引

In

```
print(df.loc[2])
print(df.iloc[2])
```

Out

```
d    4
e    5
f    6
Name: 2, dtype: int64
d    7
e    8
f    9
Name: 4, dtype: int64
```

由于Series是一维数组，因此其中并不包含列。但是，它可以为每个元素分配相应的索引标签和位置索引。下面尝试将索引标签的值指定为0、2、4，并使用loc属性和iloc属性对数据进行引用（程序清单3.3）。使用iloc属性和loc属性对2进行引用后，可以看到程序分别引用了不同的值。这是因为loc属性的2为索引标签，而iloc属性的2则是位置索引。

程序清单 3.3　Series 对象的索引标签和位置索引

In

```
ser = pd.Series([1,2,3], index=[0,2,4])
ser
```

Out

```
0    1
2    2
4    3
dtype: int64
```

In

```
print(ser.loc[2])
print(ser.iloc[2])
```

Out

```
2
3
```

综上所述，当标签为整数时，就很容易与位置索引相混淆。因此，需要明确地理解“位置索引”和“标签”的区别。

数据引用的方法

使用pandas对数据进行引用时，方括号（[ ]）、loc属性及iloc属性是最常用的基本操作。当然，还可以使用DataFrame对象的行或列及标签或位置索引进行更为复杂的数据引用。

我们在表3.1中总结了数据引用的常用语法及其含义说明。记住这些常用语法，可以有效地提高数据引用的效率。但是，第8.3节中讲解的包含多重索引的DataFrame对象并未包含在表3.1中。

表3.1 数据引用的常用语法及其含义说明（不包含多重索引）

语　法	说　明
df[label]	指定DataFrame对象的列标签并选择列
df[[label1,label2]]	指定DataFrame对象的多个列标签并选择多个列
df[loc:loc]	指定DataFrame对象的行位置索引并选择行。终止元素不包含在范围内
df.loc[label]	指定DataFrame对象的行标签并选择行。[label,:] 的简化形式
df.loc[:,label]	选择DataFrame对象的列标签label对应的所有行

续表

语　法	说　明
df.loc[label1,label2]	指定DataFrame对象的行标签label1、列标签label2并选择元素
df.iloc[loc]	选择DataFrame对象的行位置索引loc的行。[loc,:]的简化形式
df.iloc[[loc1,loc2]]	指定DataFrame对象的多个行位置索引并选择多个行
df.iloc[loc,:]	选择DataFrame对象的行位置索引loc对应的所有列
df.iloc[loc1,loc2]	指定DataFrame对象的行位置索引loc1、列位置索引loc2，并选择元素

还不习惯使用pandas的读者，可能会对方括号（[ ]）的使用方法感到特别困惑。实际上，使用方括号（[ ]）进行数据的引用有助于提高便利性。引用时，可以在方括号（[ ]）中指定参数的值进行引用，也可以基于位置索引和标签进行引用，还可以对行和列进行引用。

接下来，将创建DataFrame对象并执行引用操作。由于手动对一个个的元素值进行输入是很费时间的，因此将使用NumPy数组的arange函数自动生成从1开始、公差为1的等差数列，并使用NumPy数组的reshape方法，将其转换为3行3列的数组作为DataFrame对象的值使用（程序清单3.4）。

程序清单 3.4　DataFrame 对象的创建

In

```
val = np.arange(1,10).reshape(3,3)
df = pd.DataFrame(val, index=[0,2,4], columns=list('def'))
df
```

Out

```
   d  e  f
----------
0  1  2  3
2  4  5  6
4  7  8  9
```

df[label] 表示选择列 label 的列。需要指定多个标签并选择多个列时，可以通过列表进行指定。下面将使用方括号（[ ]）对列 e 以及列 e 和列 d 等多个列进行选择（程序清单 3.5）。

程序清单 3.5 使用方括号（[ ]）选择列

In

```
df['e']
```

Out

```
0    2
2    5
4    8
Name: e, dtype: int64
```

In

```
df[['e','d']]
```

Out

```
   e  d
-------
0  2  1
2  5  4
4  8  7
```

如果列标签中分配的是整数的标签，就可以通过 df[int] 对标签 int 的列进行选择。如果列标签为字符串，由于没有相对应的标签，因此会出现 KeyError 警告。下面将创建包含整数列标签的 DataFrame 对象 df2 并进行确认，如 df2[2] 表示选择列标签为 2 的列（程序清单 3.6）。

程序清单 3.6 指定整数的列标签选择列

In

```
df2 = pd.DataFrame(val, index=[0,5,10], columns=[0,2,4])
df2
```

Out

```
      0  2  4
  ----------
   0  1  2  3
   5  4  5  6
  10  7  8  9
```

In

```
df2[2]
```

Out

```
0     2
5     5
10    8
Name: 2, dtype: int64
```

与 df2[0:2] 类似，使用整数进行切片处理也是基于行的位置索引对“行”进行选择。记住，这是为了方便使用而特意设计的特殊格式。这里是基于行的位置索引进行引用，而不是基于行索引标签的引用，需要多注意。此外，位于终点的元素是不包含在范围内的（程序清单 3.7）。

程序清单 3.7　使用方括号（[ ]）和切片选择行

In

```
df2[0:2]
```

Out

```
     0  2  4
  ----------
  0  1  2  3
  5  4  5  6
```

使用方括号（[ ]）还可以基于包含 bool 类型值的数组对行进行选择。bool 类型数组必须与 DataFrame 对象的行数相等。当数组为 [True,False,True] 时，可以对 DataFrame 对象中位置索引为 0 和 2 的行进行选择（程序清单 3.8）。

程序清单 3.8　使用 bool 类型数组选择行

In

```
df[[True,False,True]]
```

Out

```
   d  e  f
----------
0  1  2  3
4  7  8  9
```

虽然使用方括号（[ ]）可以通过简单的语法对数据进行引用是一种十分方便的方法，但是引起混乱的情况也并不少见。因此，为了提高代码的阅读性，建议读者更多地使用loc、iloc属性等更为明确的方式对数据进行引用。

3.1.2　切片

从DataFrame对象（或Series对象）中选择特定的行或列得到的数据称为子集。在从DataFrame对象中提取子集时，经常会使用切片操作。掌握基础的切片操作，可以提高处理数据分析中各种任务的效率。在表3.2中，总结了DataFrame对象的主要切片语法及其含义说明。

表3.2　DataFrame对象的主要切片语法及其含义说明

语　法	说　明
df[start:end:step]	使用从start到end范围内DataFrame对象中行的位置索引，以step为间隔对行进行选择。end不包含在选择范围内
df[start:end]	使用从start到end范围内DataFrame对象中行的位置索引，对行和列进行选择。end不包含在选择范围内
df[start:]	选择DataFrame对象中行的位置索引start之后的行和列
df[:end]	选择DataFrame对象中行的位置索引end之前的行和列。end不包含在选择范围内
df[:]	选择DataFrame对象中所有行和列
df.loc[start:end]	选择DataFrame对象中行标签start到end之间的所有行和列。end包含在选择范围内

续表

语　法	说　明
df.loc[:, start:end]	选择DataFrame对象中列标签start到end之间的所有行和列。end包含在选择范围内
df.iloc[start:end]	选择DataFrame对象中行的位置索引start到end之间的所有行和列。end不包含在选择范围内
df.iloc[:, start:end]	选择DataFrame对象中列的位置索引start到end之间的所有行和列。end不包含在选择范围内

从表3.2可以看到，语法大致都是以Python的切片语法为基准的，但是需要注意对终止元素的处理有些不同。使用切片语法对数据进行引用的处理也称为切片(slicing)。

下面将创建DataFrame对象并对切片操作的执行结果进行确认。为了确认基于切片进行数据引用的操作，这里将指定列标签和索引标签创建一个5行5列的DataFrame对象(程序清单3.9)。

程序清单 3.9　DataFrame 对象的创建

In

```
val = np.arange(0,25).reshape(5,5)
df = pd.DataFrame(val,index=[10,5,2,12,6],columns=list➡
('abcde'))
df
```

Out

```
     a   b   c   d   e
----------------------
10   0   1   2   3   4
 5   5   6   7   8   9
 2  10  11  12  13  14
12  15  16  17  18  19
 6  20  21  22  23  24
```

使用方括号([ ])的切片语法可以基于行的位置索引对数据进行引用。df[2:4] 表示对行的位置索引为2 ～ 4的行和列进行选择，终点元素不包含在选择范围内(程序清单3.10)。

程序清单 3.10　方括号（[ ]）和切片

In

```
df[2:4]
```

Out

```
      a   b   c   d   e
----------------------
 2   10  11  12  13  14
12   15  16  17  18  19
```

接下来，将指定切片的公差（step）对数据进行选择。df[0:5:2] 的方括号中依次代表起点为0，终点为5，公差为2。从下列结果可以看到，程序通过DataFrame对象的位置索引，以2为间隔对起点到终点之间的行进行选择（程序清单3.11）。

程序清单 3.11　切片和公差

In

```
df[0:5:2]
```

Out

```
      a   b   c   d   e
----------------------
10    0   1   2   3   4
 2   10  11  12  13  14
 6   20  21  22  23  24
```

与Python的切片类似，在公差（step）中指定负整数，即可按照相反的顺序对数据进行引用。df[::–1] 表示将DataFrame对象df的位置索引中最后一个元素作为起点，对原有的位置索引按相反的顺序进行选择（程序清单3.12）。

程序清单 3.12　在公差中指定 –1，以相反的顺序选择数据

In

```
df[::-1]
```

Out

```
     a   b   c   d   e
-----------------------
 6  20  21  22  23  24
12  15  16  17  18  19
 2  10  11  12  13  14
 5   5   6   7   8   9
10   0   1   2   3   4
```

然后，将对loc属性的切片操作进行讲解。df.loc[start:end] 表示选择索引标签start ~ end之间的所有行。需要注意的是，终点end的元素也是包含在选择范围内的。程序清单3.13中，DataFrame对象df的索引标签2和标签6之间存在标签为12的行，因此使用切片操作选择的是索引标签为2、12、6的行。

程序清单 3.13 loc 属性和切片

In

```
df.loc[2:6]
```

Out

```
     a   b   c   d   e
-----------------------
 2  10  11  12  13  14
12  15  16  17  18  19
 6  20  21  22  23  24
```

loc属性使用的是loc[索引标签, 列标签] 的基本语法。在索引标签中指定冒号（:）可以选择所有行。而df.loc[:, 'b':'e'] 则是表示选择所有行中列标签为'b' ~'e'的且包含终点'e'的行和列（程序清单3.14）。

程序清单 3.14 loc 属性和切片

In

```
df.loc[:, 'b':'e']
```

Out

```
      b   c   d   e
------------------
10    1   2   3   4
 5    6   7   8   9
 2   11  12  13  14
12   16  17  18  19
 6   21  22  23  24
```

iloc属性可以实现基于位置索引的数据引用。程序清单3.15中的df.iloc[2:4]与df[2:4]引用的是相同的数据。虽然引用的数据是相同的，但是如果使用iloc属性，就是明确表示引用的是位置索引。

程序清单 3.15　iloc 属性和切片

In

```
df.iloc[2:4]
```

Out

```
      a   b   c   d   e
----------------------
 2   10  11  12  13  14
12   15  16  17  18  19
```

接下来，将对列方向的位置索引使用切片对数据进行引用。程序清单3.16中的df.iloc[:, 1:4]表示选择位置索引1 ~ 4的所有行，但是终点元素不包含在选择范围内。

程序清单 3.16　iloc 属性和切片

In

```
df.iloc[:, 1:4]
```

Out

```
      b   c   d
--------------
10    1   2   3
```

```
 5   6   7   8
 2  11  12  13
12  16  17  18
 6  21  22  23
```

3.1.3 属性的引用

pandas的DataFrame对象的列标签或Series对象的索引标签也是可以作为属性进行引用的。但是，由于其本身存在一些限制且容易造成语法混淆，因此笔者并不推荐使用。在本小节中，我们会对将标签作为属性引用的操作方式进行讲解。

创建将字符串作为索引标签的Series对象。像程序清单3.17中ser.a那样，将Series对象的索引标签作为属性使用，可以对索引标签a对应的元素进行选择。

程序清单 3.17 使用 Series 对象的属性引用数据

In

```
ser = pd.Series([1,2,3], index=list('abc'))
ser.a
```

Out

```
1
```

DataFrame对象也可以使用列标签并借助属性对数据进行选择。如果引用DataFrame对象df的列标签c，就可以写成df.c（程序清单3.18）。

程序清单 3.18 使用 DataFrame 对象的属性引用数据

In

```
df = pd.DataFrame([[1,2,3],[4,5,6]], columns=list('abc'))
df.c
```

Out

```
0    3
1    6
Name: c, dtype: int64
```

与loc属性和iloc属性相比，通过这种属性引用的方式可以使数据引用的代码更为简洁，因此使用的人也不在少数。但是，通过属性引用的方式选择数据时是存在一些限制的。

使用属性引用的方式选择数据时，标签必须是Python的有效标识符（identifier）。Python对有效标识符进行了详细的定义，基本的标识符都是使用英文字母a ~ z、A ~ Z、下划线（_）及0 ~ 9（数字无法用作首字母）的数字。

如果标签为整数，由于其不是有效标识符，因此无法通过属性引用的方式对数据进行引用。下面将尝试创建列标签为1、2、3的DataFrame对象df。如果使用列标签1执行df.1，就会出现SyntaxError警告（程序清单3.19）。

程序清单 3.19 属性引用造成的 SyntaxError

In

```
df = pd.DataFrame([[1,2,3],[4,5,6]], columns=[1,2,3])
df.1
```

Out

```
(…略…)
SyntaxError: invalid syntax
```

当标签与DataFrame类或Series类中现有的方法名重复时，也无法使用标签进行属性引用。下面将创建列标签为height、weight、min的DataFrame对象。由于列标签height与DataFrame对象的方法不是相同的名称，因此可以使用属性进行数据引用。而列标签min则与DataFrame对象的min方法名称重复，因此无法对数据进行引用（程序清单3.20）。

程序清单 3.20　标签名与类方法名重复

In

```
df = pd.DataFrame([[1,2,3],[4,5,6]], columns=['height',➡
'weight','min'])
df.height
```

Out

```
0    1
1    4
Name: height, dtype: int64
```

In

```
df.min
```

Out

```
<bound method DataFrame.min of    height  weight  min
0       1       2    3
1       4       5    6>
```

即使列标签与DataFrame对象的方法名重复，也可以使用方括号（[ ]）或loc属性正确地进行引用（程序清单3.21）。

程序清单 3.21　使用方括号（[ ]）和 loc 属性引用数据

In

```
df['min']
```

Out

```
0    3
1    6
Name: min, dtype: int64
```

In

```
df.loc[:,'min']
```

Out

```
0    3
1    6
Name: min, dtype: int64
```

虽然采用属性引用数据的方式编写代码比较简洁，但是在使用上有所限制也是事实。为了显式地编写代码并提高代码可读性，应当避免以标签作为属性的方式对数据进行引用。

3.1.4 bool类型的引用

DataFrame和Series可以使用bool类型的值进行引用。由于其可以使用条件表达式基于DataFrame或Series的值对数据进行引用，因此这是一种常用的数据引用方法。

使用方括号（[ ]）可以指定包含与DataFrame的行数相等的bool类型数组对数据进行选择。注意，bool类型数组中为True位置上的数据才会被选择。下面将分别创建DataFrame对象和bool类型数组进行确认（程序清单3.22）。这里DataFrame对象df是一个3行2列的DataFrame；写成df[[True,False,True]] 的形式，即可选择0行和2行的数据。bool类型数组的行数与DataFrame的行数必须相同。如果大小不相等，就会导致出现ValueError警告。

程序清单 3.22　使用 bool 类型数组选择行

In

```
df = pd.DataFrame([[1,2],[3,4],[5,6]])
df[[True,False,True]]
```

Out

```
    0  1
-------
0   1  2
2   5  6
```

为了能够更清楚地看到程序如何使用表达式进行数据引用，将使用NumPy的random模块生成整数类型的随机数。使用random模块中的randint函数可以生成随机整数。使用randint(a, b)传递参数a、b，即可生成$a \leqslant N \leqslant b$范围内整数类型的随机数$N$。使用randint函数的size参数可以指定最终生成随机数的总数。此外，使用numpy.random.seed可以指定随机数的种子值，将生成的随机数固定。下面将使用randint函数，生成0 ~ 10的25个整数，并使用reshape方法将其转换为5行5列的矩阵代入变量val中。由于这里指定了种子值，因此，只要是相同的种子值，无论执行多少次代码，都会生成相同的随机数（程序清单3.23）。

程序清单 3.23　NumPy 的 randint 函数

In

```
np.random.seed(seed=1)
val = np.random.randint(0,10,size=25).reshape(5,5)
val
```

Out

```
array([[5, 8, 9, 5, 0],
       [0, 1, 7, 6, 9],
       [2, 4, 5, 2, 4],
       [2, 4, 7, 7, 9],
       [1, 7, 0, 6, 9]])
```

接下来，将通过在DataFrame构造函数的第一个参数中指定变量val创建DataFrame对象（程序清单3.24）。

程序清单 3.24　创建包含整数类型随机数的 DataFrame 对象

In

```
df = pd.DataFrame(val, columns=list('abcde'))
df
```

Out

```
   a  b  c  d  e
----------------
0  5  8  9  5  0
```

```
1  0  1  7  6  9
2  2  4  5  2  4
3  2  4  7  7  9
4  1  7  0  6  9
```

对Series对象使用比较运算符，程序会根据条件表达式返回包含bool类型值和大小相同的Series对象。这里df['a'] 是包含DataFrame对象df的列a值的Series对象。下面将使用比较运算符生成大于3的元素为True、其余元素为False的Serie对象（程序清单3.25）。

程序清单 3.25　基于条件表达式生成包含 bool 类型值的 Series 对象

In

```
df['a'] > 3
```

Out

```
0     True
1    False
2    False
3    False
4    False
Name: a, dtype: bool
```

尝试对DataFrame对象的列a的值（程序清单3.24）与包含bool类型值的Series对象（程序清单3.25）进行比较。从结果可以看到，大于3的值变成了True，其余元素则变成了False。

下面将使用包含bool类型值的Series对象，对DataFrame对象f的数据进行引用。在方括号（[ ]）中引用包含bool类型值的数组，比较结果为True的行就会被选择。从结果可以看到，提取的是DataFrame对象的列a中值大于3的行（程序清单3.26）。

程序清单 3.26　基于条件表达式的引用

In

```
df[df['a'] > 3]
```

Out

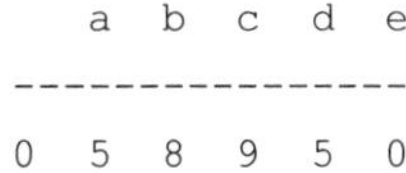

```
   a  b  c  d  e
----------------
0  5  8  9  5  0
```

使用圆括号“( )”及运算符“&”和“|”，可以将包含多个bool类型值的Series对象合并成一个Series对象。这样一来，就可以对DataFrame的多个列运用条件表达式对数据进行选择。

运算符“&”与Python的逻辑运算符and是相同的意思。a & b表示的是a和b均为True，则结果为True。下面将使用比较运算符对DataFrame对象的列a的值大于1且列b的值等于4的行进行引用（程序清单3.27）。

程序清单 3.27　使用运算符“&”对多个条件表达式进行引用

In

```
df[(df['a'] > 1) & (df['b'] == 4)]
```

Out

```
   a  b  c  d  e
----------------
2  2  4  5  2  4
3  2  4  7  7  9
```

运算符“|”与Python的逻辑运算符or是相同的意思。a | b表示的是a或b中至少一个为True，则结果为True。下面将对列a的值大于1或列b的值等于4的行进行引用（程序清单3.28）。

程序清单 3.28　使用运算符“|”对多个条件表达式进行引用

In

```
df[(df['a'] > 1) | (df['b'] == 4)]
```

Out

```
   a  b  c  d  e
----------------
0  5  8  9  5  0
```

```
2  2  4  5  2  4
3  2  4  7  7  9
```

除此以外，还可以使用其他的运算符"~"。运算符"~"与Python的逻辑运算符not是相同的意思。"~ a"表示的是a为True时，则结果为False；a为False时，则结果为True。"~ (df['a']> 1) "表示的是选择列a的值小于等于1的行(程序清单3.29)。

程序清单 3.29　使用运算符"~"对多个条件表达式进行引用

In

```
df[~(df['a'] > 1)]
```

Out

```
   a  b  c  d  e
----------------
1  0  1  7  6  9
4  1  7  0  6  9
```

正如在本小节中所讲解的，在pandas中可以使用由条件表达式生成的bool类型值对DataFrame对象的数据进行引用。虽然看上去有些复杂，但是可以毫不夸张地说，在现实业务中bool类型的数据引用是一定会涉及的操作。因此，希望读者能够正确地理解这部分内容。

3.1.5　where方法

DataFrame类和Series类中还提供了where方法。使用where方法可以基于条件表达式引用DataFrame对象或Series对象中的元素，也可以对特定位置上的值进行变更。

where方法在第一个参数中指定返回包含bool类型值的数组的条件表达式。如果条件表达式的值为True，输出的就是原始的值；如果条件表达式的值为False，则会转换为other参数中指定的值。other参数的默认值为NaN。

接下来，将创建一个Series对象，并对使用方括号([ ])引用bool

类型数组数据与where方法的不同之处进行比较（程序清单3.30）。从下列结果可以看出，ser[ser > 3] 返回的是包含元素的值大于3的Series对象；而where方法是对大于3的元素位置返回原始的值，对小于等于3的元素则会返回NaN。

程序清单 3.30　Series 对象的方括号（[ ]）引用与 where 方法引用的比较

In

```
ser = pd.Series([1,2,3,4,5])
ser[ser > 3]
```

Out

```
3    4
4    5
dtype: int64
```

In

```
ser.where(ser > 3)
```

Out

```
0    NaN
1    NaN
2    NaN
3    4.0
4    5.0
dtype: float64
```

下面对DataFrame对象的where方法执行结果进行确认。使用NumPy数组的random模块生成整数类型随机数，以创建DataFrame对象。为了生成相同的随机数，将种子值固定为1（程序清单3.31）。

程序清单 3.31　DataFrame 对象的创建

In

```
np.random.seed(seed=1)
val = np.random.randint(0,10,size=25,).reshape(5,5)
```

```
df = pd.DataFrame(val, columns=list('abcde'))
df
```

Out

```
   a  b  c  d  e
----------------
0  5  8  9  5  0
1  0  1  7  6  9
2  2  4  5  2  4
3  2  4  7  7  9
4  1  7  0  6  9
```

与Series对象的方法不同，DataFrame对象基于bool类型数组，通过方括号（[ ]）选择数据返回的DataFrame对象与使用where方法返回的结果相同（程序清单3.32）。由于这里没有指定other参数，因此where方法的条件表达式计算结果为False的位置会自动代入NaN。

程序清单 3.32　DataFrame 对象的方括号（[]）引用与 where 方法引用的比较

In

```
df[df > 3]
```

Out

```
     a    b    c    d    e
--------------------------
0  5.0  8.0  9.0  5.0  NaN
1  NaN  NaN  7.0  6.0  9.0
2  NaN  4.0  5.0  NaN  4.0
3  NaN  4.0  7.0  7.0  9.0
4  NaN  7.0  NaN  6.0  9.0
```

In

```
df.where(df > 3)
```

Out

	a	b	c	d	e
0	5.0	8.0	9.0	5.0	NaN
1	NaN	NaN	7.0	6.0	9.0
2	NaN	4.0	5.0	NaN	4.0
3	NaN	4.0	7.0	7.0	9.0
4	NaN	7.0	NaN	6.0	9.0

接下来，使用where方法将DataFrame对象df中值为0的元素变更为–1。“~ (df == 0)”表示如果DataFrame对象的元素不是0，就返回True；否则返回False。where方法是将条件表达式的值为False位置上的值变更为other参数中指定的值。下面将other参数指定为–1，并查看其执行结果（程序清单3.33）。

程序清单 3.33　where 方法的 other 参数

In

```
df = df.where(~(df == 0), other=-1)
df
```

Out

	a	b	c	d	e
0	5	8	9	5	-1
1	-1	1	7	6	9
2	2	4	5	2	4
3	2	4	7	7	9
4	1	7	-1	6	9

除了where方法，还可以使用赋值运算符将新的值代入。刚刚使用where方法的other参数已经对False位置上的值进行了变更。而代入bool类型数组则是对True位置上的值进行更新。下面尝试将DataFrame对象中元素为–1的位置变更为0（程序清单3.34）。

程序清单 3.34　使用 bool 类型数组变更 DataFrame 对象的值

In

```
df[df == -1] = 0
df
```

Out

	a	b	c	d	e
0	5	8	9	5	0
1	0	1	7	6	9
2	2	4	5	2	4
3	2	4	7	7	9
4	1	7	0	6	9

还有一种与where方法操作相反的mask方法。where方法是对条件表达式df < 5的返回值为True位置上的元素返回原始值，对为False位置上的元素则返回包含other参数中指定的值（默认值NaN）。而mask方法则是当条件表达式的返回值为True时返回other参数中指定的值，为False时返回原始值（程序清单3.35）。

程序清单 3.35　DataFrame 对象的 mask 方法

In

```
df.mask(df < 5)
```

Out

	a	b	c	d	e
0	5.0	8.0	9.0	5.0	NaN
1	NaN	NaN	7.0	6.0	9.0
2	NaN	NaN	5.0	NaN	NaN
3	NaN	NaN	7.0	7.0	9.0
4	NaN	7.0	NaN	6.0	9.0

3.1.6 query方法

pandas中实验性地提供了可以以字符串形式进行数据引用的query方法。使用query方法，可以以简洁的代码进行复杂的数据选择。

下面将创建DataFrame对象，对query方法的结果进行确认。创建一个索引标签为2、4的整数，列标签为c、d、e字符串的DataFrame对象（程序清单3.36）。

程序清单 3.36 DataFrame 对象的创建

In

```
df = pd.DataFrame([[1,2,3],[4,5,6]], index=[2,4], columns=➡
list('cde'))
df
```

Out

```
   c  d  e
----------
2  1  2  3
4  4  5  6
```

query方法对索引标签的引用可以使用标识符index。query ('index > c') 表示选择DataFrame对象的列c的值小于索引值的行（程序清单3.37）。

程序清单 3.37 DataFrame 对象的 query 方法

In

```
df.query('index > c')
```

Out

```
   c  d  e
----------
2  1  2  3
```

除了使用标识符index，还可以指定DataFrame对象Index的name属性，并使用query方法对数据进行引用。下面将为DataFrame对象df

的索引指定name属性，实现与程序清单3.37相同的数据引用（程序清单3.38）。

程序清单 3.38　query 方法与索引的 name 属性

In

```
df.index.name = 'index_name'
df.query('index_name > c')
```

Out

```
             c  d  e
index_name
-------------------
          2  1  2  3
```

接下来，将创建包含3名学生考试分数的DataFrame对象，并执行query方法的基本操作。将分数（scores）、名字（names）、科目（subjects）分别保存在列表中。在列标签中指定学生的名字（names），在索引标签中指定科目（subjects），以创建DataFrame对象（程序清单3.39）。

程序清单 3.39　DataFrame 对象的创建

In

```
scores = [[76,86,90],[91,78,80],[88,76,76]]
names = ['A','B','C']
subjects = ['数学','英语','物理']
df = pd.DataFrame(scores, index=subjects, columns=names)
df
```

Out

```
       A    B    C
---------------
数学  76   86   90
英语  91   78   80
物理  88   76   76
```

下面将使用query方法对学生A的分数高于学生B的分数的行进行

选择。在query方法中使用比较运算符指定A > B。由于学生A的英语和物理的分数高于学生B的对应科目的分数，因此结果中选择的是索引标签为英语和物理的行（程序清单3.40）。

程序清单 3.40 使用 query 方法和条件表达式进行引用

In

```
df.query('A > B')
```

Out

```
      A    B    C
---------------
英语  91   78   80
物理  88   76   76
```

下面将使用方括号（[ ]）实现与程序清单3.40中相同的数据引用。对比两个执行结果即可看出，使用query方法的代码更清晰且可读性更高（程序清单3.41）。

程序清单 3.41 使用条件表达式和方括号（[ ]）进行引用

In

```
df[df['A'] > df['B']]
```

Out

```
      A    B    C
---------------
英语  91   78   80
物理  88   76   76
```

如果使用运算符“&”，则还可以使用两个以上的条件表达式进行查询搜索，每个条件表达式都使用圆括号括起来。下面对学生*A*的分数最高位置上的数据进行选择。使用条件表达式（A > B）&（A > C）表示“学生A的分数高于学生B”且“学生A的分数高于学生C”，然后在query方法中进行指定并执行处理。从结果可以看到，学生A的分数高于其他学生的英语、物理的行被提取出来了（程序清单3.42）。

程序清单 3.42　query 方法与运算符“&”

In

```
df.query('(A > B) & (A > C)')
```

Out

```
        A    B    C
----------------
英语   91   78   80
物理   88   76   76
```

接下来，将使用方括号（[ ]），并使用与程序清单 3.42 中相同的条件表达式对数据进行引用。从结果可以看到，虽然引用的数据是相同的，但是从可读性来看，使用方括号（[ ]）的方式并没有 query 方法的可读性高（程序清单 3.43）。

程序清单 3.43　使用条件表达式和方括号（[ ]）进行引用

In

```
df[(df['A'] > df['B']) & (df['A'] > df['C'])]
```

Out

```
        A    B    C
----------------
英语   91   78   80
物理   88   76   76
```

下面将使用query方法对学生A的分数高于学生C的分数的位置，以及学生C的分数高于学生B的分数的位置进行选择。可以像条件表达式（A>C）&（C>B）那样，使用运算符“&”编写代码（程序清单3.44❶），也可以像条件表达式A>C>B这样，去掉运算符（程序清单3.44❷）。

程序清单 3.44　使用多个条件表达式进行引用

In

```
df.query('A > C > B') ——❶
```

Out

```
      A    B    C
---------------
英语  91   78   80
```

In

```
df.query('(A > C) & (C > B)')  ——❷
```

Out

```
      A    B    C
---------------
英语  91   78   80
```

还可以使用字符串，指定特定列的值对数据进行引用。条件表达式A == [76, 91] 表示对学生A的分数为76分和91分的数据进行选择（程序清单3.45）。

程序清单 3.45 使用多个值进行数据引用

In

```
df.query('A == [76, 91]')
```

Out

```
      A    B    C
---------------
数学  76   86   90
英语  91   78   80
```

综上所述，虽然query方法具有代码可读性高的优点，但是使用时有几个必须注意的使用规范。pandas的官方文档中对query方法的限制事项等详细的使用示例进行了介绍，建议感兴趣的读者一定要阅读其中的内容。

- Indexing and Selecting Data

URL https://pandas.pydata.org/pandas-docs/version/0.22/indexing.

html#indexing-query

正确地从数据集中对需要的数据进行引用和选择，是开发人员在数据分析过程中必须具备的技能。正如本节中讲解的，pandas可以使用多种方法对数据进行选择。建议读者牢记这些基本的使用方法。

3.2 文件的读取与写入

pandas中提供了丰富且形式多样的可灵活读取文件的工具。在本节中，将使用pandas对CSV、Excel、JSON和HDF5等格式文件的基本操作进行讲解，同时也会对将DataFrame和Series写入文件的操作方法进行讲解。

3.2.1 CSV

CSV格式的文件在机器学习和数据分析中是最常用的文件格式之一。CSV是Comma Separated Values的简称，是指被逗号(,)分隔的文本文件，文件扩展名为.csv。

在pandas中读取CSV文件时，可以使用read_csv函数。read_csv函数可以灵活地处理复杂的数据读取操作，其中提供50多个可选参数。在本小节中，将对使用特别频繁的read_csv函数的操作进行讲解。

备注

Jupyter Notebook中示例程序的设置

在第3.2节后面的内容中包含了读取CSV文件的示例程序。事先在Jupyter Notebook中设置以下的目录(图3.1)。

图 3.1 目录的设置

备注

Google Colab中示例程序的设置

在第3.2节后面的内容中包含了读取CSV文件的示例程序。在Google Colab中执行前，将data.zip文件上传到content中并解压缩。

首先，使用ls命令对目录结构进行确认。

In

```
ls
```

Out

```
sample_data/
```

接着，在Google Colab左侧的窗口中单击“文件”按钮(图3.2)，再单击content左侧的▶按钮并将其展开。

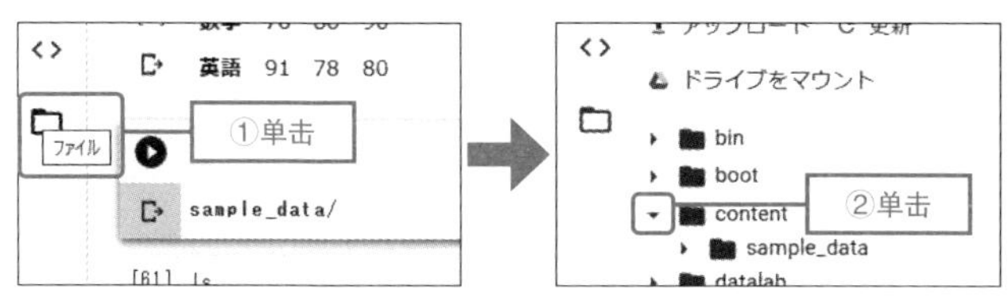

图3.2　目录的展开效果

对示例程序的data.zip文件进行拖放，将data.zip文件上传到服务器中(图3.3)。

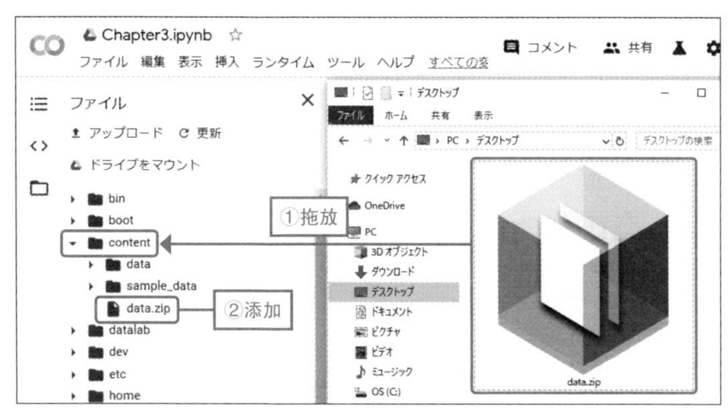

图3.3　上传示例程序

示例程序上传后，执行以下命令将压缩文件解压缩。

In

```
!unzip data.zip
```

Out

```
Archive:  data.zip
   creating: data/
  inflating: data/adult.csv
  inflating: data/ex1.csv
  inflating: data/ex10.csv
  inflating: data/ex11.csv
  inflating: data/ex12.xlsx
 extracting: data/ex13.json
  inflating: data/ex14.hdf5
  inflating: data/ex15.csv
  inflating: data/ex16.csv
  inflating: data/ex2.csv
  inflating: data/ex3.csv
  inflating: data/ex4.csv
  inflating: data/ex5.csv
 extracting: data/ex6.csv
  inflating: data/ex7.csv
  inflating: data/ex8.csv
  inflating: data/ex9.csv
 extracting: data/out1.csv
 extracting: data/out2.csv
 extracting: data/out3.csv
  inflating: data/out4.xlsx
  inflating: data/out5.json
  inflating: data/out7.hdf5
  inflating: data/out9.hdf5
```

压缩文件解压缩后，即可看到data文件夹的显示(图3.4)。

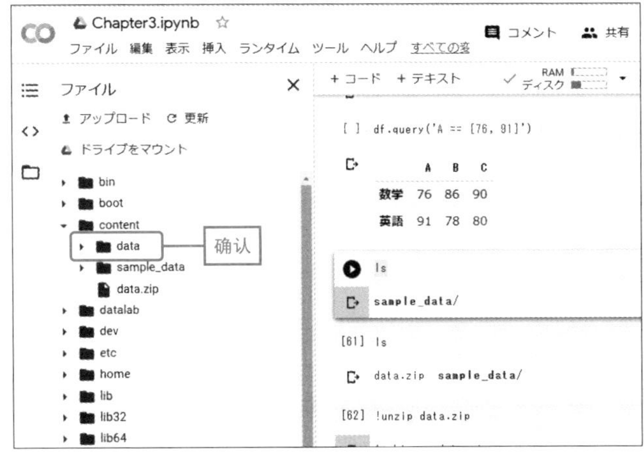

图 3.4　确认解压缩后的文件夹

为以防万一，执行以下命令确认文件夹是否确实存在。

In

```
ls
```

Out

```
data/  data.zip  sample_data/
```

执行以下命令，定位到保存了示例文件的目录中。

In

```
cd data
```

Out

```
data/  data.zip  sample_data/
```

执行ls命令确认是否定位成功。

In

```
ls
```

Out

```
adult.csv  ex13.json  ex1.csv  ex5.csv  ex9.csv ➡
  out4.xlsx
ex10.csv   ex14.hdf5  ex2.csv  ex6.csv  out1.csv➡
  out5.json
ex11.csv   ex15.csv   ex3.csv  ex7.csv  out2.csv➡
  out7.hdf5
ex12.xlsx  ex16.csv   ex4.csv  ex8.csv  out3.csv➡
  out9.hdf5
```

○ read_csv函数的基本操作

接下来，将尝试使用read_csv函数读取CSV文件。将ex1.csv文件的文件路径传递给read_csv函数的第一个参数，read_csv函数会将CSV文件中的内容转换成DataFrame对象并返回（程序清单3.46）。

程序清单 3.46 read_csv 函数

In

```
df = pd.read_csv('../data/ex1.csv')
df
```

Out

```
    a   b   c   d   e
---------------------
0  37  12  72   9  75
1   5  79  64  16   1
2  76  71   6  25  50
3  20  18  84  11  28
4  29  14  50  68  87
```

read_csv函数中提供了可以在读取CSV文件时对指定DataFrame对象使用的列标签进行指定的header参数。其默认值为infer，表示将CSV文件第一行的值作为列标签使用。当然，也可以用整数指定行作为列标签使用。下面将ex1.csv文件的第二行作为列标签进行指定。

read_csv函数会从header参数中指定的行开始读取数据，在这以前的行是不包含在生成的DataFrame对象中的（程序清单3.47）。

程序清单 3.47　read_csv 函数和 header 参数（整数）

In

```
pd.read_csv('../data/ex1.csv', header=2)
```

Out

```
    5  79  64  16   1
---------------------
0  76  71   6  25  50
1  20  18  84  11  28
2  29  14  50  68  87
```

在实际工作中，也会遇到很多无标头的CSV文件。如果是不包含标头的情况，可以在header参数中指定为None。如果在header参数中指定None，从0开始、公差为1的等差数列就会被作为列标签使用（程序清单3.48）。

程序清单 3.48　read_csv 函数和 header 参数（None）

In

```
pd.read_csv('../data/ex1.csv', header=None)
```

Out

```
    0   1   2   3   4
---------------------
0   a   b   c   d   e
1  37  12  72   9  75
2   5  79  64  16   1
3  76  71   6  25  50
4  20  18  84  11  28
5  29  14  50  68  87
```

使用names参数可以在读取无标头的文件时指定列标签。如果读取的是无标头的文件，就可以在header参数中明确指定None，再使用

names参数在读取数据时分配列标签。下面将在names参数中指定字符串'啊 咦 唔 呃 哦'，读取ex1.csv（程序清单3.49）。

程序清单 3.49　read_csv 函数和 names 参数

In

```
pd.read_csv('../data/ex1.csv', header=None, names=list(➡
'啊 咦 唔 呃 哦'))
```

Out

	啊	咦	唔	呃	哦
0	a	b	c	d	e
1	37	12	72	9	75
2	5	79	64	16	1
3	76	71	6	25	50
4	20	18	84	11	28
5	29	14	50	68	87

有时需要将特定列的值作为DataFrame对象的索引标签使用。这种情况下，可以使用index_col参数。下面将ex2.csv文件的列name的值指定为索引标签进行读取（程序清单3.50），在index_col参数中可以指定需要作为索引标签使用的值的列名称。

程序清单 3.50　read_csv 函数和 index_col 参数（列标签）

In

```
pd.read_csv('../data/ex2.csv', index_col='name')
```

Out

name	height	weight	sex	stay
a	161	54	Female	True
b	180	87	Male	False
c	159	49	Female	Yes
d	178	73	Male	No
e	167	67	Male	No

还可以在index_col参数中指定位置索引。下面将ex2.csv文件的第4列的sex指定为位置索引并将其作为索引标签读取。由于位置索引是从0开始的，因此sex的列位置索引就是3（程序清单3.51）。

程序清单 3.51　　read_csv 函数和 index_col 参数（位置索引）

In

```
pd.read_csv('../data/ex2.csv', index_col=3)
```

Out

```
          name  height  weight   stay
   sex
-----------------------------------
Female       a     161      54   True
  Male       b     180      87  False
Female       c     159      49    Yes
  Male       d     178      73     No
  Male       e     167      67     No
```

index_col参数可以使用列表同时指定多个列的值，将其作为索引标签使用。下面将name列和sex列指定给索引标签，这种情况下的索引标签是多重索引。有关多重索引的详细内容，将在第8.3节中进行讲解（程序清单3.52）。

程序清单 3.52　　read_csv 函数和 index_col 参数（多个标签）

In

```
pd.read_csv('../data/ex2.csv', index_col=['name','sex'])
```

Out

```
                height  weight   stay
name     sex
------------------------------------
   a  Female     161      54   True
   b    Male     180      87  False
   c  Female     159      49    Yes
   d    Male     178      73     No
   e    Male     167      67     No
```

在机器学习需要处理的大型数据中，可能会包含数万以上列数的数据。如果可以从CSV文件中指定特定的列，就可以将其作为DataFrame对象进行读取。利用read_csv函数，在usecols参数中指定需要读取的列标签或位置索引即可实现。如果需要同时指定多个数据，则可以使用列表进行指定。下面将仅读取ex2.csv文件的name列和weight列（程序清单3.53）。

程序清单 3.53　read_csv 函数和 usecols 参数

In

```
pd.read_csv('../data/ex2.csv', usecols=['name','weight'])
```

Out

```
    name  weight
---------------
0     a      54
1     b      87
2     c      49
3     d      73
4     e      67
```

read_csv函数可以将CSV文件的数据转换成DataFrame对象并返回，如果读取后的数据中只有一个列，那么还可以使用squeeze参数（默认值为False）将其转换成Series对象。下面将在usecols参数中指定weight，使用squeeze参数将其转换成Series对象（程序清单3.54）。

程序清单 3.54　read_csv 函数和 squeeze 参数

In

```
pd.read_csv('../data/ex2.csv', usecols=['weight'], squeeze=➡
True)
```

Out

```
0    54
1    87
2    49
```

```
3     73
4     67
Name: weight, dtype: int64
```

我们可以使用skiprows参数排除程序对特定行的读取。如果指定整数*n*，就是将CSV文件从第0行开始的第*n*行作为起点开始读取数据。下面将在header参数中指定None，并指定skiprows=2读取数据（程序清单3.55）。这种情况下，CSV文件的第0行和第1行就会被排除在外，从第2行开始读取。

程序清单3.55　　read_csv 函数和 skiprows 参数

In

```
pd.read_csv('../data/ex2.csv', header=None, skiprows=2)
```

Out

	0	1	2	3	4
0	b	180	87	Male	False
1	c	159	49	Female	Yes
2	d	178	73	Male	No
3	e	167	67	Male	No

在skiprows参数中使用列表指定多个整数时，可以将指定的行排除在外进行读取。下面将排除第1行、第3行、第5行读取数据（程序清单3.56）。

程序清单3.56　　read_csv 函数和 skiprows 参数（多个）

In

```
pd.read_csv('../data/ex2.csv', skiprows=[1,3,5])
```

Out

	name	height	weight	sex	stay
0	b	180	87	Male	False
1	d	178	73	Male	No

CSV文件的最后一行可能会存在由字符串构成的注释信息的情况。注释是非常重要的信息，大多数情况下不需要将其作为数据读取。如果在skipfooter参数中指定整数*n*，就是排除从CSV文件的最后一行到第*n*行，对数据进行读取。

pandas的解析器是用C语言和Python语言实现的。原则上是可以使用高速且高效的C语言解析器进行处理的，但是如果是无法用C语言执行的处理，则可以使用Python语言解析器。由于skiprows参数不支持C语言，因此需要使用Python语言解析器。可以在read_csv函数的engine参数中指定是使用C语言还是Python语言解析器引擎。在engine参数中指定python，并指定skipfooter=1，将CSV文件的最后一行排除再读取文件（程序清单3.57）。如果不对engine参数进行指定，就会出现ParserWarning错误。

程序清单 3.57 read_csv 函数和 skipfooter 参数

In

```
pd.read_csv('../data/ex2.csv', skipfooter=1, engine='python')
```

Out

	name	height	weight	sex	stay
0	a	161	54	Female	True
1	b	180	87	Male	False
2	c	159	49	Female	Yes
3	d	178	73	Male	No

在nrows参数中指定整数*n*，可以将CSV文件的第0 ~ *n*行的数据读取出来，并将其转换成DataFrame对象。这一方法可以在CSV文件中存储了庞大的行数时使用。下面将读取ex2.csv文件的第0 ~ 3行数据，将ex2.csv文件的第0行作为列标签进行读取（程序清单3.58）。

程序清单 3.58 read_csv 函数和 nrows 参数

In

```
pd.read_csv('../data/ex2.csv', nrows=3)
```

Out

```
   name  height  weight     sex   stay
--------------------------------------
0     a     161      54  Female   True
1     b     180      87    Male  False
2     c     159      49  Female    Yes
```

数据类型的指定

在读取CSV文件时，可以同时指定数据类型。使用read_csv函数的dtype参数（默认值为None）可以明确指定CSV文件中每列数据的数据类型。在dtype参数中指定object，即可将所有列的数据类型作为object读取。下面将使用DataFrame对象的info方法查看每列数据的数据类型（程序清单3.59）。

程序清单 3.59　read_csv 函数和 dtype 参数（object）

In

```
df = pd.read_csv('../data/ex2.csv', dtype='object')
df.info()
```

Out

```
<class 'pandas.core.frame.DataFrame'>
RangeIndex: 5 entries, 0 to 4
Data columns (total 5 columns):
name       5 non-null object
height     5 non-null object
weight     5 non-null object
sex        5 non-null object
stay       5 non-null object
dtypes: object(5)
memory usage: 280.0+ bytes
```

在dtype参数中指定字典，可以在读取文件时对每列数据的数据类型进行指定。在字典的键中指定列标签，在值中指定数据类型。下面将使用dtype参数指定CSV文件中height、weight、sex列的数据类型进行数据的读取（程序清单3.60）。如果列的值是sex这样类别的数据，也可以指定category类型。

程序清单 3.60　read_csv 函数和 dtype 参数（字典）

In

```
dtype_dict = {'height':'int16','weight':'int8','sex':➡
'category'}
df = pd.read_csv('../data/ex2.csv', dtype=dtype_dict)
df[['height','weight','sex']].info()
```

Out

```
<class 'pandas.core.frame.DataFrame'>
RangeIndex: 5 entries, 0 to 4
Data columns (total 3 columns):
height     5 non-null int16
weight     5 non-null int8
sex        5 non-null category
dtypes: category(1), int16(1), int8(1)
memory usage: 116.0 bytes
```

正确地指定数据类型可以节省内存空间。在处理大型数据时，建议正确地指定数据类型，再进行数据的读取。ex2.csv文件的列stay中包含True、False、Yes、No等字符串。read_csv函数只有当CSV文件列的值为True（TRUE）或False（FALSE）时，才会指定bool类型读取列。下面将对读取了整列stay与仅读取了包含True和False的开头两行的情况进行比较（程序清单3.61）。

使用read_csv函数读取数据后，使用Python的type函数对列stay的值的数据类型进行确认。使用Series对象的apply方法，可以将type函数应用到Series对象的每个值中（apply方法的详细内容参考第7.1.1小节）。如果读取了所有行，由于列stay的值中不仅包含True、False，还包含Yes和No，因此会将其作为字符串str读取。而如果指定nrows=2，仅读取True和False值，则会将其作为bool类型读取。

程序清单 3.61　使用 read_csv 函数读取 bool 类型值

In

```
df = pd.read_csv('../data/ex2.csv')
df['stay'].apply(type)
```

Out

```
0    <class 'str'>
1    <class 'str'>
2    <class 'str'>
3    <class 'str'>
4    <class 'str'>
Name: stay, dtype: object
```

In

```
df = pd.read_csv('../data/ex2.csv', nrows=2)
df['stay'].apply(type)
```

Out

```
0    <class 'bool'>
1    <class 'bool'>
Name: stay, dtype: object
```

如果需要将列stay的值Yes作为True，No作为False读取时，使用true_values、false_values参数是非常方便的。true_values、false_values参数可以将列表中指定的任意值转换成True、False读取数据。由于列stay的值全部都会转换成True和False，因此就是作为bool类型的数据进行读取（程序清单3.62）。

程序清单 3.62　read_csv 函数、true_values 参数和 false_values 参数

In

```
df = pd.read_csv(
    '../data/ex2.csv',
```

```
    true_values=['Yes'],
    false_values=['No']
)

df['stay'].apply(type)
```

Out

```
0    <class 'bool'>
1    <class 'bool'>
2    <class 'bool'>
3    <class 'bool'>
4    <class 'bool'>
Name: stay, dtype: object
```

处理时间序列数据时，需要正确处理日期类型的数据。ex3.csv文件的列date的值为日期，列time的值为时间。如果不使用read_csv函数进行指定就读取数据，列date和列time都会被作为字符串str类型读取（程序清单3.63）。下面将使用apply方法和type函数对列date的数据类型进行确认。

程序清单 3.63 使用 read_csv 函数读取时间序列的数据

In

```
df = pd.read_csv('../data/ex3.csv')
df
```

Out

	date	time	city	sales
0	2019-01	19:00	Tokyo	100
1	2019-02	20:00	Tokyo	120
2	2019-03	21:00	Osaka	90
3	2019-04	22:00	Nagoya	85
4	2019-05	23:00	Osaka	115

In

```
df['date'].apply(type)
```

Out

```
0    <class 'str'>
1    <class 'str'>
2    <class 'str'>
3    <class 'str'>
4    <class 'str'>
Name: date, dtype: object
```

在parse_dates参数中以列表形式对列进行指定，可以将数据作为日期类型的数据进行读取。下面将列date指定给parse_dates参数读取数据（程序清单3.64）。从下列结果可以看到，程序清单3.63中的数据为字符串str类型，使用parse_dates参数进行指定后，数据成功地被转换成了datetime64[ns] 的数据类型。

程序清单 3.64　read_csv 函数和 parse_dates 参数

In

```
df = pd.read_csv('../data/ex3.csv', parse_dates=['date'])
df['date']
```

Out

```
0    2019-01-01
1    2019-02-01
2    2019-03-01
3    2019-04-01
4    2019-05-01
Name: date, dtype: datetime64[ns]
```

很多时候，需要将日期和时间的值分成不同的列。在parse_dates参数中将多个列以“列表的列表”的形式进行指定，可以将各列的值进行连接作为一个日期类型数据的值返回。这种情况下的列标签就是使用下划线（_）将每个列名进行连接的格式。下面将ex3.csv文件的列date和列time以“列表的列表”的形式指定给parse_dates参数读取数据（程序清单3.65）。

程序清单 3.65　read_csv 函数和 parse_dates 参数（多个列的连接）

In

```
df = pd.read_csv('../data/ex3.csv', parse_dates=[['date',➡
'time']])
df
```

Out

```
             date_time    city  sales
--------------------------------------
0  2019-01-01 19:00:00   Tokyo    100
1  2019-02-01 20:00:00   Tokyo    120
2  2019-03-01 21:00:00   Osaka     90
3  2019-04-01 22:00:00  Nagoya     85
4  2019-05-01 23:00:00   Osaka    115
```

In

```
df['date_time']
```

Out

```
0    2019-01-01 19:00:00
1    2019-02-01 20:00:00
2    2019-03-01 21:00:00
3    2019-04-01 22:00:00
4    2019-05-01 23:00:00
Name: date_time, dtype: datetime64[ns]
```

缺失数据

现实中的大多数数据是包含缺失数据的。下面将对使用read_csv函数处理缺失数据的操作进行讲解。

图3.5中显示的是ex4.csv文件的数据。列math中包含空白和NaN；列eng中包含“？”和None等不同的值。

name	math	eng
a	82	?
b		76
c	76	91
d	NaN	None
e	89	81
f	−1.#IND	#N/A N/A

图 3.5　ex4.csv 文件

read_csv 函数的默认值是将程序清单 3.66 中所有的值都作为缺失数据 NaN 识别的结果。CSV 文件中的空白和 N/A 的值会被转换成 NaN 的数据进行读取。

程序清单 3.66　read_csv 函数会作为缺失数据识别的字符串一览表（默认值）

In

```
['-1.#IND', '1.#QNAN', '1.#IND', '-1.#QNAN',
 '#N/A N/A', '#N/A', 'N/A', 'n/a', 'NA','#NA',
 'NULL', 'null', 'NaN', '-NaN', 'nan', '-nan', '']
```

Out

```
['-1.#IND',
 '1.#QNAN',
 '1.#IND',
 '-1.#QNAN',
 '#N/A N/A',
 '#N/A',
 'N/A',
 'n/a',
 'NA',
 '#NA',
 'NULL',
 'null',
 'NaN',
 '-NaN',
 'nan',
 '-nan',
 '']
```

下面将读取ex4.csv文件（程序清单3.67）。从结果可以看到，程序清单3.66中的值被转换成默认值NaN进行读取。

程序清单 3.67　read_csv 函数和缺失数据（默认值）

In

```
df = pd.read_csv('../data/ex4.csv')
df
```

Out

	name	math	eng
0	a	82.0	?
1	b	NaN	76
2	c	76.0	91
3	d	NaN	None
4	e	89.0	81
5	f	NaN	NaN

接下来，将使用DataFrame对象的isna方法，对数据为NaN的位置进行确认。如程序清单3.66所示，字符串None在read_csv函数的默认值中是不会被作为缺失数据处理的，需要多注意（程序清单3.68）。

程序清单 3.68　使用 isna 方法找出缺失数据

In

```
df.isna()
```

Out

	name	math	eng
0	False	False	False
1	False	True	False
2	False	False	False
3	False	True	False
4	False	False	False
5	False	True	True

使用read_csv函数的na_values参数可以将特定的值作为缺失数据读取。下面将在na_values参数的列表中指定None和"？"，再读取数据（程序清单3.69）。从下列结果可以看到，虽然在程序清单3.67中None和"？"是作为字符串读取的，但是如果使用na_values参数，就可以将其作为NaN读取。

程序清单 3.69　read_csv 函数和 na_values 参数

In

```
pd.read_csv('../data/ex4.csv', na_values=['None','?'])
```

Out

```
   name  math   eng
--------------------
0     a  82.0   NaN
1     b   NaN  76.0
2     c  76.0  91.0
3     d   NaN   NaN
4     e  89.0  81.0
5     f   NaN   NaN
```

如果事先已经知道CSV文件中不包含缺失数据，就可以使用na_filter参数。na_filter参数（默认值为True）可以在读取数据时，对缺失数据进行判断。如果事先已经知道CSV文件中不包含缺失数据时，将值变更为False即可缩短读取数据的时间。

零散的数据

通常情况下，需要读取的数据并不一定都是整理好的数据。因此，在read_csv函数中提供了可以用于处理零散的CSV文件的可选参数。

如图3.6所示，在ex5.csv文件中，第0行是列标签为a ~ d的数据，第1行的列d的值则是缺失数据。此外，第2行呈现的则是列数比列标签更多的情况。在现实情况下，由于各种原因导致出现了类似以下这种零散数据的情况也并不少见。

a	b	c	d	
10	5	12		
2	4	6	7	8
red	red	red	red	

图 3.6　ex5.csv 文件

使用read_csv函数，可以为相对于列标签少了列数的行填充缺失值NaN作为默认值。如果存在相对于列标签多出了列数的行时，则会出现ParserError警告。如果不对ex5.csv文件进行任何指定，使用read_csv函数读取数据，就会导致ParserError错误(程序清单3.70)。

程序清单 3.70　　read_csv 函数的 ParserError 错误

In

```
pd.read_csv('../data/ex5.csv')
```

Out

(…略…)

```
ParserError: Error tokenizing data.
C error: Expected 4 fields in line 3, saw 5
```

接下来，将使用skiprows参数排除ex5.csv文件中的第2行重新读取数据(程序清单3.71)。正如我们在前面所讲的，当列数少于列标签时，程序会使用缺失值NaN进行自动填充。

程序清单 3.71　　相对列标签，少了列数的位置

In

```
pd.read_csv('../data/ex5.csv', skiprows=[2])
```

Out

```
      a    b    c    d
---------------------
0    10    5   12  NaN
1   red  red  red  red
```

由于ex5.csv文件是一份小型数据，因此事先可以很容易把握有问题的位置（这里的问题点是相对列标签多出来第2行的列数）。如果是处理大型数据，有时是很难把握出现问题的位置的。接下来，将对处理类似情况的两个应对方法进行介绍。

如果事先知道需要从CSV文件中读取的是哪一列时，就有一种可以使用usecols参数对需要读取的列标签进行指定的方法。这种情况下，即使是像ex5.csv文件中第2行那样的列数比列标签多的情况，也能够避免出现错误并顺利地读取数据（程序清单3.72）。

程序清单 3.72　read_csv 函数和 usecols 参数

In

```
pd.read_csv('../data/ex5.csv', usecols=['a','b','c','d'])
```

Out

	a	b	c	d
0	10	5	12	NaN
1	2	4	6	7
2	red	red	red	red

当读取的数据中包含大量的列数和行数，无法把握到底是哪个位置出现错误时，使用error_bad_lines参数（默认值为True）是非常方便的。将error_bad_lines参数指定为False，就可以将有问题的位置排除在外，再对数据进行读取。如果需要找出出现错误的位置，使用warn_bad_lines参数（初始值为True）就可以在读取数据时找到存在问题的位置（程序清单3.73）。

程序清单 3.73　read_csv 函数的 error_bad_lines 参数和 warn_bad_lines 参数

In

```
pd.read_csv('../data/ex5.csv',
            error_bad_lines=False,
            warn_bad_lines=True)
```

Out

```
b'Skipping line 3: expected 4 fields, saw 5¨¥n'

     a    b    c    d
---------------------
0   10    5   12  NaN
1  red  red  red  red
```

在准备数据的阶段，有时在行的末尾会存在分隔符（CSV文件是逗号）。ex6.csv文件就是以这样的格式生成数据的。下面将使用Python的open函数和文件对象的read方法对文件中的内容进行确认（程序清单3.74）。从下列结果可以看到，第0行为a,b,c,d，是没有问题的，而第1行和第2行的末尾都输入了逗号。

程序清单 3.74　使用 Python 的 open 函数浏览 CSV 文件

In

```
with open('../data/ex6.csv', encoding='UTF-8') as file:
    print(file.read())
```

Out

```
a,b,c,d
1,2,3,4,
5,6,7,8,
```

如果是类似这种格式的数据，不进行任何指定并使用read_csv函数对数据进行读取，就会读取到意想不到的数据。从下列的结果可以看到，第0行被顺利地作为DataFrame对象的列标签读取了出来，而第1行和第2行的最开始元素（1和5）则被作为索引标签读取了出来（程序清单3.75）。

程序清单 3.75　读取行的末尾存在分隔符的文件

In

```
pd.read_csv('../data/ex6.csv')
```

Out

```
    a  b  c    d
---------------
1   2  3  4  NaN
5   6  7  8  NaN
```

类似上述这种情况，可以将index_col参数（默认值为None）变更为False进行处理。如果index_col参数为False，read_csv函数就不会将CSV文件中第0列的值作为索引标签使用，而是会分配从0开始的连续整数。这样一来，每行都得到了正确的分配且数据也被顺利地读取了出来（程序清单3.76）。

程序清单 3.76　read_csv 函数和 index_col 参数

In

```
pd.read_csv('../data/ex6.csv', index_col=False)
```

Out

```
    a  b  c  d
-------------
0   1  2  3  4
1   5  6  7  8
```

虽然这种情况不常出现，但是也存在CSV文件标头的值有重复的情况。mangle_dupe_cols参数（默认值为True）可以控制标头的重复值。当mangle_dupe_cols参数为True时，CSV文件标头中存在*n*个类似'X'…'X'这样的重复值时，可以使用这一参数将重复值转换成'X'…'X.n–1'，为其分配列标签。ex7.csv文件标头中存在若干个重复的sex。下面将mangle_dupe_cols参数指定为True读取文件中的数据（程序清单3.77）。

程序清单 3.77　read_csv 函数和 mangle_dupe_cols 参数

In

```
pd.read_csv('../data/ex7.csv', mangle_dupe_cols=True)
```

Out

```
    sex  weight   sex.1
-----------------------
0    F       57  Female
1    M       82    Male
2    F       61  Female
```

如果将mangle_dupe_cols参数指定为False，由于需要读取的CSV文件标头包含重复值，因此就会出现ValueError警告。这是因为读取后的DataFrame对象是不允许存在重复的列标签的。

当然也有文件中包含注释的情况。这种情况下，在comment参数中指定注释行的首字母，就可以排除包含注释的行后对数据进行读取。ex8.csv文件中就包含了以"#"为首字母的注释，且第5行包含空白行。下面将使用Python的open函数对数据中的内容进行显示（程序清单3.78）。

程序清单 3.78　使用 open 函数浏览 CSV 文件

In

```
with open('../data/ex8.csv', encoding='UTF-8') as file:
    print(file.read())
```

Out

```
name,height
a,161
#到此为止，为女性
b,172

c,181
#到此为止，为男性
```

在comment参数（默认值为None）中使用字符串指定注释的首字母，就可以在读取数据时将注释行排除。此外，对于空白行，可以使用skip_blank_lines参数（默认值为True）进行控制。当skip_blank_lines参数为True时，就可以排除空白行读取数据；为False时，就可以将空白行作为NaN进行读取。首先，不使用comment参数，将skip_blank_ lines参数指定为False读取ex8.csv文件（程序清单3.79）。

程序清单 3.79　读取包含注释行和空白行的 CSV 文件

In

```
pd.read_csv('../data/ex8.csv', skip_blank_lines=False)
```

Out

	name	height
0	a	161.0
1	#到此为止，为女性	NaN
2	b	172.0
3	NaN	NaN
4	c	181.0
5	#到此为止，为男性	NaN

从上述结果可以看到，ex8.csv文件中第2行和第6行的注释被读取了，且第4行的空白行也被作为NaN读取出来了。下面将在comment参数中指定“#”、将skip_blank_lines参数指定为True，再进行读取。comment参数只允许指定单一的字符串（程序清单3.80）。

程序清单 3.80　read_csv 函数的 comment 参数和 skip_blank_lines 参数

In

```
pd.read_csv('../data/ex8.csv', comment='#', skip_blank_➡
lines=True)
```

Out

	name	height
0	a	161
1	b	172
2	c	181

通常，将使用逗号（,）分隔的文件称为CSV文件。而在实际业务中，也存在CSV文件的分隔符为其他符号的情况。使用sep参数（默认值为

','），可以读取包含了逗号（,）之外其他符号的文件。ex9.csv 文件是由管道符（|）分隔的文件。下面将使用open 函数对文件中的内容进行显示（程序清单3.81）。

程序清单 3.81 使用 open 函数浏览 CSV 文件

In

```
with open('../data/ex9.csv', encoding='UTF-8') as file:
    print(file.read())
```

Out

```
Location|sales
Tokyo|1200000
Osaka|900000
Sapporo|100000
```

接下来，将在sep参数中指定管道符（|）读取数据。从下列结果可以看到，在sep参数中指定管道符（|），就可以对每行数据进行正确的读取操作（程序清单3.82）。

程序清单 3.82 read_csv 函数和 sep 参数

In

```
pd.read_csv('../data/ex9.csv', sep='|')
```

Out

```
   Location    sales
--------------------
0     Tokyo  1200000
1     Osaka   900000
2   Sapporo   100000
```

如果在sep参数中指定了单一的字符串，会将该字符串识别为分隔符。如果指定了多个字符串则会被识别为正则表达式。ex10.csv文件是由制表符分隔的文件。下面将在sep参数中指定用正则表达式表示的'\t'（日文Windows操作系统中，“\”为“¥”）读取数据（程序清单3.83）。

程序清单 3.83 read_csv 函数和 sep 参数（正则表达式）

In

```
with open('../data/ex10.csv', encoding='UTF-8') as file:
    print(file.read())
```

Out

```
Location        sales
Tokyo           1200000
Osaka           900000
Sapporo         100000
```

In

```
pd.read_csv('../data/ex10.csv', sep='\t')
```

Out

	Location	sales
0	Tokyo	1200000
1	Osaka	900000
2	Sapporo	100000

在读取由制表符分隔的文件时，使用read_table函数也是一种可取的方式。read_table函数是一种可以将read_csv函数中sep参数的默认值',' 变更为'\t'（日文Windows操作系统中，“\”为“¥”）的函数。下面将使用read_table函数读取由制表符分隔的ex10.csv文件。由于sep参数的默认值为'\t'，因此无须特地进行指定也可以正确读取由制表符分隔的文件（程序清单3.84）。

程序清单 3.84 使用 read_table 函数读取 CSV 文件

In

```
pd.read_table('../data/ex10.csv')
```

Out

```
   Location    sales
--------------------
0     Tokyo  1200000
1     Osaka   900000
2   Sapporo   100000
```

表示位数较多的数字时，使用逗号每隔3位数字进行分隔的情况是比较常见的方式。例如，将1000000写成1,000,000。但是读取包含这样3位一隔数字的文件时，有一些需要注意的地方。ex11.csv文件中就包含3位一隔数字的数值数据。下面将使用read_csv函数读取数据并使用type函数查看sales的数据类型。从下列结果可以看到，本来是希望作为数值读取的数据，却作为字符串读取出来了（程序清单3.85）。

程序清单 3.85　读取包含 3 位一隔数字的数据

In

```
df = pd.read_csv('../data/ex11.csv', sep='\t')
df
```

Out

```
   Location      sales
----------------------
0     Tokyo  1,200,000
1     Osaka    900,000
2   Sapporo    100,000
```

In

```
df['sales'].apply(type)
```

Out

```
0    <class 'str'>
1    <class 'str'>
2    <class 'str'>
Name: sales, dtype: object
```

使用read_csv函数的thousands参数可以对3位一隔的字符串进行指定。下面将在thousands参数中指定逗号(,)，并使用type函数对数据类型进行确认。在指定前是作为字符串读取的，使用thousands参数进行指定后，即可作为整数类型(int)的数据读取(程序清单3.86)。

程序清单 3.86　read_csv 函数和 thousands 参数

In

```
df = pd.read_csv('../data/ex11.csv', sep='\t', thousands=',')
df['sales'].apply(type)
```

Out

```
0    <class 'int'>
1    <class 'int'>
2    <class 'int'>
Name: sales, dtype: object
```

数据的保存

使用to_csv方法可以将pandas的Series对象和DataFrame对象写入CSV文件。to_csv方法中也提供了大量可以设置的选项，下面将对这一方法的基本操作进行讲解。

创建列标签为a、b、c的DataFrame对象，使用to_csv方法将其写入CSV文件中。在to_csv方法的第一个参数中指定写入文件的路径或对象，将DataFrame对象df作为out1.csv文件进行保存(程序清单3.87)。

程序清单 3.87　DataFrame 对象的 to_csv 方法

In

```
df = pd.DataFrame([[1,2,3],[4,5,6]], columns=list('abc'))
df
```

Out

```
   a  b  c
----------
```

```
   0  1  2  3
   1  4  5  6
```

In

```
df.to_csv('../data/out1.csv')
```

从上述结果可以看到，使用to_csv方法指定路径新创建了out1.csv文件。下面将使用read_csv函数将out1.csv文件作为DataFrame对象重新进行读取（程序清单3.88）。

程序清单 3.88 DataFrame 对象的 read_csv 函数

In

```
pd.read_csv('../data/out1.csv')
```

Out

```
    Unnamed: 0  a  b  c
-----------------------
0            0  1  2  3
1            1  4  5  6
```

to_csv方法中提供了控制写入DataFrame对象中索引标签的index参数（默认值为True）。由于其默认值为True，因此，如程序清单3.88所示，DataFrame对象df的索引标签作为Unnamed:0被写入了out1.csv文件中。如果DataFrame对象的索引标签被赋予了name属性，就会像程序清单3.88那样作为Unnamed:0被写入列中。如果索引标签没有被赋予name属性，那么name属性的值就会作为CSV文件的列名写入。下面将在to_csv方法的index参数中指定False，再次对其进行确认(程序清单3.89)。

程序清单 3.89 to_csv 方法和 index 参数

In

```
df.to_csv('../data/out1.csv', index=False)
pd.read_csv('../data/out1.csv')
```

Out

```
   a  b  c
----------
0  1  2  3
1  4  5  6
```

如果在to_csv方法的第一个参数中指定的文件路径中存在与其同名的文件，文件就会被新的对象覆盖。由于会出现类似这样意外覆盖文件的情况，因此在执行to_csv方法时需要注意。

to_csv方法的header参数（默认值为True）可以控制写入DataFrame对象的列标签。默认（True）情况下，使用to_csv方法写入的CSV文件的标头就是DataFrame对象的列标签。

当header参数为False时，可以将列标签排除再对数据进行写入操作。下面将DataFrame对象df的列标签排除，将数据作为out2.csv文件写入。如果使用open函数将out2.csv文件进行显示，就可以看到DataFrame对象df的列标签a、b、c并没有显示出来（程序清单3.90）。

程序清单 3.90　to_csv 方法和 header 参数

In

```
df.to_csv('../data/out2.csv', header=False, index=False)

with open('../data/out2.csv', encoding='UTF-8') as file:
    print(file.read)
```

Out

```
1,2,3
4,5,6
```

如果需要指定写入文件的分隔符时，可以使用sep参数（默认值为“,”）。下面将制表符（\t）（日文Windows操作系统中，“\”为“¥”）和管道符（|）作为分隔符，使用print函数对to_csv方法的输出进行显示。从结果可以看到，每个分隔符都是以sep参数指定的格式显示的（程序清单3.91）。

程序清单 3.91　to_csv 方法和 sep 参数

In

```
print(df.to_csv(index=False, sep='\t'))
print(df.to_csv(index=False, sep='|'))
```

Out

```
a	b	c
1	2	3
4	5	6

a|b|c
1|2|3
4|5|6
```

如果只需将DataFrame对象的特定列写入，可以在columns参数中指定列标签。如果使用列表，就可以对多个列标签进行指定。下面仅写入DataFrame对象df的列a和列c（程序清单3.92）。

程序清单 3.92　to_csv 方法和 columns 参数

In

```
print(df.to_csv(index=False, columns=['a','c']))
```

Out

```
a,c
1,3
4,6
```

有时还需要将DataFrame对象的索引标签作为CSV文件的列写入。如果index参数为True，DataFrame对象的索引标签没有被赋予name属性，并且在to_csv方法中没有进行其他指定，DataFrame对象的索引标签就会作为Unnamed:0写入CSV文件。此种情况下，可以在index_label参数中指定列标签。下面将DataFrame对象df的索引转换成字符串'd'和'e'，并将其作为列index_labels的值添加到CSV文件中，对out3.csv文件进行写入操作（程序清单3.93）。

程序清单 3.93　to_csv 方法和 index_label 参数

In

```
df.index = ['d', 'e']
df
```

Out

```
   a  b  c
----------
d  1  2  3
e  4  5  6
```

In

```
df.to_csv('../data/out3.csv', index=True, index_label='➡
index_labels')
pd.read_csv('../data/out3.csv')
```

Out

```
   index_labels  a  b  c
------------------------
0             d  1  2  3
1             e  4  5  6
```

3.2.2　Excel

与销售部门进行的数据资料来往中，需要处理Excel文件的情况也不少。在pandas中提供了专门用于处理扩展名为".xls"（Excel 2003）和".xlsx"（Excel 2007以上）的文件。

使用read_excel函数可以将Excel文件转换为pandas的DataFrame对象。pandas的read_excel函数使用的是xlrd软件库，该软件库可以通过执行以下命令进行安装。本小节中使用的代码是必须使用xlrd软件库的，因此根据实际情况进行安装。

[终端窗口]

```
$ conda install xlrd
```

注意事项

关于在Google Colab中的运行

截至本书截稿时(2020年3月),xlrd软件库已经默认安装在Google Colab中。如果Google Colab中没有安装xlrd软件库,则执行!pip install xlrd命令即可进行安装。

Excel数据的读取

使用read_excel函数可以读取ex12.xlsx文件。在read_excel函数的第一个参数中指定Excel文件的读取路径,read_excel函数会将Excel文件转换为pandas的DataFrame对象并返回(程序清单3.94)。

程序清单3.94　read_excel函数

In

```
pd.read_excel('../data/ex12.xlsx')
```

Out

```
   employee_name  age  sex        division
------------------------------------------
0              a   22  男性       logistics
1              b   31  女性       marketing
2              c   29  女性 human resources
3              d   18  男性           sales
4              e   27  女性       logistics
```

ex12.xlsx文件中存在名为employees和div的两张工作表。使用read_excel函数的sheet_name参数(默认值为0)可以指定需要读取的工作表。sheet_name参数可以对需要读取的Excel文件按照工作表名或从0开始的工作表的位置进行指定。默认值0表示开头的工作表。下面将在sheet_name参数中指定每张工作表名并进行数据的读取（程序清单3.95）。

程序清单 3.95　read_excel 函数和 sheet_name 参数

In

```
employees = pd.read_excel('../data/ex12.xlsx', sheet_name=➡
'employees')
employees
```

Out

	employee_name	age	sex	division
0	a	22	男性	logistics
1	b	31	女性	marketing
2	c	29	女性	human resources
3	d	18	男性	sales
4	e	27	女性	logistics

In

```
div = pd.read_excel('../data/ex12.xlsx', sheet_name='div')
div
```

Out

	division	location
0	sales	2F
1	human resources	2F
2	marketing	3F
3	logistics	1F

read_excel函数和read_csv函数的很多选项参数是共用的。下面将使用usecols参数仅读取employees工作表的employee_name列和sex列。将employee_name列的位置索引0、sex列的位置索引2以列表的形式指定给usecols参数（程序清单3.96）。

程序清单 3.96　read_excel 函数和 usecols 参数

In

```
pd.read_excel('../data/ex12.xlsx', sheet_name='employees', ➡
usecols=[0,2])
```

Out

```
   employee_name  sex
---------------------
0              a  男性
1              b  女性
2              c  女性
3              d  男性
4              e  女性
```

Excel数据的保存

DataFrame对象的CSV文件保存需使用to_csv方法。因此，也提供了与其类似的，可以对Excel文件进行保存的to_excel方法。如果使用to_excel方法写入Excel文件，文件扩展名为".xls"时，就需要使用xlwt软件库；扩展名为".xlsx"时，就需要使用xlsxwriter软件库或openpyxl软件库。由于下面将对xlsx文件进行保存操作，因此需要通过执行以下命令对xlsxwriter软件库等进行安装。如果使用的是Google Colab，可以执行!pip install xlsxwriter命令进行安装。

[终端窗口]

```
$ conda install xlsxwriter
```

[终端窗口]

```
$ conda install openpyxl
```

to_excel方法中的可选参数也与to_csv方法中的很多可选参数是相同的。需要特别指出的不同之处在于，to_excel方法中提供了指定写入Excel文件工作表名的sheet_name参数。

下面将创建一个简单的DataFrame对象，并将文件名指定为out4.

xlsx、工作表名指定为out4_sheet1对Excel文件进行写入操作。在to_excel方法的第一个参数中指定文件路径（程序清单3.97）。

程序清单 3.97　DataFrame 对象的 to_excel 方法

In

```
df = pd.DataFrame([[1,2,3],[4,5,6]], columns=list('abc'))
df
```

Out

	a	b	c
0	1	2	3
1	4	5	6

In

```
df.to_excel('../data/out4.xlsx', sheet_name='out4_sheet1')
```

接下来，将使用read_excel函数，对创建的out4.xlsx文件进行读取并查看其内容。从下列执行结果可以看到，这里创建了与程序清单3.97中的DataFrame对象df完全相同的DataFrame（程序清单3.98）。

程序清单 3.98　read_excel 函数

In

```
pd.read_excel('../data/out4.xlsx')
```

Out

	a	b	c
0	1	2	3
1	4	5	6

 **备注**

程序清单3.98默认（NaN）状态下的读取内容

out4.xlsx文件中Excel的内容如图3.7所示。

	A	B	C	D
1		a	b	c
2	0	1	2	3
3	1	4	5	6

图3.7 out4.xlsx文件内容

与to_csv方法相同，如果to_excel方法的第一个参数指定的文件路径中存在相同名称的文件，文件就会被新的对象覆盖。因此，在进行文件写入操作时需要多加留意。

ExcelFile类

pandas中还提供了可以更加灵活地处理Excel文件的ExcelFile类。ExcelFile类可以作为Python的上下文管理器使用。下面将ex12.xlsx文件传递给ExcelFile类生成实例（程序清单3.99）。

程序清单3.99　ExcelFile类的实例

In

```
excel = pd.ExcelFile('../data/ex12.xlsx')
excel
```

Out

```
<pandas.io.excel.ExcelFile at 0x11ce2ba20>
```

使用ExcelFile类的sheet_names属性可以将Excel文件的工作表一览表以列表的形式提取出来。ex12.xlsx文件中包含employees和div两张工作表。使用sheet_names属性可以对这两张工作表进行显示（程序清单3.100）。

程序清单3.100　ExcelFile类的sheet_names属性

In

```
excel.sheet_names
```

Out

```
['employees', 'div']
```

由于ExcelFile类是上下文管理器，因此可以使用with语句一次性读取多个Excel文件的工作表。由于其是一次性将文件读取到内存中，因此在读取大型Excel文件时，具有提高内存使用效率的优势。下面将使用with语句读取每张工作表，并将每张工作表的division作为键进行合并，再对合并后的DataFrame对象进行返回。此外，关于DataFrame对象的合并操作，将在第5.2.2小节中进行详细的讲解（程序清单3.101）。

程序清单 3.101　ExcelFile 类和 with 语句

In

```
with pd.ExcelFile('../data/ex12.xlsx') as excel:
    employees = pd.read_excel(excel, 'employees')
    div = pd.read_excel(excel, 'div')
    combined = employees.merge(div, on='division')

combined
```

Out

	employee_name	age	sex	division	location
0	a	22	男性	logistics	1F
1	e	27	女性	logistics	1F
2	b	31	女性	marketing	3F
3	c	29	女性	human resources	2F
4	d	18	男性	sales	2F

3.2.3 JSON

所谓JSON（JavaScript Object Notation的缩写），是指一种基于JavaScript的数据定义声明语法的轻量级数据交换语言。它不是一种JavaScript专用的数据格式，而是一种用于在PHP、Ruby、Python等多种语言之间平滑地进行数据传输的数据格式。

在机器学习中通过Web API获取数据时，使用JSON格式的情况也是很常见的。在本小节中，将对在pandas中使用JSON格式数据的基本操作方法进行讲解。

备注

关于JSON

关于JSON的详细处理，参考官方文档。

- json.org

URL https://www.json.org/json-ja.html

● 保存JSON数据

当需要将pandas的DataFrame对象转换成JSON格式时，可以使用to_json方法。下面将创建一个2行2列的DataFrame对象，并使用to_json方法将其转换成JSON格式的数据。首先创建DataFrame对象（程序清单3.102）。

程序清单 3.102　DataFrame 对象的创建

In

```
val = [['male',22],['female',19]]
df = pd.DataFrame(val, index=['a','b'],columns=['sex','ae'])
df
```

Out

```
     sex  age
-------------
a   male   22
b female   19
```

在DataFrame类的to_json方法中为第一个参数指定文件路径，可以将文件作为JSON格式的文件进行读取。如果将第一个参数指定为

None，DataFrame对象就会被转换成JSON字符串。我们可以在to_json方法的orient参数（默认值为columns）中进行相关指定，从而将DataFrame对象转换成JSON字符串格式。表3.3中总结了可以在orient参数中指定的每种格式。

表3.3　DataFrame对象可转换成的JSON字符串格式

值	格　式
split	类似字典的格式。{索引 -> [索引], 列 -> [列], 数据 -> [值]}
records	类似列表的格式。[{列 -> 值}, … , {列 -> 值}]
index	类似字典的格式。{索引 -> {列 -> 值}}
columns	类似字典的格式。{列 -> {索引 -> 值}}
values	DataFrame对象的值的数组
table	类似字典的格式。包含数据相关的模式信息，数据按照orient = 'records'的格式输出。{'schema' : {schema}, '数据' : {数据}}

接下来，将DataFrame对象df转换成JSON字符串，保持orient参数的默认值columns（程序清单3.103）。

程序清单 3.103　DataFrame 对象的 to_json 方法

In

```
df.to_json(orient='columns')
```

Out

```
'{"sex":{"a":"male","b":"female"},"age":{"a":22,"b":19}}'
```

在orient参数中指定table，可以将DataFrame对象转换成包含schema的JSON字符串（程序清单3.104）。

程序清单 3.104　to_json 方法和 orient 参数（table）

In

```
df.to_json(orient='table')
```

Out

```
'{"schema": {"fields":[{"name":"index","type":"string"}➡
,{"name":"sex","type":"string"},{"name":"age","type":"i➡
nteger"}],"primaryKey":["index"],"pandas_version":"0.20➡
.0"}, "data": [{"index":"a","sex":"male","age":22},{"in➡
dex":"b","sex":"female","age":19}]}'
```

虽然Series类中也提供了to_json方法，但是使用orient参数可以指定的只有index（默认值）、split及records。下面仅引用DataFrame对象df的age列，使用Series类的to_json方法将其转换成JSON字符串（程序清单3.105）。

程序清单 3.105　Series 类的 to_json 方法

In

```
df['age'].to_json(orient='index')
```

Out

```
'{"a":22,"b":19}'
```

在to_json方法的第一个参数中指定文件路径，即可将数据作为JSON文件保存。下面将DataFrame对象df作为out5.json文件进行保存，并使用open函数对文件中的内容进行显示（程序清单3.106）。

程序清单 3.106　使用 to_json 方法保存 JSON 文件

In

```
df.to_json('../data/out5.json', orient='columns')
```

In

```
with open('../data/out5.json', encoding='UTF-8') as file:
    print(file.read())
```

Out

```
{"sex":{"a":"male","b":"female"},"age":{"a":22,"b":19}}
```

接着，将在DataFrame对象中添加日期类型的数据，并使用to_json方法将其转换成JSON字符串。使用pandas的Timestamp对象，在DataFrame对象中添加日期类型的数据（程序清单3.107）。关于Timestamp对象的内容，将在第8.4.2小节中进行详细讲解。

程序清单 3.107　添加日期类型

In

```
df['bdate'] = pd.Timestamp('20190101')
df
```

Out

	sex	age	bdate
a	male	22	2019-01-01
b	female	19	2019-01-01

to_json方法中提供了可以定义日期数据处理的date_format参数，其默认值取决于orient参数的值。当orient参数为table时，date_format参数的默认值就是将数据转换成ISO 8601格式的iso。当orient参数为其他的值时，其默认值就是可以变更为UNIX秒的epoch。下面将在orient参数中指定columns，对date_format参数的epoch和iso进行确认（程序清单3.108）。

程序清单 3.108　to_json 方法和 date_format 参数

In

```
df.to_json(orient='columns', date_format='epoch')
```

Out

```
'{"sex":{"a":"male","b":"female"},"age":{"a":22,"b":19}➡
,"bdate":{"a":1546300800000,"b":1546300800000}}'
```

In

```
df.to_json(orient='columns', date_format='iso')
```

Out

```
'{"sex":{"a":"male","b":"female"},"age":{"a":22,"b":19}➡
,"bdate":{"a":"2019-01-01T00:00:00.000Z","b":"2019-01-0➡
1T00:00:00.000Z"}}'
```

如果DataFrame对象或Series对象中存在缺失数据NaN、None和NaT，就会被转换成null。下面将生成DataFrame对象的副本并添加缺失数据，然后使用to_json方法查看其操作（程序清单3.109）。

程序清单 3.109　使用 to_json 方法查看缺失数据的处理

In

```
df2 = df.copy()
df2.loc['a','sex'] = None
df2.loc['b','age'] = np.nan
df2.loc['a','bdate'] = np.nan
df2
```

Out

```
      sex   age       bdate
----------------------------
a    None  22.0         NaT
b  female   NaN  2019-01-01
```

In

```
df2.to_json(orient='columns')
```

Out

```
'{"sex":{"a":null,"b":"female"},"age":{"a":22.0,"b":null},➡
"bdate":{"a":null,"b":1546300800000}}'
```

JSON的读取

将JSON字符串作为pandas对象进行读取时，需要使用read_json函数。下面将使用read_json函数读取在程序清单3.106中写入的out5.json文件。在read_json函数的第一个参数中指定文件路径或JSON字符串，使用typ参数指定返回的pandas对象，这里保持默认值为frame，将JSON字符串转换成DataFrame对象并返回（程序清单3.110）。

程序清单 3.110　使用 read_json 函数（默认）将 JSON 文件转换成 DataFrame 对象

In

```
with open('../data/out5.json', encoding='UTF-8') as file:
    print(file.read())
```

Out

```
{"sex":{"a":"male","b":"female"},"age":{"a":22,"b":19}}
```

In

```
pd.read_json('../data/out5.json', typ='frame')
```

Out

```
   age    sex
--------------
a   22   male
b   19  female
```

与写入JSON字符串时使用的to_json方法类似，read_json函数中也提供了orient参数。orient参数的默认值取决于typ参数的值。如果从JSON字符串中写入的是DataFrame（typ=frame），orient参数的默认值就是columns。如果写入的是Series（typ=series），orient参数的默认值就是index。此外，Series对象仅支持split、records、index的处理。我们在表3.4中总结了read_json函数的orient参数支持的处理格式。

表 3.4　read_json 函数的 orient 参数可指定格式

值	格　式
split	类似字典的格式。{索引 -> [索引], 列 -> [列], 数据 -> [值]}
records	类似列表的格式。[{列 -> 值}, … , {列 -> 值}]
index	类似字典的格式。{索引 -> {列 -> 值}}

续表

值	格　式
columns	类似字典的格式。{列 -> {索引 -> 值}}
values	DataFrame对象的值的数组

由于在程序清单3.110中并没有指定orient参数，因此使用的是默认值columns。下面将typ参数指定为frame，并查看orient参数指定为index时的操作变化。与程序清单3.110进行比较，观察out5.json文件的值是如何被转换成DataFrame对象的（程序清单3.111）。

程序清单 3.111　使用 read_json 函数的 orient 参数（index）将 JSON 文件转换成 DataFrame 对象

In

```
pd.read_json('../data/out5.json', typ='frame', orient='➡
index')
```

Out

```
        a       b
-----------------
age    22      19
sex  male  female
```

接下来，将使用read_json函数将ex13.json文件作为Series对象读取。在typ参数中指定series，在orient参数中指定index，将JSON文件作为Series对象读取（程序清单3.112）。

程序清单 3.112　使用 read_json 函数的 orient 参数（index）将 JSON 文件转换成 Series 对象

In

```
with open('../data/ex13.json', encoding='UTF-8') as file:
    print(file.read())
```

Out

```
{"a":22,"b":31,"c":19}
```

In

```
pd.read_json('../data/ex13.json', typ='series', orient=➡
'index')
```

Out

```
a    22
b    31
c    19
dtype: int64
```

read_json函数中也提供了在读取数据时控制数据类型的参数。当dtype参数的默认值为True时，程序会在读取数据时对数据类型进行推测。此外，如果将列标签作为键，数据类型作为value指定字典对象，就可以明确指定列的数据类型。如程序清单3.113所示，如果将out5.json文件在dtype=True时读取，列age的值就会以推测所得的int64类型读取；在dtype参数中将列age指定为np.int8，就是以int8类型读取。在读取数据时指定数据类型，可以提高内存的使用效率。info方法返回的memory usage值会根据执行操作系统的不同而有所变化。

程序清单 3.113　read_json 函数和 dtype 参数

In

```
df = pd.read_json('../data/out5.json', dtype=True)
df.info()
```

Out

```
<class 'pandas.core.frame.DataFrame'>
Index: 2 entries, a to b
Data columns (total 2 columns):
age     2 non-null int64
sex     2 non-null object
dtypes: int64(1), object(1)
memory usage: 48.0+ bytes
```

In

```
df = pd.read_json('../data/out5.json', dtype={'age':np.nt8})
df.info()
```

Out

```
<class 'pandas.core.frame.DataFrame'>
Index: 2 entries, a to b
Data columns (total 2 columns):
age     2 non-null int8
sex     2 non-null object
dtypes: int8(1), object(1)
memory usage: 34.0+ bytes
```

3.2.4　HDF5

HDF是Hierarchical Data Format（分层式数据格式）的缩写，是指一种擅长高效读取和写入大型数据的数据格式。HDF根据版本不同，其名称和操作方法也会有所不同。当前的版本HDF5在机器学习中需要应对处理的情况也并不少见。其扩展名为".h5"或".hdf5"。

pandas中提供了用于高效处理HDF5文件的HDFStore类。该类需要使用软件库PyTables。通过执行以下命令便可以对PyTables软件库进行安装。

[终端窗口]

```
$ conda install pytables
```

注 意 事 项

关于在Google Colab中的运行

截至本书截稿时（2020年3月），PyTables已经默认安装在Google Colab中。如果Google Colab中没有安装PyTables，可以使用!pip install pytables命令进行安装。

HDF5的写入

HDFStore类是类似于字典的对象，可以使用PyTables软件库读取HDF5文件。下面将创建一个DataFrame对象，将其作为out7.hdf5文件写入。首先创建DataFrame对象（程序清单3.114）。

程序清单 3.114　DataFrame 对象的创建

In

```
df = pd.DataFrame([['啊',1],['咦',2]],columns=list('ab'))
df
```

Out

	a	b
0	啊	1
1	咦	2

在HDFStore对象中指定文件路径，生成实例。此时的out7.hdf5文件虽然已经创建了，但是由于数据并未保存，因此文件仍然是处于空的状态（程序清单3.115）。

程序清单 3.115　HDFStore 对象的实例

In

```
hdf = pd.HDFStore('../data/out7.hdf5')
hdf
```

Out

```
<class 'pandas.io.pytables.HDFStore'>
File path: ../data/out7.hdf5
```

将pandas的对象写入HDF5文件时，可以使用HDFStore对象的put方法。在put方法的第一个参数key中指定HDF5文件的键，在value参数中指定需要保存的DataFrame（或Series）对象。下面将DataFrame对象df作为value的值，指定键为add_df，将其添加到out7.hdf5文件中（程序清单3.116）。

程序清单 3.116　HDFStore 对象与 put 方法

In

```
hdf.put(key='add_df', value=df)
```

此外，也可以使用方括号（[ ]）将DataFrame对象或Series对象添加到HDFStore对象中。下面创建Series对象，指定键为add_ser，并将Series对象ser添加到out7.hdf5文件中（程序清单3.117）。

程序清单 3.117　HDFStore 对象和方括号（[ ]）

In

```
ser = pd.Series([1,3,5,7],index=list('abcd'))
hdf['add_ser'] = ser
```

使用DataFrame对象的to_hdf方法也同样可以添加HDF5文件。在to_hdf方法的第一个参数中指定HDF5文件的路径，在第二个参数key中指定键。下面创建DataFrame对象df2，并使用to_hdf方法（指定键为add_df2）将其添加到out7.hdf5文件中（程序清单3.118）。

程序清单 3.118　DataFrame 对象的 to_hdf 方法

In

```
df2 = pd.DataFrame([[0.1,2,3],[0.5,4,5]], columns=list(➡
'abc'))
df2.to_hdf('../data/out7.hdf5', key='add_df2')
```

接下来，将读取使用HDFStore对象的get方法写入的out7.hdf5文件。由于刚刚已经在key参数中指定了需要添加的add_df2，因此就可以提取在程序清单3.118中添加到out7.hdf5文件中的DataFrame对象（程序清单3.119）。

程序清单 3.119　HDFStore 对象的 get 方法

In

```
hdf.get(key='add_df2')
```

Out

```
      a   b   c
-------------
0   0.1  2   3
1   0.5  4   5
```

HDF5的读取

如果使用HDFStore对象读取HDF5，就可以使用get方法或read_hdf函数。首先，将使用read_hdf函数读取ex14.hdf5文件的键out8（程序清单3.120）。

程序清单 3.120　read_hdf 函数

In

```
pd.read_hdf('../data/ex14.hdf5', key='out8')
```

Out

```
     a    b    c    d
------------------
0    0    1    2    3
1    4    5    6    7
2    8    9   10   11
3   12   13   14   15
```

读取HDF5文件时，打开文件的操作还可以通过指定mode参数值（默认值为r）实现。在mode参数值中，r代表只读；r+代表读/写；a代表追加模式。

read_hdf函数可以通过可选参数start、stop对行数进行指定，从HDF5文件中读取数据。下面将读取ex14.hdf5文件的键out8的第1行和第2行。在stop参数中指定的行并不包含在输出结果中（程序清单3.121）。

程序清单 3.121　read_hdf 函数的 start 参数和 stop 参数

In

```
pd.read_hdf('../data/ex14.hdf5', key='out8', start=1,stop=3)
```

Out

```
    a   b   c   d
-----------------
1   4   5   6   7
2   8   9  10  11
```

从HDFStore对象引用数据时，既可以使用方括号（[ ]）的方法，也可以使用将键传递给get方法的第一个参数的方法。下面将生成HDFStore类的实例，使用get方法和方括号（[ ]）对ex14.hdf5文件的键out8进行读取操作（程序清单3.122）。

程序清单 3.122　HDFStore 对象的 get 方法和方括号（[ ]）

In

```
hdf = pd.HDFStore('../data/ex14.hdf5', format='table')
hdf.get('out8')
```

Out

```
    a   b   c   d
-----------------
0   0   1   2   3
1   4   5   6   7
2   8   9  10  11
3  12  13  14  15
```

In

```
hdf['out8']
```

Out

```
    a   b   c   d
-----------------
0   0   1   2   3
1   4   5   6   7
2   8   9  10  11
3  12  13  14  15
```

fixed和table格式

将pandas的对象写入HDF5文件时，有fixed和table两种格式可供使用。虽然fixed格式读/写速度较快，但是不能对现有的HDF5文件进行追加覆盖操作。此外，由于其不支持查询功能，因此只能将全部数据读取出来。HDFStore对象的put方法和DataFrame对象的to_hdf方法，默认值都是使用fixed格式。

而table格式由于使用的是PyTables软件库的数据结构，因此可以像pandas的DataFrame对象那样灵活地读取数据。但是，其读/写速度要比fixed格式慢。HDFStore对象的put方法和DataFrame对象的to_hdf方法中都提供了format参数。下面将创建一个新的DataFrame对象，并使用table格式将其作为out9.hdf5文件保存，然后读取使用read_hdf函数写入的out9.hdf5文件的键add_df，并对其进行显示（程序清单3.123）。

程序清单 3.123　to_hdf 方法和 format 参数

In

```
df = pd.DataFrame([[0.9,6,7]], columns=list('abc'))
df.to_hdf('../data/out9.hdf5', key='add_df', format='table')
```

In

```
pd.read_hdf('../data/out9.hdf5', key='add_df')
```

Out

```
     a  b  c
------------
0  0.9  6  7
```

接下来，将创建DataFrame对象df2，并使用to_hdf方法的append参数将df2添加到out9.hdf5文件的键add_df中。从执行结果可以看到，现有的HDF5文件的键add_df中已经添加了DataFrame对象df2（程序清单3.124）。

程序清单 3.124　to_hdf 方法和 append 参数

In

```
df2 = pd.DataFrame([[1.3,8,8]], columns=list('abc'))
df2.to_hdf('../data/out9.hdf5', key='add_df', format=➡
'table', append=True)
```

In

```
pd.read_hdf('../data/out9.hdf5', key='add_df')
```

Out

	a	b	c
0	0.9	6	7
0	1.3	8	8

如果是table格式，当DataFrame对象的行值全部为缺失数据时，就可以使用将缺失数据从写入的对象中进行排除的dropna参数（默认值为True）。下面将创建包含缺失数据的DataFrame对象，指定dropna=True，对out9.hdf5文件进行写入操作。但是，如果是fixed格式，dropna参数就是无效的（程序清单3.125）。

程序清单 3.125　to_hdf 方法和 dropna 参数

In

```
df3 = pd.DataFrame([[1,2],[3,4]], columns=list('ab'))
df3.loc[0,:] = np.nan
df3.to_hdf('../data/out9.hdf5', key='add_df3', format=➡
'table', dropna=True)
df3
```

Out

	a	b
0	NaN	NaN
1	3.0	4.0

In

```
pd.read_hdf('../data/out9.hdf5', key='add_df3')
```

Out

```
     a    b
-----------
1  3.0  4.0
```

使用table格式可以更加灵活地读取数据。使用read_hdf方法的columns参数，可以指定仅从HDF5文件中读取需要的行。下面将读取out9.hdf5文件的键add_df的列a和列c（程序清单3.126）。

程序清单 3.126　read_hdf 方法和 columns 参数

In

```
pd.read_hdf('../data/out9.hdf5', key='add_df', columns=➡
['a','c'])
```

Out

```
     a  c
---------
0  0.9  7
0  1.3  8
```

与上述同样的输出结果，也可以通过HDFStore对象的select方法及其columns参数实现（程序清单3.127）。

程序清单 3.127　HDFStore 对象的 select 方法和 columns 参数

In

```
hdf = pd.HDFStore('../data/out9.hdf5')
hdf.select(key='add_df', columns=['a','c'])
```

Out

```
     a  c
---------
```

```
0  0.9  7
0  1.3  8
```

select方法的where参数支持使用列标签和索引标签，甚至比较运算符等灵活的方式读取数据。但是，本书中不会对此进行详细讲解。如果需要处理HDF5文件，参考pandas的官方文档。

备注

处理HDF5文件需要的官方文档

- pandas官方文档HDF5（PyTables）

URL https://pandas.pydata.org/pandas-docs/version/0.22/io.html#io-hdf5

注意事项

关于read_hdf方法的读取模式

read_hdf方法中提供了可以对文件的读取模式进行指定的mode参数（默认值为r）。如果对同一个HDF5文件使用多种方法（如read_hdf方法和HDFStore类）打开，就可能会因读取模式的不同而导致错误的出现。在read_hdf方法的mode参数中指定"r+"或"a"，就可以避免这类错误。

第4章 数据的聚合与排序

在数据分析中，为了掌握数据的特点和变化趋势，往往需要使用多种方法对数据进行聚合，以及基于任意的值对数据进行排序。在本章中，将对pandas提供的各种各样数据的聚合方法及数据的排序操作进行讲解。

注意事项

导入第4章中需要使用的软件库

在执行本章的示例程序前，先执行下列代码。

程序清单 需要提前执行的代码

In

```
import pandas as pd
import numpy as np
import matplotlib.pyplot as plt
```

4.1 数据的聚合

pandas中提供了大量聚合数据的方法。在本节中，将对DataFrame类和Series类中实现各种聚合数据的方法进行讲解。

4.1.1 最小值与最大值

为了掌握数据的变化趋势，经常需要了解数据整体的最小值和最大值。pandas的DataFrame类和Series类中都提供了可以用于计算最小值和最大值的类方法。

下面将创建Series对象，并对计算最小值的min方法和计算最大值的max方法的用法进行确认。每个方法都会对Series类中元素的最小值（或最大值）进行返回（程序清单4.1）。

程序清单 4.1　Series 类的 min 方法和 max 方法

In

```
ser = pd.Series([0,1,2,3,4])
print('最小值', ser.min)
print('最大值', ser.max)
```

Out

```
最小值 0
最大值 4
```

DataFrame类中也提供了min方法和max方法。与Series类不同，DataFrame类需要使用axis参数对行或列的聚合方向进行指定。axis参数的默认值为0，表示在列方向上进行聚合，而指定axis=1则表示在行方向上进行聚合。下面将创建DataFrame对象，并使用min方法对列和行的最小值进行计算（程序清单4.2）。min方法会返回将需要聚合方向上的标签作为索引标签的Series对象。由于axis=0时表示列方向，因此df.min(axis=0)就是返回将列标签作为索引标签且包含各个列最小值的Series对象。

程序清单 4.2　DataFrame 类的 min 方法

In

```
val = np.arange(0,9).reshape(3,3)
df = pd.DataFrame(val, index=list('edf'),
columns=list('abc'))
df
```

Out

	a	b	c
e	0	1	2
d	3	4	5
f	6	7	8

In

```
df.min(axis=0)
```

Out

```
a     0
b     1
c     2
dtype: int64
```

In

```
df.min(axis=1)
```

Out

```
e     0
d     3
f     6
dtype: int64
```

用于计算最大值的max方法也可以使用axis参数对需要聚合的方向进行指定（程序清单 4.3）。

程序清单 4.3　DataFrame 类的 max 方法

In

```
df.max(axis=0)
```

Out

```
a    6
b    7
c    8
dtype: int64
```

In

```
df.max(axis=1)
```

Out

```
e    2
d    5
f    8
dtype: int64
```


4.1.2　平均值、中位数和众数

代表整个数据的中心的值称为代表值。代表值有多个种类。在本小节中，将使用pandas对平均值（mean）、中位数（median）和众数（mode）等代表值进行计算。

平均值是一种日常生活中经常使用且非常熟悉的代表值。计算方法是：将全部数据的总和除以该数据的个数。使用DataFrame类和Series类的mean方法可以计算平均值。其中，DataFrame类还允许使用axis参数（默认值为0）对数据的聚合方向进行指定。下面将依次指定DataFrame对象df的行方向（axis=1）和列方向（axis=0）对平均值进行计算（程序清单4.4）。

程序清单 4.4 DataFrame 类的 mean 方法

In

```
df.mean(axis=1)
```

Out

```
e    1.0
d    4.0
f    7.0
dtype: float64
```

In

```
df.mean(axis=0)
```

Out

```
a    3.0
b    4.0
c    5.0
dtype: float64
```

我们可以将每个坐标轴方向上元素的值相加，并将数据之和除以数据的个数计算平均值。虽然平均值是日常生活中常用的值，但将其作为数据中心的代表，有时是不妥的。这是由于当数据中存在比其他数据的值大非常多（或非常少）的值时，平均值会受到这类值的极大影响。这样的值称为离群值。而难以受离群值影响的代表值是中位数（median）。中位数的计算方法是：将每个元素的值按从小到大的顺序排列，取位于数据中央位置上的值。

计算DataFrame对象的行或列的中位数时，可以使用median方法。下面将创建一个1行7列、值为整数的DataFrame对象，并使用median方法对第0行的中位数进行计算（程序清单4.5）。median方法中也提供了axis参数。由于这里是计算行方向的中位数，因此是指定axis=1。

程序清单 4.5　DataFrame 类的 median 方法

In

```
df = pd.DataFrame([[1,3,100,102,106,110,115]])
df
```

Out

	0	1	2	3	4	5	6
0	1	3	100	102	106	110	115

In

```
df.median(axis=1)
```

Out

```
0    102.0
dtype: float64
```

DataFrame对象df的第0行值是由1、3、100、102、106、110、115这7个整数构成的。如果数据的个数n为奇数，那么中位数就是位于第（$n+1$）÷2位的数据。这里（7 + 1）÷2 = 4，DataFrame对象df中位数就是位于按由小到大顺序排列元素中的第4位，即102是中位数。

下面向DataFrame对象中添加整数120，并对数据个数为偶数的中位数进行计算并确认。首先，向DataFrame对象的列标签7中代入整数120（程序清单4.6）。

程序清单 4.6　向 DataFrame 对象添加元素

In

```
df[7] = 120
df
```

Out

	0	1	2	3	4	5	6	7
0	1	3	100	102	106	110	115	120

当数据个数 n 为偶数时，中位数就是取第（$n/2$）位和第（$n/2+1$）位数据的平均值。由于这里添加了新的元素，因此df的第0行数据个数就是8。也就是说，中位数为第（8/2）位元素和第（8/2+1）位元素的平均值，即按由小到大顺序排列，第4位（102）和第5位（106）的平均值104就是需要求取的中位数。下面将使用DataFrame类的median方法对其进行计算（程序清单4.7）。

程序清单 4.7　DataFrame 类的 median 方法

In

```
df.median(axis=1)
```

Out

```
0    104.0
dtype: float64
```

我们在前面已经讲解过，如果将平均值作为代表值处理，由于数据中包含了极大或极小的离群值，因此这样做有时是不合适的。如程序清单4.7所示，可知计算所得的DataFrame对象df的第0行的中位数是104。下面将使用mean方法对平均值进行计算（程序清单4.8）。

程序清单 4.8　DataFrame 类的 mean 方法

In

```
df.mean(axis=1)
```

Out

```
0    82.125
dtype: float64
```

将上面计算得出的两个值作为中位数都不是错误的。但是，如果从DataFrame对象df的数据角度考虑，中位数更能准确地代表整个数据的中心。这是因为在DataFrame对象中包含极度偏离其他值的1和3（详细内容将在第6.2节中进行讲解）。

接下来，将对第3个代表值“众数（mode）”进行计算。众数，正如其名称，表示数据中出现频率最高的值。计算众数可以使用DataFrame类的mode方法，mode方法也提供了axis参数。下面将指定axis=1在行方向上对众数进行计算（程序清单4.9），mode方法会对包含众数的DataFrame对象进行返回。

程序清单 4.9　DataFrame 类的 mode 方法

In

```
df = pd.DataFrame([[1,1,2,3,4]])
df
```

Out

```
   0  1  2  3  4
----------------
0  1  1  2  3  4
```

In

```
df.mode(axis=1)
```

Out

```
   0
----
0  1
```

由于DataFrame对象df中包含两个1，因此计算得到的众数就是1。那么，为什么mode方法返回的是DataFrame对象，但是上述结果看上去有些奇怪。这是因为有些情况下数据中可能包含多个众数。例如，当DataFrame对象的元素全部是唯一值时，那么所有元素出现的频率都是1，因此所有元素都将是众数（程序清单4.10）。

程序清单 4.10　DataFrame 类的 mode 方法

In

```
df = pd.DataFrame([[5,6,7,8]])
df.mode(axis=1)
```

Out

```
     0  1  2  3
-------------
0    5  6  7  8
```

4.1.3 标准差

所谓标准差（Standard Deviation），是表示数据离散程度的一种指标。我们已经知道平均值是表示数据中心趋势的值，如果再掌握标准差的概念，就能够更加正确地理解数据。

为了理解标准差，将使用9名成年男性的身高数据作为示例进行讲解。表4.1和表4.2中分别显示的是9名不同成年男性的身高数据。

表4.1　9名成年男性的身高（a）

名　字	A	B	C	D	E	F	G	H	I
身高（cm）	152	151	150	147	181	190	187	149	196

表4.2　9名成年男性的身高（b）

名　字	J	K	L	M	N	O	P	Q	R
身高（cm）	162	161	165	147	161	175	187	175	170

接下来，将表4.1和表4.2中的身高数据保存到pandas的DataFrame对象中，并使用mean方法对每张表的平均值进行计算（程序清单4.11）。

程序清单 4.11　DataFrame 类的 mean 方法

In

```
table_a = pd.DataFrame([[152,151,150,147,181,190,187,➡
149,196]])
table_a.mean(axis=1)
```

Out

```
0    167.0
dtype: float64
```

In

```
table_b = pd.DataFrame([[162,161,165,147,161,175,187,➡
175,170]])
table_b.mean(axis=1)
```

Out

```
0    167.0
dtype: float64
```

从上述结果可以看到，表示两组数据中心趋势的平均值都是167cm。下面将对表示数据离散程度的标准差进行计算。

标准差可以使用式4.1中的公式进行求解。式中，s为标准差；x_i为第i个x；$\bar{x}$为x的平均值；n为数据的个数。将各个数据与平均值差的平方和除以n并取平方根，就可以求出标准差。

标准差的公式：

$$s = \sqrt{\frac{1}{n}\sum_{i=1}^{n}(x_i - \bar{x})^2} \quad (4.1)$$

pandas的DataFrame类和Series类中提供了用于计算标准差的std方法。但下面将先根据式4.1中标准差的公式，使用for语句手动构建函数计算表4.1的标准差。

计算标准差时，需要使用数据的个数n和数据的平均值。我们将从DataFrame对象table_a（表4.1）中计算出这些值并将其保存到变量mean中（程序清单4.12）。DataFrame类的mean方法会返回包含平均值的Series对象，使用Series类的values方法将其转换为NumPy数组，将值提取出来。此外，由于计算标准差需要用到其中每个值，因此，需要使用values方法将DataFrame对象table_a的每个值作为NumPy数组保存到变量data中。再使用DataFrame类的shape方法将table_a的列数（也就是数据的个数）保存到变量n中。

程序清单 4.12　将表 4.1 的平均值、每个值、数据的个数保存到相应变量中

In

```
mean = table_a.mean(axis=1).values[0]
mean
```

Out

```
167.0
```

In

```
data = table_a.values[0]
data
```

Out

```
array([152, 151, 150, 147, 181, 190, 187, 149, 196])
```

In

```
n = table_a.shape[1]
n
```

Out

```
9
```

如此一来，就将计算标准差时所需的元素全部准备好了。至此，就可以按照式4.1，使用for语句编写计算标准差的函数。在函数standard_deviation的参数中指定data（数据）、mean（平均值）、n（数据的个数），然后使用for语句进行必要的处理，再使用print函数对标准差进行输出（程序清单4.13）。

程序清单 4.13　求取标准差的函数

In

```
def standard_deviation(data, mean, n):
    std = 0
    for num in data:
```

```
            std += (num - mean) ** 2
            if num == data[n-1]:
                std = (1/n) * std
                std = np.sqrt(std)
                print(std)
```

接下来，将对表 4.1 的标准差进行计算。由于事先已经计算出了数据、平均值及数据的个数，因此这里只需将各个变量作为参数指定给 standard_deviation 函数即可（程序清单 4.14）。

程序清单 4.14　使用 standard_deviation 函数计算表 4.1 的标准差

In

```
standard_deviation(data,mean,n)
```

Out

```
19.60725489313699
```

从结果可以看到，计算得到表 4.1 的标准差约为 19.6。由于两组数据的平均值是相同的，因此表 4.2 的标准差也可以用同样的方式计算得出（程序清单 4.15）。

程序清单 4.15　使用 standard_deviation 函数计算表 4.2 的标准差

In

```
data = table_b.values[0]
mean = table_b.mean(axis=1)[0]
n = table_b.shape[1]

standard_deviation(data, mean, n)
```

Out

```
10.739335795724674
```

表 4.1 的标准差约为 19.6，而表 4.2 的标准差约为 10.7。从结果可以看出，虽然两张表的平均值是相同的，但是表示数据离散程度的标

准差值相差较大。如果重新确认表4.1和表4.2的数据，就会发现表4.1的数据相对平均值，整体都是有很大差别的。也就是说，由于数据的离散程度“高”，因此标准差也会出现这样显著的差别。

虽然这里使用较为复杂的for语句计算了标准差，而实际上使用pandas的DataFrame类的std方法也可以对标准差进行计算。

pandas的DataFrame类的std方法中包含ddof参数，需要注意参数的默认值为1。std方法默认是计算无偏标准差（总体标准差无偏估计的平方根）。所谓无偏标准差，是指根据从母集提取的部分样本数据，对母集的标准差进行推测时使用的一种指标。由于ddof参数的默认值为1，因此pandas的std方法是按照式4.2对无偏标准差进行计算的。这里，ddof参数的值对应的是公式中$n-1$部分的1。也就是说，当默认值为ddof=1时，由$n-1$也可知求取的是无偏标准差（式4.2）。

无偏标准差的公式（ddof=1）：

$$s = \sqrt{\frac{1}{n-1}\sum_{i=1}^{n}(x_i - \bar{x})^2} \tag{4.2}$$

如果在ddof参数中指定0，则可以计算标准差。下面将使用std方法对表4.1和表4.2的标准差进行计算（程序清单4.16）。在std方法中指定axis=1表示在行方向上计算标准差，并将ddof参数指定为0，最终计算得到的就是与刚才使用for语句计算结果相同的标准差。

程序清单 4.16 DataFrame 类的 std 方法

In

```
print('table_a : ', table_a.std(axis=1, ddof=0)[0])
print('table_b : ', table_b.std(axis=1, ddof=0)[0])
```

Out

```
table_a :  19.60725489313699
table_b :  10.739335795724674
```

接下来，将在参数ddof中指定1，对每个DataFrame对象的无偏标准差进行计算。从结果可以看到，计算得到的是与程序清单4.16不同的标准差(程序清单4.17)。

程序清单 4.17　std 方法和 ddof 参数

In

```
print('table_a : ', table_a.std(axis=1, ddof=1)[0])
print('table_b : ', table_b.std(axis=1, ddof=1)[0])
```

Out

```
table_a :  20.796634343085422
table_b :  11.390785749894517
```

pandas的DataFrame类的std方法默认是计算无偏标准差的，使用时需要注意。NumPy数组中计算标准差的np.std函数默认值为ddof=0，因此与pandas的std方法默认的操作是不同的。标准差在机器学习和数据分析中是很常用的一种指标，理解它的含义可以帮助我们正确地进行数据分析。

4.1.4　分位数

所谓分位数(quantile)，是指一种统计的代表值，对数据的相对位置进行确认时使用的数值。也可以说，是指一种对于实数$q \in [0,1]$，q分位数将分布范围分割为q:(1−q)的值。例如，当q=0.5，数据按从小到大的顺序排列时，就是分割成0.5 : (1−0.5)的值，与中位数相等。

使用pandas对特定q值的分位数进行计算时，可以使用DataFrame类的quantile方法（在q参数中指定0～1的值）。下面将创建DataFrame对象，并使用quantile方法对q=0.5（也就是中位数）进行计算（程序清单4.18）。可以看到，1～10的值按升序排列后整数的中位数为5.5。使用median方法进行计算也可以得到同样的结果。

程序清单 4.18　DataFrame 类的 quantile 方法

In

```
df = pd.DataFrame([[1,2,3,4,5,6,7,8,9,10]])
print(df.quantile(q=0.5, axis=1))
print(df.median(axis=1))
```

Out

```
0    5.5
Name: 0.5, dtype: float64
0    5.5
dtype: float64
```

quantile方法的q参数可以在列表中指定多个q值。例如，下面指定0.25、0.5、0.75的q值后，程序会返回将q参数的值作为索引标签的DataFrame对象（程序清单4.19）。

程序清单 4.19　quantile 方法和 q 参数

In

```
df.quantile(q=[0.25,0.5,0.75], axis=1)
```

Out

	0
0.25	3.25
0.50	5.50
0.75	7.75

分位数的计算方法有好几种，也可以使用interpolation参数对这些方法进行指定。该参数可选值中，linear是指对两个数值点i和j，使用下列公式计算分位数。式中，fraction是指取$(n-1)\times q$所得值的小数点后的值(式4.3)；n是数据个数。

linear的分位数计算公式：

$$\text{linear} = i + (j-i) \times \text{fraction}$$
$$\text{fraction} = (n-1) \times q\text{的小数部分} \qquad (4.3)$$

下面将在DataFrame对象df的interpolation参数中指定linear，对q=0.25时的值进行计算(程序清单4.20)。

程序清单 4.20　quantile 方法的 interpolation 参数（linear）

In

```
df.quantile(q=0.25, axis=1, interpolation='linear')
```

Out

```
0    3.25
Name: 0.25, dtype: float64
```

为了加深理解，将使用式4.3对q =0.25的分位数进行计算（程序清单4.21）。数据的个数n可以使用shape属性从DataFrame对象中提取。由于DataFrame对象中包含10个元素，因此n=10。fraction为（n−1）×q的小数部分。Python的math模块中提供了用于区分数值的整数部分和小数部分的modf函数，modf函数可以返回（小数, 整数）形式的值。下面将q =0.25代入式4.3中，对fraction进行计算。

程序清单 4.21　手动计算分位数

In

```
n = df.shape[1]
print(n)
```

Out

```
10
```

In

```
import math
frac, num = math.modf((n-1)*0.25)
print('frac = ',frac)
print('num = ',num)
```

Out

```
frac =  0.25
num =  2.0
```

linear可以使用$i + (j - i) \times$ fraction的公式计算分位数。由于fraction为0.25，i为3，j为4，因此是将值代入linear的公式中进行计算。而至于i和j的计算方法，由于DataFrame对象df是1 ~10范围内等间距整数的值，所以q=0.25就是对象df的0.25∶0.75分割的点，这个点就是3和4。因此，使用quantile方法，指定q=0.25计算可以得出与分位数相同的值3.25（程序清单4.22）。

程序清单 4.22　手动计算分位数

In

```
i, j = 3, 4
print(i + (j-i)*frac)
```

Out

```
3.25
```

interpolation参数的可选值中还提供了lower和higher，其中lower表示返回i；higher表示返回j。因此，在q =0.25时依次指定lower、higher，便可得到i是3，j是4。下面对操作进行确认(程序清单4.23)。

程序清单 4.23　interpolation 参数的 lower 和 higher

In

```
df.quantile(q=0.25, axis=1, interpolation='lower')
```

Out

```
0    3
Name: 0.25, dtype: int64
```

In

```
df.quantile(q=0.25, axis=1, interpolation='higher')
```

Out

```
0    4
Name: 0.25, dtype: int64
```

interpolation参数的nearest会返回与i和j接近的值。DataFrame对象df的q=0.25的分位数为3.25。也就是说，如果指定nearest，程序就会返回3（程序清单4.24）。

程序清单 4.24　interpolation 参数的 nearest

In

```
df.quantile(q=0.25, axis=1, interpolation='nearest')
```

Out

```
0    3
Name: 0.25, dtype: int64
```

interpolation参数的midpoint会返回（i + j）÷2的值。正如式4.3所示，计算返回的是i和j的中间值。由于i为3，j为4，因此（3+4）÷2就是3.5（程序清单4.25）。

程序清单 4.25　interpolation 参数的 midpoint

In

```
df.quantile(q=0.25, axis=1, interpolation='midpoint')
```

Out

```
0    3.5
Name: 0.25, dtype: float64
```

计算分位数的方法有好几种，可能会觉得有些复杂，但它是帮助我们正确理解数据的一种重要代表值。虽然没必要记住所有的计算方法，但是可以记住pandas的quantile方法中提供了不同的计算方法这一点。

4.1.5　累积和与累积积

pandas的DataFrame类中提供了非常复杂的用于进行聚合处理的方法。使用cumsum方法可以返回由DataFrame对象的元素按行或列方向，依次相加得到的元素组成的DataFrame对象。下面将使用NumPy数组的arange函数，创建一个包含0 ~ 8且公差为1的等差数列的DataFrame对象（程序清单4.26）。

程序清单 4.26　DataFrame 对象的创建

In

```
val = np.arange(0,9).reshape(3, 3)
df = pd.DataFrame(val, index=list('def'), columns=list➡
('abc'))
df
```

Out

```
   a  b  c
----------
d  0  1  2
e  3  4  5
f  6  7  8
```

接下来，将使用cumsum方法在axis参数中指定0，对列方向进行处理，并返回计算得到的DataFrame对象（程序清单4.27）。从下列结果可以看到，列b的原始值为1、4、7，使用cumsum方法后变成了1、（1 + 4）、（1 + 4 + 7），并且对列a和列c也进行了相同的处理。

程序清单 4.27　DataFrame 类的 cumsum 方法

In

```
df.cumsum(axis=0)
```

Out

```
   a   b   c
------------
d  0   1   2
e  3   5   7
f  9  12  15
```

下面将对行方向（axis=1）使用cumsum方法进行处理。不难想象，索引标签d的原始值0、1、2中一定会被代入0、（0 + 1）、（0 + 1 + 2）（程序清单4.28）。

程序清单 4.28　DataFrame 类的 cumsum 方法（axis=1）

In

```
df.cumsum(axis=1)
```

Out

```
   a   b   c
------------
d  0   1   3
e  3   7  12
f  6  13  21
```

当DataFrame对象的元素中包含缺失数据时，可以使用skipna参数对缺失值的处理进行控制。下面将在DataFrame对象中使用np.nan添加缺失值NaN并对操作进行确认。skipna参数的默认值为True。使用cumsum方法对每个元素进行处理时，会先排除缺失值，再对后面的元素进行处理。将skipna参数变更为False后，缺失值后面的值都会变成NaN（程序清单4.29）。

程序清单 4.29　cumsum 方法的 skipna 参数

In

```
df.loc['e','a'] = np.nan
df.loc['f','b'] = np.nan
```

In

```
df.cumsum(axis=1, skipna=False)
```

Out

```
     a    b    c
----------------
d  0.0  1.0  3.0
e  NaN  NaN  NaN
f  6.0  NaN  NaN
```

DataFrame类的cumprod方法可以返回由DataFrame的元素依次相乘后的值构成的DataFrame对象。与cumsum方法类似，也允许对axis参数、skipna参数进行指定（程序清单4.30）。

程序清单 4.30　DataFrame 类的 cumprod 方法

In

```
df.cumprod(axis=1)
```

Out

```
     a    b     c
------------------
d  0.0  0.0   0.0
e  NaN  4.0  20.0
f  6.0  NaN  48.0
```

In

```
df.cumprod(axis=0)
```

Out

```
     a    b     c
------------------
d  0.0  1.0   2.0
e  NaN  4.0  10.0
f  0.0  NaN  80.0
```

In

```
df.cumprod(axis=0, skipna=False)
```

Out

```
     a    b     c
------------------
d  0.0  1.0   2.0
e  NaN  4.0  10.0
f  NaN  NaN  80.0
```

Series类中也同样提供了cumsum方法和cumprod方法的实现方法。下面将创建一个Series对象，并执行这两个方法（程序清单4.31）。

程序清单 4.31　Series 类的 cumsum 方法和 cumprod 方法

In

```
ser = pd.Series([1,3,5])
ser.cumsum()
```

Out

```
0    1
1    4
2    9
dtype: int64
```

In

```
ser.cumprod()
```

Out

```
0     1
1     3
2    15
dtype: int64
```

4.1.6　分箱处理

所谓分箱处理，是指一种使用任意边界划分数值数据，将其转换为分类数据的处理，常用于机器学习的数据预处理中。

pandas中提供了cut函数和qcut函数这两种实现分箱处理的函数。cut函数是基于"值"进行分箱处理；qcut函数是基于"量"进行分箱处理。这两个函数的基础数据只能是Series对象或一维数据。使用cut函数、qcut函数进行分箱处理后返回category类型（或包含category类型数据的Series对象）。下面将分别对这两个函数的操作方法进行讲解。

cut函数

这里创建将年龄作为数据值的Series对象，并使用cut函数进行分箱处理操作。创建一个包含最小年龄12岁到最大年龄58岁的Series对象（程序清单4.32）。

程序清单 4.32　Series 对象的创建

In

```
age = pd.Series([12,14,26,28,30,32,44,58])
age
```

Out

```
0    12
1    14
2    26
3    28
4    30
5    32
6    44
7    58
dtype: int64
```

使用cut函数将Series对象age的年龄数据按照每个年龄区间（如10 ~ 19岁，……，49 ~ 59岁）进行分箱处理。进行分箱处理时，如果事先已经明确对数据进行了区分，就可以基于区分后的值使用cut函数进行分箱处理。在cut函数的第一个参数（x）中指定分箱处理的基础数据Series对象；在第二个参数（bins）中使用列表指定分箱处理的区间（程序清单4.33）。

程序清单 4.33　cut 函数

In

```
pd.cut(x=age, bins=[0,10,19,29,39,49,59])
```

Out

```
0     (10, 19]
1     (10, 19]
2     (19, 29]
3     (19, 29]
4     (29, 39]
5     (29, 39]
6     (39, 49]
7     (49, 59]
dtype: category
Categories (6, interval[int64]): [(0, 10] < (10, 19] < ➡
(19, 29] < (29, 39] < (39, 49] < (49, 59]]
```

从程序清单4.33中可以看到，输出结果为(10, 19]，这既不是列表的格式也不是元组的格式，大家可能会感到困惑。而实际上一旦理解了它的读法，就会知道这是一种非常简单的数据格式。

上述输出结果中下方的“7　　(49, 59]”表示Series对象的索引标签7对应的元素值大于49且小于等于59。其中，“(”表示不包含边界的值；“]”则表示包含边界的值。最上方的(10, 19]为索引标签0对应的元素（值12），意思是10 < 12 ≤ 19。每一个元素的值都在cut函数指定的每个区间内进行了分箱处理。

接着，将尝试在年龄小于等于19岁且大于20岁的区间内进行分箱处理。在bins参数中指定区间的边界值，指定最小值为0岁、不满19岁、最大年龄为60岁，即在19岁以下和20岁以上的区间内进行分箱处理（程序清单4.34）。

程序清单4.34　　cut函数的bins参数

In

```
pd.cut(x=age, bins=[0,19,60])
```

Out

```
0      (0, 19]
1      (0, 19]
2     (19, 60]
3     (19, 60]
```

```
4     (19, 60]
5     (19, 60]
6     (19, 60]
7     (19, 60]
dtype: category
Categories (2, interval[int64]): [(0, 19] < (19, 60]]
```

对于cut函数返回的各组分类数据，可以使用labels参数为其分配标签。在labels参数中必须指定与分类数据相同的数字。我们已经在程序清单4.34中将Series对象的每个元素在19岁以下和20岁以上的区间内进行了切分。下面将为每个分类分配non-adult和adult的字符串标签（程序清单4.35）。

程序清单 4.35　cut 函数的 labels 参数

In

```
pd.cut(x=age, bins=[0,19,60], labels=['non-adult','adu➡
lt'])
```

Out

```
0    non-adult
1    non-adult
2        adult
3        adult
4        adult
5        adult
6        adult
7        adult
dtype: category
Categories (2, object): [non-adult < adult]
```

如果需要划分区间边界的方向，可以使用right参数（默认值为True）进行指定。我们已经在程序清单4.34中进行了(0, 19]和(19, 60]内的分箱处理，由于切分区间的右侧为“]”，因此就是包含边界的。而如果将right参数变更为False，就可以进行右侧为“)”（表示不包含边界）、左侧为“[”（表示包含边界）的分箱处理（程序清单4.36）。

程序清单 4.36　cut 函数的 right 参数

In

```
pd.cut(x=age, bins=[0,19,60], right=False)
```

Out

```
0     [0, 19)
1     [0, 19)
2    [19, 60)
3    [19, 60)
4    [19, 60)
5    [19, 60)
6    [19, 60)
7    [19, 60)
dtype: category
Categories (2, interval[int64]): [[0, 19) < [19, 60)]
```

当需要对每个分类中包含的值进行确认时，使用value_counts方法是非常方便的。可以一目了然地查看包含在每个分类中的值的数量（程序清单 4.37）。

程序清单 4.37　cut 函数和 value_counts 方法

In

```
age_cat = pd.cut(x=age, bins=[0,19,60], labels=['non-ad➡
ult','adult'])
age_cat.value_counts()
```

Out

```
adult        6
non-adult    2
dtype: int64
```

qcut函数

前面已经使用cut函数实现了基于“值”的分箱处理。接下来，将使用qcut函数实现基于“量”的分箱处理。在其第一个参数x中只能指定Series对象或一维数据；在第二个参数q中可以指定切分数量或分位数。

下面创建将年龄作为值的Series对象，并使用qcut函数进行分箱处理。如果qcut函数的q参数中指定的是整数类型的切分数量，那么就可以将数据划分成元素数量相等的多份数据。下面尝试将Series对象age切分成2份和4份（程序清单4.38）。

程序清单 4.38　qcut 函数

In

```
age = pd.Series([12,14,26,28,30,32,44,58])
pd.qcut(x=age, q=2)
```

Out

```
0    (11.999, 29.0]
1    (11.999, 29.0]
2    (11.999, 29.0]
3    (11.999, 29.0]
4      (29.0, 58.0]
5      (29.0, 58.0]
6      (29.0, 58.0]
7      (29.0, 58.0]
dtype: category
Categories (2, interval[float64]): [(11.999, 29.0] < ➡
(29.0, 58.0]]
```

In

```
pd.qcut(x=age, q=4)
```

Out

```
0    (11.999, 23.0]
1    (11.999, 23.0]
2      (23.0, 29.0]
3      (23.0, 29.0]
4      (29.0, 35.0]
5      (29.0, 35.0]
6      (35.0, 58.0]
```

```
7      (35.0, 58.0]
dtype: category
Categories (4, interval[float64]): [(11.999, 23.0] < ➡
(23.0, 29.0] < (29.0, 35.0] < (35.0, 58.0]]
```

此前已经使用cut函数基于区间的值进行了分箱处理。而qcut函数则是基于q参数中指定的分割数，对各个元素按平均分配的方式进行分箱处理。

正如前面所讲解的，在qcut函数的q参数中指定*q*分位数也可以进行分箱处理。下面将使用列表对*q*分位数0、0.25、0.5、0.75、1进行指定，并对Series对象age进行分箱处理（程序清单4.39）。

程序清单 4.39　qcut 函数的 q 参数

In

```
pd.qcut(x=age, q=[0,0.25,0.5,0.75,1])
```

Out

```
0    (11.999, 23.0]
1    (11.999, 23.0]
2      (23.0, 29.0]
3      (23.0, 29.0]
4      (29.0, 35.0]
5      (29.0, 35.0]
6      (35.0, 58.0]
7      (35.0, 58.0]
dtype: category
Categories (4, interval[float64]): [(11.999, 23.0] < ➡
(23.0, 29.0] < (29.0, 35.0] < (35.0, 58.0]]
```

qcut函数中也提供了可以为分割后各个分类的值分配标签的labels参数。下面将Series对象age分割成两份，并分别为其分配younger和older的字符串标签（程序清单4.40）。

程序清单 4.40　qcut 函数的 labels 参数

In

```
pd.qcut(x=age, q=2, labels=['younger','older'])
```

Out

```
0    younger
1    younger
2    younger
3    younger
4      older
5      older
6      older
7      older
dtype: category
Categories (2, object): [younger < older]
```

使用retbins参数可以单独提取边界。retbins参数的默认值为False，如果将其变更为True，就可以分开获取分箱处理的结果和边界。执行下列代码后，程序会按 (bins, lables) 的顺序返回结果（程序清单 4.41）。

程序清单 4.41　qcut 函数的 retbins 参数

In

```
bins, labels = pd.qcut(x=age, q=2, retbins=True)
```

In

```
bins
```

Out

```
0    (11.999, 29.0]
1    (11.999, 29.0]
2    (11.999, 29.0]
3    (11.999, 29.0]
4      (29.0, 58.0]
5      (29.0, 58.0]
6      (29.0, 58.0]
```

```
7      (29.0, 58.0]
dtype: category
Categories (2, interval[float64]): [(11.999, 29.0] < ➡
(29.0, 58.0]]
```

In

```
labels
```

Out

```
array([12., 29., 58.])
```

将Series对象age分割成元素数量相同的两份后，可以看到边界是(11.999,29.0] 和 (29.0, 58.0]。保存边界的labels中显示的是[12., 29., 58.]，其与边界的最小值 (11.999) 是不同的值。这是由于在进行分箱处理时会包含最小值，边界线会自动扩大1% 的缘故。

4.1.7 概括统计量

所谓概括统计量，是指统计学中用于汇总数据分布特征的统计值。pandas的DataFrame类和Series类中提供了用于计算平均值、标准差及最小值等数据概括统计量的describe方法。在pandas用于聚合的类方法中，这是使用频度最高的类方法之一。

DataFrame类的describe方法会对每一列的概括统计量进行计算并将其作为DataFrame(或Series)对象返回。根据列对应元素数据类型的不同，计算得到的概括统计量也会有所不同(表4.3和表4.4)。

表4.3 describe方法的概括统计量 （数值数据）

项　目	详细内容
count	元素数量
mean	平均值
std	标准差
min	最小值

续表

项　　目	详细内容
25%	第1四分位数
50%	第2四分位数（中位数）
75%	第3四分位数
max	最大值

表4.4　describe方法的概括统计量（对象数据）

项　　目	详细内容
count	元素数量
unique	唯一值元素数量
top	众数
freq	众数的出现频率

下面将使用NumPy数组的random模块，创建包含随机整数的DataFrame对象，并对describe方法的操作进行确认（程序清单4.42）。由于DataFrame对象df的所有列中都是数值数据，因此程序返回的是数值数据的概括统计量。

程序清单 4.42　DataFrame 类的 describe 方法

In

```
np.random.seed(seed=1)
val = np.random.randint(0,100,size=9).reshape(3,3)
df = pd.DataFrame(val, columns=list('abc'))
df.describe()
```

Out

```
               a          b          c
count   3.000000   3.000000   3.000000
 mean  41.666667  50.333333  31.000000
  std  35.232561  33.650161  35.930488
  min   9.000000  12.000000   5.000000
  25%  23.000000  38.000000  10.500000
  50%  37.000000  64.000000  16.000000
```

```
 75%  58.000000  69.500000  44.000000
 max  79.000000  75.000000  72.000000
```

describe方法会先排除DataFrame对象内的缺失值（NaN），再对各个统计量进行计算。下面将NaN代入DataFrame对象df中并对操作进行确认（程序清单4.43）。由于列a中代入了缺失值，因此元素数量（count）从3减小到2。此外，其他各个统计量也都排除了缺失值进行计算。

程序清单 4.43　使用 describe 方法处理缺失值

In

```
df.loc[1,'a'] = np.nan
df.describe()
```

Out

```
                a          b          c
----------------------------------------
count   2.000000   3.000000   3.000000
 mean  58.000000  50.333333  31.000000
  std  29.698485  33.650161  35.930488
  min  37.000000  12.000000   5.000000
  25%  47.500000  38.000000  10.500000
  50%  58.000000  64.000000  16.000000
  75%  68.500000  69.500000  44.000000
  max  79.000000  75.000000  72.000000
```

describe方法是默认计算四分位数(25%、50%、75%)的，也可以在percentiles参数中指定任意的q分位数。下面将列表[0.1, 0.2,0.3] 指定给percentiles参数，计算10 ~ 50百分位数(程序清单4.44)。

程序清单 4.44　describe 方法的 percentiles 参数

In

```
df.describe(percentiles=[0.1,0.2,0.3])
```

Out

```
             a          b          c
----------------------------------------
count  2.000000   3.000000   3.000000
 mean  58.000000  50.333333  31.000000
  std  29.698485  33.650161  35.930488
  min  37.000000  12.000000   5.000000
  10%  41.200000  22.400000   7.200000
  20%  45.400000  32.800000   9.400000
  30%  49.600000  43.200000  11.600000
  50%  58.000000  64.000000  16.000000
  max  79.000000  75.000000  72.000000
```

接下来，将添加包含字符串值的列e，并对概括统计量进行计算。当元素不是数值时，计算得到的概括统计量是不同的。如果DataFrame对象的列中同时混合了数值和字符串等不同类型的数据，数值数据的概括统计量就会优先进行显示。下面将引用列e，使用Series类的describe方法对概括统计量进行计算（程序清单4.45）。

程序清单 4.45 对象类型的概括统计量

In

```
df['e'] = list('aba')
df['e'].describe()
```

Out

```
count     3
unique    2
top       a
freq      2
Name: e, dtype: object
```

对象类型的概括统计量中包含众数（top）和众数的频率（freq）。开发时需要注意，当数据中包含两个以上的众数时，程序会自动选择其中一个进行显示。下面将在DataFrame对象df的列e中添加新的值b，并进行确认（程序清单4.46）。

程序清单 4.46　包含两个以上众数的 describe 方法

In

```
df.loc[3, 'e'] = 'b'
df['e'].describe()
```

Out

```
count      4
unique     2
top        a
freq       2
Name: e, dtype: object
```

虽然列e的值a和值b都是众数，但是describe方法只会选择其中任意一个作为众数进行显示。由于describe方法无法区分数据是否正确，因此使用时需要注意。

4.1.8　数据透视表

pandas中也提供了类似Excel等软件中使用的数据透视表的功能。使用pivot_table函数，可以对数据以任意的形式高效地进行统计。

pandas中包含pivot_table函数和DataFrame类的pivot方法。pivot_table函数主要用于对数值数据进行统计；pivot方法主要用于将DataFrame对象转换成任意的形状。在本小节中，将着重对pivot_table函数的使用方法进行讲解。而pivot方法的使用方法将在第5.3.3小节中进行讲解。

为了对pivot_table函数的操作进行确认，将创建包含5个科目的考试分数、性别、所属社团值的DataFrame对象。分数（scores）将使用NumPy数组的random模块生成70 ~ 100范围内的随机整数，自定义科目（subs）、所属社团（club）、性别（sex）等数据，并将其保存到DataFrame对象中（程序清单4.47）。

程序清单 4.47 DataFrame 对象的创建

In

```
np.random.seed(seed=1)
scores = np.random.randint(70,100,size=25).reshape(5, 5)
subs = ['math','eng','scie','art','hist']
df = pd.DataFrame(scores, columns=subs)
df['club'] = ['soccer','tennis','tennis','soccer','tenn➡
is']
df['sex'] = list('MMFMF')
df
```

Out

	math	eng	scie	art	hist	club	sex
0	75	81	82	78	79	soccer	M
1	81	75	85	70	86	tennis	M
2	71	82	77	83	98	tennis	F
3	76	95	88	90	75	soccer	M
4	88	90	81	98	80	tennis	F

在pivot_table函数的第一个参数中指定DataFrame对象。在index参数中可以指定数据透视表中使用的索引标签。数据透视表的列可以由columns参数进行指定。在aggfunc参数中可以指定数据透视表的统计方法。aggfunc参数的默认值为numpy.mean，会对平均值进行计算。未在index参数和columns参数中进行指定，且包含数值数据的列的平均值会作为数据透视表的值返回。

下面将在index参数中指定sex，在aggfunc参数中指定np.mean，并基于列sex的值计算各个科目的平均分数（程序清单4.48）。虽然DataFrame对象df中包含了所属社团（club），但是由于其不是数值数据，因此会从数据透视表的计算对象中被删除。

程序清单 4.48 pivot_table 函数

In

```
pd.pivot_table(df, index='sex', aggfunc=np.mean)
```

Out

```
      art         eng         hist  math        scie
sex
---------------------------------------------------
  F   90.500000   86.000000   89.0  79.500000   79.0
  M   79.333333   83.666667   80.0  77.333333   85.0
```

values参数可以对需要计算的目标列进行指定。使用列表可以同时对多个列进行指定。下面将对列art的男女平均值、列art和列eng的男女平均值分别进行计算（程序清单4.49）。

程序清单 4.49　pivot_table 函数的 values 参数

In

```
pd.pivot_table(df, index='sex',values='art')
```

Out

```
      art
sex
--------------
  F   90.500000
  M   79.333333
```

In

```
pd.pivot_table(df, index='sex',values=['art','eng'])
```

Out

```
      art         eng
sex
--------------------------
  F   90.500000   86.000000
  M   79.333333   83.666667
```

在可选的columns参数中指定列标签，可以在数据透视表中包含任意列。下面将club指定给数据透视表的索引标签、将sex指定给列标签创建数据透视表。这样就可以对不同所属社团中不同性别学生的各科目平均分数进行计算（程序清单4.50）。

程序清单 4.50　pivot_table 函数的 columns 参数

In

```
pd.pivot_table(df, index='club', columns='sex', aggfunc➡
=np.mean)
```

Out

```
        art         eng         hist        math        scie
sex     F     M     F     M     F     M     F     M     F     M
  club
-------------------------------------------------------------------
soccer  NaN   84.0  NaN   88.0  NaN   77.0  NaN   75.5  NaN   85.0
tennis  90.5  70.0  86.0  75.0  89.0  86.0  79.5  81.0  79.0  85.0
```

缺少对应数据的位置上会自动代入缺失值NaN。程序清单4.50中生成的DataFrame对象的列是多重索引。关于多重索引的详细内容，将在第8.3节中讲解。

此外，还可以为数据透视表的索引指定多个标签。下面将sex和club指定给index参数以生成数据透视表（程序清单4.51）。

程序清单 4.51　在 index 参数中指定多个标签

In

```
pd.pivot_table(df, index=['sex','club'], aggfunc=np.mean)
```

Out

```
             art   eng   hist  math  scie
sex   club
------------------------------------------
 F  tennis  90.5  86.0  89.0  79.5  79.0
 M  soccer  84.0  88.0  77.0  75.5  85.0
    tennis  70.0  75.0  86.0  81.0  85.0
```

使用pivot_table函数的aggfunc参数可以指定NumPy数组的函数。如果使用列表进行指定，可以同时包含多个函数的处理结果。下面将对不同性别、不同社团的英语考试分数的总和（np.sum）、最大值（np.max）、最小值（np.min）进行计算（程序清单 4.52）。

程序清单 4.52　在 aggfunc 参数中指定多个 NumPy 数组的函数

In

```
pd.pivot_table(
    df,
    index=['sex','club'],
    values='eng',
    aggfunc=[np.sum,np.max,np.min])
```

Out

```
               sum  amax  amin
               eng  eng   eng
sex  club
----------------------------
  F  tennis    172  90    82
  M  soccer    176  95    81
     tennis    75   75    75
```

如果不使用values参数，而是在aggfunc参数中指定字典，则可以实现对需要进行计算的原始数据和调用函数的指定操作。下面将对不同性别、不同社团的英语最大值和数学平均值进行计算。在index参数中指定sex和club，在aggfunc参数中则指定字典，即在列eng中指定np.max、在列math中指定np.mean（程序清单 4.53）。

程序清单 4.53　在 aggfunc 参数中指定字典

In

```
pd.pivot_table(
    df,
    index=['sex','club'],
    aggfunc={'eng':np.max,'math':np.mean}
)
```

Out

```
                  eng  math
sex    club
----------------------
  F  tennis  90   79.5
  M  soccer  95   75.5
     tennis  75   81.0
```

margins参数（默认值为False）可以将使用aggfunc参数指定处理计算后的值相加，并将结果添加到数据透视表的行方向和列方向上。如果只指定了index参数，就是将行方向上的合计作为All添加到行尾。下面将对不同社团的数学平均分进行计算（程序清单4.54）。从下列结果可以看到，soccer的数学平均分为75.5分、tennis的数学平均分为80.0分、整体（All）的数学平均分为78.2分。

程序清单 4.54　pivot_table 函数的 margins 参数

In

```
df
```

Out

```
  math  eng  scie  art  hist   club  sex
-------------------------------------------
0  75    81   82    78   79    soccer   M
1  81    75   85    70   86    tennis   M
2  71    82   77    83   98    tennis   F
3  76    95   88    90   75    soccer   M
4  88    90   81    98   80    tennis   F
```

In

```
pd.pivot_table(
    df,
    index='club',
    values='math',
    aggfunc=np.mean,
    margins=True
)
```

Out

```
          math
   club
------------
 soccer  75.5
 tennis  80.0
    All  78.2
```

如果指定了columns参数，就是将列方向上处理的值作为列标签All进行添加。下面将在索引中指定所属社团，列中指定性别，并对数据的平均值进行计算（程序清单4.55）。从下列结果可以看到，列标签F的索引标签All的值为79.5，表示values参数中指定的math（数学）对应女性（F）的整体平均分；列标签All的索引标签soccer的值为75.5，则表示club的值为soccer的math平均分。

程序清单 4.55　pivot_table 函数的 margins 参数和 columns 参数

In

```
pd.pivot_table(
    df,
    index='club',
    columns='sex',
    values='math',
    aggfunc=np.mean,
    margins=True
)
```

Out

```
sex     F     M          All
  club
------------------------------
soccer  NaN   75.500000  75.5
tennis  79.5  81.000000  80.0
   All  79.5  77.333333  78.2
```

如果是对DataFrame对象进行简单的统计，那么pivot_table函数就是特别高效且便利的工具。对首次处理的数据集，可以考虑先使用

pivot_table函数对数据的变化趋势进行摸索。

4.1.9 交叉表

所谓交叉表，是指存在由多个项目构成的数据时，将其按不同属性进行分类，并对其频率进行统计的表格。它是一种用于问卷调查结果的汇总方法。使用pandas的crosstab函数可以高效地完成数据的交叉汇总。

为了对crosstab函数的操作进行确认，将创建由多个办公室的10名员工评估指标的值构成的DataFrame对象。NumPy数组中random模块的choice函数可以从给定数组的值中随机进行选择，并返回size参数中指定个数元素的数组。下面将生成包含每个员工的性别（sex）、隶属城市（city）、部门（div）及70 ~ 100范围内的评估指标（eva），并将其保存到DataFrame对象中（程序清单4.56）。

程序清单 4.56　DataFrame 对象的创建

In

```
np.random.seed(seed=1)
sex = np.random.choice(['M','F'], size=10)
eva = np.random.randint(70, 100, size=10)
city = np.random.choice(['Tokyo','Osaka','Sapporo'], si➡
ze=10)
div = np.random.choice(['sales','hr','marketing','dev']➡
, size=10)
dic = {'sex':sex, 'evaluation':eva, 'city':city, 'divis➡
ion':div}
df = pd.DataFrame(dic)
df
```

Out

	city	division	evaluation	sex
0	Sapporo	sales	86	F
1	Osaka	dev	71	F
2	Sapporo	dev	82	M

```
3    Tokyo         hr      77   M
4    Tokyo         hr      83   F
5  Sapporo        dev      98   F
6    Tokyo  marketing      76   F
7    Osaka      sales      95   F
8  Sapporo  marketing      88   F
9  Sapporo         hr      90   M
```

使用crosstab函数的index参数可以指定交叉汇总后表格的索引标签。而columns参数则用于指定交叉汇总后的列标签。index参数和columns参数中可以指定数组或Series对象，如果需要同时指定多个数据时可以使用列表。

下面将DataFrame对象df的列sex指定为索引标签，列city指定为列标签，以创建交叉表（程序清单4.57）。程序返回的是各个项目相应数据的频率。交叉汇总后得到的DataFrame对象中，sex和city的值会被作为索引标签显示。从结果可以看到，city列的值Osaka中F（女性）有2名、M（男性）有0名。

程序清单 4.57　crosstab 函数

In

```
pd.crosstab(index=df['sex'], columns=df['city'])
```

Out

```
city  Osaka  Sapporo  Tokyo
 sex
----------------------------
   F      2        3      2
   M      0        2      1
```

我们还可以同时指定多个索引或列。下面将在index参数中指定sex和city，在columns参数中指定division，以创建交叉表（程序清单4.58）。由于在索引标签中指定了两个列，因此返回的就是多重索引。

程序清单 4.58 crosstab 函数的 index 参数和 columns 参数

In

```
pd.crosstab(index=[df['sex'], df['city']],
columns=df['division'])
```

Out

```
      division  dev  hr  marketing  sales
sex       city
-----------------------------------------
  F      Osaka    1   0          0      1
       Sapporo    1   0          1      1
         Tokyo    0   1          1      0
  M    Sapporo    1   1          0      0
         Tokyo    0   1          0      0
```

使用margins参数（默认值为False）还可以在列和行方向上计算合计值。下面将使用与程序清单4.57中相同的交叉表，将margins参数变更为True，计算每个坐标轴的合计值（程序清单4.59）。从下列结果可以看到，程序为行方向和列方向都添加了新的标签All，并对各自的合计值分别进行了计算。

程序清单 4.59 crosstab 函数的 margins 参数

In

```
pd.crosstab(
    index=[df['sex'], df['city']],
    columns=df['division'],
    margins=True
)
```

Out

```
      division  dev  hr  marketing  sales  All
sex       city
----------------------------------------------
  F      Osaka    1   0          0      1    2
       Sapporo    1   0          1      1    3
```

```
         Tokyo    0   1        1      0    2
    M  Sapporo    1   1        0      0    2
         Tokyo    0   1        0      0    1
  All             3   3        2      2   10
```

crosstab函数既可以对多个变量之间的频率进行计算，也可以像pivot_table函数那样使用。通过对crosstab函数的values参数和aggfunc参数进行指定，可以使用NumPy数组的函数对数值进行处理。下面将在index参数中指定sex，在columns参数中指定city，并使用np.mean对evaluation的平均值进行计算（程序清单4.60）。如果不存在对应的数据，程序就会自动代入NaN。

程序清单 4.60　crosstab 函数的 aggfunc 参数

In

```
pd.crosstab(
    index=df['sex'],
    columns=df['city'],
    values=df['evaluation'],
    aggfunc=np.mean
)
```

Out

city sex	Osaka	Sapporo	Tokyo
F	83.0	90.666667	79.5
M	NaN	86.000000	77.0

如果是简单的数据分析，使用pivot_table函数和crosstab函数可以轻而易举地从DataFrame对象中得出计算结果。牢记它们的操作方法，一定会在实际开发工作中发挥作用。

4.2 数据的排序

随着数据规模的增长，在开发过程中遇到需要根据特定列的值进行排序，来提高数据处理效率的情况也会增加。所幸，pandas中提供了可以灵活根据标签或元素进行排序的各种类方法。

4.2.1 基于标签的排序

我们可以在Series对象的索引标签中使用整数或字符串标签，也可以为DataFrame对象的行和列分别分配标签。基于标签的值对数据进行排序时，需要使用sort_index方法。

下面将根据Series对象的索引标签的值进行排序处理（程序清单4.61）。首先，创建一个包含未排序字符串索引标签的a～e Series对象，并使用sort_index方法根据索引标签的值对Series对象进行排序。排序后的索引标签是按照字典的顺序（a～e）排列的。

程序清单 4.61　Series 类的 sort_index 方法

In

```
ser = pd.Series([5,1,0,9,3],index=list('acdbe'))
ser.sort_index()
```

Out

```
a    5
b    9
c    1
d    0
e    3
dtype: int64
```

将索引标签指定为平假名（平假名相当于中文中的拼音），排序后也同样会按照字典中的顺序排列。sort_index方法提供了ascending参数（默认值为True）。ascending参数默认按升序进行排列。这里将其指定为False，按降序进行排列（程序清单4.62）。

程序清单 4.62　sort_index 方法的 ascending 参数

In

```
ser = pd.Series([5,1,0,9,3],index=list('いおあうえ'))
ser.sort_index(ascending=False)
```

Out

```
お    1
え    3
う    9
い    5
あ    0
dtype: int64
```

与Series类相同，DataFrame类也提供了sort_index方法。虽然操作方法大致相同，但是DataFrame类的sort_index方法还可以基于列标签进行排序。在axis参数中指定0，是按照索引标签进行排序，指定1则是按照列标签进行排序。

下面使用NumPy数组的random模块，创建一个3行3列的DataFrame对象。索引标签指定为任意的整数（0 ~ 2），列标签则指定为任意的字符串（a ~ c）（程序清单4.63）。

程序清单 4.63　DataFrame 对象的创建

In

```
np.random.seed(seed=1)
val = np.random.randint(0,10,size=9,).reshape(3,3)
df = pd.DataFrame(val, index=[2,0,1],columns=list('cba'))
df
```

Out

	c	b	a
2	5	8	9
0	5	0	0
1	1	7	6

对axis参数进行指定，并分别按照索引标签和列标签进行排序。从下列结果可以看到，程序根据每个轴的标签对DataFrame对象进行了排序（程序清单4.64）。

程序清单 4.64　sort_index 方法的 axis 参数

In

```
df.sort_index(axis=0)
```

Out

```
   c  b  a
----------
0  5  0  0
1  1  7  6
2  5  8  9
```

In

```
df.sort_index(axis=1)
```

Out

```
   a  b  c
----------
2  9  8  5
0  0  0  5
1  6  7  1
```

在现实中，绝大部分数据都是包含缺失值的。因此，sort_index方法还可以指定对缺失值的处理方式。下面将DataFrame对象df的一个索引标签修改为缺失值（程序清单4.65）。

程序清单 4.65　为索引标签添加缺失值

In

```
df.index = [2,np.nan,1]
df
```

Out

```
      c  b  a
------------
2.0   5  8  9
NaN   5  0  0
1.0   1  7  6
```

使用sort_index方法的na_position参数可以对缺失值的处理方式进行指定。na_position参数中提供了first和last两种值。默认值last是将缺失值排在末尾；first则是将缺失值排在开头（程序清单4.66）。

程序清单 4.66　sort_index 方法的 na_position 参数

In

```
df.sort_index(na_position='first')
```

Out

```
      c  b  a
------------
NaN   5  0  0
1.0   1  7  6
2.0   5  8  9
```

4.2.2　基于元素的排序

在前面的内容中，已经使用sort_index方法基于Series对象和DataFrame对象的标签进行了排序操作。而基于元素的排序则需要使用sort_values方法。下面将生成包含0 ~ 4整数的Series对象，并使用sort_values方法，按照元素的值进行排序（程序清单4.67）。

程序清单 4.67　Series 类的 sort_values 方法

In

```
ser = pd.Series([4,1,0,3,2])
ser.sort_values()
```

Out

```
2    0
1    1
4    2
3    3
0    4
dtype: int64
```

当元素的值为字符串时，可以按照字典中的顺序进行排序。sort_values方法中也提供了ascending参数（默认值为True）。下面将指定False按照降序进行排序（程序清单4.68）。从下列结果可以看到，'あ～お'的字符串按照降序排列成了“お、え、う、い、あ”。

程序清单 4.68　sort_values 方法的 ascending 参数

In

```
ser = pd.Series(list('いおあうえ'))
ser.sort_values(ascending=False)
```

Out

```
1    お
4    え
3    う
0    い
2    あ
dtype: object
```

接下来，为了对sort_values方法进行确认，将生成70～100范围内的随机整数，创建由4个科目学生分数组成的DataFrame对象（程序清单4.69）。

程序清单 4.69　DataFrame 对象的创建

In

```
np.random.seed(seed=10)
scores = np.random.randint(70,100,size=20,).reshape(5,4)
df = pd.DataFrame(scores, columns=['math','eng','chem',➡
```

```
'phys'])
df
```

Out

```
   math  eng  chem  phys
------------------------
0  79    99   74    85
1  70    87   97    98
2  95    99   86    99
3  87    96   78    79
4  70    80   78    92
```

DataFrame对象df中保存了5名学生的数学（math）、英语（eng）、化学（chem）、物理（phys）的分数，每行代表一名学生的记录。下面将DataFrame对象按照数学的分数进行排序。在sort_values方法的by参数中指定作为排序基准的列标签，将DataFrame对象的列math的元素按照升序进行排列（程序清单4.70）。

程序清单 4.70　DataFrame 类的 sort_values 方法的 by 参数

In

```
df.sort_values(by='math')
```

Out

```
   math  eng  chem  phys
------------------------
1  70    87   97    98
4  70    80   78    92
0  79    99   74    85
3  87    96   78    79
2  95    99   86    99
```

在某些情况下，还可能需要同时根据多列的元素进行排序。在by参数中以列表形式指定多个列，就可以实现基于多个标签的排序操作。下面将基于math和eng的分数，按照升序对数据进行排列（程序清单4.71）。与程序清单4.70进行比较，可以看到math为70分的两名学生根据eng的分数进行了排序。

程序清单 4.71　使用 sort_values 方法的 by 参数指定多个列

In

```
df.sort_values(by=['math','eng'])
```

Out

```
    math  eng  chem  phys
-------------------------
4    70    80    78    92
1    70    87    97    98
0    79    99    74    85
3    87    96    78    79
2    95    99    86    99
```

sort_values方法会返回完成排序的DataFrame对象，如果将inplace参数（默认值为False）指定为True，可以直接对DataFrame对象的内容进行排序。下面将使用inplace参数，基于DataFrame对象df的列phys的元素，按照降序对数据进行排序。从下列结果可以看到，DataFrame对象中的元素直接被排序了（程序清单4.72）。

程序清单 4.72　sort_values 方法的 inplace 参数

In

```
df.sort_values(by='phys', ascending=False, inplace=True)
```

In

```
df
```

Out

```
    math  eng  chem  phys
-------------------------
2    95    99    86    99
1    70    87    97    98
4    70    80    78    92
```

```
0    79   99   74   85
3    87   96   78   79
```

采用基于元素的排序可以很简单地对列的最大值或最小值进行确认。使用Series类的nlargest方法和nsmallest方法可以对列的最大值和最小值进行提取。下面将对DataFrame对象df的列eng进行引用，并使用Series类的nlargest方法提取前3名分数最高的元素（程序清单4.73）。在nlargest方法的第一个参数中指定整数*n*，就可以提取排列在前*n*个的数据。

程序清单 4.73　Series 类的 nlargest 方法

In

```
df['eng'].nlargest(3)
```

Out

```
2    99
0    99
3    96
Name: eng, dtype: int64
```

提取元素的最小值需要使用nsmallest方法。其参数和nlargest方法是一样的。下面将提取列phys中分数最低的3个元素。使用sort_values方法按照升序进行排序，并使用head方法提取开头的3个数据，也可以实现相同的效果（程序清单4.74）。

程序清单 4.74　Series 类的 nsmallest 方法

In

```
df['phys'].nsmallest(3)
```

Out

```
3    79
0    85
4    92
Name: phys, dtype: int64
```

In

```
df['phys'].sort_values().head(3)
```

Out

```
3    79
0    85
4    92
Name: phys, dtype: int64
```

DataFrame类中也提供了nlargest方法和nsmallest方法。与Series类不同，调用时需要在第二个参数中指定排序的基准。下面将按照列eng分数的前3名，降序显示DataFrame对象的内容（程序清单4.75）。

程序清单 4.75　DataFrame 类的 nlargest 方法

In

```
df.nlargest(3, 'eng')
```

Out

```
   math  eng  chem  phys
------------------------
2    95   99    86    99
0    79   99    74    85
3    87   96    78    79
```

在实际开发中，处理的某些数据可能会包含成千上万的列。通过对数据进行排序，可以更轻松地把握数据的内容，更顺利地完成数据分析任务。

第5章 数据变形

在本章中，将以pandas的DataFrame类为重点，对各种数据变形的操作方法进行讲解。从基本的行和列的添加与删除，到连接与合并等操作均会涉及。在本章后半部分，还将对机器学习的预处理中常用的虚拟变量等操作方法进行讲解。

注意事项

导入第5章中需要使用的软件库

在执行本章的示例程序前，先执行下列代码。

程序清单 需要提前执行的代码

In

```
import pandas as pd
import numpy as np
import matplotlib.pyplot as plt
```

5.1 行和列的添加与删除

在本节中，将对在DataFrame对象中添加和删除列或行数据的操作进行讲解。在此过程中，会对方括号([ ])、iloc属性、loc属性，以及可以实现更加灵活数据变形操作的assign方法、drop方法和append方法等进行重点讲解。

5.1.1 添加行和列

在日常开发中，向DataFrame对象中添加新的数据，以及将不需要的数据从中删除的操作是经常会遇到的。因此，本小节将先介绍如何创建DataFrame对象，并向其中添加新的列。

使用方括号([ ])和loc属性可以通过扩展代入（enlargement）的方式对行或列数据进行添加操作。所谓扩展代入，是指如果使用loc属性等引用的坐标轴中不存在相应的标签，就自动添加带有该标签的新的行或列。

在DataFrame对象中使用方括号（[ ]）对列标签进行引用。使用方括号（[ ]）就可以使用DataFrame对象中不存在的列标签和赋值运算符"="添加新的列。如果代入了与DataFrame对象数据的行数相同的列表时，就会按照各个索引代入相应的值。此外，如果代入的是标量值，就会扩展代入所有的索引。使用loc属性指定了新的列名时，其行为也是相同的。下面将创建包含列a和列b的DataFrame对象，并使用方括号([ ])和loc属性添加新的c、d、e列（程序清单5.1）。

程序清单 5.1　使用方括号（[ ]）和 loc 属性添加新的列

In

```
df = pd.DataFrame([[1,2],[3,4]], columns=['a','b'])
df
```

Out

```
   a  b
-------
0  1  2
1  3  4
```

In

```
df['c'] = [1,2]
df['d'] = 3
df.loc[:,'e'] = [5,6]
df
```

Out

```
   a  b  c  d  e
----------------
0  1  2  1  3  5
1  3  4  2  3  6
```

使用iloc属性是无法进行扩展代入的。下面将如程序清单5.2所示的那样，使用iloc属性为DataFrame对象df2添加新的列。对象df2的列方向包含0和1的位置索引。如果使用iloc属性添加2，就会导致出现IndexError警告。虽然使用loc属性和方括号（[ ]）可以进行扩展代入，但是iloc属性是无法进行扩展代入的，开发时需要注意。

程序清单 5.2　iloc 属性和扩展代入

In

```
df2 = pd.DataFrame([[1,2],[3,4]])
df2.iloc[:, 2] = [5,6]
```

Out

```
(…略…)
IndexError: single positional indexer is out-of-bounds
```

pandas中也提供了可以为DataFrame对象添加新的列的类方法。使用assign方法可以对任意数量的参数（可变长参数）进行指定，assign方法指定的关键字会作为列名使用。下面将使用assign方法，为DataFrame对象df添加值为7和8的列f（程序清单5.3）。

程序清单 5.3　DataFrame 类的 assign 方法

In

```
df = df.assign(f=[7,8])
df
```

Out

```
   a  b  c  d  e  f
-------------------
0  1  2  1  3  5  7
1  3  4  2  3  6  8
```

由于assign方法可以对可变长参数进行指定，因此下面将使用assign方法一次性添加新的列g和列h（程序清单5.4）。如果指定的是标量值，就会将扩展的值代入各个索引。

程序清单 5.4　DataFrame 类的 assign 方法（多个）

In

```
df = df.assign(g=9,h=10)
df
```

Out

```
   a  b  c  d  e  f  g   h
-------------------------
0  1  2  1  3  5  7  9  10
1  3  4  2  3  6  8  9  10
```

在前面讲解中，已经使用方括号（[ ]）、loc属性及assign方法这3种方式实现了列数据的添加操作。接下来，将实现行数据的添加操作。行的添加也可以通过几种不同方式实现。

首先，使用loc属性添加新的行。DataFrame对象df中不存在索引标签2，可以使用loc属性指定整数2，添加新的包含索引标签2的行。代入的值使用的是由Python的内置函数list函数和range函数生成的从0开始、公差为1的等差数列（程序清单5.5）。

程序清单 5.5 使用 loc 属性添加新的行

In

```
df.loc[2] = list(range(8))
df
```

Out

```
   a  b  c  d  e  f  g   h
--------------------------
0  1  2  1  3  5  7  9  10
1  3  4  2  3  6  8  9  10
2  0  1  2  3  4  5  6   7
```

使用DataFrame类的assign方法可以添加新的列，而使用DataFrame类的append方法则可以在最后一行添加新的行。在append方法的第一个参数中可以指定DataFrame、Series（或类似字典的对象）和列表。下面将创建两个DataFrame对象df和df2，将对象df2传递给append方法，并将其添加到DataFrame对象df中（程序清单5.6）。

程序清单 5.6 DataFrame 类的 append 方法

In

```
df = pd.DataFrame([[1,2],[3,4]], columns=['a','b'])
df
```

Out

```
   a  b
-------
0  1  2
1  3  4
```

In

```
df2 = pd.DataFrame([[5,6]], columns=list('ab'))
df2
```

Out

```
    a   b
-------
0   5   6
```

In

```
df.append(df2)
```

Out

```
    a   b
-------
0   1   2
1   3   4
0   5   6
```

append方法中提供了ignore_index参数。由于其默认值为False，因此可以直接使用DataFrame对象的索引标签的值。如果是True，则会为索引标签分配从0开始、公差为1的等差数列（程序清单5.7）。

程序清单 5.7　append 方法的 ignore_index 参数

In

```
df.append(df2, ignore_index=True)
```

Out

```
    a   b
-------
0   1   2
1   3   4
2   4   5
```

使用append方法，如果添加的DataFrame对象中不包含列标签，被添加的DataFrame对象中就会代入NaN。如程序清单5.8所示，添加的对象df3的列为a、b、c，而被添加的对象df中是不存在列c的，因此，添加后DataFrame对象的列c的0 ~ 1行就显示缺失值NaN。

程序清单 5.8　添加不同列标签的 DataFrame 对象

In

```
df3 = pd.DataFrame([[7,8,9]],columns=['a','b','c'])
df.append(df3)
```

Out

```
   a  b    c
------------
0  1  2  NaN
1  3  4  NaN
0  7  8  9.0
```

在本小节中，仅实现了1行、1列的添加操作。在连接与合并（参考第5.2节）中，将对多行和多列的添加方法进行详细的讲解。

5.1.2　删除行和列

在本小节中，将对从DataFrame对象中删除行和列的操作方法进行讲解。行和列的删除方法有多种。下面将逐一对这些方法进行讲解。

首先创建DataFrame对象，并使用del语句对列进行删除操作。但是基于del语句的删除操作，灵活性并不高。这是因为del语句只能删除单一的列，无法一次性删除多个列。下面将创建DataFrame对象，并引用列d，使用del语句将其从DataFrame对象中删除（程序清单5.9）。

程序清单 5.9　使用 del 语句删除列

In

```
val = np.arange(0,12).reshape(3,4)
df = pd.DataFrame(val, columns=list('abcd'))
del df['d']
df
```

Out

```
   a  b   c
-----------
```

```
0  0  1   2
1  4  5   6
2  8  9  10
```

在DataFrame对象和Series对象中，行和列的删除操作应当使用drop方法。因为drop方法的通用性高，而且代码逻辑更加清晰，所以使用它可以避免误删除操作导致的不良后果。

drop方法的labels参数允许指定根据索引或列的标签进行删除操作。由于DataFrame对象可以在索引的列的两个坐标轴上分配标签，因此需要使用axis参数指定坐标轴的方向。axis=0表示索引标签，axis=1表示列标签，在drop方法的labels参数中指定对应的标签即可进行删除。默认是在axis=0的方向基于索引标签进行删除操作。下面将在drop方法的labels参数中指定b，并指定axis=1，以删除列b（程序清单5.10）。

程序清单 5.10　DataFrame 类的 drop 方法（axis=1）

In

```
df.drop(labels='b', axis=1)
```

Out

```
   a   c
--------
0  0   2
1  4   6
2  8  10
```

指定axis=0表示根据索引标签进行删除操作。下面将在drop方法的labels参数中指定2，以将索引标签为2的行删除（程序清单5.11）。

程序清单 5.11　DataFrame 类的 drop 方法（axis=0）

In

```
df.drop(labels=2, axis=0)
```

Out

```
    a  b  c
----------
0   0  1  2
1   4  5  6
```

通过pandas版本0.21.0的drop方法新增加的index参数和columns参数，可以无须指定axis参数即可实现对行或列进行删除操作。如果需要一次性删除多列或多行数据，可以使用列表同时指定多个标签。columns参数可以将指定值的列标签所在的列从DataFrame对象中删除。下面将删除列a和列c。drop方法的axis参数默认值为0，是基于索引标签进行删除操作。如果是使用columns参数，则无须指定axis参数即可进行列标签的删除操作（程序清单5.12）。

程序清单 5.12　drop 方法的 columns 参数

In

```
df.drop(columns=['a','c'])
```

Out

```
    b
----
0   1
1   5
2   9
```

下面将以同样的方式，使用drop方法的index参数将索引标签2从DataFrame对象中删除（程序清单5.13）。

程序清单 5.13　drop 方法的 index 参数

In

```
df.drop(index=2)
```

Out

```
   a  b  c
----------
0  0  1  2
1  4  5  6
```

当需要从DataFrame对象中提取特定的列时，可以使用pop方法。pop方法可以将指定的标签从DataFrame对象中单独取出并返回。使用pop方法只能提取单一的行，无法同时提取多列或多行（程序清单5.14）。此外，使用pop方法指定的列会从原始的DataFrame对象中被删除。

程序清单 5.14　DataFrame 类的 pop 方法

In

```
popped = df.pop('c')
popped
```

Out

```
0     2
1     6
2    10
Name: c, dtype: int64
```

使用索引引用或切片可以将特定的行和列从DataFrame对象中删除。下面将创建一个列标签为a、b、c的3行3列的DataFrame对象，并引用列a和列b的索引0与2，对DataFrame对象df进行变更（程序清单5.15）。

程序清单 5.15　使用索引引用删除行和列

In

```
df = pd.DataFrame([[1,2,3,],[4,5,6],[7,8,9]],
columns=list('abc'))
df
```

Out

```
   a  b  c
----------
0  1  2  3
1  4  5  6
2  7  8  9
```

In

```
df = df.loc[[0,2],'a':'b']
df
```

Out

```
   a  b
-------
0  1  2
2  7  8
```

DataFrame对象或Series对象的行和列的添加与删除是极为常用的操作。随着数据量的增加，添加和删除的操作必须慎重且正确地执行。建议读者至少要牢记在本小节中讲解的几种基本操作方法。

5.2 数据的连接与合并

在数据预处理和数据分析中，经常需要对多个数据进行连接或合并操作。pandas 中提供了可以应对复杂操作且使用灵活的函数和类方法。在本节中，将结合具体示例对连接与合并的操作方法进行讲解。

5.2.1 concat 函数

concat 函数用于将 DataFrame 和 Series 等对象在指定的坐标轴方向进行连接。concat 函数中提供了很多参数和选项。下面将对需要着重记忆的基本操作方法进行讲解。关于包含多重索引的对象连接操作，将在第8.3.3小节中进行讲解。

为了便于理解连接操作，这里将创建两个包含不同值的 DataFrame 对象（程序清单 5.16）。

程序清单 5.16 DataFrame 对象的创建

In

```
df1 = pd.DataFrame({
    'a':['a0','a1','a2'],
    'b':['b0','b1','b2'],
    'c':['c0','c1','c2'],
})

df1
```

Out

```
     a   b   c
-------------
0   a0  b0  c0
1   a1  b1  c1
2   a2  b2  c2
```

In

```
df2 = pd.DataFrame({
    'a':['a3','a4','a5'],
    'b':['b3','b4','b5'],
    'c':['c3','c4','c5'],
})

df2
```

Out

```
    a   b   c
-------------
0   a3  b3  c3
1   a4  b4  c4
2   a5  b5  c5
```

concat 函数的基本操作

下面将使用concat函数对两个DataFrame对象df1和df2在列方向上进行连接。DataFrame对象的连接轴可以通过axis参数进行指定，默认是axis=0表示在列方向上连接。在concat函数的第一个参数中使用列表指定需要连接的DataFrame对象，即可将连接后得到的DataFrame对象返回（程序清单5.17）。

程序清单 5.17 concat 函数

In

```
pd.concat([df1, df2], axis=0)
```

Out

```
    a   b   c
-------------
0   a0  b0  c0
1   a1  b1  c1
2   a2  b2  c2
0   a3  b3  c3
1   a4  b4  c4
2   a5  b5  c5
```

将3个以上的DataFrame对象传递给第一个参数，就可以一次性将多个DataFrame对象在任意方向上进行连接。下面将创建新的DataFrame对象df3，并一次性将df1、df2、df3连接在一起（程序清单5.18）。

程序清单 5.18　3 个 DataFrame 对象的连接

In

```
df3 = pd.DataFrame({
    'a':['a6','a7','a8'],
    'b':['b6','b7','b8'],
    'c':['c6','c7','c8'],
})

pd.concat([df1,df2,df3], axis=0)
```

Out

	a	b	c
0	a0	b0	c0
1	a1	b1	c1
2	a2	b2	c2
0	a3	b3	c3
1	a4	b4	c4
2	a5	b5	c5
0	a6	b6	c6
1	a7	b7	c7
2	a8	b8	c8

使用concat函数还可以在Series对象之间进行连接操作。如果在axis参数中指定0，就是在列方向上将Series对象数据叠加在一起。下面将创建Series对象并将它们连接起来（程序清单5.19）。

程序清单 5.19　Series 对象的连接

In

```
ser1 = pd.Series(['s1','s2'])
ser2 = pd.Series(['s3','s4'])
pd.concat([ser1,ser2], axis=0)
```

Out

```
0    s1
1    s2
0    s3
1    s4
dtype: object
```

在concat函数的axis参数中指定1，就可以在行方向上进行连接。下面将指定axis=1，将DataFrame对象df1和df2在行方向上进行连接（程序清单5.20）。DataFrame对象df1和df2都是3行3列的DataFrame对象，使用axis参数在行方向上进行连接后，返回的是一个3行6列的DataFrame对象。

程序清单 5.20 concat 函数和 axis 参数

In

```
pd.concat([df1,df2], axis=1)
```

Out

	a	b	c	a	b	c
0	a0	b0	c0	a3	b3	c3
1	a1	b1	c1	a4	b4	c4
2	a2	b2	c2	a5	b5	c5

如果使用concat函数指定axis=1对两个Series对象进行连接，就会将各个Series对象在行方向上进行连接，并返回生成的DataFrame对象。这种情况下，如果Series对象具有name属性，就会作为DataFrame对象的列名使用。如果不对name属性进行指定，程序就会自动分配从0开始、公差为1的等差数列。下面将对不具有name属性的ser1和ser2进行连接，并对其操作进行确认（程序清单5.21）。

程序清单 5.21 Series 对象和 concat 函数（axis=1）

In

```
pd.concat([ser1,ser2], axis=1)
```

Out

```
     0   1
---------
0   s1  s3
1   s2  s4
```

In

```
ser1.name = 'series1'
ser2.name = 'series2'
pd.concat([ser1,ser2], axis=1)
```

Out

```
   series1  series2
--------------------
0        s1       s3
1        s2       s4
```

使用concat函数对DataFrame对象进行连接时，需要对axis参数中指定的连接轴方向的标签进行引用，如果标签没有重叠就会代入NaN。下面将DataFrame对象df1复制到对象dft，将列c变更为列d后，再对对象df1和对象dft进行连接（程序清单5.22）。

程序清单 5.22　DataFrame 对象和 concat 函数（axis=0）

In

```
dft = df1.copy()
dft.columns = ['a','b','d']
pd.concat([df1,dft], axis=0)
```

Out

```
    a   b   c    d
-------------------
0  a0  b0  c0   NaN
1  a1  b1  c1   NaN
2  a2  b2  c2   NaN
0  a0  b0  NaN  c0
1  a1  b1  NaN  c1
2  a2  b2  NaN  c2
```

由于DataFrame对象df1和dft的列a与列b是重叠的，因此连接在了一起。而对象df1中是不包含列d的，因此列d的第0行～第2行代入了NaN。同样地，由于列c也不包含在对象dft中，因此列c的第3行～第5行也代入了NaN。

程序清单5.22中是在列方向上(axis=0)进行的连接。在行方向上(axis=1)进行连接时，需要按照索引标签进行。下面将对象df1复制到对象dft中，并将索引标签变更为[0,2,4]，然后与对象df1进行连接（程序清单5.23）。没有重叠的索引标签的位置上会自动代入NaN。

程序清单 5.23　DataFrame 对象和 concat 函数（axis=1）

In

```
dft = df1.copy()
dft.index = [0,2,4]
pd.concat([df1,dft], axis=1)
```

Out

```
     a    b    c    a    b    c
-------------------------------
0   a0   b0   c0   a0   b0   c0
1   a1   b1   c1  NaN  NaN  NaN
2   a2   b2   c2   a1   b1   c1
4  NaN  NaN  NaN   a2   b2   c2
```

内部合并与外部合并

concat函数中提供了可以对连接轴外索引的行进行控制的join参数。join参数中包含inner（内部合并）和outer（外部合并）。内部合并是只提取与连接轴一致的数据。而外部合并会返回连接轴的所有数据，不一致的数据中会代入NaN。默认值为进行外部合并的outer。下面将不同索引标签的df1和dft在列方向上进行连接，并使用join参数对操作进行确认。外部合并（outer）会返回包含df1和dft的所有索引标签的DataFrame对象，而内部合并（inner）则只会返回包含共同的索引标签的DataFrame对象（程序清单5.24）。

程序清单 5.24　concat 函数的 join 参数

In

```
pd.concat([df1,dft], axis=1, join='outer')
```

Out

```
     a    b    c    a    b    c
--------------------------------
0   a0   b0   c0   a0   b0   c0
1   a1   b1   c1  NaN  NaN  NaN
2   a2   b2   c2   a1   b1   c1
4  NaN  NaN  NaN   a2   b2   c2
```

In

```
pd.concat([df1,dft], axis=1, join='inner')
```

Out

```
    a   b   c   a   b   c
--------------------------
0  a0  b0  c0  a0  b0  c0
2  a2  b2  c2  a1  b1  c1
```

在其他特殊情况中，还可以将需要连接的DataFrame对象中任意索引指定给concat函数的join_axes参数，这样就可以对连接后的索引标签进行指定。join_axes参数的默认值为None。下面将在join_axes参数中指定df1的index属性，并将df1和dft连接后的DataFrame对象返回（程序清单5.25）。

程序清单 5.25　concat 函数的 join_axes 参数

In

```
pd.concat([df1,dft], axis=1, join_axes=[df1.index])
```

Out

```
    a   b   c   a   b   c
--------------------------
0  a0  b0  c0  a0  b0  c0
```

```
1  a1  b1  c1  NaN  NaN  NaN
2  a2  b2  c2   a1   b1   c1
```

重新分配标签

当使用concat函数在列方向上（axis=0）对两个DataFrame对象进行连接时，这两个DataFrame对象的索引标签是可以直接使用的。如果将ignore_index参数（默认值为False）指定为True，就可以在连接从0开始、公差为1的等差数列的索引标签时，重新分配标签。对象df1和对象df2的索引标签为0、1、2，将ignore_index参数指定为True，连接后的索引标签就是从0开始、公差为1的等差数列（程序清单5.26）。

程序清单 5.26　concat 函数的 ignore_index 参数（axis=0）

In

```
pd.concat([df1,df2], axis=0, ignore_index=True)
```

Out

```
    a   b   c
-------------
0  a0  b0  c0
1  a1  b1  c1
2  a2  b2  c2
3  a3  b3  c3
4  a4  b4  c4
5  a5  b5  c5
```

以相同的方式在行方向上（axis=1）进行连接时，也可以重新分配列标签（程序清单5.27）。但是，如果列标签具有特殊含义，重新分配标签是不妥当的，需要多注意。

程序清单 5.27　concat 函数的 ignore_index 参数（axis=1）

In

```
pd.concat([df1,df2], axis=1, ignore_index=True)
```

Out

	0	1	2	3	4	5
0	a0	b0	c0	a3	b3	c3
1	a1	b1	c1	a4	b4	c4
2	a2	b2	c2	a5	b5	c5

对多重索引的数据进行连接是有些复杂的。针对这一点，将在第8.3.3小节中进行详细讲解。

● append方法

Series类和DataFrame类中提供了append方法。使用append方法可以为Series对象或DataFrame对象添加行数据。虽然使用concat函数也可以实现同样的操作，但是如果执行简单的行添加操作，使用append方法的情况也不少。

在DataFrame类的append方法的第一个参数中可以指定需要添加的数据。使用append方法可以添加DataFrame、Series，或者它们的列表。下面将使用append方法将对象df2添加到DataFrame对象df1中(程序清单5.28)。从结果可以看到，将值添加到对象df1的列和对象df2的列中重合的部分。

程序清单 5.28　DataFrame 类的 append 方法

In

```
df1.append(df2)
```

Out

	a	b	c
0	a0	b0	c0
1	a1	b1	c1
2	a2	b2	c2
0	a3	b3	c3
1	a4	b4	c4
2	a5	b5	c5

append方法与concat函数类似，同样可以对使用ignore_index参数（默认值为False）进行连接的DataFrame对象的索引标签重新进行分配。在程序清单5.28中，连接后DataFrame对象的索引标签沿用的是原始的DataFrame对象中的索引标签。只需将ignore_index参数变更为True，即可重新分配索引标签（程序清单5.29）。

程序清单 5.29　append 方法的 ignore_index 参数

In

```
df1.append(df2, ignore_index=True)
```

Out

```
    a   b   c
-------------
0   a0  b0  c0
1   a1  b1  c1
2   a2  b2  c2
3   a3  b3  c3
4   a4  b4  c4
5   a5  b5  c5
```

下面将使用append方法对包含不同列标签的DataFrame对象进行连接。如程序清单5.30所示，将df2复制到dft，并将列c的标签变更为d后，使用append方法将dft的第0行添加到了df1的行尾。df1和dft中相同的列a与列b的值是直接代入的，而列c和列d不相同的部分则自动代入了NaN。

程序清单 5.30　DataFrame 类的 append 方法

In

```
dft = df2.copy()
dft.columns = ['a','b','d']
df1.append(dft.loc[0,:])
```

Out

```
    a   b    c    d
-------------------
```

```
0  a0  b0   c0  NaN
1  a1  b1   c1  NaN
2  a2  b2   c2  NaN
0  a3  b3  NaN   c3
```

使用append方法还可以在Series对象之间进行连接（程序清单5.31）。

程序清单 5.31　Series 类的 append 方法

In

```
ser1 = pd.Series(['s1','s2','s3'])
ser2 = pd.Series(['s4','s5','s6'])
ser1.append(ser2)
```

Out

```
0     s1
1     s2
2     s3
0     s4
1     s5
2     s6
dtype: object
```

虽然也可以使用append方法将Series对象添加到DataFrame对象中，但是有些需要注意的地方。使用append方法将Series对象添加到DataFrame对象时，DataFrame对象的列标签和Series对象的索引标签是联动的。此外，Series对象的name属性会作为连接后的DataFrame对象的索引标签使用。当append方法的ignore_index参数为False，且Series对象不具有name属性时，会出现TypeError警告。下面将ser1的标签变更为a、b、c，name属性变更为ser1后，使用append方法将Series对象ser1添加到DataFrame对象df1中（程序清单5.32）。

程序清单 5.32　DataFrame 类的 append 方法

In

```
ser1.index = ['a','b','c']
ser1.name = 'ser1'
df1.append(ser1)
```

Out

```
        a    b    c
   0   a0   b0   c0
   1   a1   b1   c1
   2   a2   b2   c2
ser1   s1   s2   s3
```

5.2.2 merge函数

pandas中提供了类似SQL数据库语言，允许执行与关系型数据库的合并操作类似的函数。在本小节中，将对使用pandas进行数据合并的基本操作方法进行讲解。

合并的概要

所谓合并，是指根据数据中包含的多个特定的列，将其合并为一份数据的操作。下面将通过具体的示例进行讲解。假设现有餐饮连锁店信息文件restaurant.csv和sales.csv。restaurant.csv文件中包含了每家餐饮连锁店的唯一识别码（ID）、地址（city）、类别（category）和类型（type）等信息。sales.csv文件中则包含每家餐饮连锁店的唯一识别码（ID）、每月客流量（customer）和营业额（sales）等信息。每个文件中的 部分内容如图5.1和图5.2所示。

ID	city	category	type
1	Tokyo	Japanese	fast food
2	Osaka	Chinese	restaurant
⋮			
3	Fukuoka	Japanese	Sushi
4	Nagoya	Chinese	restaurant

包含每家餐饮连锁店的唯一识别码(ID)、地址(city)、类别(category)和类型(type)等信息

图5.1　restaurant.csv文件的部分内容

ID	customer	sales
3	256	1,664,000
1	421	1052500
⋮		
2	702	1123200
4	902	1820000

包含每家餐饮连锁店的唯一识别码(ID)、每月客流量(customer)和营业额(sales)等信息

图 5.2 sales.csv 文件的部分内容

这两份数据中都包含了各餐饮连锁店的识别码(ID)。将识别码(ID)列作为“键”，合并后的结果如图5.3所示。

将识别码(ID)列作为“键”合并

ID	city	category	type	customer	sales
1	Tokyo	Japanese	fast food	421	1052500
2	Osaka	Chinese	restaurant	702	1123200
⋮					
3	Fukuoka	Japanese	Sushi	256	1664000
4	Nagoya	Chinese	restaurant	902	1820000

图 5.3 将 restaurant.csv 和 sales.csv 文件的列 ID 作为“键”进行合并

将餐饮连锁店信息和营业情况作为一个数据处理，就可以实现各种各样的分析。例如，可以对不同地址(city)的每个餐饮连锁店计算营业额和每月客流量等数据。

在对数据进行合并时，双方数据的关联性有3种情况。要正确地对数据进行合并，就需要理解这3种关联性。

● 一对一(one to one)

所谓一对一，是指在双方的数据中，一方的某一数据对应另一方的单个数据的情况。例如，行政区与行政区政府机构所在地的关系就是一对一的关系。这是因为每个行政区只有一个行政区政府机构所在地(图5.4)。

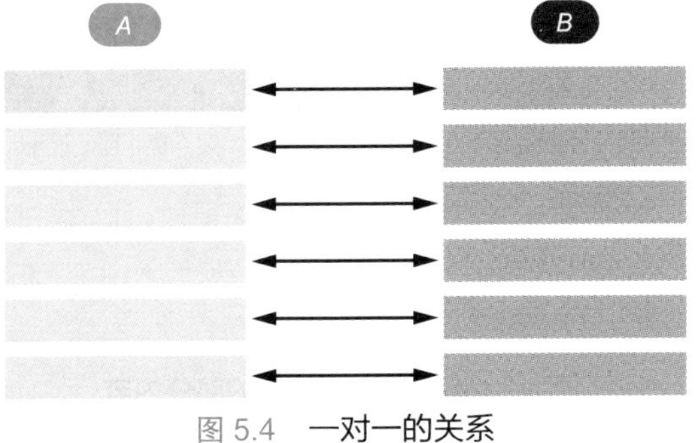

图 5.4　一对一的关系

一对多(one to many)

所谓一对多，是指一方的某一数据可能对应另一方的多个数据的情况，如图 5.5 所示。A 的一个数据与 B 的多个数据是关联的状态。从 B 的角度来看，B 的一个数据只对应 A 的一个数据。例如，行政区政府机构的关系可以说是一对多的关系。一个行政区中可能存在多个行政区政府机构，但是行政区的多个政府机构的所在地只可能在同一个行政区中。

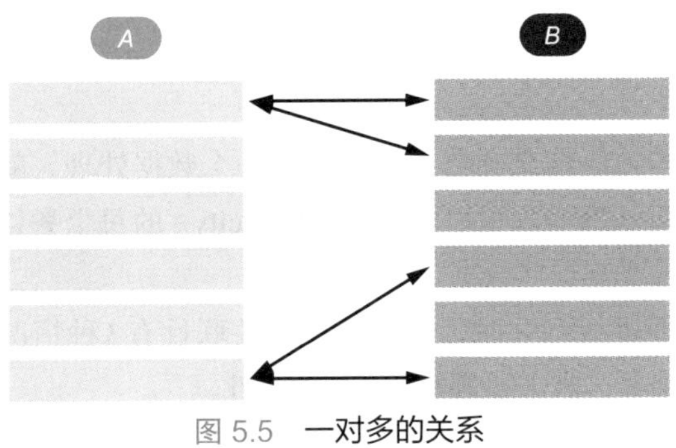

图 5.5　一对多的关系

多对多(many to many)

所谓多对多，是指双方的数据中分别有多个数据对应另一方的多个数据的情况。A 的一个数据可能对应 B 的多个数据，且 B 的一个数据可能对应 A 的多个数据。例如，行政区与高铁路线就是多对多的关系。一个行政区中可能有多条高铁路线，且一条高铁路线也可能横跨多个行政区(图 5.6)。

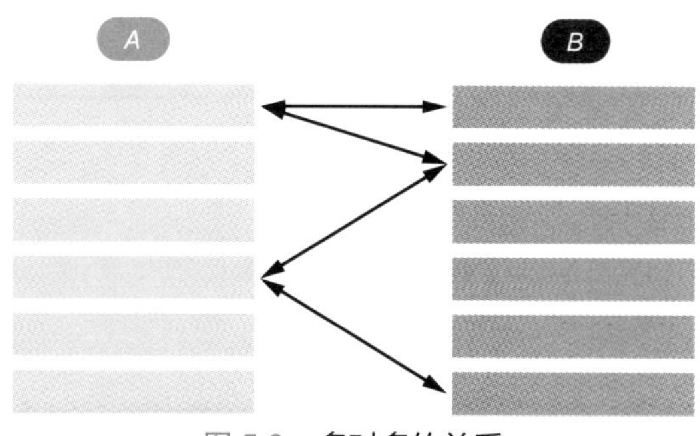

图 5.6　多对多的关系

merge 函数的基本操作

merge 函数可以将多个 DataFrame 对象根据键值进行数据合并操作。合并操作在数据分析和机器学习中是极为常用的一种操作。

在第 5.2.1 小节中讲解的 concat 函数，可以将 DataFrame 或 Series 等 pandas 的对象在指定的坐标轴方向进行连接。而 merge 函数则可以在多个 DataFrame 对象间基于键值对数据进行合并。下面将对 merge 函数的详细操作方法进行讲解。

创建两个 DataFrame 作为合并的对象。merge 函数的参数有类似左(left)或右(right)这样的根据位置使用的参数。为了便于理解，在这里将 leftdf、rightdf 作为 DataFrame 对象的变量名(程序清单 5.33)。

程序清单 5.33　DataFrame 对象的创建

In

```
leftdf = pd.DataFrame({
    'a':['a0','a1','a2'],
    'b':['b0','b1','b2'],
    'key':['k0','k1','k2'],
})

leftdf
```

Out

```
   a   b  key
0  a0  b0  k0
1  a1  b1  k1
2  a2  b2  k2
```

In

```
rightdf = pd.DataFrame({
      'c':['c0','c1','c2'],
      'd':['d0','d1','d2'],
      'key':['k0','k1','k2'],
})

rightdf
```

Out

```
   c   d  key
0  c0  d0  k0
1  c1  d1  k1
2  c2  d2  k2
```

在merge函数的第一个参数中指定left，第二个参数中指定right。这两个参数只允许指定DataFrame对象。合并时，使用的键值在on参数中进行指定。下面将DataFrame对象leftdf和rightdf的列key作为键值进行合并。从结果可以看到，返回的是基于列key合并后生成的新的DataFrame对象（程序清单5.34）。

程序清单 5.34　merge 函数

In

```
pd.merge(leftdf, rightdf, on='key')
```

Out

```
   a   b  key  c   d
0  a0  b0  k0  c0  d0
1  a1  b1  k1  c1  d1
2  a2  b2  k2  c2  d2
```

on参数只有在作为两个DataFrame对象的键值使用的列标签相同时，才可以使用。当两个列标签不相同时，在right_on参数和left_on参数中分别指定列标签作为键值使用也是可以的。

下面将DataFrame对象leftdf的副本保存到left2中，并将left2的列key的标签变更为key_left，对DataFrame对象left2的列key_left和DataFrame对象rightdf的列key进行指定并进行合并（程序清单5.35）。

程序清单 5.35　merge 函数的 left_on 参数和 right_on 参数

In

```
left2 = leftdf.copy()
left2.columns = ['a','b','key_left']
pd.merge(left2, rightdf, left_on='key_left', right_on=➡
'key')
```

Out

```
     a    b   key_left    c    d   key
----------------------------------------
0   a0   b0        k0   c0   d0    k0
1   a1   b1        k1   c1   d1    k1
2   a2   b2        k2   c2   d2    k2
```

merge函数还提供了用于指定合并方法的how参数。我们将how参数中允许指定的选项总结在表5.1中。

表5.1　how参数的选项一览表

选　项	内　容
left	只使用第一个参数（left）的DataFrame对象的键值。键值的顺序不变
right	只使用第二个参数（right）的DataFrame对象的键值。键值的顺序不变
outer	外部结合，两个DataFrame对象的键值的并集。键值按字典的顺序进行排列
inner	默认值。内部结合，两个DataFrame对象的键值的交集。键值按字典的顺序进行排列

为了对how参数的操作进行确认，下面将使用append方法分别为DataFrame对象leftdf和rightdf添加新的行（程序清单5.36）。

程序清单 5.36　append 方法

In

```
ser1 = pd.Series(['a3','b3','left_3'],index=['a','b','key'])
leftdf = leftdf.append(ser1, ignore_index=True)
leftdf
```

Out

```
     a    b       key
-------------------
0   a0   b0        k0
1   a1   b1        k1
2   a2   b2        k2
3   a3   b3   left_k3
```

In

```
ser2 = pd.Series(['c3','d3','right_3'],➡
index=['c','d','key'])
rightdf = rightdf.append(ser2, ignore_index=True)
rightdf
```

Out

```
     c    d        key
--------------------
0   c0   d0         k0
1   c1   d1         k1
2   c2   d2         k2
3   c3   d3   right_k3
```

下面将在how参数中指定不同的值对合并后的DataFrame对象进行确认。how参数的默认值inner会返回将内部合并后的DataFrame对象。只有那些在各DataFrame对象中列key的值重合的部分会被合并（程序清单5.37）。

程序清单 5.37　merge 函数的 how 参数（inner）

In

```
pd.merge(leftdf, rightdf, on=['key'], how='inner')
```

Out

```
    a   b  key   c   d
----------------------
0  a0  b0   k0  c0  d0
1  a1  b1   k1  c1  d1
2  a2  b2   k2  c2  d2
```

outer会返回外部合并后的DataFrame对象。在DataFrame对象的列key不重合的位置上会自动代入NaN（程序清单5.38）。

程序清单 5.38　merge 函数的 how 参数（outer）

In

```
pd.merge(leftdf, rightdf, on=['key'], how='outer')
```

Out

```
     a    b       key    c    d
--------------------------------
0   a0   b0        k0   c0   d0
1   a1   b1        k1   c1   d1
2   a2   b2        k2   c2   d2
3   a3   b3   left_k3  NaN  NaN
4  NaN  NaN  right_k3   c3   d3
```

允许在how参数中指定的left和right会使用各自DataFrame对象的键值，DataFrame对象中没有包含的键值会代入NaN。查看合并后DataFrame对象的列key，可以看到其中包含了与how参数中指定的值相对应的left_k3和right_k3（程序清单5.39）。

程序清单 5.39　merge 函数的 how 参数（left 和 right）

In

```
pd.merge(leftdf, rightdf, on=['key'], how='left')
```

Out

```
    a   b      key   c   d
---------------------------
```

```
0  a0  b0         k0   c0   d0
1  a1  b1         k1   c1   d1
2  a2  b2         k2   c2   d2
3  a3  b3  left_k3  NaN  NaN
```

In

```
pd.merge(leftdf, rightdf, on=['key'], how='right')
```

Out

```
      a     b        key    c    d
------------------------------
0    a0    b0         k0   c0   d0
1    a1    b1         k1   c1   d1
2    a2    b2         k2   c2   d2
3   NaN   NaN   right_k3   c3   d3
```

我们还可以同时使用多个键值进行合并操作。下面将创建leftdf和rightdf的DataFrame对象副本，并分别添加列key2。然后，使用列表在on参数中指定列key和key2进行内部合并（inner）（程序清单5.40）。

程序清单 5.40　使用多个键值的合并

In

```
left2 = leftdf.copy()
left2['key2'] = ['k20','k21','k22','k23']
left2
```

Out

```
     a    b       key   key2
-------------------------
0  a0   b0        k0    k20
1  a1   b1        k1    k21
2  a2   b2        k2    k22
3  a3   b3   left_k3    k23
```

In

```
right2 = rightdf.copy()
right2['key2'] = ['k20','k21','k21','k22']
right2
```

Out

	c	d	key	key2
0	c0	d0	k0	k20
1	c1	d1	k1	k21
2	c2	d2	k2	k21
3	c3	d3	right_k3	k22

In

```
pd.merge(left2,right2, on=['key','key2'], how='inner')
```

Out

	a	b	key	key2	c	d
0	a0	b0	k0	k20	c0	d0
1	a1	b1	k1	k21	c1	d1

使用merge函数将特定列的值作为键值使用时，原始DataFrame对象的索引标签会被忽略。下面将使用left2和right2的DataFrame对象中的index属性，分配字符串的索引标签并进行合并操作。从下列结果可以看到，程序忽略了原始DataFrame对象的索引标签，自动分配了新的从0开始、公差为1的等差数列（程序清单5.41）。

程序清单 5.41　merge 函数与索引标签

In

```
left2.index = ['あ','い','う','え']
right2.index = ['か','き','く','け']
pd.merge(left2, right2, on=['key','key2'], how='outer')
```

Out

```
     a    b        key  key2    c    d
-------------------------------------
0   a0   b0         k0   k20   c0   d0
1   a1   b1         k1   k21   c1   d1
2   a2   b2         k2   k22  NaN  NaN
3   a3   b3    left_k3   k23  NaN  NaN
4  NaN  NaN         k2   k21   c2   d2
5  NaN  NaN   right_k3   k22   c3   d3
```

使用索引进行合并

merge函数还允许将索引标签作为键值对两个DataFrame对象进行合并操作。将索引标签作为键值时，需要使用left_index参数和right_index参数。两个参数的默认值都是None。

下面将创建DataFrame对象leftdf和rightdf的副本，并将列key的值作为索引标签进行分配，将各个索引标签作为键值进行合并。由于不需要列key，因此使用dro方法将其从DataFrame对象中删除（程序清单5.42）。

程序清单 5.42 将列 key 变更为索引标签

In

```
left2 = leftdf.copy()
left2.index = left2['key']
left2.drop('key',axis=1,inplace=True)
left2
```

Out

```
          a   b
    key
---------------
     k0  a0  b0
     k1  a1  b1
     k2  a2  b2
left_k3  a3  b3
```

In

```
right2 = rightdf.copy()
right2.index = right2['key']
right2.drop('key',axis=1,inplace=True)
right2
```

Out

```
            c   d
     key
----------------
      k0   c0  d0
      k1   c1  d1
      k2   c2  d2
right_k3   c3  d3
```

将各个DataFrame对象的索引标签作为键值时，需要将left_index参数和right_index参数指定为True。下面将尝试进行外部合并（outer），索引标签不重合位置上的元素会被代入NaN（程序清单5.43）。

程序清单 5.43 merge 函数的 left_index 参数和 right_index 参数

In

```
pd.merge(left2, right2, left_index=True, right_index=➡
True, how='outer')
```

Out

```
            a    b    c    d
     key
----------------------------
      k0   a0   b0   c0   d0
      k1   a1   b1   c1   d1
      k2   a2   b2   c2   d2
 left_k3   a3   b3  NaN  NaN
right_k3  NaN  NaN   c3   d3
```

从上述结果可以看到，将列作为键值使用时，合并后的DataFrame对象被重新分配了索引标签。将索引作为键值使用时，原始DataFrame

对象的索引标签会被继承。

也可以将索引标签和列作为键值进行指定。下面将根据left2的索引标签和rightdf的列key进行合并操作（程序清单5.44）。

程序清单 5.44　基于索引标签和列进行合并

In

```
pd.merge(left2, rightdf, left_index=True, right_on='key', ➡
how='outer')
```

Out

	a	b	c	d	key
0	a0	b0	c0	d0	k0
1	a1	b1	c1	d1	k1
2	a2	b2	c2	d2	k2
3	a3	b3	NaN	NaN	left_k3
3	NaN	NaN	c3	d3	right_k3

类似程序清单5.43那样，在将两个DataFrame对象的索引标签作为键值使用的情况中，可以使用DataFrame类的join方法实现。join方法中也提供了how参数，可以指定与merge函数相同的值。下面将根据DataFrame对象left2和right2的索引标签，使用join方法实现外部合并（outer）（程序清单5.45）。

程序清单 5.45　DataFrame 类的 join 方法

In

```
left2.join(right2, how='outer')
```

Out

	a	b	c	d
key				
k0	a0	b0	c0	d0
k1	a1	b1	c1	d1
k2	a2	b2	c2	d2

1 2 3 4 5 6 7 8 9 数据变形

```
 left_k3   a3   b3  NaN  NaN
right_k3  NaN  NaN   c3   d3
```

重复键值的处理

使用merge函数对两个DataFrame对象进行合并时，有时作为键值使用的列值会存在重复的情况。下面将对包含重复键值时的操作进行确认。创建DataFrame对象leftdf和rightdf的第0行～第1行的副本，将列key的值变更为重复的值k0（程序清单5.46）。

程序清单 5.46　DataFrame 对象的创建

In

```
right2 = rightdf[0:2].copy()
right2['key'] = 'k0'
right2
```

Out

```
    c   d  key
--------------
0  c0  d0   k0
1  c1  d1   k0
```

In

```
left2 = leftdf[0:2].copy()
left2['key'] = 'k0'
left2
```

Out

```
    a   b  key
--------------
0  a0  b0   k0
1  a1  b1   k0
```

left2和right2的列key的值都是k0。下面将在on参数中指定列key进行合并。当键值重复时，会返回包含两个DataFrame对象中重复部分的所有组合形式的DataFrame对象。right2的列key中包含两个k0，left2中也包含两个k0。合并后将返回包含4行数据的DataFrame对象（程序清单5.47）。

程序清单 5.47　包含重复键值的 DataFrame 对象的合并

In

```
pd.merge(left2,right2, on='key')
```

Out

```
    a   b  key   c   d
----------------------
0  a0  b0   k0  c0  d0
1  a0  b0   k0  c1  d1
2  a1  b1   k0  c0  d0
3  a1  b1   k0  c1  d1
```

对包含重复键值的DataFrame对象进行合并时，需要特别谨慎地进行操作。使用merge函数的validate参数可以明确地对重复键值的处理进行指定。one_to_one可以对需要合并的DataFrame对象的键值是否为“一对一”进行确认，如果不是“一对一”，则会返回MergeError。由于left2和right2的键是“多对多”，因此在validate参数中指定one_to_one，程序不会进行合并处理，而是会出现MergeError警告（程序清单5.48）。

程序清单 5.48　merge 函数的 validate 参数（one_to_one）

In

```
pd.merge(left2,right2, on='key', validate='one_to_one')
```

Out

```
（…略…）
MergeError: Merge keys are not unique in either left or➡
 right dataset;
not a one-to-one merge
```

如果在validate参数中指定many_to_many（多对多），就可以明确地进行多对多的合并处理(程序清单5.49)。

程序清单 5.49　merge 函数的 validate 参数（many_to_many）

In

```
pd.merge(left2,right2, on='key', validate='many_to_many')
```

Out

	a	b	key	c	d
0	a0	b0	k0	c0	d0
1	a0	b0	k0	c1	d1
2	a1	b1	k0	c0	d0
3	a1	b1	k0	c1	d1

当“一对多”时可以指定one_to_many，而当DataFrame对象的右边和左边是相反的“多对一”时，可以指定many_to_one。validate参数的默认值为None。合并操作时，如果存在重复键值，可以通过灵活使用validate参数避免错误的产生。

重复的列标签

需要合并的DataFrame对象中包含重复的列标签的情况也并不少见。下面将确认这种情况下merge函数会进行怎样的处理。

将DataFrame对象rightdf和leftdf的列标签重复并进行合并操作(程序清单5.50)。列标签重复的位置会在列标签的字尾附带“_x”和“_y”。从下列结果可以看到，左边(leftdf)的DataFrame对象中包含“_x”的列标签；右边(rightdf)的DataFrame对象中包含“_y”的列标签。

程序清单 5.50　包含重复列标签的 DataFrame 对象的合并

In

```
rightdf.columns = leftdf.columns
pd.merge(leftdf, rightdf, on='key')
```

Out

```
     a_x   b_x   key   a_y   b_y
--------------------------
 0    a0    b0    k0    c0    d0
 1    a1    b1    k1    c1    d1
 2    a2    b2    k2    c2    d2
```

虽然可以辨别出合并前的列标签是属于哪一个DataFrame对象，但是如果存在非常多重复的列时，却是很难辨别的。这种情况下，可以在suffixes参数中指定重复列标签附带的后缀。按照左DataFrame、右DataFrame的顺序进行指定。下面将对suffixes参数进行指定并执行合并操作（程序清单5.51）。

程序清单 5.51 merge 函数的 suffixes 参数

In

```
pd.merge(leftdf, rightdf, on='key', suffixes=['_左','_➡
右'])
```

Out

```
     a_左   b_左   key   a_右   b_右
-----------------------------
 0    a0    b0    k0    c0    d0
 1    a1    b1    k1    c1    d1
 2    a2    b2    k2    c2    d2
```

concat函数和merge函数都是在数据的预处理与分析任务中极其常用的函数，尤其在进行大型数据的连接或合并处理时需要格外注意。建议读者牢记每个函数的基本操作方法。

5.3 其他的数据变形

现实中的数据往往是通过采集各种格式的数据整合而成的。作为机器学习的数据预处理之一，经常需要将给定的数据变形为适合建模的格式。在本节中，将使用pandas对数据变形的具体操作方法进行讲解。

5.3.1 随机抽样

在处理大型数据时，由于对所有的数据进行检查是非常困难的，因此有时会将一部分数据提取出来进行处理。head方法和tail方法是处理开头和末尾的数据时非常有效的类方法。而sample方法则可以从整体数据中随机提取*n*个样本数据。

下面将使用NumPy数组的random模块生成16个随机整数，并将其保存到4行4列的DataFrame对象中（程序清单5.52）。

程序清单 5.52　DataFrame 对象的创建

In

```
np.random.seed(seed=1)
val = np.random.randint(0,100,size=16).reshape(4, 4)
df = pd.DataFrame(val, index=list('efgh'),
columns=list('abcd'))
df
```

Out

	a	b	c	d
e	37	12	72	9
f	75	5	79	64
g	16	1	76	71
h	6	25	50	20

DataFrame类和Series类中都提供了sample方法的实现方法。下面将使用Series类的sample方法在第一个参数n中指定需要抽样的数据数

量3，引用DataFrame对象df的列a，随机提取3个元素（程序清单5.53）。

程序清单 5.53　Series 类的 sample 方法

In

```
df['a'].sample(n=3)
```

Out

```
g    16
h     6
f    75
Name: a, dtype: int64
```

DataFrame类的sample方法默认是对行进行随机抽样操作。我们还可以在sample方法的axis参数中指定1，对列进行随机抽样操作。下面将在sample方法的参数n中指定2，并使用axis参数对行和列进行随机抽样（程序清单5.54）。

程序清单 5.54　sample 方法的 axis 参数

In

```
df.sample(n=2, axis=0)
```

Out

	a	b	c	d
e	37	12	72	9
f	75	5	79	64

In

```
df.sample(n=2, axis=1)
```

Out

	d	b
e	9	12

```
f  64   5
g  71   1
h  20  25
```

在参数n中可以指定提取数据的个数，参数frac则是按照指定的比例提取数据。在参数frac中可以指定0 ～ 1的值。如果需要从整体数据中抽取30% 的数据时，需要指定frac=0.3。使用参数frac时，将无法同时使用参数n（程序清单5.55）。

程序清单 5.55　sample 方法的 frac 参数

In

```
df.sample(frac=0.3)
```

Out

```
    a   b   c  d
----------------
e  37  12  72  9
```

sample方法会使用随机数进行抽样操作。在可选的random_state参数中指定整数，就可以使用随机种子进行抽样。当需要重现抽样时，就需要指定random_state参数。尝试重复执行程序清单5.56的代码。虽然是随机抽样，但是如果种子是相同的，那么每次都会返回同样的数据。

程序清单 5.56　sample 方法的 random_state 参数

In

```
df.sample(n=1, random_state=1)
```

Out

```
   a   b   c   d
----------------
h  6  25  50  20
```

sample方法不仅可以用于抽样，当需要对整体的数据进行随机排序时，也可以使用。在frac参数中指定1，可以返回对整体数据进行随机排序后的DataFrame对象（程序清单5.57）。在机器学习的预处理等过程中需要对整体数据进行随机排序时，使用这一方法是非常有效的。

程序清单 5.57　使用 sample 方法对整体数据进行随机排序

In

```
df.sample(frac=1, axis=0)
```

Out

```
    a   b   c   d
-----------------
e  37  12  72   9
g  16   1  76  71
h   6  25  50  20
f  75   5  79  64
```

在抽取数据时，将已经抽取过一次的数据再次作为抽取对象的方法称为放回抽样。将replace参数(初始值为False)指定为True，就可以基于放回抽样进行抽样操作。从程序清单5.58可以看到，索引标签h被提取了两次。

程序清单 5.58　sample 方法和 replacc 参数

In

```
df.sample(n=3, random_state=5, replace=True)
```

Out

```
    a   b   c   d
-----------------
h   6  25  50  20
g  16   1  76  71
h   6  25  50  20
```

5.3.2 虚拟变量

所谓虚拟变量(dummy variable)，是指对包含类似分类数据那样的不是数值数据的变量，使用0和1对其存在与否进行量化的变量。假设DataFrame对象中包含表示性别值的列，性别的列为字符串，包含F(女性)或M(男性)中的任意值。对这样的数据，用1表示为女性，用0表示为男性，使用0和1量化的变量就称为虚拟变量。将变量转换成虚拟变量的操作称为独热编码。

虚拟变量的转换是在回归分析的预处理等操作中使用频繁的任务之一。在pandas中，使用get_dummies函数可以很轻松地将变量转换成虚拟变量。在本小节中，将对使用pandas虚拟变量的操作进行详细讲解。

下面将创建包含市区街村名(cities)和都道府县名(prefs)的DataFrame对象(程序清单5.59)，对get_dummies函数的操作进行确认。

程序清单 5.59　DataFrame对象的创建

In

```
cities = ['Shibuya','Sapporo','Toyota','Shibuya','Sappo➡
ro']
prefs = ['Tokyo','Hokkaido','Aichi','Tokyo','Hokkaido']
df = pd.DataFrame({'city':cities, 'pref':prefs})
df
```

Out

	city	pref
0	Shibuya	Tokyo
1	Sapporo	Hokkaido
2	Toyota	Aichi
3	Shibuya	Tokyo
4	Sapporo	Hokkaido

在get_dummies函数的第一个参数中指定需要转换成虚拟变量的数据，可以指定数组、Series或DataFrame。下面将DataFrame对象df的

列city转换成虚拟变量。get_dummies函数会针对k个类别的原始数据，返回值为0或1的k列的DataFrame对象。由于DataFrame对象df的列city中保存了Shibuya（涩谷）、Sapporo（札幌）、Toyota（丰田）3个类别的值，因此使用get_dummies函数返回的就是一个有3列数据的DataFrame对象（程序清单5.60）。

程序清单 5.60　get_dummies 函数

In

```
pd.get_dummies(df['city'])
```

Out

	Sapporo	Shibuya	Toyota
0	0	1	0
1	1	0	0
2	0	0	1
3	0	1	0
4	1	0	0

DataFrame对象df的索引标签为0中列city的值是Shibuya。转换成虚拟变量后的索引标签0中只有Shibuya的列为1，其他值都是0。表示市区街村名的字符串的分类数据都是以0或1的形式显示的。

使用get_dummies函数的drop_first参数（初始值为False），可以人为地将转换前的一个分类数据删除。对于k个分类，返回的是列为$k-1$的DataFrame对象（程序清单5.61）。

程序清单 5.61　get_dummies 函数的 drop_first 参数

In

```
pd.get_dummies(df['city'], drop_first=True)
```

Out

	Shibuya	Toyota
0	1	0

```
1          0          0
2          0          1
3          1          0
4          0          0
```

列city中包含3个唯一的值，转换成虚拟变量后，Sapporo是不包含在列中的。转换前的DataFrame对象df的索引标签1中列city的值是Sapporo。转换成虚拟变量后的索引标签1中所有列的值都是0。也就是说，它是不属于转换成虚拟变量后的表示为列的分类（Shibuya和Toyota）中的数据。在回归模型中，如果需要将虚拟变量作为特征值使用时，有时需要特意地使用$k-1$个虚拟变量。

使用get_dummies函数指定DataFrame对象时，还可以将DataFrame对象中包含object类型的列的值转换成虚拟变量。如果原始数据包含多个列，就可以指定按“列标签_分类值”的形式分配列标签（例如，当city列的值为Sapporo时，就变成city_Sapporo）（程序清单5.62）。

程序清单 5.62　get_dummies 函数

In

```
pd.get_dummies(df)
```

Out

```
   city_Sapporo  city_Shibuya  city_Toyota  pref_Hokkaido  pref_Aichi  pref_Tokyo
---------------------------------------------------------------------------------
0        0             1            0             0             0           1
1        1             0            0             1             0           0
2        0             0            1             0             1           0
3        0             1            0             0             0           1
4        1             0            0             1             0           0
```

在程序清单5.62中，DataFrame对象df的所有列的值都是object类型的，因此返回的就是将所有的列转换成虚拟变量后的DataFrame对象。接下来，将为DataFrame对象添加包含int类型值的列sales，并在get_dummies函数中指定df对操作进行确认（程序清单5.63）。包含object类型值的列city、pref与程序清单5.62中一样会被转换成虚拟变量，而包含int类型值的列sales则会直接返回。

程序清单 5.63　get_dummies 函数

In

```
df['sales'] = [120000,80000,90000,170000,55000]
pd.get_dummies(df)
```

Out

	sales	city_Sapporo	city_Shibuya	city_Toyota	pref_Hokkaido	pref_Aichi	pref_Tokyo
0	120000	0	1	0	0	0	1
1	80000	1	0	0	1	0	0
2	90000	0	0	1	0	1	0
3	170000	0	1	0	0	0	1
4	55000	1	0	0	1	0	0

我们还可以使用columns参数只将DataFrame对象的特定列转换成虚拟变量。此外，如果指定prefix参数，转换成虚拟变量后的列标签的前缀可以转换成任意的字符串。下面将DataFrame对象df的列city转换成虚拟变量，前缀使用“c_”(程序清单5.64)。

程序清单 5.64　get_dummies 函数的 columns 参数和 prefix 参数

In

```
pd.get_dummies(df, columns=['city'], prefix='c')
```

Out

	pref	sales	c_Sapporo	c_Shibuya	c_Toyota
0	Tokyo	120000	0	1	0
1	Hokkaido	80000	1	0	0
2	Aichi	90000	0	0	1
3	Tokyo	170000	0	1	0
4	Hokkaido	55000	1	0	0

在机器学习的预处理中，还存在需要对数值数据进行分箱处理并将其作为虚拟变量处理的情况。下面将刚刚添加到DataFrame对象的列sales转换成虚拟变量。使用qcut函数(参考第4.1.6小节)将列sales的值按3个等级进行划分，并根据销售规模分别分配low、mid、high的字符串标签(程序清单5.65)。

程序清单 5.65　qcut 函数

In

```
df['label'] = pd.qcut(df['sales'], 3, labels=['low', ➡
'mid','high'])
df
```

Out

	city	pref	sales	label
0	Shibuya	Tokyo	120000	high
1	Sapporo	Hokkaido	80000	low
2	Toyota	Aichi	90000	mid
3	Shibuya	Tokyo	170000	high
4	Sapporo	Hokkaido	55000	low

使用get_dummies函数将列label转换成虚拟变量。将DataFrame对象df指定给get_dummies函数，在columns参数中使用列表指定列label（程序清单5.66）。

程序清单 5.66　get_dummies 函数

In

```
pd.get_dummies(df, columns=['label'])
```

Out

	city	pref	sales	label_low	label_mid	label_high
0	Shibuya	Tokyo	120000	0	0	1
1	Sapporo	Hokkaido	80000	1	0	0
2	Toyota	Aichi	90000	0	1	0
3	Shibuya	Tokyo	170000	0	0	1
4	Sapporo	Hokkaido	55000	1	0	0

虽然原始数据的列sales的值是数值，但是像这样进行分箱处理后，可以将其转换成虚拟变量。这一操作经常用于机器学习中的数据预处理任务中，记住这一操作可以为今后的工作提供便利。

5.3.3 长型数据和宽型数据的变形

表数据中有称为宽型（wide）和长型（long）两种格式。作为机器学习的预处理，经常会将收集的长型数据变形为宽型数据的格式。下面将在理解数据格式的基础上，使用pandas进行数据变形。

宽型数据格式的示例见表5.2。表5.2中显示的是每名员工的属性（员工姓名、出生地、年龄、性别）在横向上排列的数据格式。宽型数据在视觉上比较容易阅读。

表5.2 宽型数据格式的示例

员工姓名	出生地	年龄	性别
A	Tokyo	28	M
B	Osaka	32	F

将表5.2中的宽型数据格式转换成长型数据格式后，其结果见表5.3。宽型数据中一行表示一名员工的信息，而长型数据中一名员工的信息被分成了几行显示。每个员工的属性显示在"项目名称"列中，分别包含各项目的值。

表5.3 长型数据格式的示例

员工姓名	项目名称	值
A	出生地	Tokyo
A	年龄	28
A	性别	M
B	出生地	Osaka
B	年龄	32
B	性别	F

在Excel等表格计算软件中，通常使用宽型数据，而在MySQL等关系数据库中，多数情况下是使用长型数据进行处理。如果是长型数据格式，当需要进行项目名称的添加等操作时，就可以灵活地对应。假设需要在上述员工的数据中，将"身高"作为新的属性添加。如果是

宽型数据，就需要对表数据的定义进行变更；如果是长型数据，则无须对定义进行变更即可添加新的行。

将长型数据转换成宽型数据

下面将创建与表5.3相同的长型DataFrame对象，并使用pandas将其变形为宽型数据格式。首先创建DataFrame对象（程序清单5.67）。

程序清单 5.67 DataFrame 对象的创建

In

```
data = [
    ['A','出生地','Tokyo'],
    ['A','年龄',28],
    ['A','性别','M'],
    ['B','出生地','Osaka'],
    ['B','年龄',32],
    ['B','性别','F']

]

df_long = pd.DataFrame(data, columns=['name','attribute➡
','value'])
df_long
```

Out

	name	attribute	value
0	A	出生地	Tokyo
1	A	年龄	28
2	A	性别	M
3	B	出生地	Osaka
4	B	年龄	32
5	B	性别	F

将数据从长型格式转换成宽型格式时，使用DataFrame类的pivot方法是非常方便的。使用pivot方法可以实现对数据进行长型和宽型等数据格式的转换，转换后的数据称为数据透视表。

使用pivot方法的第一个参数index指定数据透视表中使用的索引标签，第二个参数columns是指定数据透视表中使用的列。下面如表5.2中的宽型数据格式那样，通过在索引中指定员工姓名（name），在列中指定项目名称（attribute）对数据进行转换。pivot方法可以返回将DataFrame对象转换成任意形状的数据透视表（程序清单5.68）。

程序清单 5.68　DataFrame 类的 pivot 方法

In

```
df_long.pivot(index='name', columns='attribute')
```

Out

```
          value
attribute  出生地  年龄  性别
    name
--------------------------
        A  Tokyo   28    M
        B  Osaka   32    F
```

从上述结果可以看到，长型的df_long转换成了宽型数据格式。列标签是多重索引。

也可以使用可选的values参数，对转换后的DataFrame对象的值进行指定。下面将在DataFrame对象df_long中添加包含0或1值的flag列。在values参数中指定flag，创建包含flag的值的数据透视表（程序清单5.69）。

程序清单 5.69　pivot 方法的 values 参数

In

```
df_long['flag'] = [1,1,0,0,1,1]
df_long.pivot(index='name', columns='attribute', values➡
='flag')
```

Out

```
attribute  出生地  年龄  性别
    name
--------------------------
```

```
A        1    1    0
B        0    1    1
```

pivot_table方法（参考第4.1.8小节）和pivot方法是很容易混淆的，使用时需要注意。由于pivot_table方法是用于统计数值数据的，因此即使DataFrame对象中包含重复的索引或列，也可以进行统计并返回数据透视表。如果使用pivot方法，当存在重复的索引和列时，则会出现ValueError警告。

将宽型数据转换成长型数据

接下来，将宽型数据转换成长型数据。在转换成长型数据时，使用DataFrame类的melt方法是非常方便的。melt方法是在pandas 0.20.0版本中新增的类方法。

下面将创建宽型数据格式的DataFrame对象（程序清单5.70）。从下列结果可以看到，创建了与表5.2相同的宽型数据格式的DataFrame对象。

程序清单 5.70 DataFrame 对象的创建

In

```
data = [
    ['A','Tokyo',28,'M'],
    ['B','Osaka',32,'F'],
]

df_wide = pd.DataFrame(data, columns=['name','出生地',➡
'年龄','性别'])
df_wide
```

Out

	name	出生地	年龄	性别
0	A	Tokyo	28	M
1	B	Osaka	32	F

在melt方法的第一个参数id_vars中指定包含可识别值的列。基于参数id_vars中指定列的值，将其他的列标签扩展为列variable，将该列

的值扩展为列value。用文字表达可能会有些复杂，直接参考下面实际的处理会更加容易理解（程序清单5.71）。

程序清单 5.71　DataFrame 类的 melt 方法

In

```
df_wide.melt(id_vars='name')
```

Out

	name	variable	value
0	A	出生地	Tokyo
1	B	出生地	Osaka
2	A	年龄	28
3	B	年龄	32
4	A	性别	M
5	B	性别	F

对使用melt方法扩展后的DataFrame对象中variable和value的列标签也可以使用字符串进行指定。下面将在var_name参数中指定variable，在value_name参数中指定value（程序清单5.72）。

程序清单 5.72　melt 方法的 var_name 参数和 value_name 参数

In

```
df_wide.melt(id_vars='name', var_name='项目名称', value_na➡
me='值')
```

Out

	name	项目名称	值
0	A	出生地	Tokyo
1	B	出生地	Osaka
2	A	年龄	28
3	B	年龄	32
4	A	性别	M
5	B	性别	F

使用value_vars参数可以对扩展后的DataFrame对象中包含的值进行指定，还可以使用列表对多个列进行指定。下面基于DataFrame对象df_wide的name，将其变形成仅包含出生地和年龄的长型DataFrame对象（程序清单5.73）。

程序清单 5.73　melt 方法的 value_vars 参数

In

```
df_wide.melt(id_vars='name', value_vars=['出生地','年龄'])
```

Out

	name	variable	value
0	A	出生地	Tokyo
1	B	出生地	Osaka
2	A	年龄	28
3	B	年龄	32

作为参考，除了DataFrame类的melt方法，pandas还提供了melt函数。虽然操作方法是相同的，但是需要显式地将DataFrame对象传递给第一个参数（程序清单5.74）。

程序清单 5.74　melt 函数

In

```
pd.melt(df_wide, id_vars='name')
```

Out

	name	variable	value
0	A	出生地	Tokyo
1	B	出生地	Osaka
2	A	年龄	28
3	B	年龄	32
4	A	性别	M
5	B	性别	F

在数据的预处理阶段，通常需要将数据变形成各种不同的格式。特别是虚拟变量，在机器学习的数据预处理中使用是非常频繁的。建议读者掌握如何使用pandas，根据需要执行的处理，正确且高效地实现数据的变形操作。

第6章 缺失值、离群值和重复数据

在机器学习的数据预处理阶段，经常需要对包含缺失值、离群值及重复数据的数据进行确认和必要的加工。在本章中，将使用pandas对具有这些特性的数据进行提取，并对基本的处理方法进行讲解。

注 意 事 项

导入第6章中需要使用的软件库

在执行本章的示例程序前，先执行下列代码。

程序清单 需要提前执行的代码

In

```
import pandas as pd
import numpy as np
import matplotlib.pyplot as plt
```

6.1 缺失值

在机器学习的数据预处理阶段，对于缺失值的处理是最为重要的任务之一。在本节中，将对pandas的缺失值处理规范、缺失值的删除及置换等操作进行讲解。

6.1.1 pandas与缺失数据

每种编程语言，甚至是同一种语言使用的不同软件库对缺失数据的处理方法在细节上都是有区别的。在本小节中，将对pandas中如何处理缺失数据的问题进行详细讲解。

所谓缺失数据，是指数据中的某些数据由于某些原因存在缺少的部分。现实中的数据通常都是包含缺失值的。例如，工厂的传感器数据，如果由于传感器的故障导致不能进行检测时，就会出现缺失值。

在pandas中缺失值的默认值使用NaN。NaN是Not a Number的简称。还有Python的内置常数None也是作为缺失值处理的。NaN对象可以使用NumPy数组的常数numpy.nan生成。下面将创建包含NaN和None的DataFrame对象，并使用DataFrame类的isna方法对缺失值进行判断（程序清单6.1）。由于NaN和None都是作为缺失值处理的，因此存在缺失值的位置会返回True。

程序清单 6.1　DataFrame 类的 isna 方法

In

```
df = pd.DataFrame([[0,np.nan,2],[None,4,5]], columns=➡
list('abc'))
df.isna()
```

Out

```
       a      b      c
----------------------
0  False   True  False
1   True  False  False
```

Python的浮点数中包含表示无穷大的inf。pandas默认不会将正的inf和负的inf作为缺失值处理，但是允许对设置进行变更。

inf对象可以使用Python的内置函数float生成，使用NumPy数组的常数numpy.inf也可以生成。下面将DataFrame对象df复制到df2中，并添加inf和–inf。

pandas中提供了可以对各种设置进行变更的pd.options属性。其中，pd.options.mode.use_inf_as_na是一个对是否将inf或–inf作为缺失值处理进行控制的设置项目。由于默认值为False，因此inf和–inf是无法作为缺失值处理的。下面将默认值变更为True，并对代码的执行结果进行确认（程序清单6.2）。

程序清单 6.2　pandas 中 inf、–inf 的处理

In

```
df2 = df.copy()
df2.loc[1, 'a'] = float('inf')
df2.loc[0, 'b'] = -np.inf
df2
```

Out

	a	b	c
0	0.000000	-inf	2
1	inf	4.000000	5

In

```
print(pd.options.mode.use_inf_as_na)
df2.isna()
```

Out

```
False
```

	a	b	c
0	False	False	False
1	False	False	False

In

```
pd.options.mode.use_inf_as_na = True
df2.isna()
```

Out

```
         a       b       c
------------------------
0  False   True  False
1   True  False  False
```

处理缺失值时，有一些需要注意的地方。在Python和NumPy中，使用运算符“==”进行比较时，NaN不是True，但None会是True（程序清单6.3）。

程序清单 6.3 np.nan 和 None

In

```
print(np.nan == np.nan)
print(None == None)
```

Out

```
False
True
```

在pandas中，None也会作为NaN处理，且NaN != NaN。也就是说，使用运算符“==”是无法将NaN从DataFrame对象或Series对象中提取出来的，需要多注意。虽然这里的DataFrame对象df中包含缺失值NaN，但是即使指定df==np.nan，也会将所有元素作为False返回（程序清单6.4）。

程序清单 6.4 np.nan 的判断

In

```
df == np.nan
```

Out

```
       a      b      c
----------------------
0  False  False  False
1  False  False  False
```

pandas中包含处理时间序列数据的datetime64类型，将datetime64类型的缺失值写成NaT。pandas的对象可以兼容NaN和NaT。下面将使用pandas的Timestamp类，将datetime64类型的值添加到DataFrame对象df中，并对缺失值进行处理(程序清单6.5)。

程序清单 6.5 pandas 中对 NaT 的处理

In

```
df['b'] = pd.Timestamp('20190101')
df.iloc[0, 1] = np.nan
df
```

Out

```
     a           b  c
---------------------
0  0.0         NaT  2
1  NaN  2019-01-01  5
```

从上述结果可以看到，将NaN已添加到包含datetime64类型的列b中，显示的是NaT。NaN和NaT都表示缺失值。

包含数值的Series对象或列，通常都会变成NaN。下面将创建包含数值、NaN及None值的Series对象。虽然指定None创建了Series对象，但由于是包含数值的Series对象，因此None会变成NaN(程序清单6.6)。

程序清单 6.6 包含数值类型值的处理

In

```
ser = pd.Series([1,2,np.nan,None])
ser
```

Out

```
0    1.0
1    2.0
2    NaN
3    NaN
dtype: float64
```

而包含object类型值的Series对象或列，则可以直接使用分配的值。下面将创建包含字符串、NaN、None的Series对象，并对其内容进行确认（程序清单6.7）。

程序清单 6.7　包含 object 类型值的 Series 对象和 None 的处理

In

```
ser = pd.Series(['a','b',np.nan,None])
ser
```

Out

```
0       a
1       b
2     NaN
3    None
dtype: object
```

> **注意事项**
>
> **关于包含NaN的列和Series对象的数据类型**
>
> 由于pandas内部有对NaN的处理方式，因此，包含NaN的DataFrame对象的列或Series对象的数据类型可能会被转换。例如，在包含int类型值的DataFrame对象的列中添加新的NaN时，int类型值会被转换成float类型。

在处理包含缺失值的对象的运算中，也有一些需要注意的规范。对于包含NaN的算术运算，NaN会传播。由于NaN会传播，因此即使值中只包含一个NaN，其运算结果也会是NaN。DataFrame对象df的列a中索引标签1的元素就是NaN(程序清单6.8)。而列b中索引标签1的元素则是4.0。将列a与列b相加，由于索引标签1的列a中的NaN会传播，因此结果就是NaN。

程序清单 6.8　包含 NaN 的运算结果

In

```
df = pd.DataFrame([[1,2],[np.nan,4],[np.nan,np.nan]], ➡
columns=['a','b'])
df
```

Out

```
     a    b
-----------
0  1.0  2.0
1  NaN  4.0
2  NaN  NaN
```

In

```
df['a'] + df['b']
```

Out

```
0     3.0
1     NaN
2     NaN
dtype: float64
```

进行算术运算的DataFrame（或Series）对象的很多方法中都提供了可以定义缺失值处理的参数（如skipna参数等）。接下来，将通过实际的执行处理，确认在处理包含缺失值的数据时，缺失值是以怎样的方式被处理的。

6.1.2　缺失值的确认

pandas中提供了多个在数据中搜索缺失值的方法。在本小节中，将对从pandas的对象中查找缺失值的方法进行详细讲解。

从DataFrame对象中查找缺失值时，可以使用isna方法或isna函数。使用这些方法和函数得到的都是对DataFrame对象中包含缺失值的位置返回True，其他位置则是返回False的DataFrame对象。下面将创建包含缺失值的DataFrame并对操作进行确认。此外，还存在执行与isna方法相同处理的isnull方法和isnull函数。从下列结果可以看到，isna方法和isnull函数返回的是同样的结果（程序清单6.9）。

程序清单 6.9　isna 方法和 isna 函数

In

```
val = np.arange(0,9).reshape(3, 3)
df = pd.DataFrame(val, columns=list('abc'))
df.loc[0, 'a'], df.loc[1, 'b'] = np.nan, np.nan
df.isna
```

Out

	a	b	c
0	True	False	False
1	False	True	False
2	False	False	False

In

```
pd.isnull(df)
```

Out

	a	b	c
0	True	False	False
1	False	True	False
2	False	False	False

isna方法会对缺失值的位置返回True，其他位置返回False。执行与isna方法相反处理的是notna方法。这一类方法会对缺失值的位置返回False，其他位置则返回True（程序清单6.10）。

程序清单 6.10　DataFrame 类的 notna 方法

In

```
df.notna
```

Out

```
        a      b     c
---------------------
0  False   True  True
1   True  False  True
2   True   True  True
```

Series类中也提供了isna方法和notna方法。下面将引用DataFrame对象df的列a，对这两个方法的实现进行确认（程序清单6.11）。

程序清单 6.11　Series 类的 isna 方法和 notna 方法

In

```
df['a'].isna
```

Out

```
0     True
1    False
2    False
Name: a, dtype: bool
```

In

```
df['a'].notna
```

Out

```
0    False
1     True
2     True
Name: a, dtype: bool
```

DataFrame对象和Series对象可以使用bool类型的值和方括号（[ ]）对数据进行引用。下面将使用Series类的isna方法，对DataFrame对象中包含特定列缺失值的行进行提取（程序清单6.12）。如果以同样的方式使用notna方法，则可以提取除缺失值外的元素。

程序清单 6.12　基于 isna 方法和 notna 方法的引用

In

```
df[df['a'].isna()]
```

Out

```
     a    b  c
--------------
0  NaN  1.0  2
```

In

```
df[df['a'].notna()]
```

Out

```
     a    b  c
--------------
1  3.0  NaN  5
2  6.0  7.0  8
```

此外，也存在索引标签中包含缺失值的情况。因此，pandas的Index对象中也提供了isna方法和notna方法。使用Index对象的isna方法和notna方法返回的是包含bool类型值的数组。下面将为DataFrame对象df的索引标签添加缺失值，并对操作进行确认（程序清单6.13）。

程序清单 6.13　Index 对象的 isna 方法和 notna 方法

In

```
df.index = [0,np.nan,2]
print(df.index.isna())
print(df.index.notna())
```

Out

```
[False  True False]
[ True False  True]
```

在前面的内容中已经讲解过，使用运算符"=="是无法正确找出缺失值NaN的。虽然DataFrame对象df中包含两个缺失值，如程序清单6.14所示，结果中返回的所有元素都是False，即程序判断的结果是不存在NaN。虽然这是较为细枝末节的问题，但是要正确处理缺失值，这是非常重要的知识，建议牢记。

程序清单 6.14　使用运算符"=="判断缺失值

In

```
df == np.nan
```

Out

```
          a      b      c
-------------------------
0.0   False  False  False
NaN   False  False  False
2.0   False  False  False
```

6.1.3　缺失值的删除

在很多情况下，机器学习使用的训练数据中是不允许包含缺失值的。因此，在开始训练模型前，必须对训练数据中的缺失值进行处理。虽然存在各种各样对缺失值的处理方法，但是没有哪一种是通用的、正确的处理方法。因此，需要根据所需处理数据的特性或目的决定使用哪种方法处理缺失值。

在本小节中，将对使用pandas从数据中删除缺失值的方法进行详细讲解。

DataFrame类和Series类都提供了将缺失值从数据中删除的dropna方法。下面将创建包含缺失值的DataFrame对象，并使用dropna方法将缺失值删除。dropna方法中提供了axis参数（默认值为0）。指定axis=0，在行方向上查找缺失值，如果包含缺失值就将行（index）从DataFrame对象中删除；指定axis=1，在列方向上进行查找，将包含缺失值的列（columns）删除。在axis参数中可以指定index(axis=0）或

columns(axis=1)的字符串。下面将创建包含缺失值的DataFrame对象对axis参数的操作进行确认（程序清单6.15）。指定axis=0，将包含NaN的索引标签d和e的行删除，dropna方法只返回索引标签f的行。指定axis=1，也是以同样的方式只返回不包含NaN的列标签c的列。

程序清单 6.15　DataFrame 类的 dropna 方法

In

```
val = np.arange(0,9).reshape(3, 3)
df = pd.DataFrame(val, index=list('def'),
columns=list('abc'))
df.loc['d', 'a'], df.loc['e', 'b'] = np.nan, np.nan
df
```

Out

	a	b	c
d	NaN	1.0	2
e	3.0	NaN	5
f	6.0	7.0	8

In

```
df.dropna(axis=0)
```

Out

	a	b	c
f	6.0	7.0	8

In

```
df.dropna(axis=1)
```

Out

	c
d	2

```
e  5
f  8
```

在how参数中可以指定以怎样的方式删除缺失值。其中提供了两种方法：any是在axis参数中指定的坐标轴方向上哪怕只包含一个缺失值也会删除；all则是在指定的坐标轴方向上的所有元素为缺失值时删除。

下面将创建DataFrame对象df的副本，并将列a全部变更为缺失值，对how参数的指定进行确认（程序清单6.16）。从下列结果可以看到，any是返回未包含缺失值的列c；all则是将所有元素为缺失值的列a删除，并返回其余的列。

程序清单 6.16　dropna 方法的 how 参数

In

```
df2 = df.copy()
df2['a'] = np.nan
df2.dropna(axis=1, how='any')
```

Out

```
   c
----
d  2
e  5
f  8
```

In

```
df2.dropna(axis=1, how='all')
```

Out

```
     b  c
---------
d  1.0  2
e  NaN  5
f  7.0  8
```

与how参数类似的还有thresh参数。thresh参数可以指定整数n，当存在n个以上不是缺失值的元素时，就可以将其从删除的对象中排除。下面将分别向对象df2的列b和列c中添加缺失值，并在thresh参数中指定不同的值（程序清单6.17）。由于指定的是axis=1，因此就是在列方向上查找缺失值。当指定thresh=1时，由于列a的所有元素都是缺失值，因此就是返回其余的列b和列c。如果指定thresh=2，则只将列c返回。

程序清单 6.17　dropna 方法的 thresh 参数

In

```
df2.loc['d','b'] = np.nan
df2.loc['d','c'] = np.nan
df2
```

Out

```
     a    b    c
----------------
d  NaN  NaN  NaN
e  NaN  NaN  5.0
f  NaN  7.0  8.0
```

In

```
df2.dropna(axis=1, thresh=1)
```

Out

```
     b    c
-----------
d  NaN  NaN
e  NaN  5.0
f  7.0  8.0
```

In

```
df2.dropna(axis=1, thresh=2)
```

Out

```
     c
------
```

```
d  NaN
e  5.0
f  8.0
```

subset参数可以对与axis参数指定的坐标轴方向相反的坐标轴标签进行指定，并将缺失值删除。DataFrame对象df的列b中第e行是缺失值。

如果指定axis=1，就可以将包含缺失值的列a和列b删除，只返回列c；如果指定axis=1，且指定subset=['e']，就可以将DataFrame对象df的第e行中包含缺失值的列删除（程序清单6.18）。也就是说，只有d行包含缺失值的列a，在这种情况下是会被删除的。

程序清单 6.18　dropna 方法的 subset 参数

In

```
df.dropna(axis=1,subset=['e'])
```

Out

```
     a  c
---------
d  NaN  2
e  3.0  5
f  6.0  8
```

我们还可以在subset参数中指定多个标签。如果指定axis=1，并在subset参数中指定d和f，就可以将第d行和第f行包含缺失值的列删除（程序清单6.19）。也就是说，只删除列a，返回包含列b和列c的DataFrame对象。

程序清单 6.19　dropna 方法的 subset 参数（多个标签）

In

```
df.dropna(axis=1, subset=['d','f'])
```

Out

```
     b  c
---------
```

```
d  1.0  2
e  NaN  5
f  7.0  8
```

dropna方法可以将根据参数指定的方法删除缺失值后的DataFrame对象返回。使用inplace参数（默认值为False），可以直接对DataFrame对象的内容进行修改（程序清单6.20）。

程序清单 6.20　dropna 方法的 inplace 参数

In

```
df.dropna(axis=1, subset=['e','f'], inplace=True)
```

In

```
df
```

Out

```
     a  c
---------
d  NaN  2
e  3.0  5
f  6.0  8
```

Series类中也提供了dropna方法。虽然Series类的dropna方法也提供了axis参数，但由于Series类是不包含列的，因此无法使用axis参数。Series类的dropna方法会返回删除缺失值后的Series对象（程序清单6.21）。

程序清单 6.21　Series 类的 dropna 方法

In

```
ser = pd.Series([0,None,2,np.nan])
ser.dropna()
```

Out

```
0    0.0
2    2.0
dtype: float64
```

6.1.4 缺失值的置换

在整体数据中，如果缺失值所占的比例较大时，最好的处理方法通常是将列或行删除；如果缺失值所占的比例较小时，通常是将缺失值置换成其他的值。下面将使用pandas对缺失值的置换操作进行讲解。

fillna方法

在DataFrame对象和Series对象中对缺失值进行置换时，使用fillna方法是非常方便的。fillna方法可以灵活地对缺失值进行置换处理。下面将创建包含缺失值的DataFrame对象，并使用fillna方法对操作进行确认。fillna方法会在DataFrame对象中查找缺失值，将其置换为第一个参数value中指定的值，并将置换缺失值后的DataFrame对象返回。下面将在value参数中指定0，对列a和列b的缺失值进行置换（程序清单6.22）。

程序清单 6.22　DataFrame 类的 fillna 方法

In

```
val = np.arange(0,9).reshape(3, 3)
df = pd.DataFrame(val, index=list('def'), columns=list➡
('abc'))
df.loc['d', 'a'], df.loc['e', 'b'] = np.nan, np.nan
df.fillna(value=0)
```

Out

	a	b	c
d	0.0	1.0	2
e	3.0	0.0	5
f	6.0	7.0	8

value参数还可以指定字典。如果指定的是字典，就可以指定使用键值进行置换的列标签。下面将生成对应列a ~ c的字典，并使用fillna方法进行置换（程序清单6.23）。从下列结果可以看到，列a和列b的缺失值已经被置换成字典filling中对应的值。由于列c中没有缺失值，因此不会进行置换操作。

程序清单 6.23　fillna 方法的 value 参数

In

```
filling = {'a':100, 'b':200, 'c':300}
df.fillna(value=filling)
```

Out

```
       a      b  c
------------------
d  100.0    1.0  2
e    3.0  200.0  5
f    6.0    7.0  8
```

在value参数中已经指定了用于置换缺失值的值。fillna方法的method参数（默认值为None）可以将DataFrame对象中其他元素的值作为缺失值的置换值使用，可以使用bfill（与backfill相同）和ffill（与pad相同）这两种方法。

bfill方法可以使用位于缺失值后面的有效元素进行置换操作。fillna方法中提供了axis参数，按照axis参数指定的坐标轴方向进行置换。下面将指定axis=0，在行方向上使用bfill方法进行置换（程序清单6.24）。从下列结果可以看到，列a的第d行的缺失值中代入了在索引方向上位于缺失值后面的有效值3.0。同样地，列b的缺失值位置也被置换成了7.0。

程序清单 6.24　fillna 方法和 method 参数（bfill）

In

```
df.fillna(method='bfill',axis=0)
```

Out

```
     a    b  c
--------------
d  3.0  1.0  2
e  3.0  7.0  5
f  6.0  7.0  8
```

接下来，在method参数中依旧指定bfill方法，将axis参数变更为1，并对执行结果进行确认。由于axis=1为列方向，因此列a的第d行的缺失值就是代入列b的第d行中的值1.0。列b中第e行的缺失值也是以同样的方式进行置换的（程序清单6.25）。

程序清单 6.25　fillna 方法和 method 参数（bfill）

In

```
df.fillna(method='bfill',axis=1)
```

Out

```
      a    b    c
-----------------
d   1.0  1.0  2.0
e   3.0  5.0  5.0
f   6.0  7.0  8.0
```

如果在method参数指定了ffill，就是使用位于缺失值前面的有效元素进行置换操作。下面将指定axis=0执行代码（程序清单6.26）。由于列a的第d行中缺失值的前面没有元素，因此使用ffill方法也无法进行置换。而列b的第e行中缺失值则代入了列b的第d行的值。

程序清单 6.26　fillna 方法和 method 参数（ffill）

In

```
df.fillna(method='ffill', axis=0)
```

Out

```
      a    b  c
---------------
d   NaN  1.0  2
e   3.0  1.0  5
f   6.0  7.0  8
```

method参数的pad可以实现与ffill方法相同的处理。backfill也与bfill方法的处理相同。虽然可以指定4个值，但实际上是两个种类的方法。

使用method参数时，配合limit参数一起使用，可以更加灵活地实现缺失值的置换处理。在limit参数中指定正的整数，将limit参数中指定的数值作为上限，对连续的缺失值进行填充。指定limit=2时，最大可以执行连续两个缺失值的置换处理，当存在3个连续的缺失值时，第3个缺失值是不会进行置换处理的。

下面将创建DataFrame对象df的副本，分别将缺失值添加到各自的列中（程序清单6.27）。

程序清单 6.27　DataFrame 对象的创建

In

```
df2 = df.copy()
df2['a'] = np.nan
df2.loc['d', 'b'] = np.nan
df2.loc['d', 'c'] = np.nan
df2
```

Out

	a	b	c
d	NaN	NaN	NaN
e	NaN	NaN	5.0
f	NaN	7.0	8.0

当method参数中指定bfill、limit参数中指定1时，就只有列c的第d行缺失值和列b的第e行缺失值会被置换。由于列b的第d ~ e行中包含两个连续的缺失值，因此只有第e行被置换了。而列a中包含3个连续的缺失值且第f行的值是不存在的，因此没有一个元素进行了置换处理（程序清单6.28）。

程序清单 6.28　fillna 方法的 limit 参数（值为 1）

In

```
df2.fillna(method='bfill', limit=1, axis=0)
```

Out

```
     a    b    c
----------------
d  NaN  NaN  5.0
e  NaN  7.0  5.0
f  NaN  7.0  8.0
```

下面将指定limit=2，并使用method参数中指定的方法对最多两个连续的缺失值进行置换（程序清单6.29）。从下列结果可以看到，列b和列c进行了置换，而列a中包含3个连续的缺失值且第3行的值是不存在的，因此元素没有被填充。

程序清单 6.29 fillna 方法的 limit 参数（值为 2）

In

```
df2.fillna(method='bfill', limit=2, axis=0)
```

Out

```
     a    b    c
----------------
d  NaN  7.0  5.0
e  NaN  7.0  5.0
f  NaN  7.0  8.0
```

fillna方法的value参数还可以指定Series对象。Series对象的索引标签是对应需要执行置换的DataFrame对象的列标签。下面将创建索引标签为a、b、c的Series对象并对其使用fillna方法（程序清单6.30）。DataFrame对象df的列a和列b的缺失值会置换为Series对象ser的索引标签a、b的值。由于DataFrame对象的列c中没有缺失值，因此不会发生变化。

程序清单 6.30 使用 fillna 方法和 Series 对象置换缺失值

In

```
ser = pd.Series([1,2,3], index=['a','b','c'])
ser
```

Out

```
a    1
b    2
c    3
dtype: int64
```

In

```
df.fillna(ser)
```

Out

	a	b	c
d	1.0	1.0	2
e	3.0	2.0	5
f	6.0	7.0	8

利用fillna方法的这一特性可以更加灵活地对缺失值进行填充。缺失值的填充方法包括使用平均值或中位数的方法。例如，现有100名学生的体重数据，其中5名学生的数据是缺失的。这种情况下，如果考虑填充与实际的值偏差不大的一种值，则可以使用其余95名学生体重的平均值或中位数。

pandas的Series类和DataFrame类中提供了计算平均值的mean方法。其中，DataFrame类的mean方法是返回默认将列标签作为索引标签、每列的平均值作为值的Series对象。在fillna方法中直接进行指定，可以将每列平均值置换到缺失值中（程序清单6.31）。

程序清单 6.31　fillna 方法和 mean 方法

In

```
df.mean()
```

Out

```
a    4.5
b    4.0
c    5.0
dtype: float64
```

In

```
df.fillna(df.mean(), axis=0)
```

Out

```
     a    b  c
--------------
d  4.5  1.0  2
e  3.0  4.0  5
f  6.0  7.0  8
```

按照同样的方式，还可以使用其他的方法从DataFrame对象中计算出任意的值对缺失值进行置换。至于使用什么值填充缺失值，根据数据的特性不同，可使用的值也会不同。下面将使用中位数和最大值对缺失值进行填充（程序清单6.32）。

程序清单 6.32　使用 fillna 方法、median 方法、max 方法进行缺失值的置换

In

```
df.fillna(df.median(), axis=0)
```

Out

```
     a    b  c
--------------
d  4.5  1.0  2
e  3.0  4.0  5
f  6.0  7.0  8
```

In

```
df.fillna(df.max(), axis=0)
```

Out

```
     a    b  c
--------------
d  6.0  1.0  2
e  3.0  7.0  5
f  6.0  7.0  8
```

使用Series对象或字典进行置换时，只能列对列地进行填充。如果在DataFrame对象df的索引方向（axis=1）上使用mean方法计算出平均值，并使用fillna方法在列方向（axis=1）上进行填充，就会导致NotImplementedError（未实现的错误）异常（程序清单6.33）。

程序清单 6.33 fillna 方法的 NotImplementedError

In

```
df.fillna(df.mean(axis=1), axis=1)
```

Out

```
（…略…）
NotImplementedError: Currently only can fill with dict/➡
Series column by column
```

interpolate方法

缺失值的置换除了可以使用fillna方法，还可以使用interpolate方法进行插值操作。所谓插值，是指基于现有的数值数据对未知的部分，即缺失值等值进行推测。使用interpolate方法，可以更加灵活地对缺失值进行置换。

下面将创建包含缺失值的DataFrame对象，对interpolate方法的操作进行讲解。使用NumPy数组的arange函数生成0 ~ 25的整数，并创建DataFrame对象。为了使各列包含缺失值，使用for语句代入np.nan（程序清单6.34）。

程序清单 6.34 DataFrame 对象的创建

In

```
val = np.arange(0,25).reshape(5, 5)
df = pd.DataFrame(val, columns=list('abcde'))

for i, c in enumerate(df.columns):
    df.loc[i, c] = np.nan

df
```

Out

	a	b	c	d	e
0	NaN	1.0	2.0	3.0	4.0
1	5.0	NaN	7.0	8.0	9.0
2	10.0	11.0	NaN	13.0	14.0
3	15.0	16.0	17.0	NaN	19.0
4	20.0	21.0	22.0	23.0	NaN

interpolate方法提供了多种不同插值算法的实现，可以在第一个参数method中进行指定。默认值为linear，即执行线性插值。所谓线性插值，是指在数据与数据之间采用直线连接进行插值的方法。下面将引用DataFrame对象df的列b，使用Series类的interpolate方法，通过线性插值法对缺失值进行置换（程序清单6.35）。

程序清单 6.35　Series 类的 interpolate 方法（linear）

In

```
df['b'].interpolate(method='linear')
```

Out

```
0     1.0
1     6.0
2    11.0
3    16.0
4    21.0
Name: b, dtype: float64
```

从上述结果可以看到，列b的索引标签1的行是缺失值，使用interpolate方法已经代入了6。线性插值使用的是将缺失值前后的1和11用直线连接时的值。为了更加直观地理解，将使用DataFrame类的plot方法，使用散点图对列b的原始值和线性插值后的值进行可视化处理（程序清单6.36）。为了在x坐标轴上分配DataFrame对象的索引标签，在DataFrame对象df中添加包含索引标签的列index。关于plot方法的详细内容，将在第8.2节中进行讲解。

程序清单 6.36　索引标签和列 b 的散点图

In

```
df['index'] = df.index
df.plot(kind='scatter', x='index',y='b')
```

Out

```
<matplotlib.axes._subplots.AxesSubplot at 0x11c99d320>
```

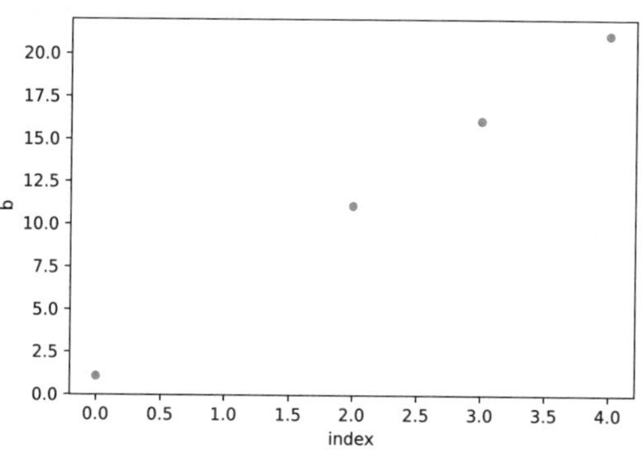

接下来，将使用interpolate方法进行线性插值，使用散点图对列b的值进行可视化处理（程序清单6.37）。从下列结果可以看到，原始的DataFrame对象df的列b中索引标签1的值为缺失值，使用interpolate方法进行线性插值后缺失值已经被置换为6。

程序清单 6.37　索引标签和列 b 的散点图（置换后）

In

```
df2 = df.interpolate(method='linear')
df2.plot(kind='scatter', x='index',y='b')
```

Out

```
<matplotlib.axes._subplots.AxesSubplot at 0x11ca1ad30>
```

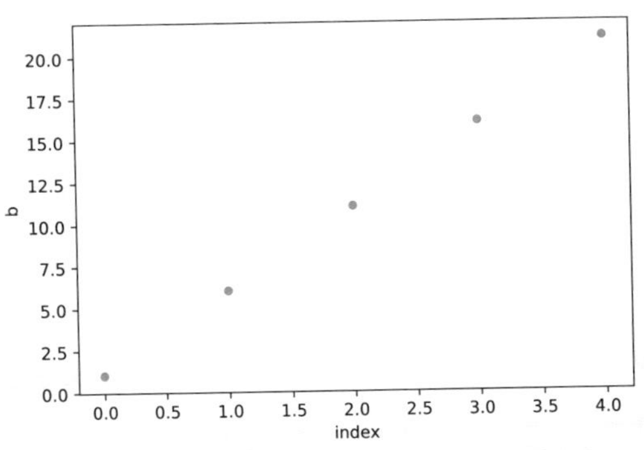

从上图可以看到，使用interpolate方法进行线性插值后，df2散点图中x=1的蓝点就是进行线性插值后的数据。它是其前后的（x=0和x=2）蓝点直线连接后的中间点。

线性插值的计算方法如式6.1所示。将x作为位置索引，y作为值时，位于数据(x_1, y_1)和(x_2, y_2)之间的缺失值(x, y)可以像式6.1那样进行计算。如果是线性插值（method=linear），x的值就是位置索引的值，不是索引标签的值，需要多注意。

线性插值的计算公式：

$$y = y_1 + (x - x_1)\frac{y_2 - y_1}{x_2 - x_1} \tag{6.1}$$

接下来，将使用公式对DataFrame对象df的列b中第1行的缺失值进行计算。缺失值列b的第1行是$(1, y)$，同样，列b的第0行是(0, 1)，第2行则是(2, 11)。如果将值代入线性插值的公式对y进行计算，就可以推导出(1, 6)。也就是说，基于线性插值将值代入列b的位置索引1的缺失值时，代入的值就会是6。

下面将创建包含两个连续缺失值的Series对象，通过线性插值法对缺失值进行填充（程序清单6.38）。

程序清单 6.38　Series 类的 interpolate 方法

In

```
ser = pd.Series([4,np.nan,np.nan,16])
ser.interpolate(method='linear')
```

Out

```
0     4.0
1     8.0
2    12.0
3    16.0
dtype: float64
```

如果套用式6.1中的公式，第1行的缺失值和第2行的缺失值的计算方法就是如式6.2所示的方法。可以计算出结果分别为8和12。

Series对象ser的第1行和第2行线性插值的计算公式如下：

$$
\begin{aligned}
&\text{第1行的缺失值}\ (1, y) \quad & y = 4 + (1-0) \times \frac{16-4}{3-0} \\
&\text{第2行的缺失值}\ (2, y) \quad & y = 4 + (2-0) \times \frac{16-4}{3-0}
\end{aligned}
\tag{6.2}
$$

在interpolate方法的method参数中指定index，可以使用索引标签的值对线性插值进行计算。下面将对Series对象ser的索引进行变更，使用linear和index对缺失值进行填充（程序清单6.39）。

程序清单 6.39　interpolate 方法和 method 参数（index）

In

```
ser.index = [0,2,5,10]
ser
```

Out

```
0      4.0
2      NaN
5      NaN
```

```
10      16.0
dtype: float64
```

In

```
ser.interpolate(method='linear')
```

Out

```
0      4.0
2      8.0
5     12.0
10    16.0
dtype: float64
```

In

```
ser.interpolate(method='index')
```

Out

```
0      4.0
2      6.4
5     10.0
10    16.0
dtype: float64
```

由于位置索引和索引标签是不同的，因此内插的值也是不同的。如果索引标签对数据而言是有意义的，那么可以将method参数指定为index。

interpolate方法的axis参数默认值为0，在列方向上进行填充。指定axis=1可以在行方向上对缺失值进行填充（程序清单6.40）。由于列a的第0行前面没有列，因此结果为NaN。其他缺失值的元素都是基于前后列的值，通过线性插值将值代入。

程序清单 6.40　interpolate 方法和 axis 参数

In

```
df.interpolate(method='linear', axis=1)
```

Out

```
        a     b     c     d     e  index
0     NaN   1.0   2.0   3.0   4.0    0.0
1     5.0   6.0   7.0   8.0   9.0    1.0
2    10.0  11.0  12.0  13.0  14.0    2.0
3    15.0  16.0  17.0  18.0  19.0    3.0
4    20.0  21.0  22.0  23.0  13.5    4.0
```

由于DataFrame对象df的列标签不是数值，因此如果将interpolate方法的method参数变更为index，会导致TypeError异常。

interpolate方法还可以实现3次样条插值（spline）等多种插值算法。linear以外的插值算法需要使用Python的数值计算库Scipy。本书将不会对此部分内容进行讲解，如果需要了解详细的内容，参考以下官方文档。

- pandas.DataFrame.interpolate 官方文档

URL https://pandas.pydata.org/pandas-docs/version/0.22/generated/pandas.DataFrame.interpolate.html

6.2 离群值

所谓离群值，是指那些与数据中其他的值偏离较大的值。离群值的检测方法有多种。在本节中，将对离群值的概要，以及使用pandas从数据中找出离群值的方法进行讲解。

6.2.1 何谓离群值

由于各种各样的原因，数据中会包含离群值(Outlier)。如果是首次执行处理的数据，就和缺失值一样，离群值也是需要在初期掌握的目标。虽然根据数据使用目的不同对离群值作出的判断也会有所不同，但是离群值包含了许多含义。

如果需要通过数据分析掌握数据的趋势或特征，离群值可能会使统计指标失真。如果是类似机器学习那样，需要对训练数据进行分析并进行某种预测，将离群值从训练数据中删除则可以有效地提高模型的预测精度。

还有一些不应当将离群值删除的情况。例如，生产工厂使用传感数据进行异常检测。在大多数情况下，很有可能离群值才会是异常信号，因此检测离群值本身就是目的。

由于输入错误或测量误差等原因产生的离群值，有时会称为“异常值”。例如，如果在初中学生名册中有“年级”一栏，由于初中通常都只有1 ~ 3年级，就是属于数值1 ~ 3中的任意一个值。然而，如果“年级”一栏中存在数据0，就表示很有可能这是由于输入错误而导致的异常值。

综上所述，虽然这些都称为离群值，但是可以通用的正确处理方法是不存在的。因此，需要在理解所需处理数据特征的基础上，检测离群值并采用合适的方法对其进行处理。

在本小节后面，将使用pandas对多个离群值的检测方法进行讲解。

6.2.2 z分数

在本小节中，将使用z分数对离群值进行检测。z分数使用标准差表示从整体数据的平均值到各数据的距离。当数据为x_1，…，x_n，平均值为$\bar{x}$，标准差为s时，x_n的z分数z_n可以通过式6.3中的公式计算得出。

z分数的计算公式如下：

$$z_n = \frac{x_n - \bar{x}}{s} \tag{6.3}$$

数据x_1，…，x_n的标准差（参考第4.1.3小节）可以通过式6.4中的公式求出。其中，n表示数据的个数。

标准差的计算公式如下：

$$s = \sqrt{\frac{1}{n}\sum_{i=1}^{n}(x_i - \bar{x})^2} \tag{6.4}$$

下面将使用15名成年男性的身高数据创建Series对象，对z分数进行计算。身高数据的单位是厘米，这里故意将索引标签7输入成以米为单位的值（程序清单6.41）。

程序清单 6.41　Series 对象的创建

In

```
height = [178,190,187,179,192,186,188,1.81,187,177,190,➡
181,178,180,171]
ser = pd.Series(height)
ser
```

Out

```
0      178.00
1      190.00
2      187.00
3      179.00
4      192.00
```

```
5      186.00
6      188.00
7        1.81
8      187.00
9      177.00
10     190.00
11     181.00
12     178.00
13     180.00
14     171.00
dtype: float64
```

对Series对象ser的各身高数据计算z分数。如式6.3所示，z分数使用平均值和标准差进行计算。而平均值可以使用mean方法，标准差可以使用std方法计算出。std方法的ddof参数默认值为1，执行无偏标准差的计算。下面将默认值变更为0以对标准差进行计算（程序清单6.42）。

程序清单 6.42 从 Series 对象中计算出平均值和标准差

In

```
mean = ser.mean()
std = ser.std(ddof=0)
print(mean)
print(std)
```

Out

```
171.054
45.60205577237353
```

z分数是将每个身高数据减去平均值，再除以标准差后得到的值。下面将按照公式进行计算,并将结果保存到变量zscore中（程序清单6.43）。

程序清单 6.43 计算出 z 分数

In

```
zscore = (ser - mean) / std
zscore
```

Out

```
0     0.152318
1     0.415464
2     0.349677
3     0.174247
4     0.459321
5     0.327748
6     0.371606
7    -3.711324
8     0.349677
9     0.130389
10    0.415464
11    0.218104
12    0.152318
13    0.196175
14   -0.001184
dtype: float64
```

从上述结果可以看到，我们已经对各身高数据计算出了z分数。作为基于z分数的离群值检测方法，通常是将z分数小于–3或大于3的值作为离群值。Series对象ser的索引标签7是故意输入成了米的单位，因此结果是1.81的值。由于计算出的z分数约为–3.711，因此可以考虑将这个值作为离群值。

下面将使用包含bool类型值的索引引用，单独提取离群值的索引，并查看相应的数据（程序清单6.44）。

程序清单 6.44　基于 z 分数检测离群值

In

```
ser[(zscore < -3) | (zscore > 3)]
```

Out

```
7    1.81
dtype: float64
```

z分数是使用标准差表示整体数据的平均值到各数据的距离。也就是说，z分数接近0，就表示该数据接近平均值。Series对象ser的索引标签14的z分数为–0.001184是离0较近的值。下面将对平均值和索引标签14的值进行确认，从结果可以看到它们是接近的（程序清单6.45）。

程序清单 6.45　平均值和索引标签 14 的元素

In

```
print(ser[14])
print(mean)
```

Out

```
171.0
171.054
```

由于z分数是使用平均值和标准差进行计算的，如果数据的总数较少，将很难检测出离群值。下面将引用Series对象ser的索引5 ~ 9，并以同样的方式，使用z分数对离群值进行检测（程序清单6.46）。

程序清单 6.46　计算出索引 5 ~ 9 的 z 分数

In

```
ser2 = ser[5:10]
ser2
```

Out

```
5    186.00
6    188.00
7      1.81
8    187.00
9    177.00
dtype: float64
```

In

```
mean2 = ser2.mean()
std2 = ser2.std(ddof=0)
zscore2 = (ser2 - mean2) / std2
```

```
print(mean2)
print(zscore2)
```

Out

```
147.962
5    0.519778
6    0.547107
7   -1.997122
8    0.533442
9    0.396795
dtype: float64
```

相对平均值147.962，Series对象ser2的索引标签7的值1.81是偏离得非常远的。然而，其z分数约为–1.997。通常z分数±3(更大或更小)的值会作为离群值，因此从上述结果可以看出，像这样数据总数较少的情况，并不适合使用z分数检测离群值。

6.2.3　四分位距

所谓四分位距(Interquartile Range，IQR)，是用于表示数据离散程度的指标之一。当数据的值按由小到大的顺序进行排列时，将数据分成4等份的分割点的值称为四分位数。按升序将它们称为第1四分位数(*q*=0.25)、第2四分位数(*q*=0.5)、第3四分位数(*q*–0.75)。第2四分位数的*q*分位数是0.5，也就是说，它是中位数。四分位距的计算公式如式6.5所示。

四分位距的计算公式如下：

$$\text{四分位距（IQR）} = \text{第3四分位数（}Q3\text{）} - \text{第1四分位数（}Q1\text{）} \quad (6.5)$$

接下来，将使用pandas对包含身高数据的Series对象ser的四分位距进行计算。如式6.5所示，四分位距是将第3四分位数(*q*=0.75)减去第1四分位数(*q*=0.25)得到的值。这里将使用Series类的quantile方法对四分位距进行计算(程序清单6.47)。

程序清单 6.47　使用 quantile 方法计算出四分位距（IQR）

In

```
q1 = ser.quantile(0.25)
q3 = ser.quantile(0.75)
iqr = q3 - q1
print('q1 = ', q1)
print('q3 = ', q3)
print('IQR = ', iqr)
```

Out

```
q1 =  178.0
q3 =  187.5
IQR =  9.5
```

下面将使用四分位距对离群值进行检测。将四分位距在下方和上方按一定比例扩展，将偏离该范围的值作为离群值考虑。通常是在下方和上方都扩展1.5倍，可以表示为如式6.6 所示的公式。

使用四分位距检测离群值的公式如下：

$$\begin{aligned}&\text{离群值} < \text{第1四分位数} - (1.5 \times \text{四分位距})\\&\text{离群值} > \text{第3四分位数} + (1.5 \times \text{四分位距})\end{aligned} \quad (6.6)$$

这里将使用四分位距从Series对象ser中检测出离群值，分别计算出下方和上方的界点（程序清单6.48）。

程序清单 6.48　计算出下方和上方的界点

In

```
bottom = q1 - (1.5 * iqr)
up = q3 + (1.5 * iqr)
print(bottom)
print(up)
```

Out

```
163.75
201.75
```

我们可以认为Series对象ser身高数据中小于163.75或大于201.75的数据是离群值。下面将使用比较运算符对Series对象ser中相应的数据进行引用（程序清单6.49）。从下列结果可以看到，程序检测到了表示身高极矮的索引标签7的值1.81。

程序清单 6.49　基于 IQR 检测离群值

In

```
ser[(ser < bottom) | (ser > up)]
```

Out

```
7    1.81
dtype: float64
```

6.2.4　箱形图

我们还可以使用箱形图（box-and-whisker plot）对离群值进行可视化处理。当数据的总数极为庞大时，采用这一方法是非常可取的。箱形图如图6.1所示，是一种将数据的概括统计量可视化后的图形。使用箱形图可以非常直观地对数据的分散程度进行把握。

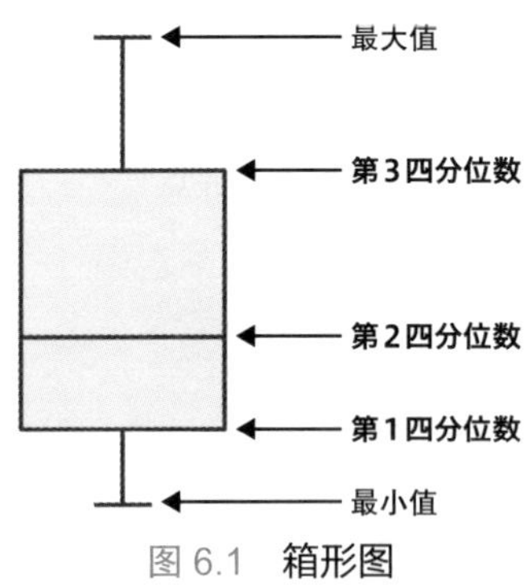

图 6.1　箱形图

在本小节中，将使用pandas绘制箱形图对离群值进行可视化处理。关于数据可视化的详细内容，将在第8.2节中进行讲解。

使用pandas的DataFrame对象创建箱形图时，可以在DataFrame类的plot方法的kind参数中指定box。下面将创建DataFrame对象，并使用plot方法对箱形图进行绘制（程序清单6.50）。

程序清单 6.50　使用 DataFrame 对象绘制箱形图

In

```
val = [100,104,92,98,98,105,]
df = pd.DataFrame({'a':val})
df.plot(kind='box')
```

Out

```
<matplotlib.axes._subplots.AxesSubplot at 0x11a3488d0>
```

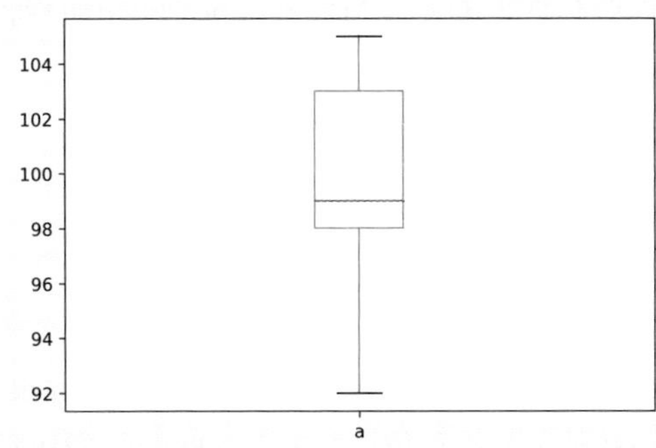

如图6.1所示，箱形图中使用了5种概括统计量。下面将对箱形图中使用的5种概括统计量和四分位距（IQR）进行计算（程序清单6.51）。

程序清单 6.51　计算出 DataFrame 对象的概括统计量

In

```
q1 = df['a'].quantile(0.25)
q2 = df['a'].quantile(0.5)
q3 = df['a'].quantile(0.75)
iqr = q3 - q1
dfmax = df['a'].max()
dfmin = df['a'].min()
print('q1 = ',q1)
print('q2 = ',q2)
```

```
print('q3 = ',q3)
print('iqr = ',iqr)
print('max = ',dfmax)
print('min = ',dfmin)
```

Out

```
q1 =  98.0
q2 =  99.0
q3 =  103.0
iqr =  5.0
max =  105
min =  92
```

下面将使用四分位距（IQR）对DataFrame对象df的列a的下方和上方的界点进行计算（式6.7）。

计算上方和下方界点的公式如下：

$$\begin{aligned}\text{下方界点} &= 98-(1.5\times 5.0)=90.5\\ \text{上方界点} &= 103+(1.5\times 5.0)=110.5\end{aligned}\tag{6.7}$$

使用四分位距对离群值进行检测时，DataFrame对象df的列a中小于90.5或大于110.5的值就是离群值。当前DataFrame对象的最小值是在程序清单6.51的结果中显示的92。下面添加包含将最小值变更为小于下方界点90的列b，并使用boxplot方法重新绘制箱形图（程序清单6.52）。

程序清单 6.52　使用包含离群值的 DataFrame 对象绘制箱形图

In

```
df['b'] = [100,104,90,98,98,105]
df
```

Out

```
     a    b
-----------
0  100  100
1  104  104
```

```
2   92   90
3   98   98
4   98   98
5  105  105
```

In

```
df.plot(kind='box')
```

Out

```
<matplotlib.axes._subplots.AxesSubplot at 0x11a2cb710>
```

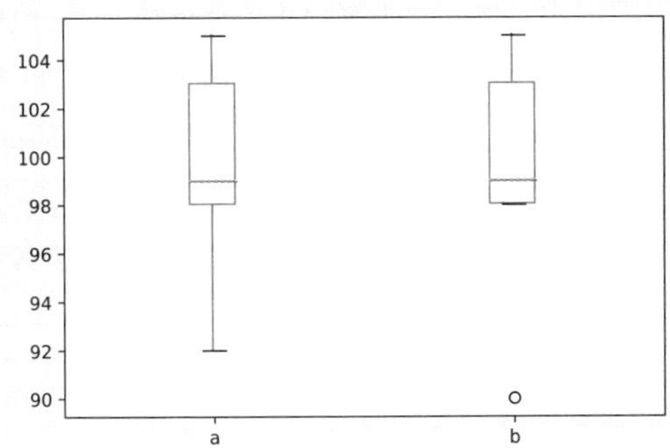

使用四分位距检测离群值后的结果是列b的值90为离群值。如程序清单6.52所示，如果使用plot法绘制的箱形图中包含离群值，则离群值会显示在箱形图的外围。

pandas的plot方法默认箱形图对“须”部分的处理是当下方和上方都在四分位距的1.5倍以内就作为“须”显示。小于（或大于）该范围的值则会如程序清单6.52所示的那样，作为离群值显示在箱形图的外面。

在给定的数据中，应当将哪些值判断为离群值，是没有通用正确方法的。因为其中不仅可能存在类似输入错误或测量误差那样的异常值，还可能存在由于某些原因导致的极大偏离了其他数据的值。通过对数据的分布状况进行详细的调查，并对可能为离群值的值进行检测，或许能够作出正确的判断。

6.3 重复数据

出于各种原因，有时DataFrame的行会存在重复的情况。因此，在本节中，将使用pandas对重复数据的检测及删除操作进行详细讲解。

6.3.1 重复数据的检测

通常情况下，在对第一次处理的数据或连接多个数据等操作时，都会对其中是否包含重复数据进行确认。与离群值一样，重复数据也会由于各种原因存在于数据中。既可能是输入错误导致的重复数据，也可能是单纯的数据存在重复的情况。包含同样数值的数据在机器学习的建模或数据分析时会带来错误，因此在处理重复数据时也需要十分谨慎。

对pandas的Series对象和DataFrame对象中的重复数据进行检测时，使用duplicated方法是非常方便的。下面将创建包含重复值的DataFrame对象（程序清单6.53）。

程序清单 6.53 DataFrame 对象的创建

In

```
val = [[8,7,6,],[8,7,6],[8,7,6]]
df = pd.DataFrame(val, index=list('cdf') ,columns=list ➡
('abc'))
df
```

Out

```
   a  b  c
----------
e  8  7  6
d  8  7  6
f  8  7  6
```

接下来，将使用duplicated方法对重复数据进行检测。duplicated方法会将重复行返回为True，其余行返回为False的bool类型值的Series对象。

Series对象的索引标签分配的是原始DataFrame对象的索引标签。重复数据的检测方法可以在duplicated方法的keep参数中进行指定，默认值first会将第一次出现的重复数据“之外”的重复数据作为True返回。从程序清单6.54可以看到，由于第e行是第一次出现的重复数据，因此返回False；其余行则返回True。

程序清单 6.54　DataFrame类的duplicated方法

In

```
df.duplicated(keep='first')
```

Out

```
e    False
d     True
f     True
dtype: bool
```

keep参数还提供了last和False选项。其中，last是将最后一个重复数据“之外”的重复数据返回为True；False则是将所有的重复数据返回为True（程序清单6.55）。

程序清单 6.55　duplicated方法和keep参数（last和False）

In

```
df.duplicated(keep='last')
```

Out

```
e     True
d     True
f    False
dtype: bool
```

In

```
df.duplicated(keep=False)
```

Out

```
e     True
d     True
f     True
dtype: bool
```

subset参数只会使用特定列的值对重复数据进行检测。下面将使用loc属性修改DataFrame对象df的列b行f的值，并对subset参数的操作进行确认。在keep参数中指定False，会返回将所有的重复数据表示为True的Series对象（程序清单6.56）。在subset参数中指定列a，由于全部元素的值都是8，是重复数据，因此返回的就是全部为True的Series对象。列b中e行和d行元素的值7是重复的，会返回True，而f行元素的值为5，则会返回False。

程序清单 6.56　duplicated 方法和 subset 参数

In

```
df.loc['f', 'b'] = 5
df.duplicated(subset='a', keep=False)
```

Out

```
e     True
d     True
f     True
dtype: bool
```

In

```
df.duplicated(subset='b', keep=False)
```

Out

```
e      True
d      True
f     False
dtype: bool
```

缺失值、离群值和重复数据

我们还可以在subset参数中使用列表指定多个列标签。下面将指定列a和列b，对所有的重复数据进行检测（程序清单6.57）。从下列结果可以看到，由于列a和列b的索引标签e与d行的值是重复的，因此返回的是True，而f行并不是重复值，因此返回的是False。

程序清单 6.57 duplicated 方法和 subset 参数（多个列）

In

```
df.duplicated(subset=['a','b'], keep=False)
```

Out

```
e     True
d     True
f    False
dtype: bool
```

使用由duplicated方法返回的包含bool类型值的Series对象，可以实现只对DataFrame对象中重复的位置进行引用的操作（程序清单6.58）。

程序清单 6.58 从 DataFrame 对象引用重复的位置

In

```
df[df.duplicated(keep=False)]
```

Out

```
   a  b  c
----------
e  8  7  6
d  8  7  6
```

Series对象和Index对象也提供了duplicated方法。而Series对象和Index对象中是不存在列的，因此没有提供subset参数。keep参数可以执行与DataFrame相同的处理。下面只引用DataFrame对象的列a，使用Series类的duplicated方法对重复值进行确认（程序清单6.59）。

程序清单 6.59　Series 类的 duplicated 方法

In

```
df['a'].duplicated(keep=False)
```

Out

```
e     True
d     True
f     True
Name: a, dtype: bool
```

下面将DataFrame对象的索引标签变更为d、d、e，并使用duplicated方法对重复值进行确认（程序清单6.60）。Index对象的duplicated方法会将包含bool类型值的数组返回。

程序清单 6.60　Index 对象的 duplicated 方法

In

```
df.index = ['d','d','e']
df.index.duplicated(keep=False)
```

Out

```
array([ True,  True, False])
```

6.3.2　重复数据的删除

在执行处理时，必须慎重考虑是否要将重复数据删除。在第6.3.1小节中已经提及，通常情况下，由于数据的输入错误而产生的重复数据是要删除的，但是还存在如表6.1所列的那样，不是输入错误，只是单纯地存在重复数据的情况。

表6.1　重复数据的示例

行编号	名字	性别	身高	体重
0	山田	男性	172	68

续表

行编号	名字	性别	身高	体重
1	田中	女性	162	51
2	佐藤	女性	171	58
3	山田	男性	172	68

表6.1中数据的第0行和第3行的数据是重复的。这一重复数据不是因输入错误而导致的，只是偶然包括名字等在内的所有数据都刚好相同而已。使用这一数据执行从性别和身高推测体重的任务时，也存在不应当将重复数据删除的情况。这是因为第0行和第3行的数据都是有效的数据，如果将其删除，可能会影响某些机器学习算法的推测结果。正因为存在这类情况，因此需要谨慎地处理重复数据。

使用pandas删除重复数据时，可以使用drop_duplicates方法。下面将创建包含重复值的DataFrame对象，并对执行结果进行确认（程序清单6.61）。

程序清单 6.61　DataFrame 对象的创建

In

```
val = [[8,7,6,],[8,7,6],[8,5,6]]
df = pd.DataFrame(val, index=list('edf'),columns=list('ac'))
df
```

Out

```
   a  b  c
----------
e  8  7  6
d  8  7  6
f  8  5  6
```

与duplicated方法一样，drop_duplicates方法也提供了keep参数。first、last、False都是执行同样的处理。drop_duplicates方法会返回将重复数据删除后的DataFrame对象（程序清单6.62）。e行和d行的值是重复的，如果指定keep='first'，则只会将d行从DataFrame中删除。

程序清单 6.62　DataFrame 类的 drop_duplicates 方法

In

```
df.drop_duplicates(keep='first')
```

Out

```
    a  b  c
----------
e   8  7  6
f   8  5  6
```

下面将对keep参数中last和False选项的操作进行确认（程序清单6.63）。从下列结果可以看到，代码执行后，程序会将不同位置的重复数据从DataFrame对象中删除。

程序清单 6.63　drop_duplicates 方法的 keep 参数（last 和 False）

In

```
df.drop_duplicates(keep='last')
```

Out

```
    a  b  c
----------
d   8  7  6
f   8  5  6
```

In

```
df.drop_duplicates(keep=False)
```

Out

```
    a  b  c
----------
f   8  5  6
```

如果只考虑对特定列的值的重复数据进行删除时，可以在subset参数中指定列标签；需要指定多个列时可以使用列表进行指定。如果在subset参数中指定列a和列b，并将keep参数指定为False，程序就会将没有与列a和列b的值重复的f行返回（程序清单6.64）。

程序清单 6.64　drop_duplicates 方法的 subset 参数

In

```
df.drop_duplicates(subset=['a','b'], keep=False)
```

Out

```
   a  b  c
----------
f  8  5  6
```

Series对象和Index对象也提供了drop_duplicates方法。下面将分别执行它们的处理（程序清单6.65）。

程序清单 6.65　Series 对象和 Index 对象的 drop_duplicates 方法

In

```
df['b'].drop_duplicates(keep='first')
```

Out

```
d    7
e    5
Name: b, dtype: int64
```

In

```
df.index = ['d','d','e']
df.index.drop_duplicates(keep='first')
```

Out

```
Index(['d', 'e'], dtype='object')
```

对于第一次处理的数据需要确认其中是否包含重复数据，而重复数据的处理方法则需要慎重考虑。建议在正确理解了duplicated方法和drop_duplicates方法的基础上，再对重复数据进行处理。

第7章 函数应用与分组化

在数据分析任务中，经常需要对数据应用任意的函数，或者对DataFrame对象的每行数据使用for语句进行循环处理。在本章中，我们将对如何在pandas对象中应用函数的方法，以及DataFrame对象和Series对象循环处理的基本操作进行讲解。在本章的后半部分，将对实现数据分组化的GroupBy对象进行讲解。

注意事项

导入第7章中需要使用的软件库

在执行本章的示例程序前，先执行下列代码。

程序清单 需要提前执行的代码

In

```
import pandas as pd
import numpy as np
import matplotlib.pyplot as plt
```

7.1 函数处理

虽然DataFrame对象和Series对象中提供了大量的类方法(mean和sum等)，但是有时也需要使用用户自定义的函数。在本节中，将对如何在pandas的对象中应用函数的基本操作方法进行讲解。

7.1.1 apply方法

针对平均值和合计值等这类数据分析中常用统计值的处理，在pandas的DataFrame对象和Series对象中专门提供了mean和sum等类方法。然而，在机器学习的预处理中，有时还需要对数据使用更加复杂的函数加以处理。因此，DataFrame对象和Series对象中提供了更加灵活地应用函数的apply方法。

下面将使用NumPy数组的randint函数生成–10 ~ 10的随机整数以创建DataFrame对象，并使用DataFrame对象的mean方法对各列的平均值进行计算(程序清单7.1)。

程序清单 7.1　DataFrame 对象的 mean 方法

In

```
np.random.seed(seed=7)
val = np.random.randint(-10,10,size=9).reshape(3, 3)
df = pd.DataFrame(val, index=list('def'), columns=list➡
('abc'))
df.mean
```

Out

```
a    4.000000
b   -1.666667
c   -1.000000
dtype: float64
```

pandas的DataFrame对象和Series对象允许直接使用NumPy数组的函数。下面将NumPy数组的mean函数应用到DataFrame对象df中，返回包含各列平均值的Series对象(程序清单7.2)。

程序清单 7.2　NumPy 数组的 mean 函数

In

```
np.mean(df)
```

Out

```
a    4.000000
b   -1.666667
c   -1.000000
dtype: float64
```

对DataFrame对象和Series对象应用函数时，使用apply方法是非常方便的。下面将使用apply方法对DataFrame对象的平均值进行计算。在apply方法的第一个参数中指定需要使用的函数。也可以直接指定NumPy数组的函数，使用函数的字符串'mean'可以得到同样的结果（程序清单 7.3）。

程序清单 7.3　使用 apply 方法计算 DataFrame 对象的平均值

In

```
df.apply(np.mean)
```

Out

```
a    4.000000
b   -1.666667
c   -1.000000
dtype: float64
```

In

```
df.apply('mean')
```

Out

```
a    4.000000
b   -1.666667
c   -1.000000
dtype: float64
```

apply方法中提供了axis参数（默认值为0）。指定axis=0就是在列方向上应用函数；指定axis=1则是在行方向上应用函数。下面将使用NumPy数组的sum函数，在axis参数中指定1，对每行数据的合计值进行计算（程序清单7.4）。返回的是将DataFrame对象df的索引标签d、e、f作为索引标签的DataFrame对象。

程序清单 7.4 apply 方法和 axis 参数

In

```
df.apply(np.sum, axis=1)
```

Out

```
d    -8
e    10
f     2
dtype: int64
```

使用lambda（lambda表达式）引导的没有名字的函数，称为匿名函数。

Python中的函数是使用def语句进行定义的。对于那些无须名字的小函数，有时会使用匿名函数的形式定义。我们还可以使用apply方法在DataFrame对象中应用匿名函数或用户自定义函数。mean函数和sum函数会将任意方向统计的值作为Series对象返回。因此，使用apply方法返回的也是Series对象。如果指定给apply方法的函数返回的是DataFrame对象，那么apply方法返回的也将是DataFrame对象。

下面使用匿名函数，将分别为每个元素进行加2计算的函数指定到apply方法中（程序清单7.5）。

程序清单 7.5 apply 方法和匿名函数

In

```
df.apply(lambda x: x + 2)
```

Out

```
   a   b   c
--------------
d  7  -4  -5
```

```
e  11  -1   6
f   0   6   2
```

还可以将用户自定义函数指定给apply方法。下面将对DataFrame对象的各个元素加上n(默认值为2)的函数进行定义，并使用apply方法将该函数应用到DataFrame对象的数据上(程序清单7.6)。

程序清单 7.6　apply 方法和用户自定义函数

In

```
def add(df, n=2):
    return df + n
```

In

```
df.apply(add)
```

Out

```
    a   b   c
-------------
d   7  -4  -5
e  11  -1   6
f   0   6   2
```

接下来，将定义好的add函数的参数n变更为5，并将DataFrame对象的各个元素加上5后的值返回。我们指定的用户自定义函数的参数可以直接作为apply方法的参数进行传递(程序清单7.7)。

程序清单 7.7　apply 方法和函数的参数

In

```
df.apply(add, n=5)
```

Out

```
    a   b   c
-------------
d  10  -1  -2
```

```
e  14   2   9
f   3   9   5
```

DataFrame类的apply方法可以将使用axis参数指定的坐标轴方向的数据转换成Series对象后再应用函数。而使用raw参数（默认值为False），则可以将数据转换成NumPy数组而不是Series对象应用函数。如果在apply方法中只使用NumPy数组的函数，指定raw=True可以提高处理速度。下面将使用魔法命令“%timeit”及其raw参数的不同值对处理速度进行比较（程序清单7.8）。魔法命令“%timeit”根据执行环境不同，输出也会有差别。

程序清单 7.8　apply 方法和 raw 参数

In

```
%timeit df.apply(np.mean, raw=False)
```

Out

```
551 µs ± 25.7 µs per loop (mean ± std. dev. of 7 runs, ➡
1000 loops each)
```

In

```
%timeit df.apply(np.mean, raw=True)
```

Out

```
117 µs ± 5.27 µs per loop (mean ± std. dev. of 7 runs, ➡
10000 loops each)
```

虽然Series类也提供了apply方法，但是应用函数时需要注意：由于Series对象的每个值都会应用函数，因此只能使用NumPy数组的通函数ufunc（应用于全部元素的NumPy数组的函数），或者只应用于单一值的Python的函数。

下面将引用DataFrame对象df的列a创建Series对象，并使用Series对象的apply方法应用NumPy数组的square函数。从下列结果可以看出，程序会将包含Series各个元素平方值的Series返回（程序清单7.9）。

程序清单 7.9 使用 apply 方法应用 NumPy 数组的 square 函数

In

```
ser = df['a']
ser.apply(np.square)
```

Out

```
d    25
e    81
f     4
Name: a, dtype: int64
```

Series类的apply方法也可以指定匿名函数和用户自定义函数。下面将指定返回各元素平方值的函数，并将其传递给apply方法（程序清单7.10）。

程序清单 7.10 使用 apply 方法指定匿名函数和用户自定义函数

In

```
ser.apply(lambda x: x**2)
```

Out

```
d    25
e    81
f     4
Name: a, dtype: int64
```

In

```
def sq(val, n=2):
    return val ** n

ser.apply(sq)
```

Out

```
d    25
e    81
```

```
f     4
Name: a, dtype: int64
```

7.1.2 DataFrame类和Series类的agg方法

DataFrame类和Series类中还有一种与apply方法类似的agg方法（aggregate方法的别名）。当应用一个函数时，其处理与apply方法相同。agg方法更适用于需要同时应用多个函数的场景中。

DataFrame类的agg方法

首先，将使用NumPy数组的min函数设置DataFrame对象df中每列的最小值，并分别使用apply方法和agg方法进行计算，计算得到的都是返回内容相同的Series对象（程序清单7.11）。

程序清单 7.11 apply 方法和 agg 方法

In

```
df.apply(np.min)
```

Out

```
a   -2
b   -6
c   -7
dtype: int64
```

In

```
df.agg(np.min)
```

Out

```
a   -2
b   -6
c   -7
dtype: int64
```

使用列表将函数指定给agg方法时，会返回索引标签具有函数的“__name__”属性的DataFrame对象。此外，在列表中指定多个函数，可以将经过多个函数处理后DataFrame对象的每列值返回。下面将使用NumPy数组的min函数和max函数对最小值和最大值进行计算（程序清单7.12）。NumPy数组中min函数的“__name__”属性是amin，max函数的“__name__”属性则是amax。从下列结果可以看到，属性分别被分配给通过agg方法返回的DataFrame对象的索引标签中。

程序清单 7.12 使用agg方法运用多个函数

In

```
df.agg([np.min])
```

Out

```
       a   b   c
----------------
amin  -2  -6  -7
```

In

```
df.agg([np.min, np.max])
```

Out

```
       a   b   c
----------------
amin  -2  -6  -7
amax   9   4   4
```

agg方法和apply方法一样，都可以应用匿名函数和用户自定义函数。下面将使用匿名函数对最大值减去最小值的差进行计算（程序清单7.13）。正如前面所说，agg方法会将函数的“__name__”属性作为索引标签使用。如果没有在匿名函数中指定“__name__”属性，<lambda>就会作为索引标签使用。

7 函数应用与分组化

程序清单 7.13　使用 agg 方法运用匿名函数

In

```
max_min = lambda x: x.max() - x.min()
```

In

```
df.agg([max_min])
```

Out

```
            a   b   c
--------------------
<lambda>   11  10  11
```

如果将max_min的"__name__"属性指定为max_min_name，使用agg方法返回的DataFrame对象的索引标签就是如下所示的内容（程序清单7.14）。

程序清单 7.14　agg 方法和函数的"__name__"属性

In

```
max_min.__name__ = 'max_min_name'
df.agg([max_min])
```

Out

```
                a   b   c
------------------------
max_min_name   11  10  11
```

如果是用户自定义函数，则会将函数名作为索引标签的DataFrame对象返回。下面也同样对最大值减去最小值的函数进行定义，并使用agg方法对其进行应用（程序清单7.15）。

程序清单 7.15　agg 方法和用户自定义函数

In

```
def max_mean(df):
    return df.max() - df.min()
```

In

```
df.agg([max_mean])
```

Out

```
            a    b    c
--------------------
max_mean   11   10   11
```

为agg方法指定{列标签：函数}这样的字典，可以将不同的函数应用到不同的列。下面将计算列a的最大值和最小值，列b则使用NumPy数组的sum函数计算合计值（程序清单7.16）。从下列结果可以看出，返回的DataFrame对象的每一行都是唯一的函数结果；如果没有值时，就使用NaN填充。

程序清单 7.16 agg 方法和字典

In

```
df.agg({'a':[np.max, np.min], 'b':np.sum})
```

Out

```
        a      b
----------------
amax   9.0    NaN
amin  -2.0    NaN
 sum   NaN   -5.0
```

接下来，将定义一个为各个元素加上2的函数，并将其指定给agg方法。这种情况下，定义后的函数返回的是与原始DataFrame对象相同大小的结果，列标签则是包含原始列标签和函数名称的多重索引（程序清单7.17）。

程序清单 7.17 agg 方法的返回

In

```
def add2(obj):
    return obj + 2
```

In

```
df.agg([add2])
```

Out

```
     a     b     c
  add2  add2  add2
------------------
d    7    -4    -5
e   11    -1     6
f    0     6     2
```

我们还可以应用多个函数返回与原始DataFrame相同大小的DataFrame。NumPy数组的abs函数会返回元素的绝对值。下面使用列表形式，将add2函数和abs函数指定给agg方法（程序清单7.18）。与程序清单7.17同样，返回的是列标签为多重索引，且包含原始列标签和每个函数名的结果。

程序清单 7.18　agg 方法的返回（多个函数）

In

```
df.agg([add2, np.abs])
```

Out

```
                  a                  b                  c
  add2  absolute  add2  absolute  add2  absolute
-----------------------------------------------------
d    7         5    -4         6    -5         7
e   11         9    -1         3     6         4
f    0         2     6         4     2         0
```

Series类的agg方法

Series类也提供了agg方法。下面仅引用DataFrame对象的列b，使用agg方法对最大值和最小值进行计算（程序清单7.19）。如果函数返回的是单一的值，就会返回将函数名作为索引标签的Series对象。

程序清单 7.19　Series 类的 agg 方法

In

```
ser = df['b']
ser.agg(['max','min'])
```

Out

```
max     4
min    -6
Name: b, dtype: int64
```

如果函数返回的是与原始Series对象同样的且为agg方法指定了多个函数，返回的结果将是DataFrame对象。下面尝试将刚才定义好的add2函数和NumPy数组的abs函数运用到Series对象中（程序清单7.20）。由于各函数返回的结果是与原始Series对象相同的，因此返回的就是将函数名作为列标签的DataFrame对象。

程序清单 7.20　基于 agg 方法应用多个函数

In

```
ser.agg([add2, np.abs])
```

Out

```
    add2  absolute
------------------
d     -4         6
e     -1         3
f      6         4
```

7.1.3　applymap方法

对DataFrame对象的各个元素应用函数进行处理时，可以使用applymap方法。下面将DataFrame对象的各个元素大于0时返回True、其余情况则返回False的匿名函数指定给applymap方法（程序清单7.21）。

程序清单 7.21 DataFrame 类的 applymap 方法

In

```
df.applymap(lambda x: True if x > 0 else False)
```

Out

	a	b	c
d	True	False	False
e	True	False	True
f	False	True	False

与apply方法和agg方法相同，applymap方法也可以对NumPy数组的函数和用户自定义函数进行指定。NumPy数组的sign函数是当元素为负的数值时返回–1，为0时返回0，为正的数值时则返回1的函数。下面将其传递给applymap方法并查看结果（程序清单7.22）。

程序清单 7.22 applymap 方法和 NumPy 数组的 sign 函数

In

```
df.applymap(np.sign)
```

Out

	a	b	c
d	1	-1	-1
e	1	-1	1
f	-1	1	0

接下来，将定义DataFrame的元素大于参数n(默认值为3）时返回True、其余情况则返回False的函数，并将其传递给applymap方法（程序清单7.23）。

程序清单 7.23 applymap 方法和用户自定义函数

In

```
def mapping(val, n=3):
```

```
    if val > n:
        return True
    else:
        return False

df.applymap(mapping)
```

Out

```
    a      b      c
----------------------
d   True  False  False
e   True  False   True
f  False   True  False
```

虽然在apply方法中可以对函数的参数按apply(函数,参数)的方式进行指定，但是applymap方法是无法这样操作的。对函数的参数进行指定时，需要在applymap方法中使用匿名函数。下面将使用匿名函数，在程序清单7.23中定义的mapping函数的参数n中指定4，并执行代码(程序清单7.24)。

程序清单 7.24　applymap方法和匿名函数

In

```
df.applymap(lambda x: mapping(x, n=4))
```

Out

```
    a      b      c
----------------------
d   True  False  False
e   True  False  False
f  False  False  False
```

而Series对象中则使用与applymap方法类似的map方法。下面将引用DataFrame对象df的列c，并使用map方法返回Series对象序列，元素为0时返回True、其余情况则返回False(程序清单7.25)。

程序清单 7.25　Series 类的 map 方法

In

```
ser = df['c']
ser.map(lambda x: True if x == 0 else False)
```

Out

```
d    False
e    False
f     True
Name: c, dtype: bool
```

7.1.4　pipe方法

有时，还需要对DataFrame对象应用多个函数进行处理。pipe方法可以将多个函数灵活地应用到DataFrame对象中。在本小节中，将对pipe方法的基本操作进行讲解。

接下来，将对DataFrame对象的各个元素加上p的add函数、各个元素除以n的div函数，以及将元素取值到小数点第d位的rnd函数进行定义（程序清单7.26）。

程序清单 7.26　多个函数的定义

In

```
def add(df, p=None):
    return df + p

def div(df, n=None):
    return df / n

def rnd(df, d=None):
    return round(df, d)
```

下面将使用add函数为DataFrame对象df的各个元素加上3，再使用div函数将各个元素除以3，最后使用rnd函数将元素取值到小数点后3位进行处理。这一操作可以如程序清单7.27所示的那样，将各个函数的处理结果保存到变量，再执行下一步处理。

程序清单 7.27 在 DataFrame 对象中应用多个函数

In

```
a = add(df, p=3)
b = div(a, n=3)
rnd(b, d=3)
```

Out

```
     a       b        c
-------------------------
d  2.667  -1.000  -1.333
e  4.000   0.000   2.333
f  0.333   2.333   1.000
```

与程序清单 7.27 相同的处理，还可以采用直接将各个函数嵌套在一起的方式编写代码（程序清单 7.28）。

程序清单 7.28 在 DataFrame 对象中应用多个函数（嵌套）

In

```
rnd(div(add(df, p=3), n=3), d=3)
```

Out

```
     a       b        c
-------------------------
d  2.667  -1.000  -1.333
e  4.000   0.000   2.333
f  0.333   2.333   1.000
```

类似程序清单 7.27 的编程方式会生成像变量 a 或变量 b 那样的临时变量，因此并不能说这是最高效的方法。而程序清单 7.28 虽然不会产生临时变量，但是如果从代码的可读性考虑，则可能会导致一些错误。

因此，类似这样需要将多个函数应用到 DataFrame 对象时，使用 DataFrame 对象的 pipe 方法是非常方便的。在 pipe 方法的第一个参数中可以指定函数，像方法链那样编写代码。此外，还可以使用 pipe 方法传递每个函数的参数(程序清单7.29)。

程序清单 7.29　使用 pipe 方法传递每个函数的参数

In

```
df.pipe(add, p=3).pipe(div, n=3).pipe(rnd, d=5)
```

Out

	a	b	c
d	2.66667	-1.00000	-1.33333
e	4.00000	0.00000	2.33333
f	0.33333	2.33333	1.00000

在数据的分析和机器学习的预处理中，经常需要对同样的任务使用不同的DataFrame执行处理。对于那些需要重复执行的处理，编写专用的函数可以极大地提高任务的执行效率。

7.2 基于 for 语句的循环处理

在数据的预处理阶段，根据相应的条件对数据进行迭代处理的情况并不少见。因此，在本节中，将对pandas的DataFrame对象和Series对象，使用Python的for语句进行循环处理的基本操作方法进行讲解。

7.2.1 Series对象的循环处理

下面将使用pandas的Series元素的值和索引标签进行循环处理。创建索引标签为字符串a ～ e的Series对象（程序清单7.30）。

程序清单 7.30 Series 对象的创建

In

```
ser = pd.Series([0,1,2,3,4], index=list('abcde'))
ser
```

Out

```
a    0
b    1
c    2
d    3
e    4
dtype: int64
```

使用for语句对Series对象进行循环处理时，会将Series对象中的各个元素返回。下面将元素提取到变量val中，并使用print函数对每个循环处理进行显示（程序清单7.31）。

程序清单 7.31 Series 对象和 for 语句

In

```
for val in ser:
    print(val)
```

Out

```
0
1
2
3
4
```

使用Index对象也可以进行循环处理。下面将使用Series对象的index属性，并使用print函数输出索引标签（程序清单7.32）。

程序清单 7.32　index 属性和 for 语句

In

```
for idx in ser.index:
    print(idx)
```

Out

```
a
b
c
d
e
```

使用for语句对Series对象的索引标签和元素进行循环处理时，可以使用Series对象的iteritems方法。iteritems方法会返回由索引标签、元素构成的元组。下面将Series对象的索引标签提取到变量idx、元素提取到变量val中，并使用print函数进行输出（程序清单7.33）。

程序清单 7.33　Series 对象的 iteritems 方法

In

```
for idx, val in ser.iteritems():
    print(idx, val)
```

Out

```
a 0
b 1
```

```
c 2
d 3
e 4
```

我们还可以使用if语句进行条件分支操作。下面将使用Series对象的iteritems方法和if语句，对Series对象的元素值小于3的索引标签进行输出。从下列结果可以看到，程序仅对索引标签a、b、c的结果进行了显示（程序清单7.34）。

程序清单 7.34　Series 对象的 iteritems 方法和 if 语句

In

```
for idx, val in ser.iteritems():
    if val < 3:
        print(idx)
```

Out

```
a
b
c
```

7.2.2　DataFrame对象的循环处理

接下来，将使用for语句执行DataFrame对象的循环处理。如果直接使用for语句对DataFrame对象进行循环处理，程序会将DataFrame对象的列标签返回。下面将创建列标签为math和eng的DataFrame对象，并对其进行确认（程序清单7.35）。

程序清单 7.35　DataFrame 对象和 for 语句

In

```
val = [[81,79],[91,90]]
df = pd.DataFrame(val, columns=['math','eng'],
index=list('AB'))
df
```

Out

```
     math  eng
-------------
A     81    79
B     91    90
```

In

```
for col in df:
    print(col)
```

Out

```
math
eng
```

我们已经使用Series对象进行了确认，Index对象也可以执行迭代处理。下面将使用DataFrame对象的columns属性和index属性，通过for语句输出Index对象的各个标签（程序清单7.36）。

程序清单 7.36 columns 属性、index 属性和 for 语句

In

```
for col in df.columns:
    print(col)
```

Out

```
math
eng
```

In

```
for idx in df.index:
    print(idx)
```

Out

```
A
B
```

对每行的循环处理

pandas的DataFrame对象中提供了多个优化的高效执行循环处理的方法。在执行DataFrame对象的for语句进行循环处理时，使用这些方法可以有效地提高处理速度。

iterrows方法是对DataFrame对象的每行进行迭代处理，会将DataFrame对象的每行的索引标签和该行的值返回。其返回的格式是将每行的值作为Series对象的(索引标签，Series) 元组。下面使用for语句将DataFrame对象df中每行的索引标签和对应值提取出来，并使用print函数进行输出（程序清单7.37）。从下列结果可以看到，输出的是DataFrame对象的索引标签A、B和属于各个索引的行的Series对象。

程序清单 7.37　DataFrame 对象的 iterrows 方法

In

```
for idx,val in df.iterrows():
    print(idx)
    print(val, '\n')
```

Out

```
A
math    81
eng     79
Name: A, dtype: int64

B
math    91
eng     90
Name: B, dtype: int64
```

iterrows方法会将DataFrame对象的行作为Series对象返回，因此是无法保留每行的数据类型的。这是因为DataFrame对象的数据类型是按列保留的。下面将创建DataFrame对象的副本，将列math的元素变更为float64，并对其特性进行确认（程序清单7.38）。使用DataFrame对象的dtypes属性就可以看到列math是float64、列eng是int64的数据类型。

程序清单 7.38　数据类型的确认

In

```
df2 = df.copy()
df2['math'] = [81.0, 91.0]
df2.dtypes
```

Out

```
math    float64
eng       int64
dtype: object
```

Python的内置函数next可以调用迭代器的"__next__"方法获取下一个元素。在程序清单7.39中，使用了DataFrame对象df2的iterrows方法，并使用next函数将开头的行提取出来。由于iterrows方法会返回(索引标签, Series)结构的元组，因此可以通过索引引用将Series对象单独提取到变量row中。

程序清单 7.39　Python 内置函数 next

In

```
row = next(df2.iterrows)[1]
row
```

Out

```
math    81.0
eng     79.0
Name: A, dtype: float64
```

下面将使用dtype属性对DataFrame对象df2的列eng和Series对象row的索引标签eng的数据类型进行确认(程序清单7.40)。虽然DataFrame对象df2的列eng的数据类型是int64，但是如果使用iterrows方法提取，数据类型会变成float64，这一点从程序的执行结果中可以看到。

程序清单 7.40　数据类型的确认

In

```
print(df2['eng'].dtype)
print(row['eng'].dtype)
```

Out

```
int64
float64
```

由此可见，虽然iterrows方法可以将DataFrame对象的行作为Series对象返回，但是无法保留各行原始的数据类型。不过DataFrame对象中提供了itertuples方法，可以在保留数据类型的情况下对每行进行循环处理。关于itertuples方法的详细内容，在本节的itertuples方法中进行了讲解。

基于DataFrame对象的for语句进行循环处理，除了需要注意数据类型，还有其他需要注意的地方。例如，在进行DataFrame对象或Series对象的循环处理时，不应使用循环中的变量对值进行变更或更新操作。这是因为数据类型迭代器可能会返回副本，这样在循环中变更的数据内容将无法得到正确处理。即使使用iterrows方法，将变量value的索引标签math的值更新为字符串'a'，DataFrame对象df2的值也不会被更新（程序清单7.41）。

程序清单 7.41　基于循环处理对值进行更新

In

```
for idx, value in df2.iterrows():
    value['math'] = 'a'
```

In

```
df2
```

Out

```
   math  eng
------------
A  81.0   79
B  91.0   90
```

使用循环处理对DataFrame对象的值进行更新时，可以在循环处理内部直接对DataFrame对象的值进行更新。下面将使用loc属性重新编写代码，以实现与程序清单7.41相同的处理（程序清单7.42）。从下列结果可以看到，程序在循环内部使用loc属性对DataFrame对象df2的每个索引标签idx进行引用，并将其更新成了字符串'a'。

程序清单 7.42　基于循环处理对值进行更新（DataFrame 对象）

In

```
for idx, value in df2.iterrows():
    df2.loc[idx, 'math'] = 'a'
```

In

```
df2
```

Out

```
   math  eng
------------
A     a   79
B     a   90
```

在数据预处理中，根据列标签或元素的值进行的处理也不少见。也可以在循环内使用if语句进行条件分支操作。下面使用if语句，将DataFrame对象df2中列math的值返回为81、91(程序清单7.43)。

程序清单 7.43　基于循环处理和 if 语句的条件分支

In

```
for idx, value in df2.iterrows():
    if idx == 'A':
        df2.loc[idx, 'math'] = 81
    else:
        df2.loc[idx, 'math'] = 91

df2
```

Out

```
   math  eng
------------
A    81   79
B    91   90
```

每列的循环处理

在前面已使用iterrows方法将DataFrame对象的行以元组(索引标签, Series) 的形式返回了，而iteritems方法可以将DataFrame对象的列以元组(列标签, Series) 的形式返回。下面使用iteritems方法，将属于DataFrame对象df的列标签和列的每个Series对象通过print函数进行输出(程序清单7.44)。

程序清单 7.44　DataFrame 对象的 iteritems 方法

In

```
for col, val in df.iteritems:
    print(col)
    print(val, '\n')
```

Out

```
math
A    81
B    91
Name: math, dtype: int64

eng
A    79
B    90
Name: eng, dtype: int64
```

接下来,将使用iteritems方法,对每列的平均值进行计算和输出(程序清单7.45)。每次循环会将包含DataFrame对象df的math列元素的Series对象和包含eng列元素的Series对象代入变量val。下面使用Series对象的mean方法，将计算出的平均值保存到变量col(列标签)中，

函数应用与分组化

并使用print函数对保存Series对象的平均值的变量mean输出。

程序清单 7.45　iteritems 方法和 mean 方法

In

```
for col, val in df.iteritems:
    mean = val.mean
    print(col, '的平均值是', mean)
```

Out

```
math 的平均值是 86.0
eng 的平均值是 84.5
```

○ itertuples 方法

正如前面所说，iterrows方法无法保留每行元素的数据类型。当对每行进行循环处理时，如果需要保留数据类型，可以使用itertuples方法。itertuples方法可以将DataFrame对象的各行的索引标签和该行的数据以元组的形式返回。

itertuples方法会按照默认值将DataFrame对象的每行数据转换成名为Pandas的命名元组对象返回。下面在程序清单7.46中，将DataFrame对象df的每行提取到变量row中，并使用print函数对其进行输出。从下列结果可以看到，返回了名为Pandas的命名元组，其中包含Index、math、eng字段和对应的值。

程序清单 7.46　DataFrame 对象的 itertuples 方法

In

```
for row in df.itertuples:
    print(row)
```

Out

```
Pandas(Index='A', math=81, eng=79)
Pandas(Index='B', math=91, eng=90)
```

使用itertuples方法的index参数（默认值为True）可以对是否将索

引标签包含在命名元组的操作进行变更。将index参数指定为False时，其中是不包含索引标签的（程序清单7.47）。

程序清单 7.47　itertuples 方法和 index 参数

In

```
for row in df.itertuples(index=False):
    print(row)
```

Out

```
Pandas(math=81, eng=79)
Pandas(math=91, eng=90)
```

命名元组可以使用点（.）或方括号（[ ]）对值进行引用。下面使用row[0] 引用索引标签，row[1] 引用math的值，row.eng引用eng的值（程序清单7.48）。

程序清单 7.48　命名元组的数据引用

In

```
for row in df.itertuples:
    print('index:', row[0], 'math :', row[1], 'eng :', ➡
row.eng)
```

Out

```
index: A math : 81 eng : 79
index: B math : 91 eng : 90
```

通过将字符串传递给name参数（默认值为Pandas），还可以对命名元组的名称进行指定。此外，如果将None传递给name参数，返回的将不是命名元组，而是将每行数据作为常规的元组返回（程序清单7.49）。

程序清单 7.49　itertuples 方法和 name 参数

In

```
for row in df.itertuples(name=None):
    print(row)
```

Out

```
('A', 81, 79)
('B', 91, 90)
```

接下来，将使用itertuples方法确认原始的数据类型是否会发生变化。这里使用每列为不同数据类型（float64和int64）的DataFrame对象df2进行验证。正如在前面讲解的，使用iterrows方法，数据类型会发生变更，而使用itertuples方法则会保留原始的数据类型（程序清单7.50）。

程序清单 7.50 数据类型的确认

In

```
df2 = df.copy
df2['math'] = [81.0, 91.0]
df2
```

Out

```
   math  eng
------------
A  81.0   79
B  91.0   90
```

In

```
row = next(df2.itertuples)
row
```

Out

```
Pandas(Index='A', math=81.0, eng=79)
```

In

```
print(df2.loc['A','eng'], 'dtype = ', type(df2.loc['A', ➡
'eng']))
print(row[2], 'dtype = ', type(row[2]))
```

Out

```
79 dtype =  <class 'numpy.int64'>
79 dtype =  <class 'int'>
```

需要对DataFrame对象和Series对象使用for语句进行循环处理的情况是相当多的。对行的循环处理可以使用iterrows方法，而对列的循环处理则可以使用iteritems方法。建议读者记住这些基本的操作方法。

7.3 数据的分组

pandas 中数据分组(groupby)的概念是非常简单的。它是基于特定列的数据进行分组，并应用任意的函数将结果合并和返回。这一操作在机器学习的预处理中也是很常用的。在本节中，将对数据分组的概要及groupby的基本使用方法等进行讲解。

7.3.1 GroupBy对象

对DataFrame对象或Series对象进行分组时，可以使用groupby方法。DataFrame对象的groupby方法返回的是DataFrameGroupBy对象，Series对象则是返回SeriesGroupBy对象。使用groupby方法返回的对象统称为GroupBy对象。GroupBy对象中提供了很多方法和属性，可以对分组后的数据进行详细分析。

pandas的groupby方法是基于SQL(结构化查询语言)的GROUP BY处理设计而成的。如果是使用过SQL的读者，应该可以很快速地理解其操作方法。接下来，将对groupby的处理流程，以及GroupBy对象的基本操作进行讲解。

groupby的处理流程

正如前文所述，groupby可以根据特定列中的数据进行分组并应用任意的处理。为了更好地理解groupby，需要先了解其大致的处理流程。pandas的官方文档中也有相关讲解，groupby的处理是分为划分(Splitting)、应用(Applying)、合并(Combining)3个步骤完成的。我们在图7.1中对每个步骤进行了图形化。

假设现有表示8名成年男性和女性的“男”“女”列和体重列的数据。下面将考虑基于groupby对不同性别的体重平均值进行计算。

为了统计男性、女性不同分组的体重平均值，将性别列作为groupby的“键”。整个处理流程是首先按照键值对数据进行“划分”；其次对根据性别划分后的数据“应用”计算“平均值”的处理；最后将分组的键值和计算出平均值的列进行“合并”。如此，groupby就可以计算出男女不同性别的平均值。

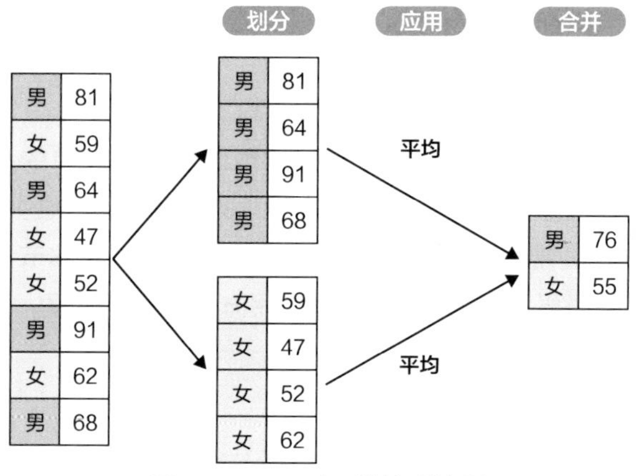

图 7.1　groupby 的处理流程

图7.1的示例中，是将性别列作为分组的键值使用的，而键也可以使用多个列的值。假设这份数据中包含年龄（20岁或30岁等）的列时，就可以基于性别和年龄对数据进行划分。虽然返回的是划分后的组经过合并的结果，但是返回对象的格式是由划分和应用中处理的内容决定的。

此外，不仅可以指定平均值，还可以对各种函数进行指定。GroupBy对象中提供了平均值、中位数及标准差等许多的函数和类方法。

在完全习惯groupby的操作前，可能会感觉有些复杂，但是实际的处理就如图7.1所示是非常简单的操作。如果对操作有不理解的地方，可以对groupby的处理流程进行整理，这样思路就会变得清晰、明朗了。

● GroupBy对象的基本操作

pandas中groupby的操作是基于GroupBy对象实现的。GroupBy对象为了应对各种各样的处理，提供了多种多样的类方法。接下来，将对GroupBy对象常用的基本方法进行讲解。

ex15.csv文件是一份包含学生信息（姓名、性别、社团）和3个科目（数学、英语、理科）考试分数的数据。下面使用read_csv函数，将数据作为DataFrame对象进行读取（程序清单7.51）。

注意事项

示例程序的配置

如果是在Jupyter Notebook、Google Colab中使用，CSV示例程序的配置方法参考第3.2.1小节CSV中的备注。

程序清单 7.51 ex15.csv 文件的读取

In

```
df = pd.read_csv('../data/ex15.csv')
df
```

Out

	name	sex	club	math	eng	scie
0	A	Male	soccer	81	79	91
1	B	Male	soccer	91	90	89
2	C	Female	volleyball	77	69	94
3	D	Female	tennis	88	85	81
4	E	Male	baseball	71	69	82
5	F	Male	tennis	69	75	84
6	G	Female	volleyball	91	93	89
7	H	Female	tennis	77	86	80
8	I	Male	baseball	88	76	72

DataFrame对象中提供了groupby方法。在groupby方法的第一个参数by（默认值为None）中指定“键”进行分组，返回的是GroupBy对象。下面将列sex的值作为键值进行分组（程序清单7.52）。

程序清单 7.52 DataFrame 对象的 groupby 方法

In

```
grouped = df.groupby("sex")
grouped
```

Out

```
<pandas.core.groupby.DataFrameGroupBy object at 0x12045➡
a978>
```

GroupBy对象中提供了方便使用的属性。使用groups属性可以对分组键的名称和属于该组的索引标签进行确认，该属性返回的是字典{组名称: 索引标签}。已知列sex中包含Female、Male的值，下面将对每组的索引标签进行确认（程序清单7.53），使用groups属性可以确认到Female组的数据为索引标签2、3、6、7。接着使用DataFrame对象的loc属性，对属于Female组的索引标签相应行的列sex进行引用。从下列结果可以看到，所有行的值都是Female。

程序清单 7.53　GroupBy 对象的 groups 属性

In

```
grouped.groups
```

Out

```
{'Female': Int64Index([2, 3, 6, 7], dtype='int64'),➡
 'Male': Int64Index([0, 1, 4, 5, 8], dtype='int64')}
```

In

```
df.loc[[2,3,6,7],'sex']
```

Out

```
2    Female
3    Female
6    Female
7    Female
Name: sex, dtype: object
```

使用groups属性返回的是索引标签，而使用indices属性返回的则是属于每组的位置索引。由于DataFrame对象df的索引标签和位置索引是相同的，因此Female组的位置索引的值与程序清单7.53相同，都是2、3、6、7（程序清单7.54）。

程序清单 7.54　GroupBy 对象的 indices 属性

In

```
grouped.indices
```

Out

```
{'Female': array([2, 3, 6, 7]), 'Male': array([0, 1, 4, 5, 8])}
```

将键值指定给get_group方法，可以对属于该键值对应的数据进行确认。下面将指定Female对属于各组的数据进行确认（程序清单7.55）。从下列结果可以看到，使用get_group方法返回的DataFrame对象中列sex的值只有Female。groupby方法会根据指定的键值（这里是列sex的值Female或Male）对DataFrame对象进行划分，并将其转换为GroupBy对象。

程序清单 7.55　GroupBy 对象的 get_group 方法

In

```
grouped.get_group('Female')
```

Out

	name	sex	club	math	eng	scie
2	C	Female	volleyball	77	69	94
3	D	Female	tennis	88	85	81
6	G	Female	volleyball	91	93	89
7	H	Female	tennis	77	86	80

GroupBy对象中提供了对数据进行统计的方法。首先，将使用mean方法，对男女不同性别的3个科目的平均值进行计算。mean方法可以对包含GroupBy对象的数值列的平均值进行计算。除数值列外的列（sex或club）会被删除（程序清单7.56）。

程序清单 7.56　GroupBy 对象的 mean 方法

In

```
grouped.mean
```

Out

```
        math    eng    scie
   sex
--------------------------
Female  83.25   83.25  86.0
  Male  80.00   77.80  83.6
```

使用count方法可以对GroupBy对象中每列的元素数量进行统计，并返回结果。由于是删除了缺失值的元素数量，因此对于缺失值的确认也是非常方便的。mean方法是将除数值列外的列删除后进行处理，而count方法则无论元素是什么数据类型都可以应用到所有列中（程序清单7.57）。

程序清单 7.57 GroupBy 对象的 count 方法

In

```
grouped.count
```

Out

```
        name   club   math   eng   scie
   sex
------------------------------------
Female     4      4      4     4      4
  Male     5      5      5     5      5
```

GroupBy对象可用的方法中大多数都是与DataFrame对象的方法类似的。在表7.1中，对GroupBy对象中具有代表性的数据聚合处理类方法进行了总结。

表7.1 GroupBy对象的聚合方法及含义说明（部分）

聚合方法	说　明
count()	删除缺失值后，组中元素的数量
max()	最大值
min()	最小值

续表

聚合方法	说　明
mean()	平均值
median()	中位数
prod()	无穷乘积
std()	标准差（ddof的初始值为1）
var()	方差（ddof的初始值为1）

如程序清单7.56所示，使用GroupBy对象的mean方法可以对包含数值的所有列的平均值进行计算并返回。如果只需将任意的数值列作为计算对象，可以采用与DataFrame对象相同的方式，使用方括号（[ ]）对列标签进行指定。下面将对不同性别的math平均分数进行计算（程序清单7.58）。

程序清单 7.58　使用方括号（[ ]）对不同性别的 math 平均分数进行计算

In

```
grouped['math'].mean()
```

Out

```
sex
Female    83.25
Male      80.00
Name: math, dtype: float64
```

程序清单7.58中返回的是Series对象，如果使用列表指定列标签，就会作为DataFrame对象返回。此外，还可以使用列表对多个列标签进行指定。下面将对列math和列eng的数据进行处理（程序清单7.59）。

程序清单 7.59　使用方括号（[ ]）对列 math 和列 eng 的数据进行处理

In

```
grouped[['math','eng']].mean()
```

Out

```
          math   eng
     sex
--------------------
Female   83.25   83.25
  Male   80.00   77.80
```

GroupBy对象的grouped是只将列sex作为键值进行处理的。当然也可以将多个列指定给键值进行分组。下面使用列表将列sex和列club指定给groupby方法，并使用mean方法对平均值进行计算（程序清单7.60）。

程序清单 7.60 基于多个键值的分组

In

```
grouped = df.groupby(['sex','club'])
grouped.mean()
```

Out

```
                        math   eng   scie
   sex         club
-------------------------------------
Female       tennis   82.5   85.5   80.5
         volleyball   84.0   81.0   91.5
  Male     baseball   79.5   72.5   77.0
             soccer   86.0   84.5   90.0
             tennis   69.0   75.0   84.0
```

当使用多个分组键时，返回的就是包含多重索引（MultiIndex）的DataFrame对象。从上述结果可以看到，分别计算了男性、女性及不同学生社团的科目平均分。有时为了便于处理数据，需要避免使用多重索引。这种情况下，使用groupby方法的as_index参数（默认值为True）是非常方便的。当as_index参数为False时，就会返回将分组键作为列标签的DataFrame对象（程序清单7.61）。

程序清单 7.61　groupby 方法和 as_index 参数

In

```
grouped = df.groupby(['sex','club'], as_index=False)
grouped.mean()
```

Out

```
      sex        club  math   eng   scie
----------------------------------------
0  Female      tennis  82.5  85.5  80.5
1  Female  volleyball  84.0  81.0  91.5
2    Male    baseball  79.5  72.5  77.0
3    Male      soccer  86.0  84.5  90.0
4    Male      tennis  69.0  75.0  84.0
```

还可以使用位于DataFrame对象外部的数据进行分组。这里将使用列表创建每个学生的类（1A、1B、1C）。列表的长度必须与DataFrame对象的行长度相等（程序清单 7.62）。

程序清单 7.62　创建包含类的数据列表

In

```
classroom = ['1A'] * 2 + ['1B'] * 3 + ['1C'] * 2 + ['1A➡
'] * 2
classroom
```

Out

```
['1A', '1A', '1B', '1B', '1B', '1C', '1C', '1A', '1A']
```

接下来，将classroom的列表和列sex作为键指定给groupby方法，并使用max方法，对不同类别和不同性别的列math及列eng的最高分数进行计算（程序清单 7.63）。

程序清单 7.63　使用外部数据进行分组

In

```
grouped = df.groupby([classroom, 'sex'])
grouped[['math','eng']].max()
```

Out

```
                math   eng
        sex
----------------------
1A   Female      77    86
       Male      91    90
1B   Female      88    85
       Male      71    69
1C   Female      91    93
       Male      69    75
```

也可以将DataFrame对象的索引标签的值作为分组键进行指定。下面将创建DataFrame对象df的副本，并使用set_index方法将列club指定给索引标签（程序清单7.64）。

程序清单 7.64　DataFrame 对象和 set_index 方法

In

```
df2 = df.copy()
df2 = df2.set_index('club')
df2
```

Out

```
                name   sex      math  eng   scie
      club
----------------------------------------------------
    soccer         A     Male    81    79     91
    soccer         B     Male    91    90     89
volleyball         C   Female    77    69     94
    tennis         D   Female    88    85     81
  baseball         E     Male    71    69     82
    tennis         F     Male    69    75     84
volleyball         G   Female    91    93     89
    tennis         H   Female    77    86     80
  baseball         I     Male    88    76     72
```

需要使用groupby方法将索引标签作为键使用时，有两种方法可以实现。第一种方法是将索引的name属性值指定给groupby方法的by参数。

已知对象df2的索引标签的name属性是club。下面将club指定给groupby方法的by参数，并使用mean方法对平均值进行计算（程序清单7.65）。

程序清单 7.65　基于索引的 name 属性分组

In

```
df2.groupby(by='club').mean()
```

Out

```
             math  eng   scie
      club
----------------------------------
  baseball   79.5  72.5  77.000000
    soccer   86.0  84.5  90.000000
    tennis   78.0  82.0  81.666667
volleyball   84.0  81.0  91.500000
```

如果索引不具有name属性时，则无法使用by参数将索引标签作为键指定。这种情况下，可以使用第二种方法：groupby方法的level参数。在level参数中指定0，就可以将索引标签作为分组键使用（程序清单7.66）。

程序清单 7.66　groupby 方法的 level 参数

In

```
df2.groupby(level=0).mean()
```

Out

```
             math  eng   scie
      club
----------------------------------
  baseball   79.5  72.5  77.000000
    soccer   86.0  84.5  90.000000
    tennis   78.0  82.0  81.666667
volleyball   84.0  81.0  91.500000
```

迭代

GroupBy对象也支持迭代器的使用。下面将DataFrame对象df的列sex作为键，生成GroupBy对象。GroupBy对象会通过迭代将分组名和属于该组的数据返回。这里将对每组开头的两行数据进行显示（程序清单7.67）。

程序清单 7.67　GroupBy对象的迭代

In

```
grouped = df.groupby('sex')

for name, group in grouped:
    print(name)
    print(group[0:2], '\n')
```

Out

```
Female
  name     sex        club  math  eng  scie
2    C  Female  volleyball    77   69    94
3    D  Female      tennis    88   85    81

Male
  name   sex    club  math  eng  scie
0    A  Male  soccer    81   79    91
1    B  Male  soccer    91   90    89
```

当存在多个分组键时，会生成包含组名的元组。下面将列sex和列club作为分组键生成GroupBy对象并对其进行确认（程序清单7.68）。

程序清单 7.68　GroupBy对象的迭代（多个键）

In

```
for (sex, club), group in df.groupby(['sex','club']):
    print(sex, club)
```

Out

```
Female tennis
```

```
Female volleyball
Male baseball
Male soccer
Male tennis
```

由于GroupBy对象是支持迭代器的，因此可以更加灵活地执行groupby方法的处理。

GroupBy对象的方法

在GroupBy对象的方法中，常用且使用方便的有agg方法和apply方法。在后续内容中，将对这两种方法进行详细讲解。在本小节中，将对基本的GroupBy对象的类方法进行讲解。

下面将对使用describe方法分组后的数据概括统计量进行计算。将club作为分组键，对math的概括统计量进行计算（程序清单7.69）。

程序清单 7.69 GroupBy 对象的 describe 方法

In

```
grouped = df.groupby('club')
grouped['math'].describe()
```

Out

club	count	mean	std	min	25%	50%	75%	max
baseball	2.0	79.5	12.020815	71.0	75.25	79.5	83.75	88.0
soccer	2.0	86.0	7.071068	81.0	83.50	86.0	88.50	91.0
tennis	3.0	78.0	9.539392	69.0	73.00	77.0	82.50	88.0
volleyball	2.0	84.0	9.899495	77.0	80.50	84.0	87.50	91.0

如果filter方法使用bool类型返回值的函数，可以返回只包含满足特定条件元素的DataFrame对象。下面将不同学生社团的math的平均分大于80分的行进行提取。使用x['math'].mean( )语句，将大于80分的元素返回True、其余情况则返回False的匿名函数指定给filter方法。这样一来，就可以只对不同学生社团的math的平均分大于80分的数据进

行提取（程序清单 7.70）。对使用filter方法返回的DataFrame对象进行确认，可以看到对索引标签2的math分数为77分的也进行了提取，这是由于volleyball的math平均分大于80分的缘故。

程序清单 7.70　GroupBy 对象的 filter 方法

In

```
grouped.filter(lambda x: x['math'].mean() > 80)
```

Out

	name	sex	club	math	eng	scie
0	A	Male	soccer	81	79	91
1	B	Male	soccer	91	90	89
2	C	Female	volleyball	77	69	94
6	G	Female	volleyball	91	93	89

使用filter方法和len函数可以根据各组的数据个数进行筛选操作。下面将列club作为键，对所属各个学生社团的数据中大于2的位置进行提取（程序清单 7.71）。从下列结果可以看到，只有参与社团的人数有3人的tennis社团数据被提取。

程序清单 7.71　GroupBy 对象的 filter 方法和 len 函数

In

```
df.groupby('club').filter(lambda x: len(x) > 2)
```

Out

	name	sex	club	math	eng	scie
3	D	Female	tennis	88	85	81
5	F	Male	tennis	69	75	84
7	H	Female	tennis	77	86	80

虽然DataFrameGroupBy对象和SeriesGroupBy对象中的大多数方法是相似的，但nlargest方法和nsmallest方法是只能用于SeriesGroupBy

对象的方法。下面将列sex作为分组键执行groupby，只对列math进行引用并生成SeriesGroupBy对象（程序清单7.72）。

程序清单 7.72　SeriesGroupBy 对象

In

```
ser_grouped = df.groupby('sex')
ser_grouped['math']
```

Out

```
<pandas.core.groupby.SeriesGroupBy object at 0x1204da518>
```

nlargest方法和nsmallest方法是使用非常方便的方法。它们可以基于n参数中指定的*n*，分别将最大或最小的*n*个元素以Series对象的形式返回。下面将对不同性别学生math的top1和worst1分别进行确认（程序清单7.73）。

程序清单 7.73　SeriesGroupBy 对象的 nlargest 方法和 nsmallest 方法

In

```
print(ser_grouped['math'].nlargest(n=1), '\n')
print(ser_grouped['math'].nsmallest(n=1))
```

Out

```
sex
Female  6    91
Male    1    91
Name: math, dtype: int64

sex
Female  2    77
Male    5    69
Name: math, dtype: int64
```

使用value_counts方法可以对GroupBy对象的唯一元素值和频率进行确认。这里将对不同性别学生math的唯一元素和频率进行显示（程序清单7.74）。

程序清单 7.74 SeriesGroupBy 对象和 value_counts 方法

In

```
ser_grouped['math'].value_counts()
```

Out

```
sex     math
Female  77      2
        88      1
        91      1
Male    69      1
        71      1
        81      1
        88      1
        91      1
Name: math, dtype: int64
```

7.3.2 GroupBy对象的agg方法

与DataFrame对象的agg方法（参考第7.1.2小节）相同，GroupBy对象也提供了agg方法。GroupBy对象的mean、max等方法可以对分组后的数据进行相应的处理。执行应用多个函数等这类更加灵活的处理方法时，可以使用agg方法。agg方法是aggregate方法的别名，这两个都是可以使用的。接下来，将对GroupBy对象的agg方法的操作方法进行讲解。

agg方法可以对函数或函数名的字符串进行指定。在agg方法中指定了'mean'字符串时，返回的DataFrame对象与GroupBy对象的mean方法指定的DataFrame对象相同（程序清单7.75）。

程序清单 7.75 GroupBy 对象的 agg 方法

In

```
grouped = df.groupby('sex')
grouped.mean()
```

Out

```
          math   eng    scie
    sex
---------------------------
Female  83.25  83.25  86.0
  Male  80.00  77.80  83.6
```

In

```
grouped.agg('mean')
```

Out

```
          math   eng    scie
    sex
---------------------------
Female  83.25  83.25  86.0
  Male  80.00  77.80  83.6
```

也可以用同样的方式将NumPy数组的函数指定给agg方法。下面将对计算平均值的NumPy数组的mean函数进行指定，并对结果进行显示（程序清单7.76）。

程序清单 7.76 agg 方法和 NumPy 数组的 mean 函数

In

```
grouped.agg(np.mean)
```

Out

```
          math   eng    scie
    sex
---------------------------
Female  83.25  83.25  86.0
  Male  80.00  77.80  83.6
```

使用agg方法可以对多个函数进行指定。下面使用列表将NumPy数组的max函数和min函数指定给agg方法，对不同性别学生的math和eng的最大值与最小值进行计算。从下列结果可以看到，返回的

DataFrame对象的列标签是多重索引(MultiIndex)(程序清单7.77)。

程序清单 7.77　agg 方法和多个函数

In

```
grouped[['math','eng']].agg([np.max,np.min])
```

Out

```
          math        eng
          amax  amin  amax  amin
   sex
------------------------------
Female      91    77    93    69
  Male      91    69    90    69
```

默认会将应用函数的"__name__"属性赋予列标签。将(列标签,函数)的元组指定给agg方法,还可以为每个函数指定列标签。下面将各自的最大值和最小值作为列标签重新执行代码(程序清单7.78)。

程序清单 7.78　agg 方法和元组

In

```
grouped[['math','eng']].agg([('最大值', np.max),('最小值', ➡
np.min)])
```

Out

```
          math          eng
          最大值  最小值  最大值  最小值
   sex
--------------------------------
Female      91     77     93    69
  Male      91     69     90    69
```

将{列标签:函数}的字典指定给agg方法,可以对每个列应用不同的函数。下面将不同性别学生的math的平均值、eng的最大值及scie的最小值指定给字典,并进行计算(程序清单7.79)。

程序清单 7.79　agg 方法和字典

In

```
grouped.agg({'math':np.mean,
             'eng':np.max,
             'scie':np.min})
```

Out

```
        math  eng  scie
sex
------------------------
Female  83.25  93    80
  Male  80.00  90    72
```

常规的用于数据统计的处理会作为方法或NumPy数组的函数提供，而使用其他的方法对数据进行统计的情况也并不在少数。agg方法还可以使用用户自定义函数。下面将对计算最大值与最小值之差的max_min函数进行定义，并将其指定给agg方法（程序清单7.80）。

程序清单 7.80　agg 方法和用户自定义函数

In

```
def max_min(g):
    return g.max() - g.min()
```

In

```
grouped.agg(max_min)
```

Out

```
        math  eng  scie
  sex
------------------------
Female    14   24    14
  Male    22   21    19
```

对于包含多个分组键的GroupBy对象也可以使用agg方法进行统计。下面将DataFrame对象df的列sex和列club指定给分组键，并对列

math的平均值和合计值进行计算（程序清单7.81）。

程序清单 7.81　agg 方法和多个分组键

In

```
df.groupby(['sex','club']).agg(['mean','sum'])['math']
```

Out

sex	club	mean	sum
Female	tennis	82.5	165
	volleyball	84.0	168
Male	baseball	79.5	159
	soccer	86.0	172
	tennis	69.0	69

7.3.3　transform方法

使用GroupBy对象的agg方法，对分组后的数据进行平均值和中位数等统计量的计算是非常方便的。对分组后的数据进行转换处理的情况也并不少见，因此专门提供了对分组后的对象进行转换的transform方法。接下来，将对其基本的使用方法进行讲解。

下面将使用包含餐厅的分类（如Ramen或Chinese等）和每个餐厅的销售额（sales）等数据的ex16.csv文件，对transform方法的使用方法进行讲解。首先，使用read_csv函数将ex16.csv文件作为DataFrame对象进行读取（程序清单7.82）。

程序清单 7.82　ex16.csv 文件的读取

In

```
df = pd.read_csv('../data/ex16.csv')
df
```

Out

```
   name  category   sales
-------------------------
0     A     Ramen  120000
1     B   Chinese  100000
2     C   Chinese  320000
3     D     Sushi  120000
4     E     Sushi  290000
5     F     Ramen   80000
6     G     Sushi  610000
```

接下来，将列category作为分组键，并使用agg方法和匿名函数对不同餐厅类别的列sales的平均值进行计算（程序清单7.83）。

程序清单 7.83 agg 方法和匿名函数

In

```
grouped = df.groupby('category')
grouped['sales'].agg(lambda x: x.mean())
```

Out

```
category
Chinese     210000
Ramen       100000
Sushi       340000
Name: sales, dtype: int64
```

使用transform方法，如果指定函数返回的数据与分组后的数据是相同大小，就会对每组的值使用广播并返回与原始DataFrame对象相同大小的数据。agg方法会将分组后的每个列category的平均值返回，而transform方法则会对每个列category的平均值使用广播机制，返回与原始DataFrame对象相同大小的数据（程序清单7.84）。

程序清单 7.84 GroupBy 对象和 transform 方法

In

```
grouped['sales'].transform(lambda x: x.mean())
```

Out

```
0    100000
1    210000
2    210000
3    340000
4    340000
5    100000
6    340000
Name: sales, dtype: int64
```

这里有些容易混淆，指定给transform方法的函数如果返回的结果与原有的DataFrame对象大小相同，就会对每个值进行处理，需要多注意。这具体是指什么意思呢？下面将通过具体的示例对这一问题进行确认。

使用GroupBy对象的transform方法，并指定lambda x: x.mean( )会对每个分组键（上述示例中是列category）的平均值使用广播机制，返回与原始DataFrame对象相同大小的数据。为了便于与原始DataFrame对象的值进行比较，将创建DataFrame对象df的副本df2，并将其作为"不同分类的平均"添加到列中（程序清单7.85）。从添加后的值中可以看到，使用transform方法对每个列category的平均值进行了计算，并将结果代入列"不同分类的平均"。

程序清单 7.85　指定的函数与分组后数据大小相同的情况

In

```
df2 = df.copy()
df2['不同分类的平均'] = grouped.transform(lambda x: x.mean())
df2
```

Out

	name	category	sales	不同分类的平均
0	A	Ramen	120000	100000
1	B	Chinese	100000	210000
2	C	Chinese	320000	210000
3	D	Sushi	120000	340000
4	E	Sushi	290000	340000

```
5       F     Ramen     80000          100000
6       G     Sushi    610000          340000
```

列sales中值的单位为“日元”。下面将其除以10000，将单位变更为“万”并将其作为列添加（程序清单7.86）。为transform方法指定lambda x: x / 10000的匿名函数。由于这个函数返回的结果与原始DataFrame对象的大小相同，因此会对每个值进行处理。无论列category的值是什么，列“万”的值都是列sales值的1/10000。在程序清单7.85中执行的lambda x: x.mean( )是计算每个键的平均值并使用广播将值代入每行。transform方法根据指定的函数不同，会有这类差别，因此使用时需要注意。

程序清单 7.86　指定的函数与原始 DataFrame 对象大小相同时

In

```
df2['万'] = grouped.transform(lambda x: x / 10000)
df2
```

Out

	name	category	sales	不同分类的平均	万
0	A	Ramen	120000	100000	12
1	B	Chinese	100000	210000	10
2	C	Chinese	320000	210000	32
3	D	Sushi	120000	340000	12
4	E	Sushi	290000	340000	29
5	F	Ramen	80000	100000	8
6	G	Sushi	610000	340000	61

由于transform方法可以返回与原始DataFrame对象相同大小的数据，因此其可以对分组后的数据进行更加灵活的处理。

下面将针对DataFrame对象df的各个餐厅不同分类列sales的合计，对该餐厅列sales所占比例进行计算。首先，不使用transform方法，而是使用groupby方法等进行计算。将列category作为分组键，使用sum方法对列sales的合计值进行计算，并将其保存到变量cat_total中。考虑到以后还需要与DataFrame对象合并，这里将列标签变更为cat_total（程序清单7.87）。

程序清单 7.87　GroupBy 对象和 sum 方法

In

```
df2 = df.copy()
cat_total = df2.groupby('category').sum()
cat_total.columns = ['cat_total']
cat_total
```

Out

```
          cat_total
category
-------------------
 Chinese     420000
   Ramen     200000
   Sushi    1020000
```

接下来，使用merge方法将包含每个类别列sales合计值的DataFramecat_total与原始DataFrame对象（参考第5.2.2小节）进行合并。然后将每个餐厅的列sales除以不同类别的总销售额（cat_total），对每个类别的销售额比率进行计算，并将其结果作为新的列pct输出（程序清单7.88）。

程序清单 7.88　计算每个类别的销售额比率

In

```
df2 = df2.merge(cat_total, left_on='category', right_in➡
dex=True)
df2['pct'] = df2['sales'] / df2['cat_total']
df2
```

Out

```
   name  category  sales   cat_total      pct
---------------------------------------------
0     A     Ramen  120000     200000  0.600000
```

```
5      F      Ramen    80000     200000   0.400000
1      B    Chinese   100000     420000   0.238095
2      C    Chinese   320000     420000   0.761905
3      D      Sushi   120000    1020000   0.117647
4      E      Sushi   290000    1020000   0.284314
6      G      Sushi   610000    1020000   0.598039
```

下面将使用transform方法对上述结果中相同的值进行计算（程序清单7.89）。将“x: x / x.sum()”作为匿名函数指定给transform方法。这样一来，就可以计算出针对每个类别的总销售额（cat_total）的每个餐厅的销售额比率。

程序清单 7.89 使用 transform 方法计算每个分类的销售额比率

In

```
df['pct'] = grouped['sales'].transform(lambda x: x / x.➡
sum())
df
```

Out

```
   name  category   sales        pct
------------------------------------
0      A     Ramen  120000  0.600000
1      B   Chinese  100000  0.238095
2      C   Chinese  320000  0.761905
3      D     Sushi  120000  0.117647
4      E     Sushi  290000  0.284314
5      F     Ramen   80000  0.400000
6      G     Sushi  610000  0.598039
```

虽然上述讲解绕了很大一圈，但是如果可以对transform方法灵活运用，它会是一种使用非常方便的类方法。即使是看起来很复杂的处理，使用GroupBy对象的transform方法可以轻易实现的情况也不在少数。

7.3.4 apply方法

transform方法在对GroupBy对象进行转换时，是一种非常好用的类方法，但是也提供了可以更加灵活地进行转换的apply方法。接下来，将对GroupBy对象中apply方法的使用方法进行详细讲解。

在本小节中，将使用ex15.csv文件，首先使用read_csv函数将其作为DataFrame对象进行读取（程序清单7.90）。

程序清单 7.90　ex15.csv 文件的读取

In

```
df = pd.read_csv('../data/ex15.csv')
df
```

Out

```
   name     sex        club  math  eng  scie
--------------------------------------------
0     A    Male      soccer    81   79    91
1     B    Male      soccer    91   90    89
2     C  Female  volleyball    77   69    94
3     D  Female      tennis    88   85    81
4     E    Male    baseball    71   69    82
5     F    Male      tennis    69   75    84
6     G  Female  volleyball    91   93    89
7     H  Female      tennis    77   86    80
8     I    Male    baseball    88   76    72
```

GroupBy对象的apply方法与GroupBy对象的agg方法相同，都是在第一个参数中指定函数，该函数接收的是DataFrame对象，返回的是DataFrame对象、Series对象或标量值中的任意一个。apply方法会对数据进行划分，然后应用指定的函数，将其与DataFrame对象或Series对象合并再返回。其可以根据指定的函数实现非常强大的处理。

由于GroupBy对象的apply方法设计得十分灵活，因此在执行简单的处理时，很多情况下并不能将其称为最佳的选择。毕竟pandas的DataFrame对象中提供了各种各样的方法，因此在使用apply方法前，建议首先考虑是否可使用这些方法。

假设需要将列sex作为分组键对各个科目的平均分进行计算。下面将执行GroupBy对象的mean方法和apply方法，并使用魔法命令“%timeit”分别对它们的执行处理速度进行测量（程序清单7.91）。

程序清单 7.91　apply 方法和 mean 方法的比较

In

```
%timeit df.groupby('sex').apply(lambda x: x.mean())
%timeit df.groupby('sex').mean()
```

Out

```
8.41 ms ± 163 µs per loop (mean ± std. dev. of 7 runs, ➡
 100 loops each)
1.47 ms ± 95.7 µs per loop (mean ± std. dev. of 7 runs ➡
, 1000 loops each)
```

从上述结果可以看到，虽然apply方法和mean方法返回的都是包含平均值的相同的DataFrame对象，但是mean方法比apply方法的处理时间更短。在处理大型数据时，处理时间是非常重要的一项指标，因此需要多注意。

apply方法根据指定的函数可以执行各种不同的处理。在本小节中，将使用apply方法实现以下两种操作。

●计算偏差值

接下来，将使用apply方法对ex15.csv文件中每个科目学生的偏差值进行计算。所谓偏差值，是指基于整体的平均分和标准差将考试的分数等归一化的值。当考试的平均分为$\bar{x}$、标准差为σ、学生的得分为x、偏差值为y时，偏差值就可以通过如式 7.1 所示的公式进行计算。

偏差值的计算公式如下：

$$y = 50 + 10\left(\frac{x - \bar{x}}{\sigma}\right) \qquad (7.1)$$

下面定义将DataFrame对象和列标签作为参数接收，并计算出偏差值，返回按降序排序后的DataFrame对象的ssc函数。平均分的计算使用DataFrame对象的mean方法，标准差的计算则使用std方法。std方法的ddof参数默认值为1，是无偏标准差。因此，将std方法的ddof参数指定为0（参考第 4.1.3 小节）。

首先，计算col参数中指定列的偏差值，再将其作为新的列score

（偏差值）添加到DataFrame对象中。此外，使用Python的内置函数round()进行四舍五入操作。然后，将除col参数中指定科目外的数据从DataFrame对象中删除，并使用sort_values方法将列score按降序排序后的DataFrame对象返回（程序清单7.92）。

程序清单 7.92　计算偏差值的 ssc 函数的定义

In

```
def ssc(df, col=None):
    temp = (df[col] - df[col].mean()) / df[col].std(ddof=0)
    df['score'] = round(50 + 10 * temp)
    df = df[['name','sex','club',col,'score']]
    return df.sort_values(by='score', ascending=False)
```

在将apply方法应用到GroupBy对象前，将使用DataFrame对象df的列math对偏差值进行计算。创建DataFrame对象的副本，将其传递给程序清单7.92中定义的ssc函数对偏差值进行计算（程序清单7.93）。

程序清单 7.93　计算列 math 的偏差值

In

```
df2 = df.copy()
ssc(df2, col='math')
```

Out

	name	sex	club	math	score
1	B	Male	soccer	91	62.0
6	G	Female	volleyball	91	62.0
3	D	Female	tennis	88	58.0
8	I	Male	baseball	88	58.0
0	A	Male	soccer	81	49.0
2	C	Female	volleyball	77	44.0
7	H	Female	tennis	77	44.0
4	E	Male	baseball	71	37.0
5	F	Male	tennis	69	34.0

从上述结果可以看到，程序根据每个学生的数学（math）成绩计算出了偏差值（列score）。整体学生中最高分数91分的偏差值为62.0，最低分数69分的偏差值为34.0。

接下来，将使用groupby方法按性别（列sex）进行分组，并使用刚才定义的ssc函数和apply方法对不同性别学生math的偏差值进行计算，再按降序进行排列。将定义好的ssc函数传递给apply方法，在ssc函数的col参数中指定math，即可对不同性别学生math的偏差值进行计算并返回（程序清单7.94）。

程序清单 7.94　GroupBy 对象和 apply 方法

In

```
df2 = df.copy()
df2.groupby('sex').apply(ssc, col='math')
```

Out

```
                name   sex     club       math  score
   sex
-----------------------------------------------------
Female   6       G  Female  volleyball   91    62.0
         3       D  Female      tennis   88    57.0
         2       C  Female  volleyball   77    40.0
         7       H  Female      tennis   77    40.0
  Male   1       B    Male      soccer   91    62.0
         8       I    Male    baseball   88    59.0
         0       A    Male      soccer   81    51.0
         4       E    Male    baseball   71    40.0
         5       F    Male      tennis   69    38.0
```

由于这里计算偏差值的母体数据是不同性别的，因此每个学生的偏差值也与程序清单7.93不同。下面将以同样的方式按列club进行分组，并使用apply方法对列eng的偏差值进行计算（程序清单7.95）。

程序清单 7.95　GroupBy 对象的 apply 方法

In

```
df2 = df.copy()
```

```
df2.groupby('club').apply(ssc, col='eng')
```

Out

```
                name  sex     club        eng  score
    club
---------------------------------------------------
  baseball  8     I    Male   baseball    76   60.0
            4     E    Male   baseball    69   40.0
    soccer  1     B    Male     soccer    90   60.0
            0     A    Male     soccer    79   40.0
    tennis  7     H  Female     tennis    86   58.0
            3     D  Female     tennis    85   56.0
            5     F    Male     tennis    75   36.0
volleyball  6     G  Female volleyball    93   60.0
            2     C  Female volleyball    69   40.0
```

虽然由于数据数量较少，看上去像是没有什么意义的数据，但程序还是将每个学生社团的eng的偏差值计算出来了。

●缺失值的置换

在机器学习的数据预处理中，需要将特定组的统计量作为缺失值的置换值的情况也不少。而缺失值的置换作为GroupBy对象的apply方法的第二个操作，将使用apply方法在分组后的数据中对其进行实现。

下面将创建DataFrame对象的副本，在任意的位置代入缺失值(NaN)。从下列结果可以看到，使用np.nan，在math、eng、scie中代入缺失值(程序清单7.96)。

程序清单 7.96 在 DataFrame 对象中代入缺失值

In

```
df2 = df.copy()
df2.loc[3:5,'math'] = np.nan
df2.loc[[0,6,8],'eng'] = np.nan
df2.loc[[1,7],'scie'] = np.nan
```

首先使用mean方法计算每个科目的平均分，再使用fillna方法（参考第6.1.4小节）将不同科目的平均分代入缺失值的位置，以实现使用通过round函数四舍五入后的不同科目平均分对缺失值进行置换（程序清单7.97）。

程序清单 7.97　mean 方法和 fillna 方法

In

```
mean = round(df2.mean())
mean
```

Out

```
math    84.0
eng     79.0
scie    85.0
dtype: float64
```

In

```
df2.fillna(mean)
```

Out

	name	sex	club	math	eng	scie
0	A	Male	soccer	81.0	79.0	91.0
1	B	Male	soccer	91.0	90.0	85.0
2	C	Female	volleyball	77.0	69.0	94.0
3	D	Female	tennis	84.0	85.0	81.0
4	E	Male	baseball	84.0	69.0	82.0
5	F	Male	tennis	84.0	75.0	84.0
6	G	Female	volleyball	91.0	79.0	89.0
7	H	Female	tennis	77.0	86.0	85.0
8	I	Male	baseball	88.0	79.0	72.0

从上述结果可以看到，不同科目的平均分已经代入缺失值的位置。接下来，将使用groupby方法对不同学生社团（列club）各个科目的平均分进行计算。从下列结果可以看到，与程序清单7.97中计算的不同

科目平均分进行比较，根据所属学生社团不同，平均分也是有差别的（程序清单 7.98）。

程序清单 7.98　groupby 方法和 mean 方法

In

```
df2.groupby('club').mean()
```

Out

```
              math   eng  scie
        club
----------------------------
    baseball  88.0  69.0  77.0
      soccer  86.0  90.0  91.0
      tennis  77.0  82.0  82.5
  volleyball  84.0  69.0  91.5
```

接下来，将使用GroupBy对象的apply方法对不同学生社团的平均分与缺失值进行置换。对使用匿名函数lambda()分组后的DataFrame对象，使用mean方法计算平均分，并使用fillna方法对缺失值进行填充。其结果会返回包含多重索引的DataFrame对象（程序清单 7.99）。

程序清单 7.99　使用 apply 方法和匿名函数对缺失值进行置换

In

```
grouped = df2.groupby('club')
grouped.apply(lambda x: x.fillna(x.mean()))
```

Out

```
                 name  sex     club        math   eng  scie
        club
-----------------------------------------------------------
    baseball  4     E    Male   baseball  88.0  69.0  82.0
              8     I    Male   baseball  88.0  69.0  72.0
      soccer  0     A    Male     soccer  81.0  90.0  91.0
              1     B    Male     soccer  91.0  90.0  91.0
      tennis  3     D  Female     tennis  77.0  85.0  81.0
```

```
               5    F    Male       tennis  77.0  75.0  84.0
               7    H  Female       tennis  77.0  86.0  82.5
volleyball     2    C  Female   volleyball  77.0  69.0  94.0
               6    G  Female   volleyball  91.0  69.0  89.0
```

使用pandas的groupby方法可以轻松地应对更加复杂的数据预处理或分析任务。虽然看上去像是比较复杂的操作，但是一旦习惯GroupBy对象的操作方法，就会体会到这是一种非常强大的工具。建议读者务必使用各种不同的数据集多加练习。

第8章 其他操作

在本章中，将对pandas中的其他操作，如字符串操作、数据的可视化、多重索引及时间序列数据的基本操作进行讲解。

注意事项

导入第8章中需要使用的软件库

在执行本章的示例程序前，先执行下列代码。

程序清单 需要提前执行的代码

In

```
import pandas as pd
import numpy as np
import matplotlib.pyplot as plt
```

8.1 字符串操作

在机器学习处理的数据集中，经常需要对邮件地址、姓名及各种不同的说明性文字等字符串数据进行处理。在本节中，将对pandas中基本的字符串操作进行讲解。

8.1.1 str属性

pandas的Series对象和Index对象提供了用于处理字符串的str属性。str属性中提供了超过50种用于字符串操作的类方法，可以高效地处理包括缺失值在内的各种随机字符串等数据。在本小节中，将对str属性的类方法中使用频度较高的一部分方法进行讲解。

下面将创建包含城市（city）和职业（job）的列，并生成使用名字的字符串作为索引标签的DataFrame对象（程序清单8.1）。

程序清单 8.1　DataFrame 对象的创建

In

```
df = pd.DataFrame({
    'city':['Tokyo','osaka',np.nan,'TOKYO'],
    'job' : [np.nan,'Engineer','teacher','Teacher'],
    }, index=['Taro','jiro',np.nan,'Ichiro ']
)

df
```

Out

```
          city      job
-----------------------
  Taro   Tokyo      NaN
  jiro   osaka Engineer
   NaN     NaN  teacher
Ichiro   TOKYO  Teacher
```

下面将分别对DataFrame对象df、Series对象（列city）及Index对

象（index属性）的str属性进行确认。此外，由于DataFrame对象是不具有str属性的，因此会导致AttributeError异常（程序清单8.2）。

程序清单 8.2　Series 对象和 Index 对象的 str 属性

In

```
print(df['city'].str)
print(df.index.str)
```

Out

```
<pandas.core.strings.StringMethods object at 0x11aad54d8>
<pandas.core.strings.StringMethods object at 0x11aad56d8>
```

In

```
df.str
```

Out

```
（…略…）
AttributeError: 'DataFrame' object has no attribute 'str'
```

接下来，将使用str属性的lower方法，将包含在Series对象中的所有字符串转换成小写。虽然列city中存在类似Tokyo这样的包含大写的字符串，但是使用lower方法可以将所有字符串转换成小写。str属性的lower方法会自动跳过缺失值NaN进行处理（程序清单8.3）。

程序清单 8.3　str 属性的 lower 方法

In

```
df['city'].str.lower()
```

Out

```
Taro      tokyo
jiro      osaka
NaN         NaN
Ichiro    tokyo
Name: city, dtype: object
```

同样的处理，使用Series对象的map方法（参考第7.1.3小节）和Python的字符串类型的lower方法也可以实现。只不过这种情况下，如果将列city中包含的NaN忽略则需要在map方法的na_action参数中进行明确的指定，再进行处理（程序清单8.4）。考虑到代码的可读性，建议还是使用str属性的lower方法比较好。

程序清单 8.4 使用 map 方法和匿名函数将字符串转换成小写

In

```
df['city'].map(lambda x: x.lower(), na_action='ignore')
```

Out

```
Taro        tokyo
jiro        osaka
NaN           NaN
Ichiro      tokyo
Name: city, dtype: object
```

pandas的str属性的lower方法可以将字符串数据转换成小写。类似这样的转换，在包含字符串数据的预处理中，由于需要将字符串数据统一，因此经常会使用到。列city中包含了表示日本地名“东京”的Tokyo和TOKYO这两种字符串。Python为了区分大小写会将大写和小写作为不同的数据进行处理。也就是说，如果需要将Tokyo和TOKYO作为相同的数据进行处理，则需要将它们的写法统一。下面将使用原始的字符串数据和lower方法，使用比较运算符对统一成小写的字符串数据进行比较（程序清单8.5）。

程序清单 8.5 大写和小写字符串的比较

In

```
print(df['city'][0] == df['city'][3])
print(df['city'].str.lower()[0] == df['city'].str.lower➡
()[3])
```

Out

```
False
True
```

str属性中还包括其他使用起来很方便的有关字符串操作的类方法。upper方法可以将字符串转换成大写。len方法则可以对字符串中包含的字符数进行统计并返回结果。无论是这两种中的哪一种方法，都会自动忽略缺失值NaN进行处理（程序清单8.6）。

程序清单 8.6　str 属性的 upper 方法和 len 方法

In

```
df['city'].str.upper()
```

Out

```
Taro        TOKYO
jiro        OSAKA
NaN           NaN
Ichiro      TOKYO
Name: city, dtype: object
```

In

```
df['city'].str.len()
```

Out

```
Taro        5.0
jiro        5.0
NaN         NaN
Ichiro      5.0
Name: city, dtype: float64
```

与Series对象相同，Index对象也提供了str属性。下面将使用len方法对DataFrame对象df的索引标签的字符数进行统计（程序清单8.7）。

程序清单 8.7　Index 对象的 str 属性和 len 方法

In

```
df.index.str.len()
```

Out

```
Float64Index([4.0, 4.0, nan, 7.0], dtype='float64')
```

索引标签的Ichiro字尾包含半角的空格（参考程序清单8.1）。使用strip方法可以将字符串前后包含的半角空格删除。使用strip方法删除空格后，如果再使用len方法对字符数进行计数，可以看到程序清单8.7中7.0的位置变成了6.0（程序清单8.8）。

程序清单 8.8　str 属性的 strip 方法

In

```
df.index.str.strip()
```

Out

```
Index(['Taro', 'jiro', nan, 'Ichiro'], dtype='object')
```

In

```
df.index.str.strip().str.len()
```

Out

```
Float64Index([4.0, 4.0, nan, 6.0], dtype='float64')
```

当需要将索引标签的首字母变成大写时，可以使用capitalize方法（程序清单8.9）。

程序清单 8.9　str 属性的 capitalize 方法

In

```
df.index.str.capitalize()
```

Out

```
Index(['Taro', 'Jiro', nan, 'Ichiro '], dtype='object')
```

由于字符串的数据中会包含大写、小写、空格或符号等信息，因此在数据的预处理阶段，需要确定好规范再对数据进行转换。建议读者记住Series对象和索引的str属性提供的这些基本类方法。

8.1.2 字符串的分割

使用邮件地址中包含的“@”（Atmark）等这类特定的符号或字符分割字符串的情况也时有发生。基于分隔符对字符串进行分割时，可以使用str属性的split方法。在本小节中，将对split方法的操作方法进行详细讲解。

下面将创建包含使用符号“+”连接的字符串的Series对象，并对其使用split方法（程序清单8.10）。将需要分割的坐标轴字符串（分隔符）指定给split方法的第一个参数pat。参数pat的默认值为None，会使用空格对字符串进行分割。split方法返回的是使用分隔符分割后的字符串的列表。

程序清单 8.10 str 属性的 split 方法

In

```
ser = pd.Series(['あ+い+う','え+お','か'])
ser
```

Out

```
0    あ+い+う
1      え+お
2        か
dtype: object
```

In

```
ser.str.split(pat='+')
```

Out

```
0    [あ, い, う]
1       [え, お]
2          [か]
dtype: object
```

如果使用pandas的split方法的expand参数（默认值为False），也可以将数据作为DataFrame对象返回。将expand参数指定为False时，会返回Series或Index对象，指定为True时，则会返回扩展了维度的DataFrame对象。expand参数为True时，缺少对应值的位置就变成缺失值（程序清单8.11）。

程序清单 8.11 split 方法的 expand 参数

In

```
ser.str.split(pat='+', expand=True)
```

Out

	0	1	2
0	あ	い	う
1	え	お	None
2	か	None	None

参数n（默认值为–1）可以用于指定基于pat参数中指定的字符进行分割的次数。当参数n中指定–1、None、0时，会对所有目标字符串进行分割。下面将1传递给参数n，只对字符串开头的"+"进行分割（程序清单8.12）。从下列结果可以看到，第0行的あ+い+う被分割成了あ和い+う。

程序清单 8.12 split 方法的参数 n

In

```
ser.str.split('+', n=1, expand=True)
```

Out

```
    0       1
-----------
0  あ    い+う
1  え       お
2  か    None
```

split方法的pat参数还支持对正则表达式的处理。这样一来，就可以实现更加灵活的字符串操作。前面已经使用"+"进行了分割，接下来，将在Series对象中混入其他符号，并使用正则表达式进行分割。下面将正则表达式中表示除了英文字母、数字、下划线(_)的一个字符"\W"(日文Windows操作系统中则为¥W)传递给pat参数(程序清单8.13)。

程序清单 8.13 split 方法的 pat 参数与正则表达式

In

```
ser = pd.Series(['あ+い-う','え*お','か'])
ser
```

Out

```
0      あ+い-う
1        え*お
2          か
dtype: object
```

In

```
ser.str.split(pat='\W', expand=True)
```

Out

```
    0        1      2
-----------------
0  あ       い       う
1  え       お    None
2  か    None    None
```

8.1.3 字符串的替换

字符串的替换不仅仅在机器学习的数据预处理中会经常用到，实际上它是一种随处可见的处理。字符串的替换需要使用str属性的replace方法。通过对符号或特定的字符串进行替换，可以将数据整体统一成相同的表述方式。

下面将创建包含格式不统一的字符串的Series对象，并使用replace方法对其进行整理。程序清单8.14中的Series对象ser包含年级、班级及学生名字的字符串。年级和班级的格式并没有被统一成“2年级1班”或“2–1”。此外，索引标签1的元素中有一个错误，即输入了两个重复的“君”。

程序清单 8.14 Series 对象的创建

In

```
ser = pd.Series([
    '2年级1班山田君',
    '2-1 高桥君君',
    '2年级3班佐藤君',
    '2-4 内山君'
])

ser
```

Out

```
0      2年级1班山田君
1      2-1 高桥君君
2      2年级3班佐藤君
3      2-4 内山君
dtype: object
```

下面将使用replace属性，对这些格式不统一的字符串数据进行替换处理。首先，使用split方法对字符串中的班级和学生名字进行分割，并将其保存到DataFrame对象中。由于班级与学生名字是由空格分隔的，因此需要在split方法的pat参数中指定空格。此外，还将使用columns属性在列标签中指定class和name（程序清单8.15）。

程序清单 8.15　str 属性的 split 方法

In

```
df = ser.str.split(' ', expand=True)
df.columns = ['class','name']
df2 = df.copy()
df2
```

Out

	class	name
0	2年级1班	山田君
1	2-1	高桥君君
2	2年级3班	佐藤君
3	2-4	内山君

使用replace方法将需要替换的目标字符串指定给pat参数，用于置换的字符串则需要指定给repl参数。下面使用replace方法将“年级”替换成连字符（–）。从下列结果可以看到，索引标签0和2的列class中包含的'年级'字符串已经被替换成了连字符'–'（程序清单8.16）。

程序清单 8.16　str 属性的 replace 方法（置换）

In

```
df2['class'] = df2['class'].str.replace(pat='年级', repl=➡
'-')
df2
```

Out

	class	name
0	2-1班	山田君
1	2-1	高桥君君
2	2-3班	佐藤君
3	2-4	内山君

在replace方法的repl参数中指定两个单引号（’），还可以将pat参

数中指定的字符串删除。下面将使用replace方法将'班'字符串删除(程序清单8.17)。这样一来，列class所有的行都统一成了类似“2–1”这样的形式。

程序清单 8.17　str 属性的 replace 方法（删除）

In

```
df2['class'] = df2['class'].str.replace(pat='班', repl='')
df2
```

Out

	class	name
0	2-1	山田君
1	2-1	高桥君君
2	2-3	佐藤君
3	2-4	内山君

接下来，将列name中的字符串'君'删除。replace方法的参数n（默认值为–1）是用于指定第一次找到置换目标后执行多少次置换的参数。指定为–1时，就表示将所有的置换对象删除；指定为1时，则表示只对置换目标的字符串执行一次置换操作。下面将不同的值传递给参数n，对列name中的字符串'君'进行置换（程序清单8.18）。

程序清单 8.18　replace 方法的参数 n

In

```
df2['name'].str.replace(pat='君', n=1, repl='')
```

Out

```
0      山田
1    高桥君
2      佐藤
3      内山
Name: name, dtype: object
```

In

```
df2['name'].str.replace(pat='君', n=2, repl='')
```

Out

```
0      山田
1      高桥
2      佐藤
3      内山
Name: name, dtype: object
```

replace方法的pat参数也支持指定使用正则表达式。前面已经对“年级”和“班”进行划分并执行了置换处理，如果使用正则表达式，则可以一次性实现置换处理。正则表达式中管道符(|)是指满足任意一个条件。写成“年级|班|–”时，就表示年级、班、“–”中任意一个字符串。下面将使用字符串创建正则表达式，并将其保存到变量pattern中(程序清单8.19)。

程序清单 8.19　正则表达式的创建

In

```
pattern = '年级|班|-'
pattern
```

Out

```
'年级|班|-'
```

接下来，将表示正则表达式的字符串指定给replace方法的pat参数。在repl参数中指定两个单引号(’)，将正则表达式中对应的字符串从列class的元素中删除(程序清单8.20)。

程序清单 8.20　replace 方法、pat 参数和正则表达式

In

```
df['class'] = df['class'].str.replace(pat=pattern, repl➡
=''')
df
```

Out

```
   class    name
----------------
0      21     山田君
1      21   高桥君君
2      23     佐藤君
3      24     内山君
```

下面使用Series对象的map方法在列class中添加连字符，并使用replace方法将“君”从列name中删除（程序清单8.21）。从下列结果可以看到，列class和列name都是被统一格式后的字符串。

程序清单 8.21　map 方法和 replace 方法

In

```
df['class'] = df['class'].map(lambda x: x[0] + '-' + x[1])
df['name'] = df['name'].str.replace('君', n=2, repl='')
df
```

Out

```
   class  name
--------------
0     2-1   山田
1     2-1   高桥
2     2-3   佐藤
3     2-4   内山
```

replace方法提供了指定如何处理大写和小写的case参数（默认值为None）。当case参数指定为False时，就是将大写和小写作为同样的字符串处理。在第一个参数中指定正则表达式时，case参数就会变成无效的参数，需要多注意。下面将创建包含大写和小写字符串的Series对象，并对其操作进行确认（程序清单8.22）。

程序清单 8.22　replace 方法和 case 参数

In

```
ser = pd.Series(['aBcD','AbCd'])
ser
```

Out

```
0    aBcD
1    AbCd
dtype: object
```

In

```
ser.str.replace('a', repl='')
```

Out

```
0     BcD
1    AbCd
dtype: object
```

In

```
ser.str.replace('a', repl='', case=False)
```

Out

```
0    BcD
1    bCd
dtype: object
```

8.1.4　字符串的提取

在日志类数据中比较常见的是多个信息集合在一个字符串中的情况。本小节将讲解从字符串中提取特定的子字符串，并将其保存到DataFrame对象中。

split方法可以按照指定的分隔符对字符串进行分割。此外，split方法的expand参数可以将分割后的字符串保存到DataFrame对象中。而由于extract方法可以使用正则表达式将特定字符串的组提取，因此其可以实现更加灵活的处理。下面创建将城市名称、日期（年、月、日）、性别标志（0为女性、1为男性）、身高作为一行字符串输出的DataFrame对象，列名为data（程序清单8.23）。

程序清单 8.23　DataFrame 对象的创建

In

```
df = pd.DataFrame([
    'Tokyo 2019-01-02 0 158.2',
    'Osaka 2018-12-22 0 161.8',
    'Tokyo 2019-02-22 0 169.1',
    'Sapporo 2019-01-01 1 179.2',
    'Osaka 2018-11-29 182.1'], columns=['data']
)

df
```

Out

	data
0	Tokyo 2019-01-02 0 158.2
1	Osaka 2018-12-22 0 161.8
2	Tokyo 2019-02-22 0 169.1
3	Sapporo 2019-01-01 1 179.2
4	Osaka 2018-11-29 182.1

接下来，将使用extract方法将字符串中包含的数据提取出来，并将其作为新的列添加到DataFrame对象中。使用正则表达式将需要提取的字符串指定给extract方法的第一个参数，与正则表达式的圆括号“( )”中相匹配的字符串就会被提取出来。虽然extract方法也提供了expand参数，但是当返回的是多个数据时，会自动作为DataFrame对象返回。这里使用正则表达式将列data中的日期提取出来，并将其保存到DataFrame对象的列date中（程序清单8.24）。

程序清单 8.24　str 属性的 extract 方法

In

```
df['date'] = df['data'].str.extract('(....-..-..)', ex➡
pand=True)
df
```

Out

```
                         data         date
------------------------------------------
0    Tokyo 2019-01-02 0 158.2  2019-01-02
1    Osaka 2018-12-22 0 161.8  2018-12-22
2    Tokyo 2019-02-22 0 169.1  2019-02-22
3  Sapporo 2019-01-01 1 179.2  2019-01-01
4      Osaka 2018-11-29 182.1  2018-11-29
```

下面将使用extract方法从列data的字符串中提取性别标志，并将其添加到列sex中（程序清单8.25）。在DataFrame对象的索引标签4对应的字符串中，性别标志的数据是缺失的。如果不是与extract方法的第一个参数中指定的正则表达式相匹配的数据，就会使用缺失值NaN表示。

程序清单 8.25　str 属性的 extract 方法（缺失值）

In

```
df['sex'] = df['data'].str.extract('( \d )', expand=True)
df
```

Out

```
                         data         date  sex
-----------------------------------------------
0    Tokyo 2019-01-02 0 158.2  2019-01-02    0
1    Osaka 2018-12-22 0 161.8  2018-12-22    0
2    Tokyo 2019-02-22 0 169.1  2019-02-22    0
3  Sapporo 2019-01-01 1 179.2  2019-01-01    1
4      Osaka 2018-11-29 182.1  2018-11-29  NaN
```

这里将城市名称和身高数据从字符串中提取出来，作为新的列进行添加（程序清单8.26）。虽然是用半角空格分隔的字符串，但是正如下列结果所示，通过extract方法和正则表达式可以将字符串中相符的数据单独提取出来。

程序清单 8.26　str 属性的 extract 方法

In

```
df['height'] = df['data'].str.extract('(\d\d\d\.\d)', e➡
xpand=True)
df['location'] = df['data'].str.extract('([A-Z]\w{0,})'➡
, expand=True)
df
```

Out

	data	date	sex	height	location
0	Tokyo 2019-01-02 0 158.2	2019-01-02	0	158.2	Tokyo
1	Osaka 2018-12-22 0 161.8	2018-12-22	0	161.8	Osaka
2	Tokyo 2019-02-22 0 169.1	2019-02-22	0	169.1	Tokyo
3	Sapporo 2019-01-01 1 179.2	2019-01-01	1	179.2	Sapporo
4	Osaka 2018-11-29 182.1	2018-11-29	NaN	182.1	Osaka

在extract方法的pat参数中指定正则表达式时，类似(?P< 名称>)这样，如果指定附带名称的组，名称就会直接作为列标签使用。下面将使用附带名称的组，将列标签为身高的DataFrame对象返回（程序清单8.27）。

程序清单 8.27　extract 方法的 pat 参数和附带名称的组

In

```
df['data'].str.extract(pat='(?P<身高>\d\d\d\.\d)', ➡
expand=True)
```

Out

	身高
0	158.2
1	161.8
2	169.1
3	179.2
4	182.1

在本小节中使用的样本数据是比较整齐的数据。但在现实中的大多数数据是由更为复杂的字符串构成的，因此正确地使用正则表达式就可以实现对复杂数据的处理。

8.1.5 字符串的模式匹配

在处理包含大量字符串的数据时，使用特定的关键字和字符串模式进行提取的操作也很常见。str属性中提供了多个用于对字符串进行模式匹配的类方法。接下来，将创建包含部门名称（div）和员工名字（name）字符串的DataFrame对象（程序清单8.28），并对字符串进行模式匹配处理。

程序清单 8.28　DataFrame 对象的创建

In

```
df = pd.DataFrame({
    'name':['Matsuda','Fuji',np.nan,'murayama'],
    'div':['sales','HR','hr',np.nan]}
)

df
```

Out

```
     div      name
------------------
0  sales   Matsuda
1     HR      Fuji
2     hr       NaN
3    NaN  murayama
```

str属性的contains方法可以将Series对象（或Index对象）的字符串中与字符串模式或正则表达式相符时返回True，其余情况则返回False的bool类型值的Series对象或数组返回。此外，还可以通过contains方法的case参数（默认值为True）对大小写进行区别。下面将使用contains方法对列div中包含字符串'HR'的元素进行确认（程序清单8.29）。由于索引标签1对应的元素为HR，因此返回True，而索引标签2对应的为小写的hr，因此会返回False。

程序清单 8.29　str 属性的 contains 方法和 case 参数（True）

In

```
df['div'].str.contains('HR', case=True)
```

Out

```
0    False
1     True
2    False
3      NaN
Name: div, dtype: object
```

将case参数变更为False，则无论大写还是小写都可以与字符串进行匹配操作。这样一来，索引标签2的小写hr也会返回True（程序清单8.30）。

程序清单 8.30　str 属性的 contains 方法和 case 参数（False）

In

```
df['div'].str.contains('HR', case=False)
```

Out

```
0    False
1     True
2     True
3      NaN
Name: div, dtype: object
```

contains方法也可以使用正则表达式进行匹配操作。下面将对列div中包含sales或hr的元素进行确认，使用的正则表达式是"sales|hr"（程序清单8.31）。

程序清单 8.31　contains 方法和正则表达式

In

```
df['div'].str.contains('sales|hr', case=False)
```

Out

```
0    True
1    True
2    True
3     NaN
Name: div, dtype: object
```

contains方法会将缺失值从匹配的目标中移除，直接返回NaN。由于使用contains方法返回的是与原始DataFrame对象的行数大小相同的bool类型的Series对象，因此可以使用方括号([])对匹配的数据单独进行引用。

但是，如果数据中包含NaN，则会出现ValueError警告，从而无法正确地执行索引引用。这种情况下，使用contains方法的na参数（默认值为NaN）是非常方便的。在na参数中可以指定在缺失值的位置上填充的值。下面将na参数指定为False，对列div中包含sales或hr字符串的位置进行确认（程序清单8.32）。从下列结果可以看到，由于原来索引标签3对应的为缺失值NaN，因此执行代码后会使用na参数代入False。

程序清单 8.32　contains 方法和 na 参数

In

```
df['div'].str.contains('sales|hr', case=False, na=False)
```

Out

```
0     True
1     True
2     True
3    False
Name: div, dtype: bool
```

下面将使用程序清单8.32中通过contains方法返回的bool类型的

Series对象对DataFrame对象中相应的位置进行索引引用。这样就会将DataFrame对象的列div中无论是大小写的sales还是包含hr字符串的行提取出来（程序清单8.33）。

程序清单 8.33　使用 contains 方法进行索引引用

In

```
cond = df['div'].str.contains('sales|hr', case=False, ➡
na=False)
df[cond]
```

Out

	div	name
0	sales	Matsuda
1	HR	Fuji
2	hr	NaN

str属性中提供了对特定字符串的开头或结尾进行确认的startswith方法和endswith方法。将字符串分别指定给pat参数，确认是否会以该字符串开始或结束并返回bool类型的Series对象。由于这两种方法无法使用正则表达式，也不包含case参数，因此只能在相对有限的条件下执行模式匹配。下面将对列div中以字符串'r'结尾的行，以及列name中以字符串'M'开始的行进行确认（程序清单8.34）。

程序清单 8.34　endswith 方法和 startswith 方法

In

```
df['div'].str.endswith(pat='r')
```

Out

```
0    False
1    False
2     True
3      NaN
Name: div, dtype: object
```

In

```
df['name'].str.startswith(pat='M')
```

Out

```
0      True
1     False
2       NaN
3     False
Name: name, dtype: object
```

8.1.6 从字符串到虚拟变量

在机器学习的数据预处理中，经常需要将特定数据转换为虚拟变量（参考第5.3.2小节）。因此，在本小节中，将对在字符串数据中基于特定的分隔符，将数据转换为虚拟变量的操作进行讲解。下面将创建包含以逗号分隔的颜色字符串的Series对象（程序清单8.35）。

程序清单 8.35　Series 对象的创建

In

```
ser = pd.Series([
    'blue,red,blue,yellow',
    'red,yellow',
    'green,blue,red',
    'yellow,green,red',
])

ser
```

Out

```
0    blue,red,blue,yellow
1              red,yellow
2          green,blue,red
3        yellow,green,red
dtype: object
```

str属性中提供了使用特定的分隔符将其转换为虚拟变量的get_dummies方法。下面将在get_dummies方法的第一个参数sep（默认值为“|”）中指定逗号（,），并将其转换为虚拟变量（程序清单8.36）。

程序清单 8.36　str 属性 get_dummies 方法

In

```
ser.str.get_dummies(sep=',')
```

Out

	blue	green	red	yellow
0	1	0	1	1
1	0	0	1	1
2	1	1	1	0
3	0	1	1	1

从上述结果可以看到，用逗号分隔的字符串变成了列标签，并与Series对象的各行相对应转换为了0和1的虚拟变量。

下面将为Series对象添加新的缺失值NaN，并将其转换为虚拟变量（程序清单8.37）。从get_dummies方法返回的结果可以看到，缺失值的位置在所有列都为0。这种情况下，缺失值不会被删除，而是将所有的缺失值都转换为0，需要多注意。

程序清单 8.37　str 属性的 get_dummies 方法和缺失值

In

```
ser[4] = np.nan
ser.str.get_dummies(sep=',')
```

Out

	blue	green	red	yellow
0	1	0	1	1
1	0	0	1	1
2	1	1	1	0

```
3      0      1    1      1
4      0      0    0      0
```

对于指定了分隔符的字符串数据，使用get_dummies方法可以很轻松地将其转换为虚拟变量。这是一种使用非常方便的字符串操作方法，建议记住。

8.2 数据的可视化

随着数据变得更加复杂且更具规模，数据的可视化处理也将变得更为重要。通过对数据进行可视化处理，可以在视觉上直观地捕捉到该数据的特征信息。在本节中，将使用pandas执行基本的数据可视化操作。

8.2.1 plot方法

pandas的DataFrame类和Series类中提供了可以实现高效的数据可视化处理的plot方法。plot方法是Python的数据可视化软件库Matplotlib中的matplotlib.pyplot.plot方法的封装包。

为了对pandas的plot方法的操作进行确认，下面将创建DataFrame对象。使用NumPy数组的random模块生成–5 ~ 5的随机整数，并使用cumsum方法创建包含累积和值的100行5列的DataFrame对象，最后使用head方法对开头的3行进行显示（程序清单8.38）。

程序清单 8.38　DataFrame 对象的创建

In

```
np.random.seed(0)
val = np.random.randint(-5, 5, size=500).reshape(100,5)
df = pd.DataFrame(val, columns=list('abcde')).cumsum()
df.head(3)
```

Out

```
    a   b   c   d   e
--------------------
0   0  -5  -2  -2   2
1   4  -7  -2  -5   1
2   6  -6   1  -2  -3
```

接下来，将使用Series类的plot方法对列a的值以折线图形式进行可视化处理。plot方法提供了指定图表种类的kind参数，其默认值为line，表示绘制折线图（程序清单8.39）。

程序清单 8.39　Series 类的 plot 方法

In

```
df['a'].plot(kind='line')
```

Out

```
<matplotlib.axes._subplots.AxesSubplot at 0x7544b70>
```

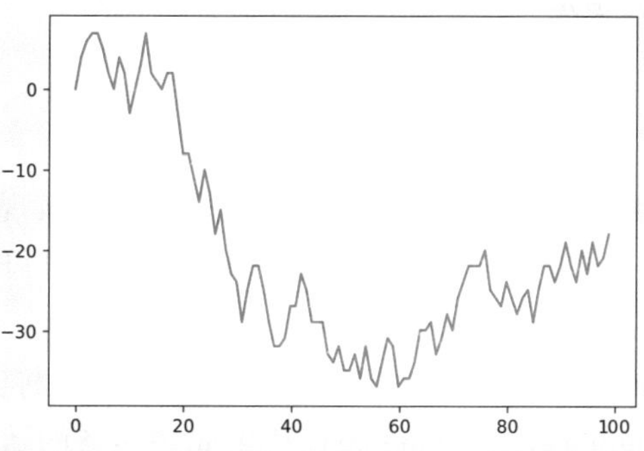

当DataFrame对象中存在多个列时，可以为每列数据绘制折线图。每列的标签会作为图例显示。下面将使用DataFrame类的plot方法，为每列数据绘制折线图（程序清单8.40）。

程序清单 8.40　DataFrame 类的 plot 方法

In

```
df.plot(kind='line')
```

Out

```
<matplotlib.axes._subplots.AxesSubplot at 0x7596290>
```

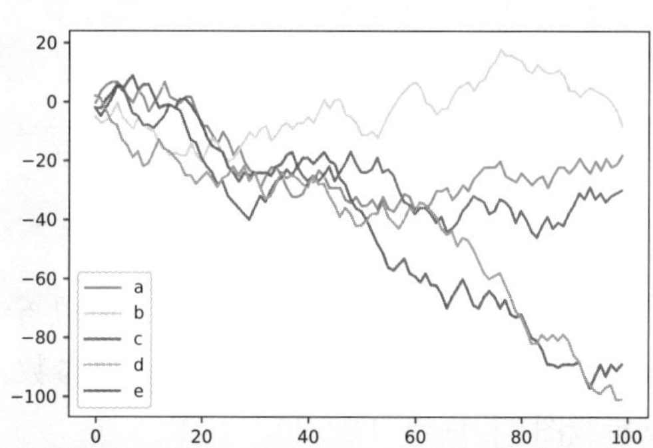

注意事项

关于本书中的彩色图表

第8章中显示的图表包含彩色图表。由于本书只采用了黑色（black）和蓝绿色（cyan）这两种颜色印刷，因此其他颜色会通过黑色和蓝绿色的深浅表示。实际的输出结果，参考示例程序。

使用plot方法可以绘制不同种类的图表。在本小节中，为了能够清晰地呈现图表自身，将对plot方法的可选参数进行确认。

使用title参数可以指定图表的标题。使用legend参数可以对图表的图例进行显示。而legend参数的默认值是DataFrame对象为True，Series对象则为False（程序清单8.41）。

程序清单 8.41　plot 方法的 title 参数和 legend 参数

In

```
df['b'].plot(title='column b line plot', legend=True)
```

Out

```
<matplotlib.axes._subplots.AxesSubplot at 0x75968f0>
```

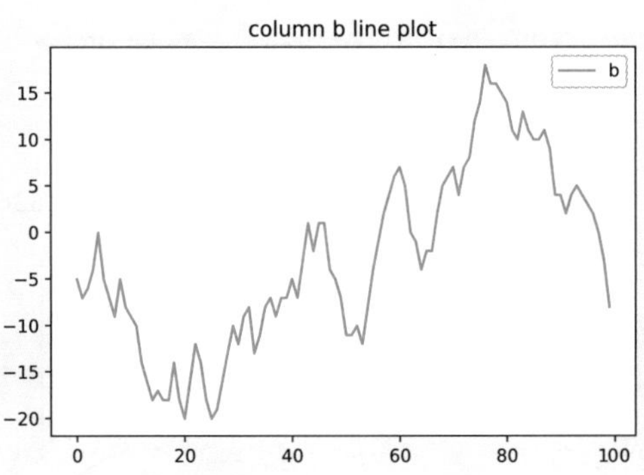

注意事项

乱码

pandas的plot方法是Matplotlib的plot方法的封装包。Matplotlib中使用的字体，初始设置是不支持日文的，因此示例或标题中如果使用了日文，就会出现乱码的情况。如果需要在图表内显示日文，需要将Matplotlib的字体设置为支持日文的字体。允许使用日文字体设置会根据Matplotlib的版本及操作系统的不同而有所不同。本书中将不会对Matplotlib字体的设置进行讲解，如果需要在绘制的图表中显示日文，参考以下官方文档。

- Configuring the font family（Matplotlib官方）:

URL https://matplotlib.org/gallery/api/font_family_rc_sgskip.html

grid参数（默认值为None）可以指定是否显示刻度线。xlim参数和ylim参数可以使用元组或列表分别指定x轴与y轴的范围。下面将显示刻度线，将x轴指定为0 ~ 20、y轴指定为–30 ~ 30，并将列c绘制成折线图（程序清单8.42）。

程序清单8.42 plot方法的xlim参数、ylim参数和grid参数

In

```
df['c'].plot(grid=True, xlim=(0,20), ylim=(-30,30))
```

Out

```
<matplotlib.axes._subplots.AxesSubplot at 0x1183c8048>
```

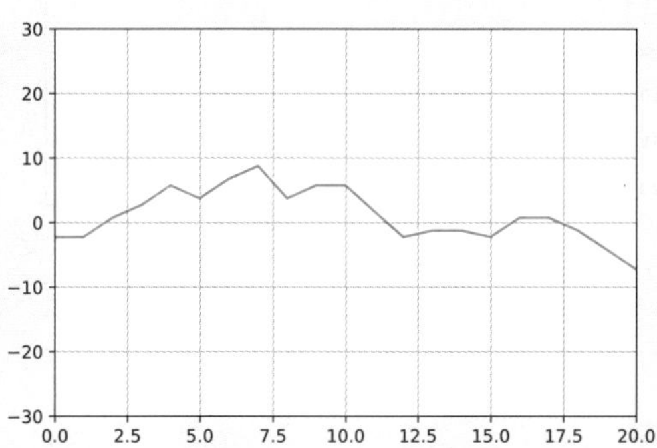

在绘制图表时，还经常需要对图表中各个轴上刻度的间隔进行调整。刻度间隔可以在xticks参数（*x*轴）和yticks参数（*y*轴）中指定序列类型进行调整。下面将使用NumPy数组的arange函数生成首项为0、公差为5、终点为100的等差数列，并将其传递给xticks参数（程序清单8.43）。*x*轴的刻度间隔为5，将grid参数指定为True，使用折线图对列d进行显示。

程序清单 8.43　plot 方法的 xticks 参数

In

```
df['d'].plot(xticks=np.arange(0,100,5), grid=True)
```

Out

```
<matplotlib.axes._subplots.AxesSubplot at 0x887d9f0>
```

有时需要根据可视化的数据对图表本身的大小进行调整。将(宽, 高)的元组传递给figsize参数就可以修改图表图像显示的大小。传递给figsize参数的值的单位为英寸（in，1in=2.54cm）。下面将列b的数据指定为宽3in、高2in并对其进行绘制（程序清单8.44）。

程序清单 8.44　plot 方法的 figsize 参数

In

```
df['b'].plot(figsize=(3,2))
```

Out

```
<matplotlib.axes._subplots.AxesSubplot at 0x89305d0>
```

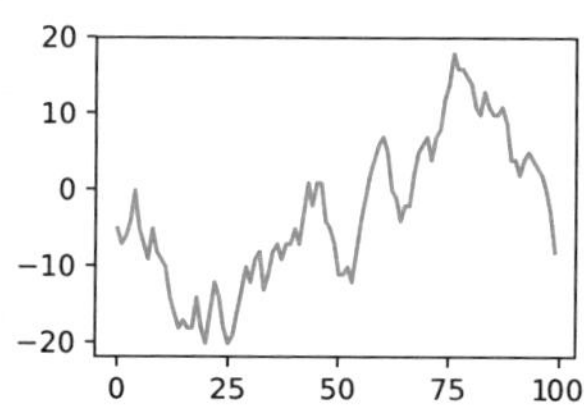

如程序清单8.40所示，使用plot方法对包含多个列的DataFrame对象以折线图形式进行绘制后，一个图表上会显示每列的值。使用subplots参数（默认值为False），可以将每列分成不同的图表进行显示。下面将使用单独的图表分别对列a和列b进行显示（程序清单8.45）。

程序清单 8.45　plot 方法的 subplots 参数

In

```
df[['a','b']].plot(subplots=True)
```

Out

```
array([<matplotlib.axes._subplots.AxesSubplot object at➡
 0x08941850>,
       <matplotlib.axes._subplots.AxesSubplot object at➡
0x089AEA90>],
      dtype=object)
```

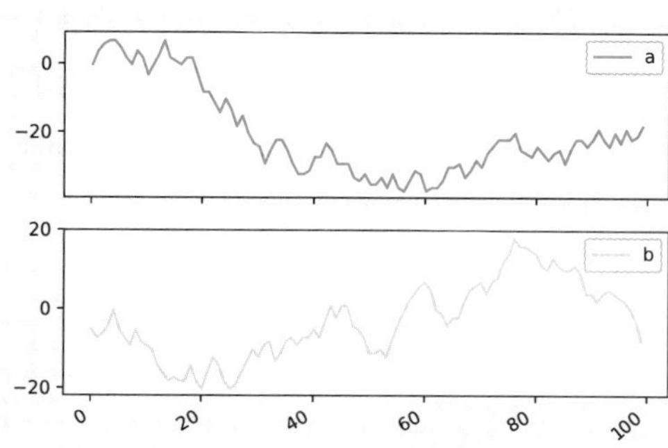

plot方法中还提供了很多其他可以调整绘制图表的参数，详细内

容参考pandas的官方文档。

备注

plot方法

- pandas 0.22.0：plot方法

URL https://pandas.pydata.org/pandas-docs/version/0.22/generated/pandas.DataFrame.plot.html

在第8.2.2小节中，将使用plot方法执行对条形图和直方图等常规数据分析任务中常用图表的绘制操作。

8.2.2 条形图

条形图在对分配了标签的多个值进行比较时，使用起来比较方便。在DataFrame对象的plot方法的kind参数中指定bar，就可以绘制条形图。下面将使用iloc属性对DataFrame对象的索引标签1的所有列（a ~ e）的值进行引用，并使用plot方法对条形图进行绘制。绘制的结果是x轴为每列的标签，y轴为每列的值的条形图（程序清单8.46）。

程序清单 8.46 使用plot方法绘制条形图（kind='bar'）

In

```
df.iloc[1,:].plot(kind='bar')
```

Out

```
<matplotlib.axes._subplots.AxesSubplot at 0x1186d2748>
```

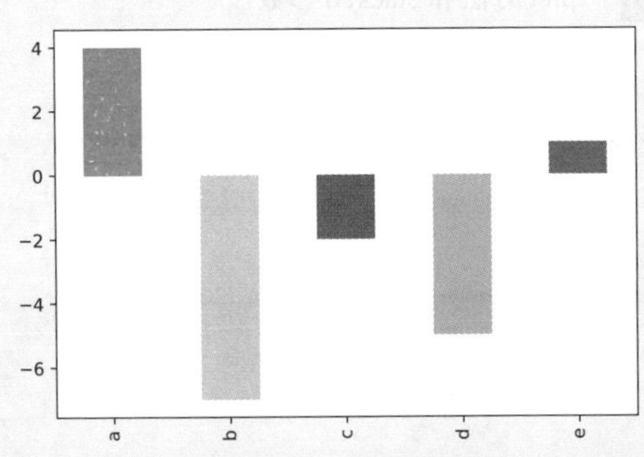

当存在多个行时，就是对每行用条形图进行显示。下面将使用DataFrame对象df的0 ~ 9行对所有列的数据用条形图进行可视化处理（程序清单8.47）。

程序清单 8.47　使用 plot 方法绘制条形图（多行）

In

```
df.iloc[0:10, :].plot(kind='bar')
```

Out

```
<matplotlib.axes._subplots.AxesSubplot at 0x1187370f0>
```

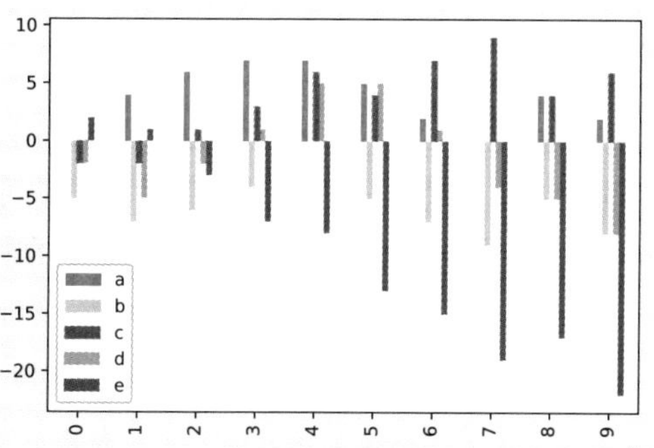

使用stacked参数还可以绘制堆积条形图。stacked参数的默认值取决于kind参数的值。kind参数为line或bar时，stacked参数的默认值就是False。下面将其变更为True，将DataFrame对象df的0 ~ 4行绘制成堆积条形图（程序清单8.48）。

程序清单 8.48　plot 方法和 stacked 参数

In

```
df.iloc[0:5,:].plot(kind='bar', stacked=True)
```

Out

```
<matplotlib.axes._subplots.AxesSubplot at 0x1188f0d68>
```

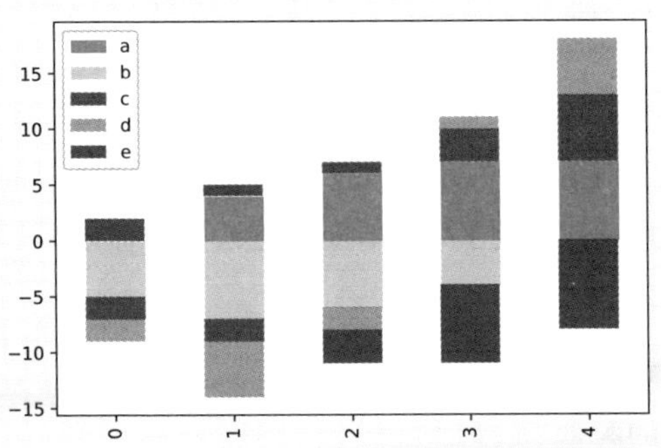

在kind参数中指定bar可以绘制纵向条形图，而绘制横向条形图时则需要指定barh。下面将使用横向条形图，对0 ~ 2行的值进行可视化处理（程序清单8.49）。

程序清单 8.49 使用plot方法绘制横向条形图

In

```
df.iloc[0:3,:].plot(kind='barh')
```

Out

```
<matplotlib.axes._subplots.AxesSubplot at 0x118a6c390>
```

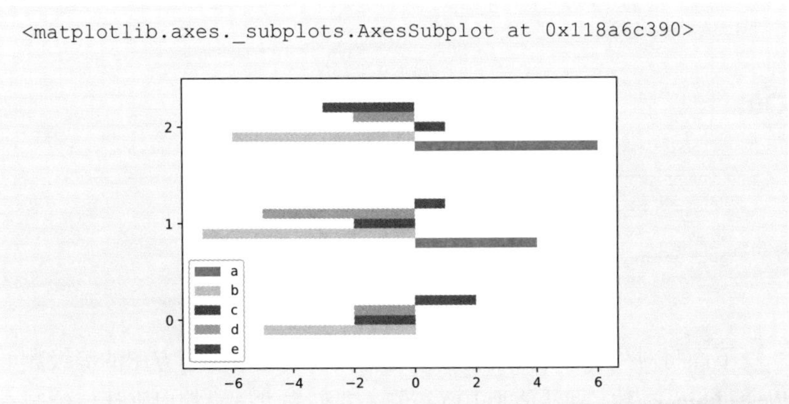

8.2.3 直方图

直方图是在对数据的分布情况进行可视化处理时使用的。直方图的x轴为等级，y轴为频率。在plot方法的kind参数中指定hist就可以绘制直方图。

在本小节中，只将adult.csv文件中需要使用的列创建为列表，并将其指定给read_csv函数的usecols参数。下面将读取adult.csv文件中的任意7列，并对开头的3行使用head方法进行显示（程序清单8.50）。

> **注意事项**
>
> 示例程序的配置
>
> 如果使用Jupyter Notebook、Google Colab环境，有关CSV示例程序的配置方法参考第3.2.1小节CSV的备注。

程序清单 8.50　adult.csv 文件的读取

In

```
usecols = ['age','workclass','education','education.num', ➡
           'marital.status','race','hours.per.week']

adult = pd.read_csv('../data/adult.csv', usecols=usecols)
adult.head(3)
```

Out

	age	workclass	education	education.num	marital.status	race	hours.per.week
0	90	?	HS-grad	9	Widowed	White	40
1	82	Private	HS-grad	9	Widowed	White	18
2	66	?	Some-college	10	Widowed	Black	40

下面将对列age的值用直方图进行可视化处理。直方图的等级数可以通过bins参数（默认值为10）控制。我们先尝试直接以默认值绘制直方图（程序清单8.51）。从下列直方图可以看到，这组数据从20岁到40岁为止频率一直在增加，此后一直呈现减少的趋势。

程序清单 8.51　使用 plot 方法绘制直方图

In

```
adult['age'].plot(kind='hist', bins=10)
```

Out

```
<matplotlib.axes._subplots.AxesSubplot at 0x118b67320>
```

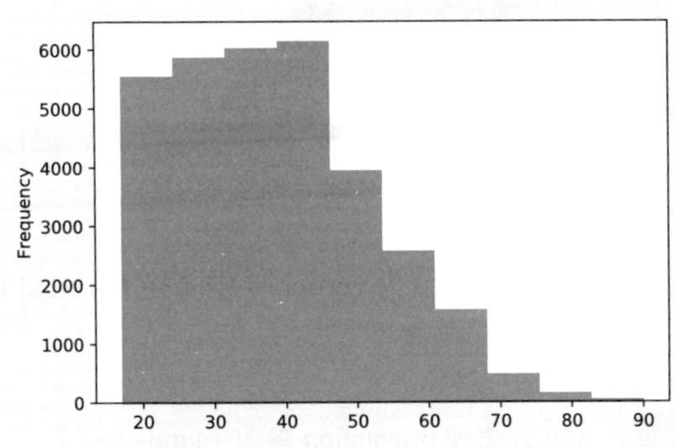

如果需要掌握更加细致的分布，可以在bins参数中增加等级数。下面将等级数增加到73，使用xticks参数对x轴的刻度宽度进行调整，并重新绘制直方图。从下列图表可以看到，从47岁到50岁的数据量呈现了大幅度减少的趋势（程序清单8.52）。

程序清单 8.52　plot 方法和 bins 参数（kind='hist'）

In

```
adult['age'].plot(kind='hist',
                  bins=73,
                  xticks=np.arange(17,90,3),
                  grid=True)
```

Out

```
<matplotlib.axes._subplots.AxesSubplot at 0x118b7d0b8>
```

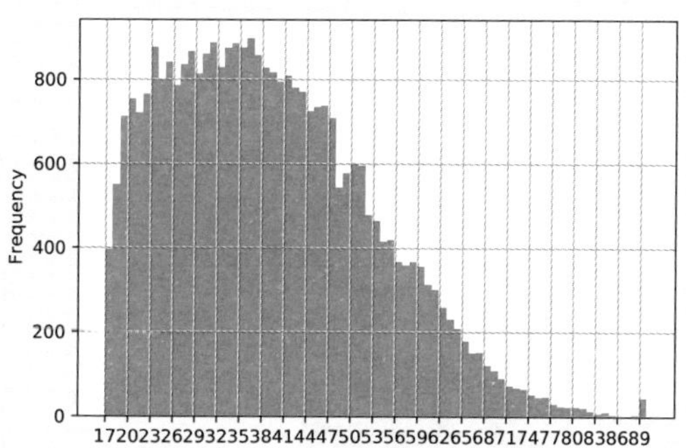

在orientation参数（默认值为vertical）中指定horizontal，就可以在水平方向上绘制直方图（程序清单8.53）。

程序清单 8.53　plot方法和orientation参数（kind='hist'）

In

```
adult['age'].plot(kind='hist', bins=73, orientation='ho➡
rizontal')
```

Out

```
<matplotlib.axes._subplots.AxesSubplot at 0x118c308d0>
```

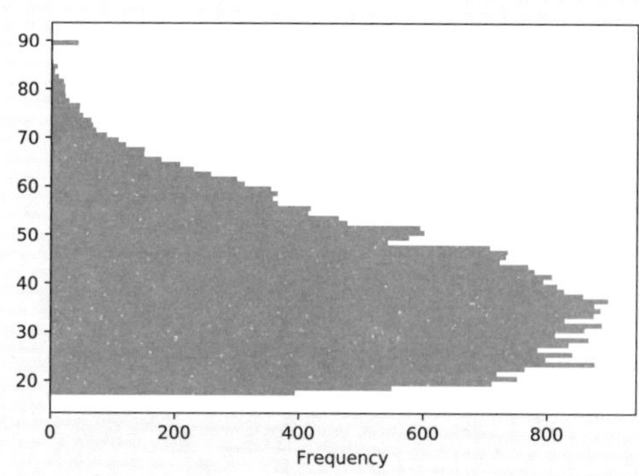

在可选的cumulative参数中指定True，可以绘制使用了累计频率的直方图。所谓累计频率，是指到特定的等级为止的所有数据的累计数量。下面将等级数指定为40，并对使用了累计频率的直方图进行绘制（程序清单8.54）。

程序清单 8.54　plot 方法和 cumulative 参数（kind='hist'）

In

```
adult['age'].plot(kind='hist', cumulative=True,bins=40)
```

Out

```
<matplotlib.axes._subplots.AxesSubplot at 0x10808b358>
```

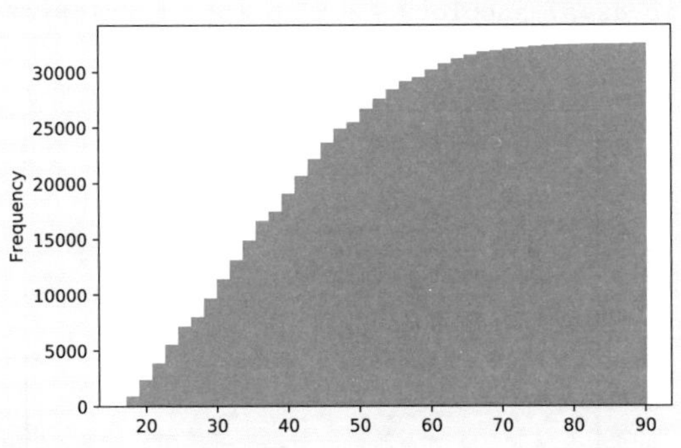

直方图是在数据分析中对频繁使用的数据进行可视化处理的一种方法。建议记住它的基本操作方法。

8.2.4　散点图

所谓散点图，是指将两组数据作为一个组合处理，并对两组数据的相关性进行可视化处理的图表。例如，将成年男性的身高和体重的数据通过散点图进行可视化处理，就可以把握当身高值发生变化时体重值会产生怎样的变化。类似这种情况，均可使用散点图。

在本小节中，将使用前面已经使用过的adult.csv文件。下面使用plot方法将DataFrame对象adult的年龄（age）和每周工作时间（hours.per.week）绘制成散点图。绘制散点图时需要将scatter传递给kind参数。

此外，需要在x参数和y参数中指定DataFrame对象的列标签的字符串。使用DataFrame对象的sample方法（参考第5.3.1小节），将随机抽样的500行数据绘制成散点图。绘制以x轴为年龄的值，y轴为每周工作时间的值的散点图（程序清单8.55）。

程序清单 8.55　使用 plot 方法绘制散点图（kind='scatter'）

In

```
adult.sample(500, random_state=0).plot(kind='scatter',
                                       x='age',
                                       y='hours.per.week')
```

Out

```
<matplotlib.axes._subplots.AxesSubplot at 0x118fe2a20>
```

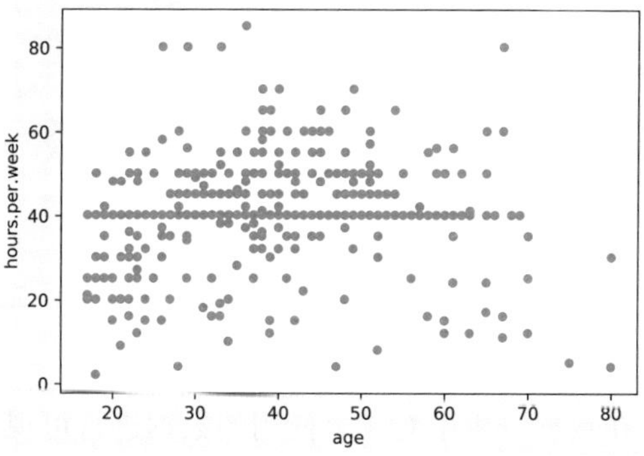

表示散点图的每个数据标识可以使用marker参数进行修改。marker参数的默认值为None，使用圆点（•）绘制标识。下面将指定插入符（^），将其修改为绘制三角形（▲）标识（程序清单8.56）。

程序清单 8.56　plot 方法和 marker 参数（kind='scatter'）

In

```
adult.sample(500, random_state=0).plot(kind='scatter',
                                       x='age',
                                       y='hours.per.week',
                                       marker='^')
```

Out

```
<matplotlib.axes._subplots.AxesSubplot at 0x118fdbac8>
```

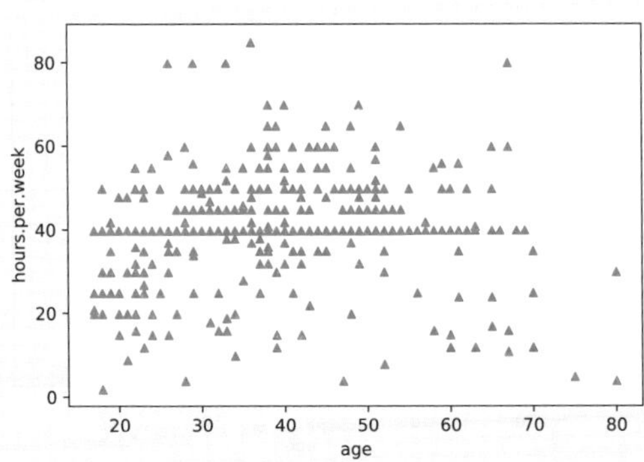

使用plot方法的ax参数可以更加灵活地绘制图表。如果针对年龄（age），希望将每周工作时间（hours.per.week）及在校年数（education.num）用散点图进行可视化处理，使用ax参数就可以实现绘制。

下面将使用sample方法从DataFrame对象adult中随机提取100行数据，以绘制散点图。在color参数中指定标识的颜色，r表示red；g表示green。对于列education.num的值，将散点图指定为红色并保存到变量ax中。在y参数中指定列hours.per.week，在plot方法的ax参数中指定变量ax，就可以在同一幅图表中将两个散点图以不同的颜色进行显示（程序清单8.57）。然而，由于本书只采用了两种颜色，因此red将用灰色，green将用青色显示。

程序清单 8.57　plot 方法和 ax 参数（kind='scatter'）

In

```
sub = adult.sample(100, random_state=0)
ax = sub.plot(kind='scatter',x='age',y='education.num', ➡
color='r')
sub.plot(kind='scatter',x='age',y='hours.per.week', col ➡
or='g', ax=ax)
```

Out

```
<matplotlib.axes._subplots.AxesSubplot at 0xacb8db0>
```

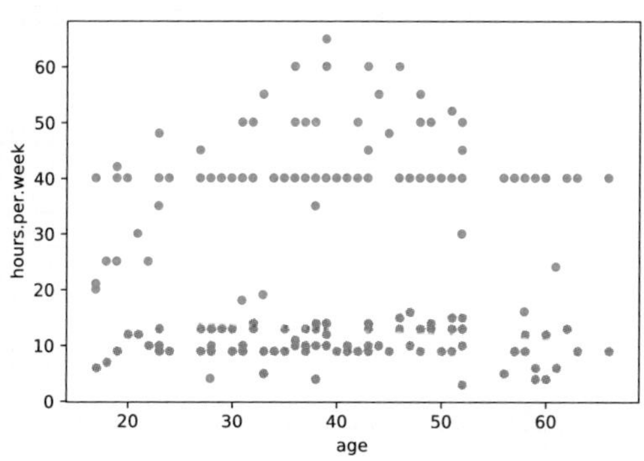

8.2.5 饼形图

饼形图在对分类数据的构成比例进行可视化处理中使用。在plot方法的kind参数中指定pie，就可以绘制饼形图。

下面将使用value_counts方法对DataFrame对象adult的职业分类（workclass）列中唯一元素的频率进行计算，并用饼形图进行可视化处理。value_counts方法返回的是唯一元素的频率的值，会被默认值按降序进行排列。我们将引用前5个数据，将饼形图的大小指定给plot方法的figsize参数，再进行绘制（程序清单8.58和程序清单8.59）。

程序清单 8.58　使用 value_counts 方法计算职业分类列元素的频率

In

```
adult['workclass'].value_counts()[0:5]
```

Out

```
Private             22696
Self-emp-not-inc     2541
Local-gov            2093
?                    1836
State-gov            1298
Name: workclass, dtype: int64
```

程序清单 8.59　使用 plot 方法绘制饼形图（kind='pie'）

In

```
adult['workclass'].value_counts()[0:5].plot(kind='pie', ➡
 figsize=(4,4))
```

Out

```
<matplotlib.axes._subplots.AxesSubplot at 0x1190d4b70>
```

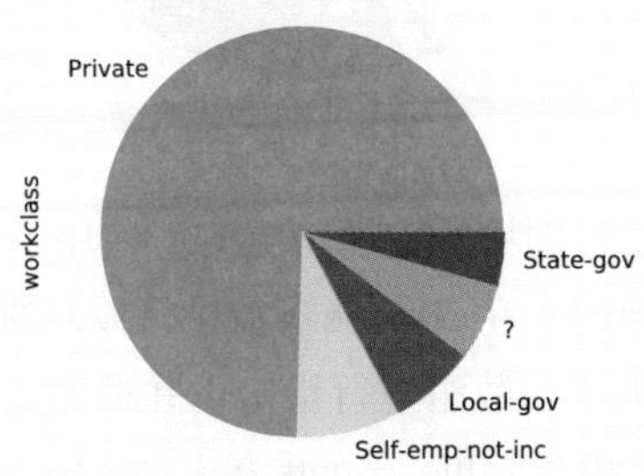

通过将以数字格式指定的字符串指定给autopct参数（默认值为None），可以在饼形图内显示每个构成比率。下面将用饼形图对列education（学历）中的唯一值进行显示。将%.2f%% 指定给autopct参数，就可以对每个值的构成比率进行显示（程序清单8.60）。

程序清单 8.60　plot 方法和 autopct 参数（kind='pie'）

In

```
adult['education'].value_counts()[0:5].plot(kind='pie',
                                             figsize=(6,6),
                                             autopct='%.2f%%')
```

Out

```
<matplotlib.axes._subplots.AxesSubplot at 0x3c7fb0>
```

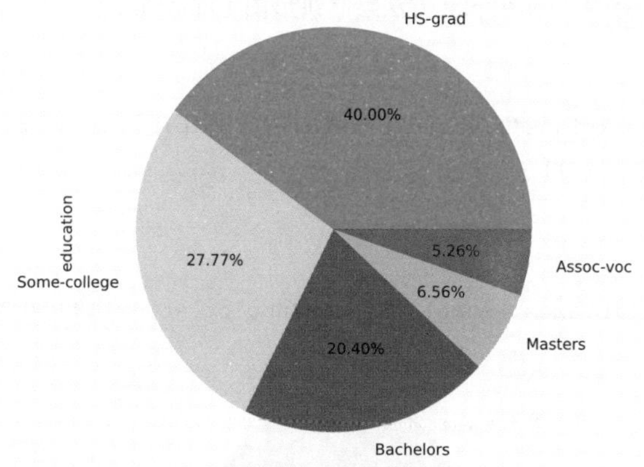

需要突出显示饼形图中特定的位置时，使用explode参数（默认值为None）是非常方便的。在explode参数中可以对饼形图显示的项目数（这里是5个）相同大小的数组进行指定，并根据数组的值指定饼形图各个项目的校正度。由于value_counts方法会将值按降序返回，因此如果将开始的值指定为0.1，其余的值指定为0，就可以将频率最高的HS-grad与饼形图分离显示（程序清单8.61）。

程序清单 8.61　plot 方法和 explode 参数（kind='pie'）

In

```
adult['education'].value_counts()[0:5].plot(kind='pie',
                                              explode=[0.1,0,0,0,0],
                                              figsize=(6,6),
                                              autopct='%1.1f%%')
```

Out

```
<matplotlib.axes._subplots.AxesSubplot at 0x7f2b30>
```

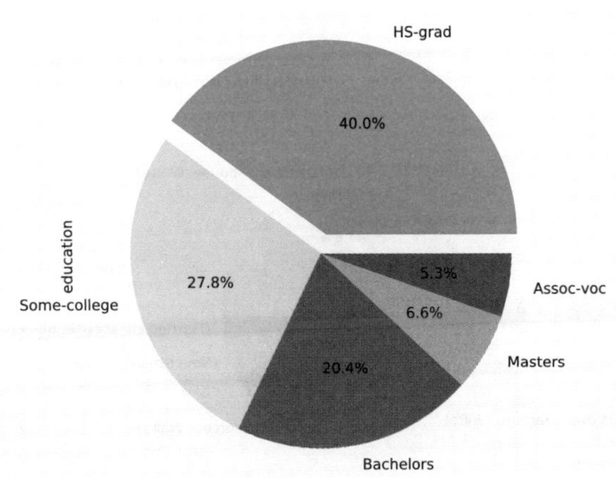

使用groupby方法（参考第7.3节）对特定的列进行分组，可以实现更为细化的数据可视化处理。下面将对marital.status（婚姻状况）和race（人种）的列进行分组，并使用size方法获取每组的大小。然后，使用sort_values方法引用前5份数据并使用饼形图对其进行可视化处理（程序清单8.62）。

程序清单 8.62　groupby 方法和 plot 方法（kind='pie'）

In

```
grouped = adult.groupby(['marital.status','race'])
cnt = grouped.size().sort_values(ascending=False)[0:5]
cnt
```

Out

```
marital.status      race
Married-civ-spouse  White    13410
Never-married       White     8757
Divorced            White     3797
Never-married       Black     1346
Married-civ-spouse  Black      837
dtype: int64
```

In

```
cnt.plot(kind='pie', figsize=(4,4), autopct='%1.1f%%')
```

Out

```
<matplotlib.axes._subplots.AxesSubplot at 0x119a8a080>
```

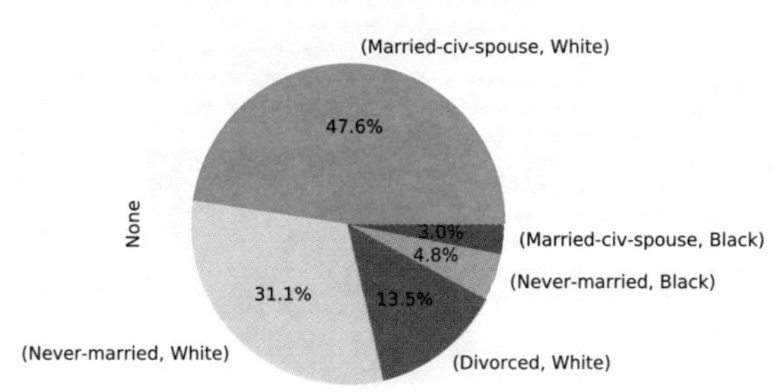

8.2.6 箱形图

箱形图是一种适用于观察数据离散程度的图表。此外，也可以使用箱形图直观地对与其他数值极度乖离的离群值等数据进行确认（参考第6.2.4小节）。在plot方法的kind参数中指定box就可以绘制箱形图。下面将DataFrame对象的列age绘制成箱形图（程序清单8.63）。

程序清单 8.63 使用 plot 方法绘制箱形图（kind='box'）

In

```
adult['age'].plot(kind='box')
```

Out

```
<matplotlib.axes._subplots.AxesSubplot at 0x11a3093c8>
```

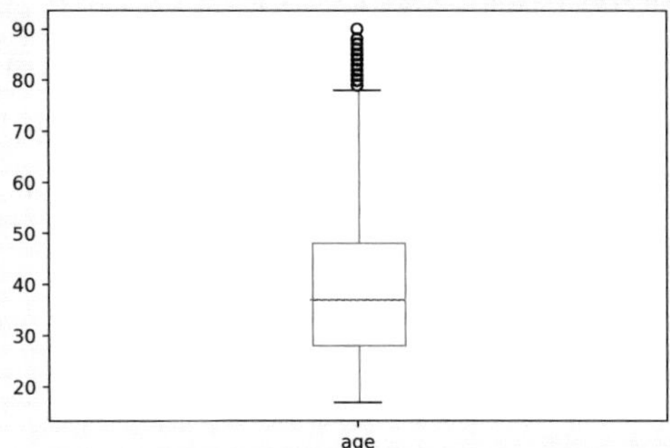

接下来，将引用DataFrame对象adult的列age和education.num，使用subplots参数（默认值为False）将每列绘制成箱形图（程序清单8.64）。

程序清单 8.64　plot 方法和 subplots 参数（kind='box'）

In

```
adult[['age','education.num']].plot(kind='box', subplot ➡
s=True)
```

Out

```
age              AxesSubplot(0.125,0.125;0.352273x0.755)
education.num    AxesSubplot(0.547727,0.125;0.352273x0.755)
dtype: object
```

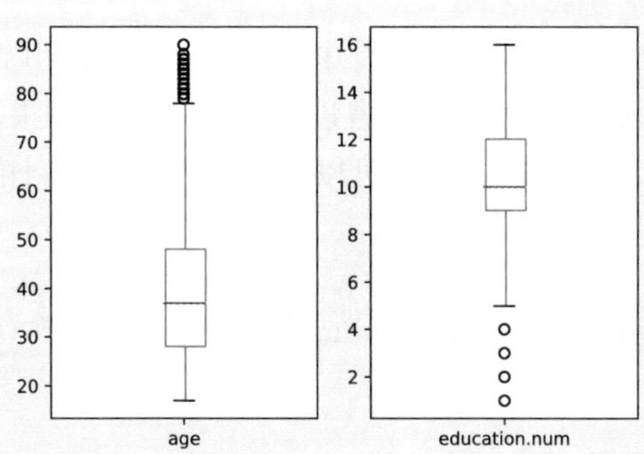

箱形图是使用四分位距对离群值进行绘制。默认是将四分位距在下方和上方放大1.5倍的比例，将脱离该范围的值作为离群值。这一操作可以通过plot方法的whis参数（默认值为1.5）进行修改。下面将在whis参数中指定2.0，并将列education.num绘制成箱形图（程序清单8.65）。与程序清单8.64中绘制的education.num的箱形图进行比较，可以看到由于使用whis参数将四分位距从1.5放大到了2.0，因此下方离群值的个数有所减少。

程序清单 8.65　plot 方法和 whis 参数（kind='box'）

In

```
adult['education.num'].plot(kind='box', whis=2.0)
```

Out

```
<matplotlib.axes._subplots.AxesSubplot at 0x11a53f8d0>
```

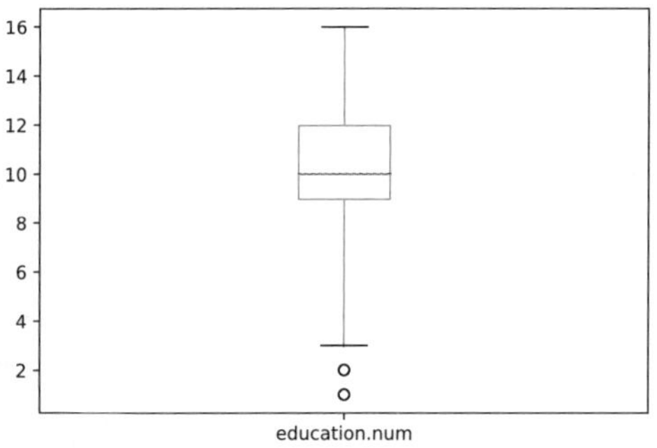

箱形图中箱内的线表示的是中位数，还可以使用showmeans参数（默认值为False）对平均值的位置进行显示。此外，如果在vert参数（默认值为True）中指定False，还可以在水平方向上绘制箱形图（程序清单8.66）。

程序清单 8.66　plot 方法的 showmeans 参数和 vert 参数（kind='box'）

In

```
adult['age'].plot(kind='box', showmeans=True, vert=False)
```

Out

```
<matplotlib.axes._subplots.AxesSubplot at 0x119bed5f8>
```

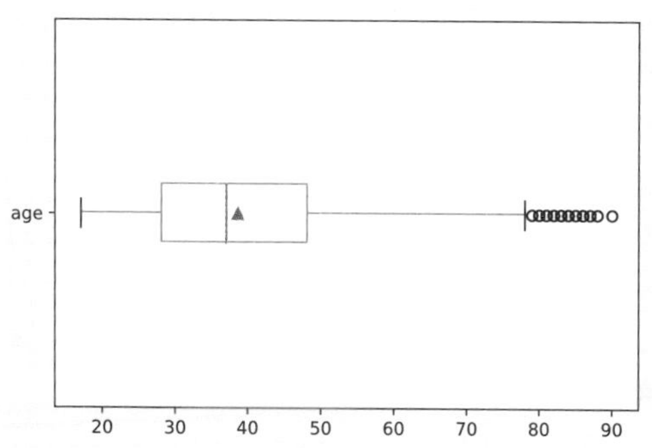

8.2.7 散点图矩阵

所谓散点图矩阵，是指针对多个数值数据的变量，将两个变量作为一组，绘制所有组合的散点图，并将这些图以矩阵的形式进行显示。由于可以一次性把握每个变量的相关性，因此是一种非常方便的数据可视化方法。

我们可以使用plotting(pd.plotting) 模块的scatter_matrix方法绘制散点图矩阵。将DataFrame对象传递给第一个参数，就可以对数值数据的列之间全部组合的散点图及每列的直方图以矩阵的形式进行绘制。下面将随机提取DataFrame对象adult的300行数据绘制散点图矩阵（程序清单8.67）。

程序清单 8.67　pd.plotting 模块的 scatter_matrix 方法

In

```
pd.plotting.scatter_matrix(adult.sample(300, random_sta➡
te=0), figsize=(7,7))
```

Out

```
array([[<matplotlib.axes._subplots.AxesSubplot obje➡
ct at 0x0080F130>,
```

```
        <matplotlib.axes._subplots.AxesSubplot obje➡
ct at 0x009AD4B0>,
        <matplotlib.axes._subplots.AxesSubplot obje➡
ct at 0x009E13F0>],
       [<matplotlib.axes._subplots.AxesSubplot obje➡
ct at 0x00A063F0>,
        <matplotlib.axes._subplots.AxesSubplot obje➡
ct at 0x00A2C330>,
        <matplotlib.axes._subplots.AxesSubplot obje➡
ct at 0x00A2C350>],
       [<matplotlib.axes._subplots.AxesSubplot obje➡
ct at 0x00A468F0>,
        <matplotlib.axes._subplots.AxesSubplot obje➡
ct at 0x00A8E910>,
        <matplotlib.axes._subplots.AxesSubplot obje➡
ct at 0x00C02910>]],
      dtype=object)
```

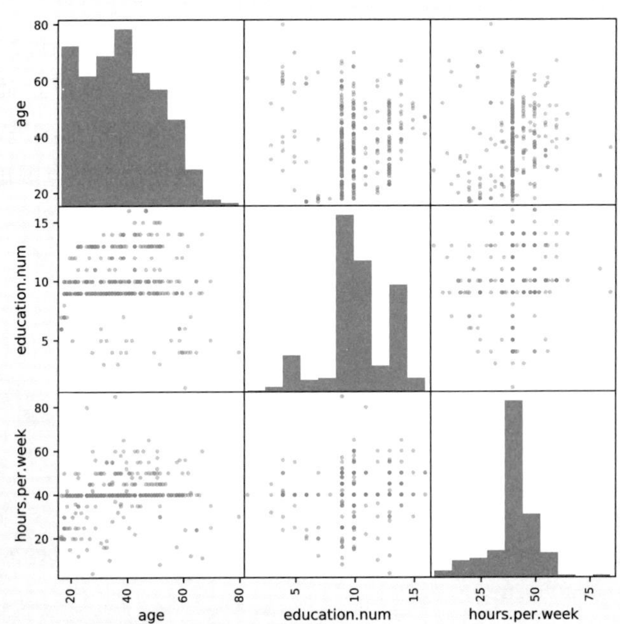

程序清单 8.67 中散点图矩阵的第 1 行和第 2 列是 x 轴为列 education.num 的值，y 轴为列 age 的值的散点图。可以看到包含数值数据的 3 列的标签显示到了散点图矩阵的每行和每列中。不仅从左上到右下的对象线上显示了每列的直方图，同时也可以对其分布情况有直观的了解。

在 scatter_matrix 方法的 diagonal 参数（默认值为 hist）中指定 kde，可以用核密度估计取代直方图显示在对角线上。在 scatter_matrix 方法中使用核密度估计时，需要使用 SciPy 软件库。SciPy 是 Python 的数值分析开源软件，可以使用以下命令进行安装。

[终端窗口]

```
$ conda install scipy
```

如果使用的是 Google Colab 环境，执行以下命令进行安装。

[终端窗口]

```
!pip install scipy
```

安装完后，将对列 age 和包含 hours.per.week 的核密度估计的散点图矩阵进行绘制（程序清单 8.68）。

程序清单 8.68 scatter_matrix 方法和 diagonal 参数

In

```
pd.plotting.scatter_matrix(
    adult[['age','hours.per.week']].sample(300, random_➡
state=0),
    diagonal='kde'
)
```

Out

```
array([[<matplotlib.axes._subplots.AxesSubplot object at➡
 0x0CA7F5F0>,
        <matplotlib.axes._subplots.AxesSubplot object at➡
 0x0CA9DEF0>],
```

```
       [<matplotlib.axes._subplots.AxesSubplot object at ➡
0x0CABFEB0>,
        <matplotlib.axes._subplots.AxesSubplot object at ➡
0x0CAEF190>]],
      dtype=object)
```

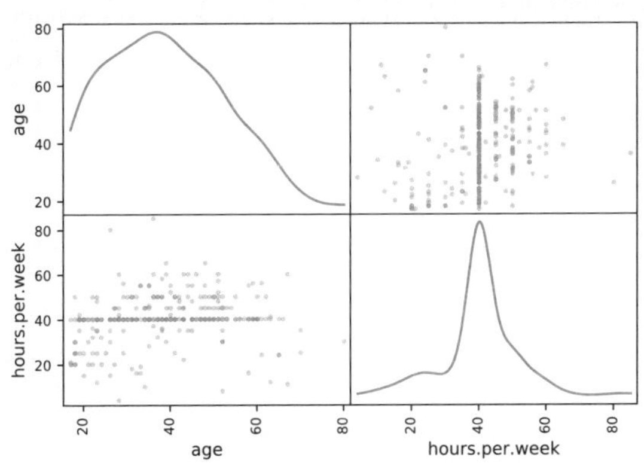

在数据预处理阶段，需要大致对各个特征量或目标之间的关系进行确认时，经常会使用散点图矩阵。虽然使用散点图矩阵可以一次性对多个变量的相关性进行确认（是一种使用便捷的方法），但是随着数据数量的增加，处理速度也会变得非常缓慢。因此，在使用scatter_matrix方法时需要注意。

8.2.8 缺失值的处理

当DataFrame对象或Series对象中包含缺失值时，使用plot方法对数据进行可视化处理时，主要有3种方法。根据绘制图表的种类，对缺失值的处理方式也会不同。因此，在本小节中，将对使用plot方法处理缺失值的方法进行讲解。

为了对缺失值的处理进行理解，下面将创建一个包含缺失值的DataFrame对象（程序清单8.69）。

程序清单 8.69　DataFrame 对象的创建

In

```
np.random.seed(0)
val = np.random.randint(0, 5, size=500).reshape(100,5)
df = pd.DataFrame(val, columns=list('abcde')).cumsum()
df.iloc[20:30,0] = np.nan
```

折线图（kind='line'）会将缺失值的位置显示为空白。如程序清单 8.69 所示，代入的值中列 a 存在缺失值。下面将使用 plot 方法绘制折线图（程序清单 8.70）。

程序清单 8.70　绘制包含缺失值的折线图（kind='line'）

In

```
df['a'].plot(kind='line')
```

Out

```
<matplotlib.axes._subplots.AxesSubplot at 0xcb3eb10>
```

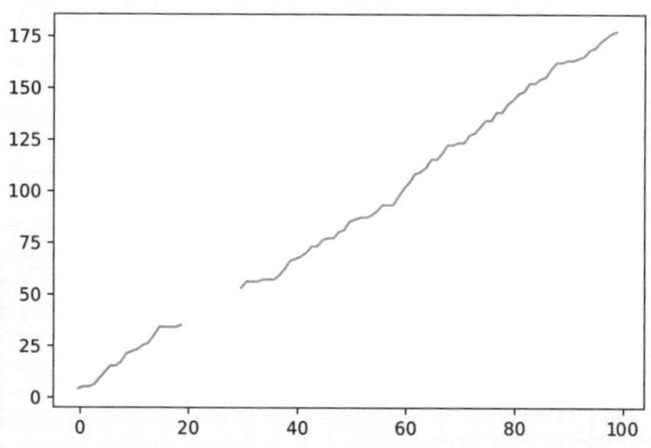

条形图（kind='bar'）会用 0 填充缺失值所在位置进行绘制。下面将引用列 a 的缺失值前后的值绘制条形图（程序清单 8.71）。

程序清单 8.71　绘制包含缺失值的条形图（kind='bar'）

In

```
df['a'][10:40].plot(kind='bar')
```

Out

```
<matplotlib.axes._subplots.AxesSubplot at 0x1a1ca2af98>
```

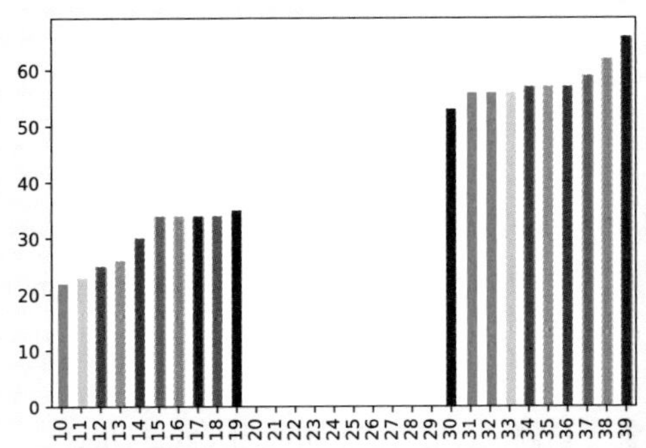

散点图和直方图会先将缺失值删除后，再绘制图表。下面将使用相应位置的数据对图表进行绘制（程序清单8.72）。

程序清单 8.72　绘制包含缺失值的散点图（kind='scatter'）和直方图（kind='hist'）

In

```
df[10:40].plot(kind='scatter', x='b', y='a')
```

Out

```
<matplotlib.axes._subplots.AxesSubplot at 0x1a1cc83208>
```

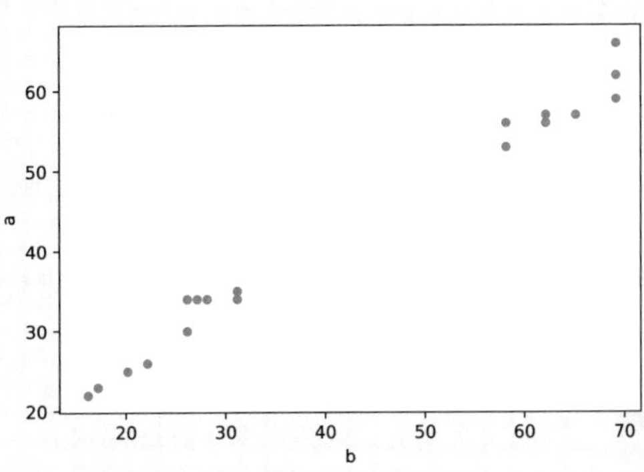

In

```
df['a'][10:40].plot(kind='hist')
```

Out

```
<matplotlib.axes._subplots.AxesSubplot at 0x1a1cc96b00>
```

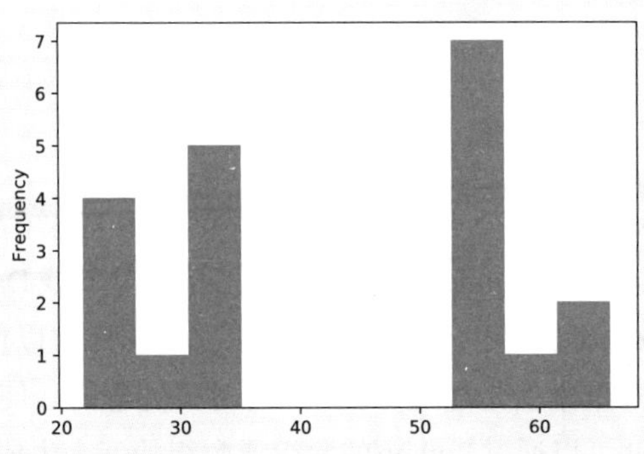

我们将使用pandas进行可视化数据处理时对缺失值的处理方式总结在表8.1中。为了避免由于缺失值的处理而导致错误地解读数据，在进行可视化处理前，先使用dropna方法或fillna方法对缺失值进行处理会比较妥当。

表8.1　使用plot方法对缺失值的处理方式

图表的种类	缺失值的处理	图表的种类	缺失值的处理
折线图	作为空白处理	箱形图	按列删除缺失值
折线图（stacked）	填充0	面积图	填充0
条形图	填充0	核密度估计	按列删除缺失值
散点图	删除缺失值	hexbin图	删除缺失值
直方图	按列删除缺失值	饼形图	填充0

8.3 多重索引

pandas中提供了可用于处理高维数据的多重索引(MultiIndex)。使用多重索引可以对具有更加复杂结构的数据进行灵活的处理和操作。在本节中，将对pandas的多重索引的基本操作方法进行讲解。

8.3.1 多重索引的基本操作

MultiIndex对象（多重索引）是包含多重Index对象（参考第2.3节）的对象。在pandas中，Index对象会作为Series对象或DataFrame对象的索引标签或列标签使用，当然，多重索引也同样可以作为各坐标轴的标签使用。多重索引是通过MultiIndex对象处理的。使用MultiIndex类的构造函数就可以通过Python的元组或数组的列表生成。

为了对多重索引的基本操作方法进行确认，下面将创建DataFrame对象。创建一个包含员工名称、营业所在的都道府县名、性别、所属部门、年龄和人事评估的值作为元素的DataFrame对象。将每列的元素值保存到列表中，并使用字典指定列标签创建DataFrame对象（程序清单8.73）。

程序清单 8.73　DataFrame 对象的创建

In

```
name = ['A','B','C','D','E','F','G']
address = ['Tokyo','Tokyo','Tokyo','Tokyo','Osaka','Osa➡
ka','Sapporo']
sex = ['F','F','F','M','M','M','M']
div = ['HR','Sales','Marketing','Sales','HR','Marketing➡
','Marketing']
age = [25, 31, 32, 28, 29, 39, 28]
point = [88, 91, 79, 87, 85, 98, 82]
```

In

```
pd.DataFrame({'name':name,
              'address':address,
```

```
                'sex':sex,
                'div':div,
                'age':age,
                'point':point})
```

Out

```
   address  age        div  name  point  sex
--------------------------------------------
0    Tokyo   25         HR     A     88    F
1    Tokyo   31      Sales     B     91    F
2    Tokyo   32  Marketing     C     79    F
3    Tokyo   28      Sales     D     87    M
4    Osaka   29         HR     E     85    M
5    Osaka   39  Marketing     F     98    M
6  Sapporo   28  Marketing     G     82    M
```

在本节中，将会使用程序清单8.73中创建的DataFrame对象对多重索引的基本操作进行详细讲解。

多重索引的概要

MultiIndex对象可以由包含Python的元组的数组创建。要将两个列表转换为元组可以使用Python的内置函数zip函数和list函数。下面将程序清单8.73中创建的address和sex的列表传递给zip函数创建元组（程序清单8.74）。

程序清单 8.74 元组的创建

In

```
tuples = list(zip(address, sex))
tuples
```

Out

```
[('Tokyo', 'F'),
 ('Tokyo', 'F'),
 ('Tokyo', 'F'),
 ('Tokyo', 'M'),
```

```
 ('Osaka', 'M'),
 ('Osaka', 'M'),
 ('Sapporo', 'M')]
```

使用元组的列表生成多重索引时，可以使用MultiIndex对象的from_tuples方法。下面将生成MultiIndex对象并将其保存到变量midx中（程序清单8.75）。

程序清单 8.75　MultiIndex 对象的创建

In

```
midx = pd.MultiIndex.from_tuples(tuples)
midx
```

Out

```
MultiIndex(levels=[['Osaka', 'Sapporo', 'Tokyo'], ['F', ➡
'M']],
           labels=[[2, 2, 2, 2, 0, 0, 1], [0, 0, 0, 1, ➡
1, 1, 1]])
```

MultiIndex对象提供了表示层次的levels属性和表示各层位置索引的labels属性。下面将对这些属性进行确认（程序清单8.76）。

程序清单 8.76　MultiIndex 对象的 levels 属性和 labels 属性

In

```
midx.levels
```

Out

```
FrozenList([['Osaka', 'Sapporo', 'Tokyo'], ['F', 'M']])
```

In

```
midx.labels
```

Out

```
FrozenList([[2, 2, 2, 2, 0, 0, 1], [0, 0, 0, 1, 1, 1, 1]])
```

levels属性包含属于每个层次的唯一标签。此外，还可以使用可选的names参数为每个层次赋予names属性。使用names属性对多重索引进行排序或分组的操作也是常有的。下面将再次使用from_tuples方法的names参数，生成MultiIndex对象（程序清单8.77）。

程序清单 8.77 from_tuples 方法和 names 参数

In

```
midx = pd.MultiIndex.from_tuples(tuples, names=['addres➡
s','sex'])
print(midx.names)
midx
```

Out

```
['address', 'sex']
MultiIndex(levels=[['Osaka', 'Sapporo', 'Tokyo'], ['F', ➡
 'M']],
           labels=[[2, 2, 2, 2, 0, 0, 1], [0, 0, 0, 1, ➡
1, 1, 1]],
           names=['address', 'sex'])
```

与Index对象相同，MultiIndex对象也可以作为Series对象或DataFrame对象的索引标签（或列标签）使用。下面将创建以age为值，address和sex的多重索引为索引标签的Series对象（程序清单8.78）。在Series对象的构造函数的index参数中指定MultiIndex对象。如果对创建好的Series对象ser的index属性进行确认，就可以看到MultiIndex对象。

程序清单 8.78 MultiIndex 对象和 index 参数

In

```
ser = pd.Series(age, index=midx)
print(ser.index)
ser
```

Out

```
MultiIndex(levels=[['Osaka', 'Sapporo', 'Tokyo'], ['F', ➡
 'M']],
           labels=[[2, 2, 2, 2, 0, 0, 1], [0, 0, 0, 1, ➡
1, 1, 1]],
           names=['address', 'sex'])

address  sex
Tokyo    F      25
         F      31
         F      32
         M      28
Osaka    M      29
         M      39
Sapporo  M      28
dtype: int64
```

在程序清单8.78中是事先生成多重索引再创建Series对象的。在Series对象的构造函数的index参数中指定和Series相同长度的多个列表，也可以创建将多重索引作为索引标签的Series对象。这种情况下，由于没有指定多重索引的names属性，因此将不会为各层次设置名称（address和sex）（程序清单8.79）。

程序清单 8.79　多个列表和 index 参数

In

```
pd.Series(age, index=[address, sex])
```

Out

```
Tokyo    F    25
         F    31
         F    32
         M    28
Osaka    M    29
         M    39
Sapporo  M    28
dtype: int64
```

MultiIndex对象的from_product方法可以创建由多个列表的值组成的所有组合的多重索引。下面将使用address和sex的唯一值创建列表，并使用from_product方法生成多重索引。使用NumPy生成大小相等的随机数，并将其作为Series对象的元素值。从下列结果可以看到，创建了由temp1和temp2的每个值组成的所有组合的多重索引（程序清单8.80）。

程序清单 8.80 from_product 方法

In

```
np.random.seed(0)
temp1 = ['Tokyo','Osaka', 'Sapporo']
temp2 = ['F','M']
midx2 = pd.MultiIndex.from_product([temp1, temp2], names=➡
['address','sex'])
pd.Series(np.random.randint(10,size=6),index=midx2)
```

Out

```
address   sex
Tokyo     F      5
          M      0
Osaka     F      3
          M      3
Sapporo   F      7
          M      9
dtype: int64
```

正如前面所讲解的，MultiIndex对象可以作为DataFrame对象的索引标签使用。下面将创建包含address和sex的多重索引，各列包含age和point的值的DataFrame对象（程序清单8.81）。

程序清单 8.81 DataFrame 对象和 MultiIndex 对象

In

```
df = pd.DataFrame({'age':age,'point':point}, index=midx)
df
```

Out

```
                age  point
address  sex
-------------------------
  Tokyo     F    25     88
            F    31     91
            F    32     79
            M    28     87
  Osaka     M    29     85
            M    39     98
Sapporo     M    28     82
```

MultiIndex对象还可以作为列标签使用。下面将使用DataFrame对象df的T属性，对DataFrame对象df进行转置并对其进行确认（程序清单8.82）。从下列结果可以看到，列标签中包含了address和sex值的多重索引。

程序清单 8.82　MultiIndex 对象的列标签

In

```
df.T
```

Out

```
address  Tokyo              Osaka      Sapporo
sex        F    F    F    M    M    M    M
----------------------------------------
    age  25   31   32   28   29   39        28
  point  88   91   79   87   85   98        82
```

MultiIndex对象对层次（levels）的数量是没有限制的。下面使用from_arrays方法从数组中生成MultiIndex对象，并使用address、sex和div的值生成多重索引创建DataFrame对象（程序清单8.83）。

程序清单 8.83　MultiIndex 对象的 from_arrays 方法

In

```
midx = pd.MultiIndex.from_arrays([address,sex,div],
```

其他操作

```
                          names=['address','sex','div'])

df = pd.DataFrame({'age':age,'point':point}, index=midx)
df
```

Out

```
                          age  point
address  sex  div
-------------------------------------
  Tokyo   F          HR    25     88
                  Sales    31     91
              Marketing    32     79
          M       Sales    28     87
  Osaka   M          HR    29     85
              Marketing    39     98
Sapporo   M   Marketing    28     82
```

使用MultiIndex对象的nlevels属性可以对层次数量进行确认。下面将使用DataFrame对象df的index属性，并使用nlevels属性对层次数量进行确认（程序清单8.84）。由于包含address、sex和div的层次，因此执行结果中返回的是数字3。

程序清单 8.84　MultiIndex 对象的 nlevels 属性

In

```
df.index.nlevels
```

Out

```
3
```

通过MultiIndex对象的get_level_values方法对各层次名（name）或层次（level）的位置以整数进行指定，可以将各层次的值作为Index对象返回。各层次的位置是将最外侧的层次设置为0，往内侧的层次会逐次加上1。DataFrame对象df的最外侧的层次是address。下面将层次的name（address）和level（0）指定给get_level_values方法。可以看到程序返回了相同的Index对象（程序清单8.85）。

程序清单 8.85　MultiIndex 对象的 get_level_values 方法

In

```
print(df.index.get_level_values('address'))
```

Out

```
Index(['Tokyo', 'Tokyo', 'Tokyo', 'Tokyo', 'Osaka', 'Os➡
aka', 'Sapporo'], dtype='object', name='address')
```

In

```
print(df.index.get_level_values(0))
```

Out

```
Index(['Tokyo', 'Tokyo', 'Tokyo', 'Tokyo', 'Osaka', 'Os➡
aka', 'Sapporo'], dtype='object', name='address')
```

DataFrame对象df的address是level=0，往内一层的sex是level=1，再往内一层的div则是level=2。多重索引中最里面的层次也可以用–1进行指定。下面将使用get_level_values方法进行确认（程序清单8.86）。

程序清单 8.86　get_level_values 方法和 level 的位置

In

```
print(df.index.get_level_values(1))
```

Out

```
Index(['F', 'F', 'F', 'M', 'M', 'M', 'M'], dtype='objec➡
t', name='sex')
```

In

```
print(df.index.get_level_values(-1))
```

Out

```
Index(['HR', 'Sales', 'Marketing', 'Sales', 'HR', 'Mark➡
eting', 'Marketing'], dtype='object', name='div')
```

基于多重索引进行索引引用时，使用level的情况也是不少的，因此建议读者正确地对其进行理解。

多重索引的排序

当需要高效地对包含多重索引的DataFrame对象或Series对象进行索引引用时，需要对多重索引进行正确的排序。与Index对象相同，MultiIndex对象也提供了基于索引标签进行排序的sort_index方法。

接下来，将基于索引标签对包含多重索引的DataFrame对象进行排序（程序清单8.87）。DataFrame对象中sort_index方法的axis参数默认值为0，ascending参数默认值则为True。下面将基于多重索引中各层次索引标签的值，按升序进行排序。排序会从最外侧的层次向内侧的层次依次进行。如果索引标签的值为字符串时，就会按照字典的顺序进行排序。

程序清单 8.87　MultiIndex 对象的 sort_index 方法

In

```
df.sort_index(axis=0, ascending=True)
```

Out

```
                           age  point
address  sex  div
-----------------------------------
  Osaka    M         HR     29     85
              Marketing     39     98
Sapporo    M  Marketing     28     82
  Tokyo    F         HR     25     88
              Marketing     32     79
                  Sales     31     91
           M      Sales     28     87
```

sort_index方法提供了level参数（默认值为None）和sort_remaining参数（默认值为True）。在level参数中指定多重索引的层次名（name）或表示层次（level）位置的整数，就可以基于特定的层次标签进行排序。sort_remaining参数可以对level参数指定的层次以外的层次是否排序的操作进行控制。当sort_remaining参数为False时，就只会对level参数指定的层次进行排序。下面将在sort_remaining参数中指定False，并在level参数中指定1，只对多重索引的sex进行排序（程序清单8.88）。

程序清单 8.88　sort_index 方法的 level 参数和 sort_remaining 参数（False）

In

```
df.sort_index(axis=0, level=1, sort_remaining=False)
```

Out

```
                              age   point
address   sex   div
-----------------------------------
  Tokyo    F           HR    25      88
                    Sales    31      91
                Marketing    32      79
           M        Sales    28      87
  Osaka    M           HR    29      85
                Marketing    39      98
Sapporo    M    Marketing    28      82
```

接下来，同样在level参数中指定1，并在sort_remaining参数中指定默认值True进行排序操作（程序清单8.89）。在程序清单8.88中只对多重索引的sex进行了排序，而在程序清单8.89中由于sort_remaining参数为True，因此在对sex的层次进行排序后，接着对div的层次也进行了排序操作。

程序清单 8.89　sort_index 方法的 level 参数和 sort_remaining 参数（True）

In

```
df.sort_index(axis=0, level=1, sort_remaining=True)
```

Out

```
                              age   point
address   sex   div
-----------------------------------
  Tokyo    F           HR    25      88
```

```
                Marketing   32     79
                    Sales   31     91
   Osaka     M         HR   29     85
                Marketing   39     98
 Sapporo     M  Marketing   28     82
   Tokyo     M      Sales   28     87
```

如果为MultiIndex对象设置了names属性，那么还可以将name属性的字符串指定给level参数。此外，还可以使用列表将多个层次指定给level参数。下面将基于多重索引的sex和div进行排序（程序清单8.90）。这种情况下，会基于多重索引的sex的值进行排序，再基于div的值进行排序。从下列结果可以看到，即使在sort_remaining参数中指定False，排序后也会得到与程序清单8.89（sort_remaining参数为True）相同的结果。

程序清单 8.90　sort_index 方法的 level 参数（多个）

In

```
df.sort_index(level=['sex','div'], sort_remaining=False)
```

Out

```
                           age  point
address  sex  div
-----------------------------------
  Tokyo    F         HR   25     88
                Marketing   32     79
                    Sales   31     91
  Osaka    M         HR   29     85
                Marketing   39     98
Sapporo    M  Marketing   28     82
  Tokyo    M      Sales   28     87
```

针对多重索引，也可以使用DataFrame对象的loc属性灵活地进行索引引用。不过，如果作为索引引用的目标，多重索引的层次没有按字典顺序进行排序，就会导致性能警告（PerformanceWarning）。下面将多重索引的address的值Tokyo，sex的值F指定给loc属性进行索引引用操作（程序清单8.91）。从下列结果可以看到，由于没有按字典顺序进行排序，因此出现了PerformanceWarning。关于多重索引的详细内容，将在本节“多重索引的索引引用”中进行讲解。

程序清单 8.91　多重索引的索引引用（PerformanceWarning）

In

```
df.loc['Tokyo', 'F']
```

Out

```
/miniconda3/envs/codexa/lib/python3.6/site-packages/ipy➡
kernel_launcher.py:1: PerformanceWarning: indexing past➡
 lexsort depth may impact performance.
  """Entry point for launching an IPython kernel.

           age  point
div
---------------------
       HR   25     88
    Sales   31     91
Marketing   32     79
```

接下来，将使用sort_index方法基于address和sex进行排序，并使用loc属性进行索引引用（程序清单8.92）。在程序清单8.91中，由于没有进行排序，因此出现了PerformanceWarning。而在这里由于已经对多重索引进行了正确的排序，因此没有出现异常。事先按字典顺序对多重索引进行排序可以实现高效的索引引用。

程序清单 8.92　多重索引的索引引用

In

```
df.sort_index(level=['address','sex']).loc['Tokyo','F']
```

Out

```
           age  point
div
---------------------
```

```
       HR   25     88
Marketing   32     79
    Sales   31     91
```

多重索引也与常规的索引一样，可以使用切片进行索引引用，但是如果没有按字典进行排序，就会出现UnsortedIndexError异常。在程序清单8.93中，虽然使用切片从Osaka索引引用了Sapporo，但是由于没有对多重索引进行排序，因此出现了异常（UnsortedIndexError）。

程序清单 8.93　多重索引和切片（UnsortedIndexError）

In

```
df.loc['Osaka':'Sapporo']
```

Out

```
(…略…)
UnsortedIndexError:
'Key length (1) was greater than MultiIndex lexsort dep➡
th (0)'
```

接下来，将再次使用sort_index方法对多重索引按字典顺序进行排序，并使用切片进行索引引用（程序清单8.94）。从下列结果可以看到，没有出现异常，且实现了正确的索引引用。

程序清单 8.94　多重索引和切片

In

```
df.sort_index(level=0).loc['Osaka':'Sapporo']
```

Out

```
                            age  point
address  sex  div
-----------------------------------
  Osaka    M         HR    29     85
              Marketing    39     98
Sapporo    M  Marketing    28     82
```

MultiIndex对象中提供了可以对是否按字典顺序排序进行判断的is_lexsorted方法。如果MultiIndex对象的值是按字典顺序进行排序的，就会返回True。因此在对多重索引进行引用时，事先使用is_lexsorted方法对其进行判断会比较好（程序清单8.95）。

程序清单 8.95　MultiIndex 对象的 is_lexsorted 方法

In

```
df.index.is_lexsorted()
```

Out

```
False
```

In

```
df.sort_index(level=0).index.is_lexsorted()
```

Out

```
True
```


多重索引的索引引用

接下来，将对MultiIndex对象的索引引用方法进行详细讲解。在Index对象中方括号（[ ]）是指使用了列标签的索引引用。这在多重索引的索引引用中也是执行相同的操作。下面使用DataFrame对象的T属性创建在列标签中包含多重索引的DataFrame对象df_col并使用方括号（[ ]）对df_col对象的Tokyo列进行引用（程序清单8.96）。

程序清单 8.96　MultiIndex 对象的引用［方括号（[ ]）］

In

```
df_col = df.T.copy()
df_col
```

Out

```
address  Tokyo                              Osaka                Sapporo
sex      F                          M       M                    M
div      HR  Sales  Marketing  Sales  HR  Marketing  Marketing
-------------------------------------------------------------------------
   age   25     31         32     28  29         39         28
 point   88     91         79     87  85         98         82
```

In

```
df_col['Tokyo']
```

Out

```
sex      F                        M
div      HR  Sales  Marketing  Sales
------------------------------------
   age   25     31         32     28
 point   88     91         79     87
```

DataFrame对象df_col的Tokyo是最外侧的层次0。程序清单8.96中的df_ col['Tokyo'] 返回的是将address层从多重索引中删除后的DataFrame对象。如果需要对address层内侧的sex层进行引用，则可以通过并列使用方括号（[ ]）实现。

下面将引用Tokyo的M（程序清单8.97）。df_col的列标签的多重索引为3层，指定Tokyo和M，返回的DataFrame对象就是只包含div层常规的Index对象。

程序清单 8.97　引用 MultiIndex 对象的多个层次

In

```
df_col['Tokyo']['M']
```

Out

```
div     Sales
------------
age        28
point      87
```

我们还可以对多重索引的所有层次进行引用。下面将引用DataFrame对象df_col的Osaka、M和HR的列标签，并对其进行显示（程序清单8.98）。

程序清单 8.98　引用 MultiIndex 对象的所有层次

In

```
df_col['Osaka']['M']['HR']
```

Out

```
age      29
point    85
Name: HR, dtype: int64
```

接下来，将对索引标签中包含多重索引的DataFrame对象的索引引用操作方法进行讲解。索引标签的索引引用需要使用loc属性。这里将使用loc属性对DataFrame对象df中Tokyo的行进行引用（程序清单8.99）。

程序清单 8.99　多重索引和 loc 属性

In

```
df.loc['Tokyo']
```

Out

```
                 age  point
sex  div
--------------------------
  F          HR   25     88
          Sales   31     91
      Marketing   32     79
  M       Sales   28     87
```

在这种情况下也可以使用切片进行引用。不过正如前面所说，需要对多重索引按字典顺序进行排序。下面将使用sort_index方法按字典顺序进行排序，并使用切片对Osaka和Sapporo进行索引引用（程序清单8.100）。这里使用sort_index方法的inplace参数直接对DataFrame对象进行修改。

程序清单 8.100　多重索引和切片

In

```
df.sort_index(level=0, inplace=True)
df.loc['Osaka':'Sapporo']
```

Out

```
                          age  point
address  sex  div
-------------------------------------
  Osaka    M           HR  29     85
              Marketing   39     98
Sapporo    M  Marketing   28     82
```

使用了元组的切片语句可以实现更加详细地索引引用。下面将使用元组的切片对DataFrame对象df中Sapporo的M和Tokyo的F进行索引引用操作（程序清单8.101）。

程序清单 8.101　多重索引和元组的切片①

In

```
df.loc[('Sapporo','M'):('Tokyo','F')]
```

Out

```
                          age  point
address  sex  div
-------------------------------------
Sapporo    M  Marketing   28     82
  Tokyo    F         HR   25     88
              Marketing   32     79
                  Sales   31     91
```

对元组的列表进行指定就可以执行类似reindex方法的操作。如果元组中指定的值不包含在多重索引中，就会返回NaN。从下列结果可以看到，由于“Sapporo、F、Marketing”没有包含在索引标签中，因此返回的值就是NaN（程序清单8.102）。

程序清单 8.102　多重索引和元组的切片②

In

```
df.loc[[('Sapporo','M','Marketing'),
        ('Sapporo','F','Marketing'),
        ('Tokyo','F','Marketing'),]]
```

Out

address	sex	div	age	point
Sapporo	M	Marketing	28.0	82.0
	F	Marketing	NaN	NaN
Tokyo	F	Marketing	32.0	79.0

使用DataFrame对象的xs方法可以实现更加灵活的多重索引引用。在xs方法的第一个参数key中指定标签进行索引引用。下面将使用xs方法对索引标签中包含Tokyo的行进行引用（程序清单8.103）。

程序清单 8.103　DataFrame 对象的 xs 方法

In

```
df.xs(key='Tokyo')
```

Out

sex	div	age	point
F	HR	25	88
	Marketing	32	79
	Sales	31	91
M	Sales	28	87

xs方法的level参数可以对多重索引引用的层次进行指定。下面将

对div层中标签为Marketing的行进行引用（程序清单8.104）。

程序清单 8.104　xs 方法的 level 参数

In

```
df.xs(key='Marketing', level='div')
```

Out

```
                age   point
address  sex
-------------------------
  Osaka    M   39      98
Sapporo    M   28      82
  Tokyo    F   32      79
```

xs方法中提供了drop_level参数（默认值为True）。在程序清单8.103和程序清单8.104中都可以看到xs方法会将引用的层次删除。在drop_level参数中指定False，会将包含引用层次的DataFrame对象返回（程序清单8.105）。

程序清单 8.105　xs 方法的 drop_level 参数

In

```
df.xs(key='Marketing', level='div', drop_level=False)
```

Out

```
                            age   point
address  sex  div
-----------------------------------
  Osaka    M  Marketing    39      98
Sapporo    M  Marketing    28      82
  Tokyo    F  Marketing    32      79
```

使用xs方法也可以基于多个键进行引用。下面将从多重索引的sex层和div层中，分别对与M和Marketing相关的数据进行引用（程序清单8.106）。

程序清单 8.106　使用 xs 方法的多个键进行引用

In

```
df.xs(key=('M','Marketing'), level=('sex','div'), drop_➡
level=False)
```

Out

```
                              age  point
address  sex  div
------------------------------------
Osaka      M  Marketing   39     98
Sapporo    M  Marketing   28     82
```

xs方法中也提供了axis参数（默认值为0），即使列标签为多重索引也可以使用axis参数灵活地进行索引引用。下面将对列标签中包含多重索引的df_col参数的操作进行确认，div层的列标签会引用Sales的列。在xs方法的axis参数中指定1，在level参数中指定div层的位置整数-1，并将Sales传递给key参数执行代码（程序清单 8.107）。

程序清单 8.107　使用 xs 方法的列标签进行引用

In

```
df_col.xs(key='Sales', axis=1, level=-1, drop_level=➡
False)
```

Out

```
address  Tokyo
sex      F      M
div      Sales  Sales
----------------------
    age     31     28
  point     91     87
```

对包含多重索引的DataFrame对象进行索引引用时，在习惯这一操作前，由于其与Index对象的操作不同，因此可能会感到有些烦琐。建议读者记住基本的索引引用操作。

其他操作

多重索引的转换

由于MultiIndex对象与Index对象相同都是不可变对象，因此不能对现有的多重索引进行变更操作。但是pandas提供了可以对现有的多重索引的值进行更新，并返回新的多重索引的方法。

需要将MultiIndex对象的特定层次变更为新的值时，可以使用set_levels方法。DataFrame对象df的address层的值为Osaka、Sapporo和Tokyo，下面使用set_levels方法将这些值变更为汉字字符串。在set_levels方法的levels参数中指定新的值（汉字字符串），在level参数中则是指定需要对值进行变更的层次（程序清单8.108）。

程序清单 8.108 MultiIndex 对象的 set_levels 方法

In

```
df2 = df.copy()
df2.index = df2.index.set_levels(levels=['大阪','札幌',➡
'东京'],level=0)
df2
```

Out

```
                          age  point
address  sex  div
----------------------------------
   大阪    M           HR   29     85
             Marketing   39     98
   札幌    M  Marketing   28     82
   东京    F           HR   25     88
             Marketing   32     79
                 Sales   31     91
          M      Sales   28     87
```

在set_levels方法的levels参数和level参数中指定多个值，就可以对多个层次的值进行变更。下面将sex层和div层的值分别变更为汉字的字符串（程序清单8.109）。

程序清单 8.109　set_levels 方法的 levels 参数和 level 参数

In

```
df2.index = df2.index.set_levels(
    levels=[['女','男'],['人事','市场','销售']],
    level=['sex','div'])
df2
```

Out

```
                          age   point
address   sex   div
-------------------------------------
   大阪    男        人事    29     85
                     市场    39     98
   札幌    男        市场    28     82
   东京    女        人事    25     88
                     市场    32     79
                     销售    31     91
           男        销售    28     87
```

set_levels方法会对MultiIndex对象的层次的值进行变更，并将新的索引返回。相对地，对MultiIndex对象的labels属性的值进行更新时，需要使用set_labels方法。下面将对DataFrame对象df2中address层labels属性的值进行变更。首先对MultiIndex对象的levels属性和labels属性的值进行确认，从下列结果可以看到，对象df2的address层的索引标签已经按照levels属性的值和labels属性的值进行了更新（0为大阪、1为札幌、2为东京）(程序清单8.110)。

程序清单 8.110　MultiIndex 对象的 levels 属性和 labels 属性

In

```
print(df2.index.levels[0])
print(df2.index.labels[0])
df2
```

Out

```
Index(['大阪', '札幌', '东京'], dtype='object', name='➡
address')
FrozenNDArray([0, 0, 1, 2, 2, 2, 2], dtype='int8')
```

```
                         age   point
address  sex  div
------------------------------------
   大阪    男        人事    29      85
                   市场    39      98
   札幌    男        市场    28      82
   东京    女        人事    25      88
                   市场    32      79
                   销售    31      91
          男        销售    28      87
```

接下来，将使用MultiIndex对象的set_labels方法对labels属性的值进行变更。从下列结果可以看到，多重索引的address层的值已经使用set_labels方法的labels参数进行了更新（程序清单8.111）。

程序清单 8.111 MultiIndex 对象的 set_labels 方法

In

```
df2.index = df2.index.set_labels(labels=[1,1,1,0,0,2,2],
                                 level=0)
df2
```

Out

```
                         age   point
address  sex  div
------------------------------------
   札幌    男        人事    29      85
                   市场    39      98
                   市场    28      82
   大阪    女        人事    25      88
                   市场    32      79
   东京    女        销售    31      91
          男        销售    28      87
```

有时只需简单地对多重索引的层次顺序进行排序处理。这种情况下，使用DataFrame对象的swaplevel方法是非常方便的。swaplevel方法会将i参数中指定的层次调换成j参数中指定的层次。下面将对DataFrame对象df2的address层和sex层的顺序进行调换（程序清单8.112）。

程序清单 8.112　DataFrame 对象的 swaplevel 方法

In

```
df2.swaplevel(i='sex', j='address')
```

Out

```
                              age   point
sex   address   div
-------------------------------------
 男       札幌          人事    29       85
                       市场    39       98
                       市场    28       82
 女       大阪          人事    25       88
                       市场    32       79
          东京          销售    31       91
 男       东京          销售    28       87
```

此外，还存在经常需要将多重索引的值作为DataFrame对象的列提取的情况。DataFrame对象的reset_index方法可以将多重索引的各层次的值在列上进行展开显示（程序清单8.113）。

程序清单 8.113　DataFrame 对象的 reset_index 方法

In

```
df2 = df2.reset_index()
df2
```

Out

```
   address   sex   div          age   point
----------------------------------------
0        札幌     男        人事    29      85
1        札幌     男        市场    39      98
```

其他操作

```
2        札幌      男        市场      28        82
3        大阪      女        人事      25        88
4        大阪      女        市场      32        79
5        东京      女        销售      31        91
6        东京      男        销售      28        87
```

相反地，也可以将DataFrame对象的特定列变更为多重索引。只需使用列表形式将需要作为多重索引标签使用的列，指定给DataFrame对象的set_index方法即可。下面使用set_index方法将DataFrame对象df2的address、sex、div列变更为多重索引（程序清单8.114）。

程序清单 8.114　DataFrame 对象的 set_index 方法

In

```
df2.set_index(['address','sex','div'])
```

Out

```
                            age   point
address   sex   div
------------------------------------------
     札幌      男        人事    29     85
                        市场    39     98
                        市场    28     82
     大阪      女        人事    25     88
                        市场    32     79
     东京      女        销售    31     91
              男        销售    28     87
```

8.3.2　多重索引的统计

pandas中提供了可以从DataFrame对象或Series对象的值中统计出平均值的mean()等各种用于统计的类方法。本小节将使用包含多重索引的DataFrame对象对这些方法的操作进行讲解。

多重索引和统计方法

DataFrame对象的mean方法中提供了可以指定计算平均值的坐标

轴方向的axis参数。axis参数的默认值为0，表示在列方向上计算平均值。下面将对以多重索引作为索引标签的DataFrame对象df的平均值进行计算（程序清单8.115）。从下列结果可以看到，程序已经计算出了各列的平均值。

程序清单 8.115　DataFrame 对象的 mean 方法（axis=0）

In

```
df.mean(axis=0)
```

Out

```
age       30.285714
point     87.142857
dtype: float64
```

接下来，将以同样的方式使用mean方法在行方向上（axis=1）计算平均值（程序清单8.116）。由于是将多重索引作为索引标签的DataFrame对象，因此是基于各个层的值对每行的平均值进行计算。下列结果中计算出的是每行的列age和列point的平均值。

程序清单 8.116　DataFrame 对象的 mean 方法（axis=1）

In

```
df.mean(axis=1)
```

Out

```
address  sex  div
Osaka    M    HR           57.0
              Marketing    68.5
Sapporo  M    Marketing    55.0
Tokyo    F    HR           56.5
              Marketing    55.5
              Sales        61.0
         M    Sales        57.5
dtype: float64
```

执行统计的方法中大多数都提供了level参数(mean方法的level参数默认值为None)。使用level参数可以基于多重索引中特定的层对平均值进行计算。下面将基于多重索引的address层，对DataFrame对象的列age的平均值进行计算(程序清单8.117)。

程序清单 8.117 mean 方法的 level 参数

In

```
df['age'].mean(axis=0, level='address')
```

Out

```
address
Osaka      34
Sapporo    28
Tokyo      29
Name: age, dtype: int64
```

也可以将多个层次指定给level参数。下面将基于address层和sex层对列age的平均值进行计算(程序清单8.118)。

程序清单 8.118 mean 方法的 level 参数(多个)

In

```
df['age'].mean(axis=0, level=['address','sex'])
```

Out

```
address  sex
Osaka    M      34.000000
Sapporo  M      28.000000
Tokyo    F      29.333333
         M      28.000000
Name: age, dtype: float64
```

计算标准差的std方法或计算最小值的min方法等这些用于统计的DataFrame类方法中都提供了level参数。对包含多重索引的DataFrame对象进行统计时，通过灵活运用level参数可以高效地实现统计处理。

pandas中提供了可以基于DataFrame对象中特定列的值或索引标签进行分组的groupby方法（参考第7.3节）。需要按照包含多重索引的DataFrame对象的分组进行统计的情况也不在少数。接下来，将对其基本的操作方法进行讲解。

groupby方法中也提供了level参数，通过在level参数中指定特定的层次，就可以根据该层次进行分组。下面将根据多重索引的sex层进行分组，并使用mean方法对平均值进行计算。除了groupby方法，使用DataFramc对象中mean方法的level参数也可以得到同样的结果（程序清单8.119）。

程序清单 8.119　goupby 方法的 level 参数

In

```
grouped = df.groupby(level='sex')
grouped.mean()
```

Out

```
         age          point
sex
---------------------
   F  29.333333   86.0
   M  31.000000   88.0
```

In

```
df.mean(level='sex')
```

Out

```
         age          point
sex
---------------------
M      31.000000   88.0
F      29.333333   86.0
```

还可以根据多个多重索引的层次对数据进行分组。只需在groupby

方法的level参数中使用列表指定多个层次即可。下面将基于多重索引的sex层和div层使用max方法对列point的最大值进行计算（程序清单8.120）。

程序清单 8.120　groupby 方法的 level 参数（多个）

In

```
df['point'].groupby(level=['sex','div']).max()
```

Out

```
sex  div
F    HR           88
     Marketing    79
     Sales        91
M    HR           85
     Marketing    98
     Sales        87
Name: point, dtype: int64
```

也可以根据多重索引的特定层次和DataFrame对象的特定列的值进行分组处理。如果多重索引的各个层次具有name属性，就可以将层次的name和列标签的字符串指定给by参数以对数据进行分组。下面将基于多重索引的sex层和列age的值进行分组，并使用min方法对最小值进行计算（程序清单8.121）。

程序清单 8.121　基于层和列的分组

In

```
df.groupby(by=['sex','age']).min()
```

Out

```
           point
sex  age
---------------
  F   25      88
      31      91
```

```
     32     79
  M  28     82
     29     85
     39     98
```

此外，也存在多重索引不包含names的情况。这种情况下，使用pandas的内置函数Grouper()(将相应等级的层次以整数形式指定给Grouper函数的level参数)是比较方便的。下面将使用Grouper函数基于多重索引的sex层(level=1)和列age对最小值进行计算(程序清单8.122)，最终可以得到与程序清单8.121相同的结果。

程序清单 8.122　Grouper 函数

In

```
grouper = pd.Grouper(level=1)
df.groupby(by=[grouper,'age']).min()
```

Out

```
            point
sex  age
---------------
  F   25      88
      31      91
      32      79
  M   28      82
      29      85
      39      98
```

8.3.3　多重索引的连接与合并

对多个DataFrame对象或Series对象进行合并或连接操作，在机器学习的数据预处理中是经常会执行的操作(参考第5.2节)。因此，在本小节中，将对包含多重索引数据集的连接与合并操作进行讲解。

这里将创建以Index对象为索引标签的DataFrame对象single和包含MultiIndex对象的DataFrame对象multi。在DataFrame对象single中

设置名为1st的Index对象，在DataFrame对象multi中则设置包含1st和2nd层的MultiIndex对象（程序清单8.123）。

程序清单 8.123　DataFrame 对象的创建

In

```
val = {'A':['a0','a1','a2'],'B':['b0','b1','b2']}
idx = pd.Index(['s0','s1','s2'],name='1st')
single = pd.DataFrame(val, index=idx)
single
```

Out

```
      A   B
1st
-----------
 s0   a0  b0
 s1   a1  b1
 s2   a2  b2
```

In

```
val_idx = [['s0','s1','s2','s3'],['m0','m1','m2','m3']]
midx = pd.MultiIndex.from_arrays(val_idx,names=['1st','➡
2nd'])
val_df = {'C':['c0','c1','c2','c3'],'D':['d0','d1','d2'➡
,'d3']}
multi = pd.DataFrame(val_df, index=midx)
multi
```

Out

```
            C   D
1st  2nd
----------------
 s0   m0    c0  d0
 s1   m1    c1  d1
 s2   m2    c2  d2
 s3   m3    c3  d3
```

将DataFrame对象single的索引1st和DataFrame对象multi的索引1st

作为键，对各个DataFrame对象进行外部（outer）合并。如果使用join方法将包含Index对象和MultiIndex对象的DataFrame对象进行连接，join方法会根据与各个DataFrame对象的name属性相同的索引（这里是1st）进行连接（程序清单8.124）。

程序清单 8.124 DataFrame 对象的 join 方法

In

```
single.join(multi, how='outer')
```

Out

```
             A     B     C    D
1st   2nd
--------------------------
 s0    m0    a0    b0   c0   d0
 s1    m1    a1    b1   c1   d1
 s2    m2    a2    b2   c2   d2
 s3    m3   NaN   NaN   c3   d3
```

虽然与程序清单8.124相同的连接也可以使用merge函数实现，但是代码会较为烦琐。例如，需要使用reset_index方法将各个DataFrame对象的索引标签的值在列上展开，再将作为键的1st指定给merge函数的on参数；另外，为了使连接后的DataFrame对象中包含原始DataFrame对象的索引标签，还需使用set_index方法重新进行指定（程序清单8.125）。

程序清单 8.125 merge 函数

In

```
pd.merge(single.reset_index(),
         multi.reset_index(),
         on='1st', how='outer').set_index(['1st', '2n➡
d'])
```

Out

```
             A     B     C    D
1st   2nd
--------------------------
```

```
s0    m0    a0    b0   c0   d0
s1    m1    a1    b1   c1   d1
s2    m2    a2    b2   c2   d2
s3    m3   NaN   NaN   c3   d3
```

在程序清单8.124中使用join方法对包含Index对象的DataFrame对象和包含MultiIndex对象的DataFrame对象进行了连接。如果DataFrame对象的双方包含多重索引时，使用DataFrame对象的join方法是无法基于索引标签进行合并的，而是会导致NotImplementedError异常。因此，需要如程序清单8.125所示使用merge函数。

首先创建包括1st和3rd层次的多重索引的DataFrame对象multi2（程序清单8.126）。

程序清单 8.126　DataFrame 对象的创建

In

```
idx_val = [['s0','s1','s2','s4'], ['p0','p1','p2','p4']]
midx = pd.MultiIndex.from_arrays(idx_val, names=['1st',➡
'3rd'])
df_val = {'E':['e0','e1','e2','e3'],'F':['f0','f1','f2'➡
,'f3']}
multi2 = pd.DataFrame(df_val, index=midx)
multi2
```

Out

```
           E    F
1st   3rd
-----------------
 s0    p0   e0   f0
 s1    p1   e1   f1
 s2    p2   e2   f2
 s4    p4   e3   f3
```

下面将以程序清单8.125中相同的方式使用merge函数。对多重索引和各个列进行合并时，没有对应数值的位置上会自动代入NaN（程序清单8.127）。

程序清单 8.127　merge 函数

In

```
pd.merge(multi.reset_index(),
         multi2.reset_index(),
         on='1st',
         how='outer').set_index(['1st','2nd','3rd'])
```

Out

```
                C    D    E    F
1st  2nd  3rd
-----------------------------------
 s0   m0   p0   c0   d0   e0   f0
 s1   m1   p1   c1   d1   e1   f1
 s2   m2   p2   c2   d2   e2   f2
 s3   m3  NaN   c3   d3  NaN  NaN
 s4  NaN   p4  NaN  NaN   e3   f3
```

在数据的预处理中，进行各种转换或统计操作时，经常会需要处理包含多重索引的DataFrame对象。一旦习惯了多重索引的操作方法，就可以灵活应对复杂DataFrame对象的处理。

8.4 时间序列数据

pandas中提供了各种可以高效处理时间序列数据的工具。在本节中，将对pandas中处理时间序列数据的对象，以及使用pandas实现基本时间序列数据的操作方法进行讲解。

 8.4.1 datetime模块

从广义上来讲，时间序列数据是指在某一段时间内从多个不同的时间点观测到的数据值。大多数的时间序列数据都是在固定的时间观测得到的。例如，每小时的股价或餐厅每日的销售额等数据。当然也存在以不规则的时间观测得到的时间序列数据。例如，包含发生时间的异常记录数据或包含预约日期的餐厅预约数据等就属于不规则的数据。

Python标准软件库的datetime模块中提供了专门用于处理日期和时间数据的类。在讲解使用pandas处理时间序列数据的操作方法前，本小节将先对Python的datetime模块的基本操作方法进行讲解。

首先将导入Python的datetime模块（程序清单8.128）。

程序清单8.128　datetime模块

In

```
import datetime
```

在处理时间序列数据时，最常用的是datetime对象。datetime对象是同时包含了日期和时间的对象。下面将使用datetime模块的构造函数创建datetime对象。构造函数的year参数、month参数、day参数是必须使用的，分别在这些参数中指定整数。虽然还提供了hour参数、minute参数、second参数、microsecond参数，但是如果不对这些参数进行指定，就是使用默认值0。下面创建表示2019年5月1日10时00分15秒的datetime对象（程序清单8.129）。使用print函数和type函数可以看到显示为datetime.datetime对象。

程序清单 8.129　datetime 对象

In

```
dt = datetime.datetime(year=2019,month=5,day=1,hour=10,➡
minute=0,second=15)
dt
```

Out

```
datetime.datetime(2019, 5, 1, 10, 0, 15)
```

In

```
print(type(dt))
```

Out

```
<class 'datetime.datetime'>
```

datetime对象中提供了便捷的类方法和属性用于处理时间序列。today方法可以获取程序执行时的本地时间，并返回为datetime类型（程序清单8.130）。

程序清单 8.130　datetime 对象的 today 方法

In

```
dtt = datetime.datetime.today()
dtt
```

Out

```
datetime.datetime(2019, 9, 3, 22, 5, 22, 154594)
```

datetime对象会保留日期（年、月、日）和时间（时、分、秒、微秒）的信息，每个值都可以通过相应的属性进行访问（程序清单8.131）。

程序清单 8.131　datetime 对象的属性

In

```
print(dt.year,dt.month,dt.day,dt.hour,dt.minute,dt.sec➡
ond,dt.microsecond)
```

Out

```
2019 5 1 10 0 15 0
```

datetime对象也可以将保存日期信息的date对象和保存时间信息的time对象拆开。处理时间序列数据时，并非一定需要使用日期和时间这两种数据。例如，对日销售额数据进行分析时，只需使用日期数据就足够了。这种情况下，可以不使用datetime类型，而是选择使用date类型。datetime对象的date方法可以将datetime类型转换为date类型。下面将使用print函数和type函数对变量d的数据类型进行显示（程序清单8.132）。

程序清单 8.132　datetime 对象的 date 方法

In

```
d = dt.date()
d
```

Out

```
datetime.date(2019, 5, 1)
```

In

```
print(type(d))
```

Out

```
<class 'datetime.date'>
```

date对象也可以使用datetime.date()的构造函数生成。下面将指定year参数、month参数、day参数生成date对象（程序清单8.133）。

程序清单 8.133　date 对象

In

```
datetime.date(year=2019,month=2,day=1)
```

Out

```
datetime.date(2019, 2, 1)
```

与datetime对象相同，date对象中也提供了方法和属性。today方法可以获取程序执行时的本地日期并以date类型返回。min属性、max属性会返回date类型可表示的最早日期（min）和最新日期（max）（程序清单8.134）。

程序清单 8.134　date 对象的 today 方法和 min 属性、max 属性

In

```
print(datetime.date.today())
print(datetime.date.min)
print(datetime.date.max)
```

Out

```
2019-09-03
0001-01-01
9999-12-31
```

也存在极少只需处理时间的时间序列数据。datetime对象的time方法可以将datetime类型转换为time类型。time类型是只保存了时间信息的数据类型（程序清单8.135）。

程序清单 8.135　datetime 对象的 time 方法

In

```
t = dt.time()
print(type(t))
print(t)
```

Out

```
<class 'datetime.time'>
10:00:15
```

使用datetime.time()的构造函数也可以创建time对象。hour参数、

minute参数、second参数、microsecond参数的默认值都是0，均为可选参数。下面将创建表示15时45分20秒的time对象（程序清单8.136）。

程序清单 8.136　time 对象

In

```
datetime.time(hour=15,minute=45,second=20)
```

Out

```
datetime.time(15, 45, 20)
```

datetime类型、date类型、time类型分别表示某一时间内特定的时间点。时间序列数据经常需要处理表示两个日期或时间差的时间。例如，需要了解餐厅营业时间内的访客数据等信息时会涉及经过时间。datetime模块的timedelta对象用于表示经过时间。

下面将使用datetime.timedelta()的构造函数创建timedelta对象。其中提供了days、seconds、microseconds、milliseconds、minutes、hours、weeks等参数，这些都是默认值为0的可选参数。timedelta对象内部保存的只有days参数、seconds参数、microseconds参数的信息（例如，40分钟会作为2400秒保存），而其他的参数会根据相应的单位转换为接近的单位。这里将创建表示1天和5小时的timedelta对象（程序清单8.137）。

程序清单 8.137　timedelta 对象

In

```
delta = datetime.timedelta(days=1, hours=5)
print(type(delta))
print(delta)
delta
```

Out

```
<class 'datetime.timedelta'>
1 day, 5:00:00

datetime.timedelta(1, 18000)
```

创建timedelta对象本身的情况并不多见。在实际的数据分析任务中，其会用于对两个不同时间的差分计算中。在datetime对象之间进行减法运算，程序会返回timedelta类型的对象。下面通过将包含datetime类型的变量dt减去新创建的datetime对象生成timedelta对象（程序清单8.138）。从下列结果可以看到，差分为–15日，54015秒。

程序清单 8.138　datetime 对象之间的减法运算

In

```
delta = dt - datetime.datetime(2019,5,15,19,0,0)
delta
```

Out

```
datetime.timedelta(-15, 54015)
```

使用属性也可以对timedelta对象中保存的每个值进行访问。下面将使用days属性、seconds属性、microseconds属性进行访问（程序清单8.139）。

程序清单 8.139　timedelta 对象的属性

In

```
print(delta.days)
print(delta.seconds)
print(delta.microseconds)
```

Out

```
-15
54015
0
```

作为timedelta对象的用途之一，可以使用datetime或date等类型的对象和timedelta类型进行加法或减法运算。变量dt是包含2019-05-01 10:00:15值的datetime对象。下面将使用timedelta类型，在变量dt中添加1天和10小时（程序清单8.140）。

程序清单 8.140　datetime 对象和 timedelta 对象

In

```
delta = datetime.timedelta(days=1, hours=10)
print(dt)
print(dt + delta)
```

Out

```
2019-05-01 10:00:15
2019-05-02 20:00:15
```

虽然pandas也提供了与datetime类型类似的处理时间序列数据的对象，但是实际也经常会将Python标准软件库的datetime模块用于时间序列数据的分析中。因此，建议理解其基本的操作方法。

8.4.2　处理pandas时间序列数据的对象

pandas也提供了可以与Python的datetime模块中的对象兼容的对象。在本小节中，将对处理pandas时间序列数据的主要对象进行讲解。

Timestamp对象

使用pandas处理时间序列数据时，最基本的数据类型是Timestamp对象。pandas的Timestamp对象和Python的datetime对象是相同的，大多数情况下是可以相互兼容的。

Timestamp对象是表示特定时间点的数据类型。下面将使用Timestamp()的构造函数创建Timestamp对象。在该构造函数的第一个参数中可以指定datetime对象、表示时间的字符串、整数及浮点数等数值。这里将使用包含2019年4月1日15:20:45.000 900值的datetime对象，以创建Timestamp对象（程序清单8.141）。

程序清单 8.141　使用 datetime 对象创建 Timestamp 对象

In

```
ts = pd.Timestamp(datetime.datetime(2019,4,1,15,20,45,➡
900))
ts
```

Out

```
Timestamp('2019-04-01 15:20:45.000900')
```

In

```
print(type(ts))
```

Out

```
<class 'pandas._libs.tslib.Timestamp'>
```

也可以使用表示时间的字符串创建Timestamp对象。下面将使用'20190402'和'2019/4/2 19:00' 这两种字符串创建Timestamp对象（程序清单8.142）。

程序清单 8.142　使用字符串创建 Timestamp 对象

In

```
print(pd.Timestamp('20190402'))
print(pd.Timestamp('2019/4/2 19:00'))
```

Out

```
2019-04-02 00:00:00
2019-04-02 19:00:00
```

Timestamp类型也提供了与Python的datetime类型类似的属性。下面将使用属性对保存在Timestamp类型中的年、月、日、时、分、秒、微秒的值进行输出（程序清单8.143）。

程序清单 8.143　Timestamp 对象的属性

In

```
print(ts.year,ts.month,ts.day,ts.hour,ts.minute,ts.seco➡
nd,ts.microsecond)
```

Out

```
2019 4 1 15 20 45 900
```

接下来，将对Timestamp对象的其他属性进行确认。week属性会将一年中第几周返回；dayofweek属性则会将数值表示的星期几以数字返回，如将星期一作为0，每一天加上1，星期天就是6；也可以使用weekday_name属性将星期几以字符串形式输出（程序清单8.144）。

程序清单 8.144 Timestamp 对象的 week 属性、dayofweek 属性和 weekday_name 属性

In

```
ts.week, ts.dayofweek, ts.weekday_name
```

Out

```
(14, 0, 'Monday')
```

类方法中也包含多种实现方法。replace方法可以将Timestamp类型的值转换成参数中指定的值，并以新的Timestamp类型值返回。下面使用replace方法将变量ts的值2019-04-01 15:20:45.000900变更为2020-08-0115:20:30.000900（程序清单8.145）。基于replace方法的各参数中指定的值返回新的Timestamp对象。

程序清单 8.145 Timestamp 对象的 replace 方法

In

```
ts.replace(year=2020, month=8, second=30)
```

Out

```
Timestamp('2020-08-01 15:20:30.000900')
```

round方法可以将Timestamp类型的值四舍五入成特定频率的值返回。round方法的freq参数可以指定表示频率的字符串。下面将在freq参数中指定D（日期的频率） 并进行四舍五入操作。频率的详细内容将在本节的“DateOffset对象”中进行讲解。变量ts的值是2019-04-01 15:20:45.000900，由于已经在round方法的freq参数中指定了日期的频率D，因此返回的日期就是四舍五入成2019-04-0200:00:00的值 （程序清单8.146）。

程序清单 8.146　Timestamp 对象的 round 方法（向上取整）

In

```
ts.round(freq='D')
```

Out

```
Timestamp('2019-04-02 00:00:00')
```

使用replace方法将变量ts的值变更为11时59分（hour=11, minute=59），如果以同样的方式使用round方法对日期的频率四舍五入，得到的结果就是2019-04-01 00:00:00（程序清单8.147）。

程序清单 8.147　Timestamp 对象的 round 方法（向下取整）

In

```
ts.replace(hour=11, minute=59).round(freq='D')
```

Out

```
Timestamp('2019-04-01 00:00:00')
```

也可以从Timestamp类型转换成类似的类型。如果要转换成Python的datetime类型，可以使用to_pydatetime方法。如果要转换成NumPy的datetime64类型，则可以使用to_datetime64方法。下面将执行这些转换，并使用print函数和type函数对数据类型进行显示（程序清单8.148）。

程序清单 8.148　to_pydatetime 方法和 to_datetime64 方法

In

```
print(ts.to_pydatetime(), type(ts.to_pydatetime()))
print(ts.to_datetime64(), type(ts.to_datetime64()))
```

Out

```
2019-04-01 15:20:45.000900 <class 'datetime.datetime'>
2019-04-01T15:20:45.000900000 <class 'numpy.datetime64'>
```

DatetimeIndex对象

pandas中包含可以灵活且高效地执行复杂数据处理的索引。对Series对象或DataFrame对象的索引使用DatetimeIndex对象，就可以高效地执行对时间序列数据的各种处理。

DatetimeIndex对象与Index对象相同，都是不可变对象，其中包含NumPy的datetime64类型多维数组，也可以包含重复值或缺失值，甚至可以包含可选的时间序列的频率(freq)信息。

下面将使用DatetimeIndex的构造函数生成DatetimeIndex对象。先创建包含datetime类型值的列表，再使用构造函数进行对象生成操作。从下列结果可以看到，缺失值会转换成NaT(not atime)(程序清单8.149)。

程序清单 8.149 DatetimeIndex 对象

In

```
days = [datetime.datetime(2019,1,1), datetime.datetime(➡
2019,1,1),
        datetime.datetime(2019,1,2), None]
```

In

```
didx = pd.DatetimeIndex(days)
didx
```

Out

```
DatetimeIndex(['2019-01-01', '2019-01-01', '2019-01-02', ➡
'NaT'], dtype='datetime64[ns]', freq=None)
```

Index的构造函数可以生成Index对象，如果指定了datetime类型的值，就会返回DatetimeIndex类型。下面将分别指定表示日期的字符串和包含datetime类型值的变量days，并对它们进行比较(程序清单8.150)。从下列结果可以看到，如果是字符串，就会返回Index对象；如果是datetime类型，就会返回DatetimeIndex对象。

程序清单 8.150　Index 构造函数和 datetime 对象

In

```
print(pd.Index(['2019-01-01','2019-01-02']))
print(pd.Index(days))
```

Out

```
Index(['2019-01-01', '2019-01-02'], dtype='object')
DatetimeIndex(['2019-01-01', '2019-01-01', '2019-01-02', ➡
'NaT'], dtype='datetime64[ns]', freq=None)
```

DatetimeIndex对象的构造函数可以通过start参数、end参数和freq参数创建包含特定期间内固定频率值的DatetimeIndex对象。这一方法在处理大型且固定频率的时间序列数据时是非常方便的。下面将在start参数中指定20190101，在end参数中指定20190105，并在freq参数中指定D（日期），以生成DatetimeIndex对象（程序清单8.151）。

程序清单 8.151　DatetimeIndex 对象的构造函数和参数

In

```
pd.DatetimeIndex(start='20190101', end='20190105', freq➡
='D')
```

Out

```
DatetimeIndex(['2019-01-01', '2019-01-02', '2019-01-03', ➡
'2019-01-04',
               '2019-01-05'],
              dtype='datetime64[ns]', freq='D')
```

使用periods参数对期间进行指定，也可以生成DatetimeIndex对象。在freq参数中指定表示每周星期日的周次频率的W–SUN，创建一个包含从2019年1月1日起5周值的DatetimeIndex对象（程序清单8.152）。

程序清单 8.152　DatetimeIndex 构造函数和 periods 参数

In

```
pd.DatetimeIndex(start='20190101', periods=5, freq='W-➡
SUN')
```

Out

```
DatetimeIndex(['2019-01-06', '2019-01-13', '2019-01-20',➡
'2019-01-27',
               '2019-02-03'],
              dtype='datetime64[ns]', freq='W-SUN')
```

使用date_range函数也可以执行类似的操作。该函数会将固定频率的DatetimeIndex对象返回。date_range函数的freq参数默认值为D，会将包含日期频率的DatetimeIndex对象返回（程序清单8.153）。

程序清单 8.153　date_range 函数

In

```
pd.date_range(start='20190101', periods=5)
```

Out

```
DatetimeIndex(['2019-01-01', '2019-01-02', '2019-01-03',➡
'2019-01-04',
               '2019-01-05'],
              dtype='datetime64[ns]', freq='D')
```

与date_range函数类似的函数还有bdate_range函数。date_range函数返回基于日历的固定频率的值，而bdate_range函数则是返回除周末外的工作日。注意，bdate_range函数的freq参数默认值为B（工作日）。由于2019年1月5日、6日分别是周六和周日，因此，程序清单8.154中的bdate_range函数会将除这两天外的DatetimeIndex对象返回。

程序清单 8.154　bdate_range 函数

In

```
pd.bdate_range(start='2019-01-01', periods=5)
```

Out

```
DatetimeIndex(['2019-01-01', '2019-01-02', '2019-01-03', ➡
'2019-01-04',
               '2019-01-07'],
              dtype='datetime64[ns]', freq='B')
```

和Index对象一样，DatetimeIndex也可以作为pandas的Series对象或DataFrame对象的索引标签（或列标签）进行指定。将DatetimeIndex对象作为索引标签使用，可以非常灵活地处理时间序列数据。关于时间序列数据的索引引用，参考第8.4.3小节。下面将创建索引标签为DatetimeIndex对象的Series对象（程序清单8.155）。

程序清单 8.155　Series 对象和 DatetimeIndex 对象

In

```
pd.Series(np.arange(len(didx)), index=didx)
```

Out

```
2019-01-01    0
2019-01-01    1
2019-01-02    2
NaT           3
dtype: int64
```

Period对象

在对时间序列数据进行分析时，不是按照特定的时间点，而是通过某个期间进行分析的情况也是较多的。pandas的Timestamp类型表示的是特定时间点，同样地，在pandas中也提供了表示期间的Period类型。

Period对象表示期间，且其中一定会包含频率信息。例如，1天、1个月或1年等。在freq参数（默认值为A–DEC）中可以指定频率。下面将使用Period的构造函数生成包含日期（D）频率的Period对象（程序清单8.156）。

程序清单 8.156 Period 对象

In

```
p = pd.Period('20190101', freq='D')
p
```

Out

```
Period('2019-01-01', 'D')
```

程序清单 8.156 中表示的并不是 2019 年 1 月 1 日这一时间点，而是包含 2019 年 1 月 1 日的日期频率的期间。这个可以使用 Period 对象的 start_time、end_time 属性进行确认。这些属性会返回 Period 对象期间的开始时间和结束时间（程序清单 8.157）。

程序清单 8.157 Period 对象的 start_time、end_time 属性

In

```
print(p.start_time)
print(p.end_time)
```

Out

```
2019-01-01 00:00:00
2019-01-01 23:59:59.999999999
```

由于变量 p 的 Period 对象的频率为 D（日期），因此会显示从 0 时开始到该日的结束时间（23:59:59.999999999）。下面将 M（按日历的每月月末的月次频率）传递给 freq 参数，并以同样的方式对开始时间和结束时间进行显示（程序清单 8.158）。

程序清单 8.158 Period 对象的频率（freq='M'）

In

```
p = pd.Period('2019-02', freq='M')
print(p)
print(p.start_time)
print(p.end_time)
```

Out

```
2019-02
2019-02-01 00:00:00
2019-02-28 23:59:59.999999999
```

在freq参数中指定类似3D这样的数值，就可以指定每3日的频率。下面将对以每3日为频率的Period对象的start_time、end_time属性进行确认（程序清单8.159）。

程序清单 8.159 Period对象的频率（freq='3D'）

In

```
p = pd.Period('2019-01-01', freq='3D')
print(p)
print(p.start_time)
print(p.end_time)
```

Out

```
2019-01-01
2019-01-01 00:00:00
2019-01-03 23:59:59.999999999
```

将整数的加法和减法传递给Period对象，可以基于频率对值进行移位。下面将在freq参数中指定5D（每5日），并进行加法和减法运算，以实现根据频率对值进行移位（程序清单8.160）。

程序清单 8.160 Period对象和整数的运算

In

```
p = pd.Period('20190305', freq='5D')
print(p)
print(p + 3)
print(p - 2)
```

Out

```
2019-03-05
```

```
2019-03-20
2019-02-23
```

使用Python的timedelta对象可以对Period对象的值进行移位。不过，在这种情况下，Period对象的频率必须是D（日期）或更高的频率（每时或每秒等）。如果使用比日期更低的频率（如周次）等执行同样的操作，就会导致ValueErorr异常。下面将在freq参数中指定H，创建以每小时为频率的Period对象，并使用timedelta对象对+5小时、–2小时进行计算（程序清单8.161）。

程序清单 8.161　Period 对象和 timedelta 对象

In

```
p = pd.Period('20190405 11:00', freq='H')
print(p)
print(p + datetime.timedelta(hours=5))
print(p + datetime.timedelta(hours=-2))
```

Out

```
2019-04-05 11:00
2019-04-05 16:00
2019-04-05 09:00
```

如果是在包含相同频率的Period对象之间进行减法运算，就会返回基于频率单位的值。变量p的频率为每小时（H），值为2019-04-05 11:00。下面将创建与变量p频率相同且值为2019-04-05 17:00的Period对象，并进行减法运算。当指定p-p2时，就会返回表示–6小时的整数–6（程序清单8.162）。当变量p和变量p2的频率为每分（T）时，频率的单位会发生变化，返回的是–360（6小时=360分）。

程序清单 8.162　Period 对象之间的运算

In

```
p2 = pd.Period('2019-04-05 17:00', freq='H')
p - p2
```

Out

```
-6
```

PeriodIndex对象

DatetimeIndex对象包含的是类似Timestamp类型的特定时间点的时间值。相对地，也有类似Period类型那样，将期间作为索引使用的情况。PeriodIndex对象是将Period类型的数据作为值的不可变对象。

将Timestamp类型传递给Index对象的构造函数会返回DatetimeIndex对象，传递Period类型则会返回PeriodIndex对象。下面将分别创建包含这些类型的列表，并对其进行显示（程序清单8.163）。

程序清单 8.163 DatetimeIndex 对象和 PeriodIndex 对象

In

```
timestamps = [pd.Timestamp('20190401'), pd.Timestamp('2➡
0190402')]
pd.Index(timestamps)
```

Out

```
DatetimeIndex(['2019-04-01', '2019-04-02'], dtype='date➡
time64[ns]', freq=None)
```

In

```
periods = [pd.Period('201904', freq='M'), pd.Period('20➡
1905', freq='M')]
pd.Index(periods)
```

Out

```
PeriodIndex(['2019-04', '2019-05'], dtype='period[M]', ➡
freq='M')
```

此外，使用PeriodIndex的构造函数可以创建PeriodIndex对象。下面将在PeriodIndex构造函数的第一个参数中指定表示2017—2019年字符串的值，并对PeriodIndex对象进行创建。在构造函数的freq参数中指定A-DEC（年次且是每个12月月末的频率）（程序清单8.164）。

程序清单 8.164　PeriodIndex 对象的构造函数

In

```
years = ['2017', '2018', '2019']
pidx = pd.PeriodIndex(years, freq='A-DEC')
pidx
```

Out

```
PeriodIndex(['2017', '2018', '2019'], dtype='period[A-D➡
EC]', freq='A-DEC')
```

PeriodIndex的构造函数中也提供了start参数、end参数和periods参数。下面将使用start参数和periods参数生成从2019年4月起，月次频率包含5个月值的索引（程序清单8.165）。

程序清单 8.165　构造函数的 start 参数和 periods 参数

In

```
pd.PeriodIndex(start='2019-Apr', periods=5, freq='M')
```

Out

```
PeriodIndex(['2019-04', '2019-05', '2019-06', '2019-07',➡
'2019-08'], dtype='period[M]', freq='M')
```

date_range函数可以返回特定频率的DatetimeIndex对象，同样地，也存在可以返回PeriodIndex对象的period_range函数。下面将在freq参数中指定5D，以生成每5日为频率的PeriodIndex对象（程序清单8.166）。

程序清单 8.166　period_range 函数

In

```
pd.period_range(start='20190401', periods=5, freq='5D')
```

Out

```
PeriodIndex(['2019-04-01', '2019-04-06', '2019-04-11', ➡
'2019-04-16',
             '2019-04-21'],
            dtype='period[5D]', freq='5D')
```

使用PeriodIndex对象的asfreq方法可以对频率进行修改。变量pidx的PeriodIndex对象的频率是A-DEC（将每年12月月末作为年末的年次）。下面使用asfreq方法将频率修改为D（按照日历的日期），并进行显示（程序清单8.167）。

程序清单 8.167　PeriodIndex 对象的 asfreq 方法

In

```
print(pidx)
print(pidx.asfreq('D'))
```

Out

```
PeriodIndex(['2017', '2018', '2019'], dtype='period[A-D➡
EC]', freq='A-DEC')
PeriodIndex(['2017-12-31', '2018-12-31', '2019-12-31'],➡
 dtype='period[D]', freq='D')
```

PeriodIndex对象可以作为DataFrame对象或Series对象的索引标签使用。下面将创建Series对象，并指定PeriodIndex类型的索引标签（程序清单8.168）。

程序清单 8.168　Series 对象和 PeriodIndex 对象

In

```
ser = pd.Series([1,2,3], index=pidx)
ser
```

Out

```
2017    1
2018    2
2019    3
Freq: A-DEC, dtype: int64
```

DateOffset对象

正如前面讲解的，处理时间序列数据的对象中，有时会分配“1天”或“1个月”等时间频率的信息。频率是在freq参数中指定D（每日）或H（每时）等表示频率的字符串。这些字符串在pandas的内部会被转换成DateOffset对象的实例。虽然直接使用DateOffset对象本身的情况是极少的，但是理解它有助于对时间序列数据的频率进行处理。

除了在freq参数中指定表示频率的字符串，还可以直接指定DateOffset对象。下面将使用频率字符串（H）和DateOffset对象的Hour类创建以每小时为频率的DatetimeIndex对象（程序清单8.169）。

程序清单 8.169 DateOffset 对象的 Hour 类

In

```
pd.DatetimeIndex(start='20190501 17:00', periods=5, fre➡
q='H')
```

Out

```
DatetimeIndex(['2019-05-01 17:00:00', '2019-05-01 18:00➡
:00',
               '2019-05-01 19:00:00', '2019-05-01 20:00➡
:00',
               '2019-05-01 21:00:00'],
              dtype='datetime64[ns]', freq='H')
```

In

```
from pandas.tseries.offsets import Hour
pd.DatetimeIndex(start='20190501 17:00', periods=5, fre➡
q=Hour())
```

Out

```
DatetimeIndex(['2019-05-01 17:00:00', '2019-05-01 18:00➡
:00',
               '2019-05-01 19:00:00', '2019-05-01 20:00➡
:00',
               '2019-05-01 21:00:00'],
              dtype='datetime64[ns]', freq='H')
```

DateOffset对象可以对datetime对象或Timestamp对象进行加法和减法运算。下面将使用Timestamp类型中的Hour类将1小时前后的值错开（程序清单8.170）。

程序清单 8.170　Timestamp 对象和 DateOffset 对象

In

```
ts = pd.Timestamp('20190502 14:00')
print(ts)
print(ts - Hour())
print(ts + Hour())
```

Out

```
2019-05-02 14:00:00
2019-05-02 13:00:00
2019-05-02 15:00:00
```

DateOffset对象还可以使用正或负的整数进行乘法运算。下面将Hour类乘以整数5，创建以每5小时为频率的DatetimeIndex对象。从下列结果可以看到，返回的是从start参数中指定的17时00分开始以每5小时为频率的值等（程序清单8.171）。

程序清单 8.171　DateOffset 对象的乘法

In

```
pd.DatetimeIndex(start='20190501 17:00', periods=5, fre➡
q=5 * Hour())
```

Out

```
DatetimeIndex(['2019-05-01 17:00:00', '2019-05-01 22:00➡
:00',
               '2019-05-02 03:00:00', '2019-05-02 08:00➡
:00',
               '2019-05-02 13:00:00'],
              dtype='datetime64[ns]', freq='5H')
```

类似程序清单8.172那样使用字符串5H，也可以得到与程序清单8.171相同的结果。

程序清单 8.172　DateOffset 对象和字符串

In

```
pd.DatetimeIndex(start='20190501 17:00', periods=5, fre➡
q='5H')
```

Out

```
DatetimeIndex(['2019-05-01 17:00:00', '2019-05-01 22:00➡
:00',
               '2019-05-02 03:00:00', '2019-05-02 08:00➡
:00',
               '2019-05-02 13:00:00'],
              dtype='datetime64[ns]', freq='5H')
```

也可以对不同频率的DateOffset对象进行组合。下面将使用Hour类和Minute类生成以每3小时20分钟为频率的DatetimeIndex对象（程序清单8.173）。

程序清单 8.173　Hour 类和 Minute 类

In

```
from pandas.tseries.offsets import Hour, Minute
hours_minutes = 3 * Hour() + 20 * Minute()
hours_minutes
```

Out

```
<200 * Minutes>
```

In

```
pd.DatetimeIndex(start='20190501 17:00', periods=5, fre➡
q=hours_minutes)
```

Out

```
DatetimeIndex(['2019-05-01 17:00:00', '2019-05-01 20:20➡
:00',
```

```
                 '2019-05-01 23:40:00', '2019-05-02 03:00➡
:00',
                 '2019-05-02 06:20:00'],
                dtype='datetime64[ns]', freq='200T')
```

也可以使用表示频率的字符串进行指定。例如，下面可以将每3小时20分钟写成3h20min，并将其指定给freq参数。这与前面3 * Hour( ) + 20 * Minute( )的作用是相同的（程序清单8.174）。

程序清单8.174 DateOffset对象和频率的字符串

In

```
pd.DatetimeIndex(start='20190501 17:00', periods=5, fre➡
q='3h20min')
```

Out

```
DatetimeIndex(['2019-05-01 17:00:00', '2019-05-01 20:20➡
:00',
                 '2019-05-01 23:40:00', '2019-05-02 03:00➡
:00',
                 '2019-05-02 06:20:00'],
                dtype='datetime64[ns]', freq='200T')
```

字符串W–SUN表示每周中周日的周次。前面讲解的字符串A–DEC表示将每年12月月末作为年末的年次。其他的包含月末或年度末的DateOffset对象都称为锚定偏移量（Anchored Offsets）。

接下来，将使用DatetimeIndex对象的构造函数在start参数中指定20110501，在freq参数中指定A-DEC进行创建（程序清单8.175）。由于A-DEC是表示将每年12月月末作为年末的年次，因此虽然在start参数中指定的值是'20110501'（2011年5月1日），但是可以从结果中看到，DatetimeIndex类型的开始值是以'2011-12-31'（2011年12月31日）开头的。字符串A-DEC和DateOffset对象的YearEnd类是等同的。

程序清单 8.175　表示年末的字符串和 YearEnd 类

In

```
pd.DatetimeIndex(start='20110501', periods=2, freq='A-D➡
EC')
```

Out

```
DatetimeIndex(['2011-12-31', '2012-12-31'], dtype='date➡
time64[ns]', freq='A-DEC')
```

In

```
from pandas.tseries.offsets import YearEnd
pd.DatetimeIndex(start='20110501', periods=2, freq=Year➡
End())
```

Out

```
DatetimeIndex(['2011-12-31', '2012-12-31'], dtype='date➡
time64[ns]', freq='A-DEC')
```

将每年1月的月初作为年初的年次的频率可以使用AS-JAN字符串或YearBegin类进行指定（程序清单8.176）。

程序清单 8.176　表示年初的字符串和 YearBegin 类

In

```
pd.DatetimeIndex(start='20110501', periods=2, freq='AS-➡
JAN')
```

Out

```
DatetimeIndex(['2012-01-01', '2013-01-01'], dtype='date➡
time64[ns]', freq='AS-JAN')
```

In

```
from pandas.tseries.offsets import YearBegin
pd.DatetimeIndex(start='20110501', periods=2, freq=Year➡
Begin())
```

Out

```
DatetimeIndex(['2012-01-01', '2013-01-01'], dtype='date➡
time64[ns]', freq='AS-JAN')
```

下面将通常情况下使用较多的频率字符串及与字符串相对应的DateOffset类总结在表8.2中。虽然半数以上指定频率的情况都可以使用字符串，但是理解DateOffset对象可以更加灵活地对频率进行处理。

表8.2　DataOffset对象和字符串

字符串	类名称	含义解释
H	Hour	每时
T或min	Minute	每分
S	Second	每秒
L或ms	Milli	每毫秒
U或us	Micro	每微妙
N	Nano	每纳秒
D	Day	按照日历的日期
B	BusinessDay	每个工作日（只有工作日，周六、周日除外）
C	CDay	可自定义的工作日
W	Week(weekday=6)	与W-SUN相同。以每周日为周次
M	MonthEnd	按每月月末的月次
BM	BMonthEnd	以每月最后的工作日为月次
Q	QuarterEnd(startingMonth=12)	与Q-DEC相同。以每年12月月末作为季末的每个季末
Q-JAN…Q-DEC	QuarterEnd(startingMonth=n)	以每年指定月份的月末作为季末的每个季末
QS	QuarterBegin(startingMonth=1)	与QS-JAN相同。以每年1月的月初作为季初的每个季初
QS-JAN…QS-DEC	QuarterBegin(startingMonth=n)	以每年指定月份的月初作为季初的每个季初
Y或A	YearEnd()	与A-DEC相同。以每年12月月末作为年末的年次

续表

字符串	类名称	含义解释
A-JAN…A-DEC	YearEnd(month=n)	以每年指定月份的月末作为年末的年次
YS或AS	YearBegin()	与AS-JAN相同。以每年指定的1月月初为年初的年次
AS-JAN…AS-DEC	YearBegin(month=n)	以每年指定月份的月初为年初的年次

8.4.3 时间序列数据的索引引用

DatetimeIndex对象具有Index对象的所有基本功能。除此以外，为了方便开发者处理时间序列数据，DatetimeIndex对象还在各方面做了不少改进。DatetimeIndex对象可以作为DataFrame对象或Series对象的索引标签使用。这样一来，就可以灵活地对时间序列数据进行操作。在本小节中，将重点讲解时间序列数据的索引引用。

下面将使用date_range函数创建以每日（D）为频率的DatetimeIndex对象。其中，使用start参数和end参数指定将2018年12月25日到2019年1月5日作为索引标签的值（程序清单8.177）。

程序清单 8.177　Series 对象和 DatetimeIndex 对象

In

```
rng = pd.date_range(start='20181225', end='20190105', ➡
freq='D')
ser = pd.Series(np.arange(len(rng)), index=rng)
ser
```

Out

```
2018-12-25    0
2018-12-26    1
2018-12-27    2
2018-12-28    3
2018-12-29    4
```

```
2018-12-30      5
2018-12-31      6
2019-01-01      7
2019-01-02      8
2019-01-03      9
2019-01-04     10
2019-01-05     11
Freq: D, dtype: int64
```

DatetimeIndex对象也可以像Index对象那样，使用方括号（[ ]）进行索引引用。ser[2] 引用的是索引标签的位置索引2。此外，也可以类似ser[::2] 这样，使用切片进行索引引用（程序清单8.178）。

程序清单 8.178　使用方括号（[ ]）和切片进行索引引用

In

```
ser[2]
```

Out

```
2
```

In

```
ser[::2]
```

Out

```
2018-12-25      0
2018-12-27      2
2018-12-29      4
2018-12-31      6
2019-01-02      8
2019-01-04     10
Freq: 2D, dtype: int64
```

此外，还可以使用表示时间序列的字符串进行索引引用。ser['2018'] 是指引用索引标签中包含值2018年的行。从下列结果可以看到，虽然Series对象ser包含2018年和2019年的索引标签，但是只有2018年被引用了；另外，还可以像类似ser['2019-1'] 这样，只对指定的月份进行索引引用（程序清单8.179）。

程序清单 8.179　DatetimeIndex 对象和字符串

In

```
ser['2018']
```

Out

```
2018-12-25    0
2018-12-26    1
2018-12-27    2
2018-12-28    3
2018-12-29    4
2018-12-30    5
2018-12-31    6
Freq: D, dtype: int64
```

In

```
ser['2019-1']
```

Out

```
2019-01-01     7
2019-01-02     8
2019-01-03     9
2019-01-04    10
2019-01-05    11
Freq: D, dtype: int64
```

当然，也可以使用datetime类型或date类型实现索引引用。下面将使用datetime类型对2018年12月31日进行索引引用，使用date类型对2019年1月2日进行索引引用（程序清单8.180）。

程序清单 8.180　使用 datetime 类型和 date 类型进行索引引用

In

```
ser[datetime.datetime(2018,12,31)]
```

Out

```
6
```

In

```
ser[datetime.date(2019,1,2)]
```

Out

```
8
```

使用表示时间序列的字符串进行索引引用是非常方便的，但使用基于字符串的切片也可以进行索引引用。下面将基于字符串使用切片对2018年12月29日到2019年1月2日进行索引引用（程序清单8.181）。

程序清单 8.181　使用字符串和切片进行索引引用（Series 对象）

In

```
ser['2018-12-29':'2019-1-2']
```

Out

```
2018-12-29    4
2018-12-30    5
2018-12-31    6
2019-01-01    7
2019-01-02    8
Freq: D, dtype: int64
```

DataFrame对象也可以使用基于字符串的切片进行索引引用。下面将创建以每小时为频率的DatetimeIndex对象作为索引标签的DataFrame对象执行这一处理（程序清单8.182）。

程序清单 8.182　DataFrame 对象的创建

In

```
rng = pd.date_range('20190101 00:00:00', '20190330 00:0➡
0:00', freq='h')
df = pd.DataFrame(np.arange(len(rng) * 3).reshape(len(r➡
```

8

其他操作

```
ng), 3), index=rng)
df.head()
```

Out

```
                        0   1   2
---------------------------------
2019-01-01 00:00:00     0   1   2
2019-01-01 01:00:00     3   4   5
2019-01-01 02:00:00     6   7   8
2019-01-01 03:00:00     9  10  11
2019-01-01 04:00:00    12  13  14
```

接下来，将使用字符串对以2019年1月1日15点到19点为索引标签的行进行引用（程序清单8.183）。由于使用字符串进行索引引用是基于索引标签的引用，因此终点元素会包含在引用范围内。从下列结果可以看到，终点为19点的列也被引用了。

程序清单 8.183 使用字符串和切片进行索引引用（DataFrame 对象）

In

```
df['20190101 15' : '20190101 19']
```

Out

```
                        0   1   2
---------------------------------
2019-01-01 15:00:00    45  46  47
2019-01-01 16:00:00    48  49  50
2019-01-01 17:00:00    51  52  53
2019-01-01 18:00:00    54  55  56
2019-01-01 19:00:00    57  58  59
```

也可以通过DataFrame对象的loc属性使用时间序列的字符串进行索引引用。下面将使用loc属性对2019年1月15日20点到23点的行进行索引引用（程序清单8.184）。

程序清单 8.184　使用 loc 属性和字符串的切片进行索引引用

In

```
df.loc['20190115 20':'20190115 23']
```

Out

```
                        0     1     2
-------------------------------------
2019-01-15 20:00:00  1068  1069  1070
2019-01-15 21:00:00  1071  1072  1073
2019-01-15 22:00:00  1074  1075  1076
2019-01-15 23:00:00  1077  1078  1079
```

虽然使用方括号（[ ]）对时间序列数据进行索引引用十分方便，但是也有一些需要注意的地方。前面讲解的，使用表示时间的字符串可以进行索引引用，但是需要确认其是否与基于切片的索引引用是完全相同的引用。

DatetimeIndex对象中包含了表示时间分辨率的resolution属性。下面将通过创建包含不固定频率的索引值的DataFrame对象对resolution属性进行确认。由于索引是使用类似"20181231 23:12"这样精确到"分"的字符串，因此resolution属性的值会返回minute（程序清单8.185）。

程序清单 8.185　DatetimeIndex 对象的 resolution 属性

In

```
val = ['20181231 23:12', '20190101 14:21', '20190101 19➡
:00']
df = pd.DataFrame([[0,1],[2,3],[4,5]],
                  columns=list('ab'),
                  index=pd.DatetimeIndex(val))
df
```

Out

```
                     a  b
-------------------------
2018-12-31 23:12:00  0  1
```

```
2019-01-01 14:21:00  2  3
2019-01-01 19:00:00  4  5
```

In

```
df.index.resolution
```

Out

```
'minute'
```

使用表示时间的字符串进行索引引用，是根据其是否为切片或完全一致对数据进行引用的。至于会使用哪种方法进行索引引用，这取决于DatetimeIndex对象的分辨率。当字符串的精度低于分辨率时会使用切片对数据进行索引引用。虽然DataFrame对象df的分辨率是分（minute），但是会使用类似“2018-12-31 23”这样精确到小时（hour）的字符串进行索引引用。虽然指定的是一个字符串，但是由于其内部按切片进行索引引用，因此会返回包含相应行的DataFrame对象（程序清单8.186）。

程序清单 8.186 使用字符串和切片进行引用

In

```
df['2018-12-31 23']
```

Out

```
                     a  b
-------------------------
2018-12-31 23:12:00  0  1
```

由于DataFrame对象df索引的分辨率是“分”，因此使用字符串"2018-12-31 23:12"进行索引引用时，会进行完全一致的引用。正如在数据引用（参考第3.1小节）中讲解的，在DataFrame对象中使用方括号（[ ]）进行的索引引用是根据列标签对数据进行选择的。而DataFrame对象df的列中并不存在与2018-12-31 23:12完全一致的列标签，因此会出现KeyError异常（程序清单8.187）。

程序清单 8.187 与字符串不完全一致的索引引用

In

```
df['2018-12-31 23:12']
```

Out

```
(…略…)
KeyError: '2018-12-31 23:12'
```

虽然使用方括号（[ ]）进行索引引用是很方便的，但是由于会发生类似上述的情况，因此建议读者使用可以明确地对索引标签和列标签进行索引引用的loc属性（程序清单8.188）。

程序清单 8.188 使用 loc 属性和字符串进行索引引用

In

```
df.loc['2018-12-31 23:12',:]
```

Out

```
a    0
b    1
Name: 2018-12-31 23:12:00, dtype: int64
```

8.4.4 时间序列数据的转换

由于时间序列数据的特性，经常需要将原始数据转换成任意的格式或频率。例如，当同时存在以每小时为频率收集的数据和以每分钟为频率收集的数据时，需要将每分钟转换成每小时对频率进行统一的操作等情况；此外，在以每日为频率的时间序列数据中，对当天和前天进行计算与比较等情况。在本小节中，将使用pandas对时间序列数据的转换的基本操作进行讲解。

移位

当需要对时间序列数据的元素或索引标签使用任意的值进行移位

处理时，可以使用shift方法。下面将创建包含每日频率索引标签的Series对象进行确认（程序清单8.189）。

程序清单 8.189　Series 对象的创建

In

```
rng = pd.date_range('20181229', '20190102', freq='D')
np.random.seed(seed=42)
ser = pd.Series(np.random.randint(0,10,len(rng)), index=➡
rng)
ser
```

Out

```
2018-12-29    6
2018-12-30    3
2018-12-31    7
2019-01-01    4
2019-01-02    6
Freq: D, dtype: int64
```

在shift方法的第一个参数中可以指定正或负的整数。根据第一个参数中指定的整数，Series对象的元素就会移动相应的数量。下面将分别指定2和–3，并对Series对象ser的元素会如何被移位进行确认（程序清单8.190）。指定整数2时，Series对象的各元素会向下移位，没有相应值的位置则代入了缺失值NaN。指定负的整数–3时，也是以同样的方式对元素进行移位。

程序清单 8.190　Series 对象的 shift 方法

In

```
ser.shift(2)
```

Out

```
2018-12-29    NaN
2018-12-30    NaN
2018-12-31    6.0
2019-01-01    3.0
```

```
2019-01-02    7.0
Freq: D, dtype: float64
```

In

```
ser.shift(-3)
```

Out

```
2018-12-29    4.0
2018-12-30    6.0
2018-12-31    NaN
2019-01-01    NaN
2019-01-02    NaN
Freq: D, dtype: float64
```

使用shift方法可以对元素进行移位，而使用tshift方法则可以对时间序列数据的索引（DatetimeIndex类型等）进行移位。已知Series对象ser的索引标签为2018年12月29日至2019年1月2日的值。从下列结果可以看到，将–2指定给tshift方法后，只有索引被移动了–2日（程序清单8.191）。

程序清单 8.191　Series 对象的 tshift 方法

In

```
ser.tshift(-2)
```

Out

```
2018-12-27    6
2018-12-28    3
2018-12-29    7
2018-12-30    4
2018-12-31    6
Freq: D, dtype: int64
```

使用shift方法的freq参数，可以与tshift方法一样指定任意的整数移动索引。由于Series对象ser索引的频率为日期次（D），因此下面将在freq参数中指定D，移动–2日（程序清单8.192）。

程序清单 8.192　shift 方法的 freq 参数

In

```
ser.shift(-2, freq='D')
```

Out

```
2018-12-27    6
2018-12-28    3
2018-12-29    7
2018-12-30    4
2018-12-31    6
Freq: D, dtype: int64
```

在处理时间序列数据时，经常需要进行前日对比等对不同时段的值进行比较的操作。使用shift方法可以简单地进行计算。下面将1指定给shift方法，对各元素的前日对比进行计算（程序清单8.193）。

程序清单 8.193　计算出前日对比

In

```
diff = ser - ser.shift(1)
diff
```

Out

```
2018-12-29    NaN
2018-12-30   -3.0
2018-12-31    4.0
2019-01-01   -3.0
2019-01-02    2.0
Freq: D, dtype: float64
```

修改频率

时间序列数据有各种各样的频率。有按日期收集的数据，也有很多类似记录数据那样没有固定频率的数据。在时间序列数据的分析中，对频率的修改就是经常需要执行的任务之一。

为了对修改频率的操作进行讲解，下面将创建以W–SUN（按每周日的周次）为频率的Series对象（程序清单8.194）。

程序清单 8.194　Series 对象的创建

In

```
idx = pd.date_range('20190101', periods=2, freq='W-SUN')
ser = pd.Series([1,2], index=idx)
ser
```

Out

```
2019-01-06    1
2019-01-13    2
Freq: W-SUN, dtype: int64
```

当需要对DatetimeIndex对象的频率进行修改时，使用Series类的asfreq方法是非常方便的。下面将DatetimeIndex对象的频率W–SUN修改成D（日期）（程序清单8.195）。asfreq方法的freq参数可以对表示DateOffset对象或频率的字符串进行指定。

程序清单 8.195　Series 类的 asfreq 方法

In

```
ser.asfreq(freq='D')
```

Out

```
2019-01-06    1.0
2019-01-07    NaN
2019-01-08    NaN
2019-01-09    NaN
2019-01-10    NaN
2019-01-11    NaN
2019-01-12    NaN
2019-01-13    2.0
Freq: D, dtype: float64
```

从程序清单8.195可以看到，将频率从周次（W–SUN）修改成了日期（D），没有对应的索引标签的元素中自动代入了缺失值NaN。对于因修改频率而代入缺失值的元素，其值也可以通过asfreq方法的fill_value参数指定。下面将在fill_value参数中指定0，将频率修改为每2日（2D），并进行确认（程序清单8.196）。

程序清单 8.196　asfreq 方法的 fill_value 参数

In

```
ser.asfreq(freq='2D', fill_value=0)
```

Out

```
2019-01-06    1
2019-01-08    0
2019-01-10    0
2019-01-12    0
Freq: 2D, dtype: int64
```

在介绍缺失值的章节（参考第6.1节）中已经讲解过，使用asfreq方法的method参数指定bfill和ffill可以将缺失值置换成位于其前后的有效值。下面将周次（W–SUN）变更为工作日（B），对bfill和ffill的操作进行确认。从下列结果可以看到，在method参数中指定bfill和ffill后，分别将不同的值填充到了缺失值中（程序清单8.197）。

程序清单 8.197　asfreq 方法和 method 参数

In

```
ser.asfreq(freq='B', method='ffill')
```

Out

```
2019-01-07    1
2019-01-08    1
2019-01-09    1
2019-01-10    1
2019-01-11    1
Freq: B, dtype: int64
```

In

```
ser.asfreq(freq='B', method='bfill')
```

Out

```
2019-01-07    2
2019-01-08    2
2019-01-09    2
2019-01-10    2
2019-01-11    2
Freq: B, dtype: int64
```

重采样

虽然asfreq方法可以修改时间序列数据的频率，但是当需要更加灵活地修改频率时，可以使用resample方法。将低频率转换成高频率的操作称为向上采样，而将高频率转换成低频率则称为向下采样。例如，将每日的频率转换成每小时的频率就是向上采样。相反地，将每小时的频率转换成每日的频率则是向下采样。

使用resample方法，无论是向下采样还是向上采样，都可以非常灵活地对时间序列数据进行操作。下面将创建包含每日的频率的索引标签的Series对象，并对操作进行确认（程序清单8.198）。

程序清单 8.198　Series 对象的创建

In

```
rng = index=pd.date_range(start='20190415', periods=7, ➡
freq='D')
ser = pd.Series(np.arange(7), index=rng)
ser
```

Out

```
2019-04-15    0
2019-04-16    1
2019-04-17    2
2019-04-18    3
2019-04-19    4
```

```
2019-04-20    5
2019-04-21    6
Freq: D, dtype: int64
```

resample方法与对数据进行分组的groupby方法（参考第7.3节）类似。下面将修改DataFrame对象或Series对象时间序列数据的索引（DatetimeIndex、PeriodIndex或TimedeltaIndex）频率，并对各个元素进行重采样操作。

resample方法设计得十分灵活，使用参数就可以应对各种不同的重采样场景。下面在其第一个参数rule中指定需要修改的表示频率的字符串，将每日的频率修改为每3日的频率。resample方法可以根据原始的数据类型返回Resampler对象（程序清单8.199）。

程序清单 8.199　resample 方法和 Resampler 对象

In

```
resampled = ser.resample(rule='3D')
resampled
```

Out

```
DatetimeIndexResampler [freq=<3 * Days>, axis=0, closed=➡
left, label=left, convention=start, base=0]
```

Resampler对象和GroupBy对象一样，也提供了mean()或sum()等专门用于统计的类方法。下面将使用mean方法对从每日修改为每3日进行向下采样后Series对象的平均值展开计算（程序清单8.200）。

程序清单 8.200　Resampler 对象的 mean 方法

In

```
resampled.mean()
```

Out

```
2019-04-15    1
2019-04-18    4
```

```
2019-04-21    6
Freq: 3D, dtype: int64
```

除此以外，还提供了max(最大值)、min(最小值)、median(中位值)和sum(合计值)等统计方法，以及金融数据的时间序列数据中常用的计算开盘、收盘、最高、最低价格的ohlc方法(程序清单8.201)。

程序清单 8.201　Resampler 对象的 ohlc 方法

In

```
resampled.ohlc()
```

Out

	open	high	low	close
2019-04-15	0	2	0	2
2019-04-18	3	5	3	5
2019-04-21	6	6	6	6

接下来，将使用resample方法进行向上采样(将低频率转换成高频率)操作。引用Series对象ser的索引标签0和1，将每日(D)的频率重采样为每6小时(6H)的频率(程序清单8.202)，Resampler对象的asfreq方法将返回包含指定新频率索引的Series对象。使用DataFrame对象的asfreq方法也会返回相同的结果。

程序清单 8.202　Resampler 对象的 asfreq 方法

In

```
ser[0:2].resample(rule='6H').asfreq()
```

Out

```
2019-04-15 00:00:00    0.0
2019-04-15 06:00:00    NaN
2019-04-15 12:00:00    NaN
2019-04-15 18:00:00    NaN
2019-04-16 00:00:00    1.0
Freq: 6H, dtype: float64
```

In

```
ser[0:2].asfreq('6H')
```

Out

```
2019-04-15 00:00:00    0.0
2019-04-15 06:00:00    NaN
2019-04-15 12:00:00    NaN
2019-04-15 18:00:00    NaN
2019-04-16 00:00:00    1.0
Freq: 6H, dtype: float64
```

在程序清单8.202中可以看到，由于向上采样是将低频率转换成高频率的，因此没有相应元素的位置会返回NaN。Resampler对象中也提供了可以将缺失值置换为其前后有效值的ffill方法和bfill方法（程序清单8.203）。

程序清单 8.203　Resampler 对象的 ffill 方法和 bfill 方法

In

```
ser[0:2].resample(rule='6H').ffill()
```

Out

```
2019-04-15 00:00:00    0
2019-04-15 06:00:00    0
2019-04-15 12:00:00    0
2019-04-15 18:00:00    0
2019-04-16 00:00:00    1
Freq: 6H, dtype: int64
```

In

```
ser[0:2].resample(rule='6H').bfill()
```

Out

```
2019-04-15 00:00:00    0
2019-04-15 06:00:00    1
2019-04-15 12:00:00    1
```

```
2019-04-15 18:00:00    1
2019-04-16 00:00:00    1
Freq: 6H, dtype: int64
```

DataFrame对象也提供了resample方法。下面将创建包含以每小时为频率的索引的DataFrame对象（程序清单8.204）。

程序清单 8.204　DataFrame 对象的创建

In

```
rng = pd.date_range('20190101 00:00', periods=5, freq='h')
val = np.arange(len(rng) * 3).reshape(len(rng), 3)
df = pd.DataFrame(val, index=rng, columns=list('abc'))
df
```

Out

	a	b	c
2019-01-01 00:00:00	0	1	2
2019-01-01 01:00:00	3	4	5
2019-01-01 02:00:00	6	7	8
2019-01-01 03:00:00	9	10	11
2019-01-01 04:00:00	12	13	14

接下来，将每小时的频率转换成每3小时的频率，并使用Resampler对象的sum方法对各列的合计值进行计算（程序清单8.205）。

程序清单 8.205　Resampler 对象的 sum 方法

In

```
df.resample('3H').sum()
```

Out

	a	b	c
2019-01-01 00:00:00	9	12	15
2019-01-01 03:00:00	21	23	25

使用Resampler对象的agg方法和字典也可以指定对每列进行的统计处理。下面将在列a进行平均值和合计值的计算，在列b使用min方法对最小值进行计算（程序清单8.206）。从下列结果可以看到，DataFrame对象的列标签是多重索引。

程序清单 8.206　Resampler 对象的 agg 方法

In

```
df.resample('3H').agg({'a':[np.mean,np.sum], 'b':[np.➡
min]})
```

Out

	a		b
	mean	sum	amin
2019-01-01 00:00:00	3.0	9	1
2019-01-01 03:00:00	10.5	21	10

很多情况下，DataFrame对象的元素值是datetime类型。下面将DataFrame对象df的索引标签代入列d，并使用reset_index方法重新分配索引标签（程序清单8.207）。

程序清单 8.207　元素值为 datetime 类型的 DataFrame 对象

In

```
df['d'] = df.index
df.reset_index(drop=True, inplace=True)
df
```

Out

	a	b	c	d
0	0	1	2	2019-01-01 00:00:00
1	3	4	5	2019-01-01 01:00:00
2	6	7	8	2019-01-01 02:00:00
3	9	10	11	2019-01-01 03:00:00
4	12	13	14	2019-01-01 04:00:00

如果DataFrame对象列的值是与datetime类似的类型，则可以使用resample方法的on参数基于列的值进行重采样操作。列d的值是每小时的频率，下面将其转换为每2小时的频率，并对平均值进行计算（程序清单8.208）。

程序清单 8.208　resample 方法的 on 参数

In

```
df.resample(rule='2H', on='d').mean()
```

Out

```
                        a     b     c
             d
-------------------------------------
2019-01-01 00:00:00   1.5   2.5   3.5
2019-01-01 02:00:00   7.5   8.5   9.5
2019-01-01 04:00:00  12.0  13.0  14.0
```

pandas中提供了丰富且强大的用于处理时间序列数据的类方法。本书中只对其中特别基本的操作进行了讲解，如果需要了解更复杂的操作，参考pandas的官方文档。

- pandas 官方文档 Time Series ｜ Date functionality

URL https://pandas.pydata.org/pandas-docs/version/0.22/timeseries.html

第9章 数据分析的基础

到目前为止，我们已经对pandas的各种对象及数据分析中常用的基本操作方法进行了讲解。作为本书的最后一章，本章将使用pandas实现探索性数据分析（EDA），以及使用整齐数据（Tidy Data）和实际数据集执行基本的数据分析任务。

注意事项

导入第9章中需要使用的软件库

在执行本章的示例程序前，先执行下列代码。

程序清单　需要提前执行的代码

In

```
import pandas as pd
import numpy as np
import matplotlib.pyplot as plt
```

9.1 探索性数据分析

所谓探索性数据分析(Exploratory Data Analysis，EDA)，是指在机器学习或常规的数据分析中执行的，为了理解数据集的特征或变化趋势等信息执行的处理。下面将对探索性数据分析的概要，以及使用pandas进行探索性数据分析的基础技术进行讲解。

9.1.1 数据结构的确认

在本小节中，将对适合初学者使用的机器学习数据集Iris Data Set（鸢尾花数据）进行初步的探索性数据分析。接下来，将对探索性数据分析及数据集的概要进行理解，并使用pandas将Iris Data Set作为DataFrame对象读取，以及对数据的基本信息进行确认。

探索性数据分析的含义

探索性数据分析是通过描述性统计和数据可视化等方式，理解数据集的特征或变化趋势等信息的一种手段。

EDA是美国著名的数学家和统计学家John W. Tukey极为推崇的分析方法。本书将不会对EDA本身进行细致的讲解，而是会使用实际的数据集，基于pandas对EDA的基本步骤进行讲解。

EDA的目的是根据观察到的事件对其发生原因提出假设，并根据某种统计的推论对假设进行评估。更为具体的描述就是，EDA是对数据的变化趋势、特征或离群值等异常数据进行确认，再根据概括统计量或数据可视化对数据提出假设，并进行评估。EDA通常用于初始阶段对数据的处理。

数据集的概要和数据结构

在本小节中，将使用加利福尼亚大学尔湾分校在互联网上发布的Machine Learning Repository的Iris Data Set（后续内容中将其称为鸢尾花数据）。鸢尾花是鸢尾属鸢尾科的多年生草本植物。鸢尾花数据中包含测量setosa、versicolor、virginica这3个品种鸢尾花的花萼（Sepal）、花瓣（Petal）宽度和长度的数据。表9.1中显示的是鸢尾花数据的概要。

表9.1　鸢尾花数据的概要

数据个数	150条
发布来源	加利福尼亚大学尔湾分校 URL　https://archive.ics.uci.edu/ml/datasets/Iris
列的结构	sepal length: 花萼的长度(cm)
	sepal width: 花萼的宽度(cm)
	petal length: 花瓣的长度(cm)
	petal width: 花瓣的宽度(cm)
	class:3个品种鸢尾花的标签

下面将鸢尾花数据作为pandas的DataFrame对象读取（程序清单9.1）。将公开本数据集的加利福尼亚大学尔湾分校的URL和文件名保存到变量中，然后使用pandas的read_csv函数指定URL进行读取。由于鸢尾花数据没有标头，因此将None传递给header参数。此外，在names参数中指定列名。最后将2传递给DataFrame对象的head方法，对DataFrame对象开头的两行进行显示。

程序清单9.1　数据的读取

In

```
path = 'https://archive.ics.uci.edu/ml/machine-learning➡
-databases/iris/'
file = 'iris.data'
cols = ['sepal_length','sepal_width','petal_length','pe➡
tal_width','class']
df = pd.read_csv(path + file, header=None, names=cols)
```

In

```
df.head(2)
```

Out

```
   sepal_length  sepal_width  petal_length  petal_width        class
--------------------------------------------------------------------
0           5.1          3.5           1.4          0.2  Iris-setosa
1           4.9          3.0           1.4          0.2  Iris-setosa
```

EDA中包含各种各样的技术，本书中将对其中特别基础的技术分3个部分进行讲解。第一部分将对基于描述性统计的数据结构进行把握（第9.1.1小节）；第二部分将对缺失值、离群值及重复数据进行讲解（第9.1.2小节）；第三部分将对基于数据可视化的数据进行讲解（第9.1.3小节）。

首先，将基于描述性统计理解本数据集的结构，并且对各数据的变化趋势进行确认。鸢尾花数据中保存了150条测量数据，这里将使用DataFrame对象的shape属性对其行、列数进行确认（程序清单9.2）。从下列结果可以看到，这是一个150行、5列的DataFrame对象。

程序清单 9.2 DataFrame 对象的 shape 属性

In

```
df.shape
```

Out

```
(150, 5)
```

每条数据都被分配了表示鸢尾花品种的标签。下面将对整体数据中每个品种所占比例进行确认。DataFrame对象的列class中以字符串形式保存了表示品种的标签值，这里使用value_counts方法对每个品种的频率进行确认（程序清单9.3）。从下列结果可以看到，每个品种分别都有50条数据。

程序清单 9.3 Series 对象的 value_counts 方法

In

```
df['class'].value_counts()
```

Out

```
Iris-setosa         50
Iris-virginica      50
Iris-versicolor     50
Name: class, dtype: int64
```

对于第一次处理的数据集，对每列的数据类型进行确认是非常重要的一项操作。下面将使用DataFrame对象的info方法，对每列的概要信息进行输出（程序清单9.4）。每条数据中花萼、花瓣的长度和宽度都是float64类型，由于列class是字符串，因此其数据类型为object。

程序清单 9.4　DataFrame 对象的 info 方法

In

```
df.info()
```

Out

```
<class 'pandas.core.frame.DataFrame'>
RangeIndex: 150 entries, 0 to 149
Data columns (total 5 columns):
sepal_length    150 non-null float64
sepal_width     150 non-null float64
petal_length    150 non-null float64
petal_width     150 non-null float64
class           150 non-null object
dtypes: float64(4), object(1)
memory usage: 5.9+ KB
```

从上述结果可以看到，每个花萼、花瓣的宽度和长度都是数值类型数据。下面将使用DataFrame对象的describe方法，对每列的概括统计量进行确认。从下列结果可以看到，输出了包含数值类型数据的4个列的概括统计量（程序清单9.5）。

程序清单 9.5　DataFrame 对象的 describe 方法

In

```
df.describe()
```

Out

	sepal_length	sepal_width	petal_length	petal_width
count	150.000000	150.000000	150.000000	150.000000
mean	5.843333	3.054000	3.758667	1.198667
std	0.828066	0.433594	1.764420	0.763161
min	4.300000	2.000000	1.000000	0.100000
25%	5.100000	2.800000	1.600000	0.300000
50%	5.800000	3.000000	4.350000	1.300000
75%	6.400000	3.300000	5.100000	1.800000
max	7.900000	4.400000	6.900000	2.500000

鸢尾花数据中保存了3个品种鸢尾花的各50条测量数据。下面将确认每个品种的花萼、花瓣宽度和长度的规律有无区别。使用DataFrame对象的groupby方法基于列class的值进行分组，并使用mean方法对不同品种的相关数值数据的平均值进行比较（程序清单9.6）。

程序清单 9.6 DataFrame 对象的 groupby 方法

In

```
df.groupby('class').mean()
```

Out

	sepal_length	sepal_width	petal_length	petal_width
class				
Iris-setosa	5.006	3.418	1.464	0.244
Iris-versicolor	5.936	2.770	4.260	1.326
Iris-virginica	6.588	2.974	5.552	2.026

从上述结果可以看到，在每个品种的花萼、花瓣宽度和长度的平均值中，有些位置上的值是有显著区别的。例如，Iris–setosa与其他两个品种相比，花瓣的长度（petal_length）和宽度（petal_width）明显要小一些。相对地，Iris–virginica花萼的长度（sepal_length）和花瓣的长度（petal_ length）与其他两个品种相比，则要更大一些。

 9.1.2 缺失值、离群值和重复数据的确认

EDA的一个重要作用是，它可以对数据集的结构或特征进行把握。这其中还包括对包含在数据集中的缺失值或离群值的确认，以及探索更为合适的处理方法。在本小节中，将对鸢尾花数据的缺失值、离群值及重复数据进行确认。

在pandas的DataFrame对象中查找缺失值时，使用isna方法（参考第6.1.2小节）是非常方便的。isna方法是当原始DataFrame对象的元素为缺失值时返回True、其余情况则返回包含False的大小相同的DataFrame对象。下面将结合使用sum方法，对每列的缺失值进行统计（程序清单9.7）。从下列结果可以看到，鸢尾花数据中不存在任何缺失值。

程序清单 9.7 DataFrame 对象的 isna 方法

In

```
df.isna().sum()
```

Out

```
sepal_length     0
sepal_width      0
petal_length     0
petal_width      0
class            0
dtype: int64
```

现实中的数据集中经常会由于各种原因而包含缺失值。如果数据集中包含缺失值，那么在大多数情况下，都需要将这些缺失值删除，或者使用任意的值对缺失值进行置换等操作。

接下来，将对鸢尾花数据的每列中是否包含离群值进行确认。至于要将哪种值作为离群值处理，有很多种判断方法（参考第6.2节）。在本小节中，将使用z分数（参考第6.2.2小节）对离群值进行查找。

z分数是使用标准差表示从整体数据的平均值到各数据的距离。使用z分数查找离群值的方法，通常是将z分数小于–3或大于3的值判断为离群值。下面将定义计算每列的平均值及标准差，并定义对使用z分数查找到离群值的位置（zscore <–3 | zscore > 3）进行引用的函数。如

果使用if语句无法查找到离群值时，则显示提示信息；如果列数据中包含离群值，则还需要加上将该位置输出来的条件分支处理语句（程序清单9.8）。

程序清单 9.8　定义查找离群值的函数

In

```
def outlier(ser):
    mean = ser.mean()
    std = ser.std(ddof=0)
    zscore = (ser - mean) /std
    outliers = ser[(zscore < -3) | (zscore > 3)]
    if outliers.shape[0] == 0:
        print('未发现离群值')
    else:
        print(outliers)
```

下面将引用列sepal_length，并将其作为Series对象传递给outlier函数对其是否包含离群值进行确认（程序清单9.9）。从结果可以看到，列sepal_length中不包含离群值。

程序清单 9.9　离群值的查找（花萼的长度）

In

```
outlier(df['sepal_length'])
```

Out

```
未发现离群值
```

接下来，以同样的方式对列sepal_width进行确认（程序清单9.10）。从下列结果可以看到，列sepal_width中值为4.4的数据作为离群值被输出了。

程序清单 9.10　离群值的查找（花萼的宽度）

In

```
outlier(df['sepal_width'])
```

Out

```
15     4.4
Name: sepal_width, dtype: float64
```

下面将对列sepal_width的平均值和标准差进行计算与确认（程序清单9.11）。从下列结果可知，平均值约为3.054，标准差则约为0.434。使用z分数会将小于–3或大于3的值判断为离群值。也就是说，会将sepal_width的值中小于1.752或大于4.356的值判断为离群值。从程序清单9.10outlier函数的输出结果可以看到，由于sepal_width的值为4.4，因此使用z分数将其作为离群值处理了。

程序清单 9.11 Series 对象的 mean 方法和 std 方法

In

```
df['sepal_width'].mean(), df['sepal_width'].std()
```

Out

```
(3.0540000000000003, 0.4335943113621737)
```

接下来，以同样的方式将花瓣（petal）列的离群值输出（程序清单9.12）。从下列结果可以看到，花瓣的测量数据中不包含离群值。

程序清单 9.12 离群值的查找（花瓣的宽度和长度）

In

```
outlier(df['petal_width'])
outlier(df['petal_length'])
```

Out

```
未发现离群值
未发现离群值
```

这样就完成了对鸢尾花数据的缺失值和离群值的确认。

接下来，将对重复数据进行确认。重复数据存在于数据集中的原因有多种，测量时的错误或单纯包含完全相同的测量数据等情况也是极有可能的。

在pandas的DataFrame对象中查找重复数据时，使用duplicated方法（参考第6.3.1小节）是非常方便的。duplicated方法会将重复的行返回True，其余行则返回包含False的bool类型的Series对象。下面将duplicated方法的keep参数指定为False，使用方括号（[ ]）对DataFrame对象中所有重复的位置进行引用（程序清单9.13）。

程序清单 9.13　DataFrame 对象的 duplicated 方法

In

```
df[df.duplicated(keep=False)]
```

Out

```
     sepal_length  sepal_width  petal_length  petal_width           class
--------------------------------------------------------------------------
  9           4.9          3.1           1.5          0.1     Iris-setosa
 34           4.9          3.1           1.5          0.1     Iris-setosa
 37           4.9          3.1           1.5          0.1     Iris-setosa
101           5.8          2.7           5.1          1.9  Iris-virginica
142           5.8          2.7           5.1          1.9  Iris-virginica
```

从上述结果可以看到，索引标签为9、34、37的行，其测量值都是重复数据。从数据来源处加利福尼亚大学尔湾分校的数据公开网页中可以看到，其中记载了索引标签为34和37的数据有异常。

- Data Set Information

URL https://archive.ics.uci.edu/ml/datasets/Iris

每行的正确数据如下所示。

- 索引34：4.9、3.1、1.5、0.2、Iris-setosa。
- 索引37：4.9、3.6、1.4、0.1、Iris-setosa。

下面将错误的数据替换为正确的数据。由于列class的值没有错误，因此使用iloc属性只对数值数据进行引用并将正确的测量值代入（程序清单9.14）。

程序清单 9.14　重复数据的修改

In

```
df.iloc[34,:-1] = [4.9, 3.1, 1.5, 0.2]
df.iloc[37,:-1] = [4.9, 3.6, 1.4, 0.1]
```

其他还有索引标签101和142的所在行为重复数据。关于这一内容，在数据公开网页中并无特殊记载。这可能是数据的输入错误，也可能是完全相同的数据。虽然数据是重复的，但是由于没有准确的信息，因此不对其进行修改。下面将重新使用duplicated方法对数据重复的位置进行引用（程序清单9.15）。

程序清单 9.15　DataFrame 对象的 duplicated 方法（重新引用）

In

```
df[df.duplicated(keep=False)]
```

Out

	sepal_length	sepal_width	petal_length	petal_width	class
101	5.8	2.7	5.1	1.9	Iris-virginica
142	5.8	2.7	5.1	1.9	Iris-virginica

鸢尾花数据是较为简单且小型的数据。而在现实中很多都是更为复杂且大型的数据，因此执行EDA对数据的缺失值、离群值及重复数据进行确认是极其重要的一个过程。

9.1.3　基于数据可视化的确认

在本章前面的小节中，已经使用描述性统计对鸢尾花数据的结构和特征等进行了确认。描述性统计可以帮助我们对数值数据进行比较和理解缺失值与重复数据等信息。而数据可视化则适合对数据整体的分布和各数据的相关性等进行直观的把握。在本小节中，将使用pandas对鸢尾花数据进行可视化处理。通过可视化处理可以加深对鸢尾花数据的理解。关于数据可视化的详细操作，参考第2.4.9小节或第8.2节。

在第9.1.2小节中，已经对z分数进行计算并对离群值进行了查找。此外，还可以使用箱形图（参考第8.2.6小节）对离群值进行可视化处理。下面使用pandas的DataFrame对象的plot方法将包含鸢尾花数值数据的列，通过箱形图进行可视化处理（程序清单9.16）。

程序清单 9.16　DataFrame 对象的 plot 方法（kind='box'）

In

```
df.plot(kind='box', figsize=(5,7), grid=True)
```

Out

```
<matplotlib.axes._subplots.AxesSubplot at 0x11dd2cd68>
```

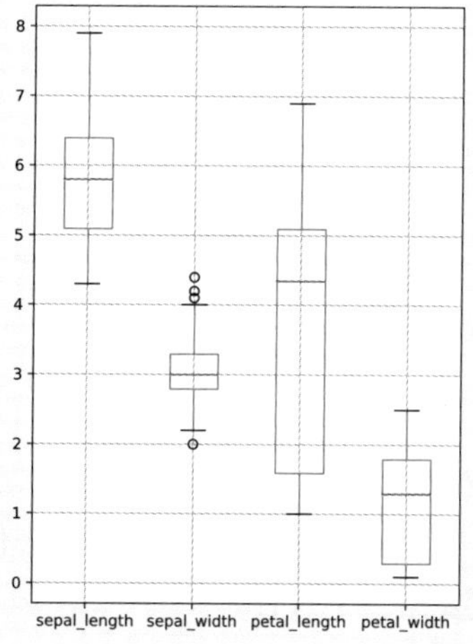

箱形图是使用四分位距（IQR）对离群值进行检查。如程序清单9.16所示，sepal_width中有4个数据是显示在“须”的外面的。如果使用箱形图，就可以将这4个数据点作为离群值考虑。

pandas的plot方法中提供了各种数据可视化工具。下面将通过3种不同颜色区分3种鸢尾花的花萼长度和宽度，并绘制成散点图进行确认。首先对每个品种（列class的值）进行索引引用，将它们作为单独的DataFrame对象进行分离（程序清单9.17）。

程序清单 9.17　按品种分离成 DataFrame 对象

In

```
vers = df[df['class'] == 'Iris-versicolor']
virg = df[df['class'] == 'Iris-virginica']
seto = df[df['class'] == 'Iris-setosa']

print(vers.shape, virg.shape, seto.shape)
```

Out

```
(50, 5) (50, 5) (50, 5)
```

在DataFrame对象的plot方法的kind参数中指定scatter可以绘制散点图。由于要为3个品种分别配上不同的标识颜色，因此需要使用plot方法的color参数。r表示red（红色）；b表示blue（蓝色）；g则表示green（绿色）。下面使用plot方法的ax参数将每个品种的散点图显示在同一个图表中，将散点图的x轴指定为sepal_width、y轴指定为sepal_length（程序清单9.18）。

程序清单 9.18　按颜色区分品种的散点图（x轴为sepal_width、y轴为sepal_length）

In

```
k, x, y = 'scatter', 'sepal_width', 'sepal_length'
ls = ['Iris-versicolor','Iris-virginica','Iris-setosa']
ax1 = vers.plot(kind=k, x=x, y=y, label=ls[0], color='r' ➡
, figsize=(10,5))
virg.plot(kind=k, x=x, y=y, label=ls[1], color='b', ax=ax1)
seto.plot(kind=k, x=x, y=y, label=ls[2], color='g', ax=ax1)
```

Out

```
<matplotlib.axes._subplots.AxesSubplot at 0x11e890e48>
```

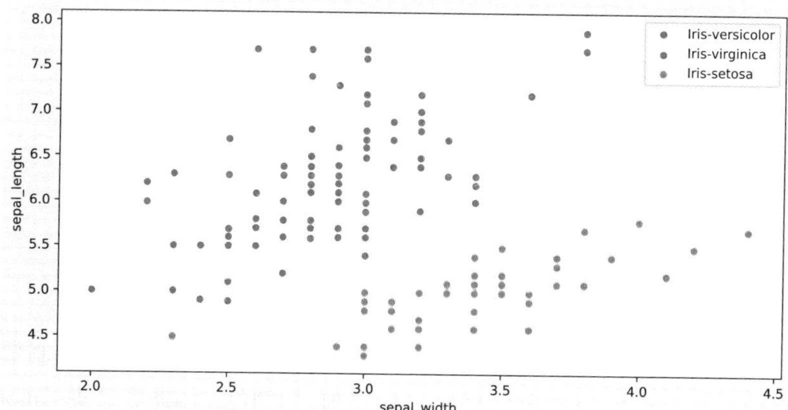

> **注意事项**
>
> **关于本书中的彩色图**
>
> 第9章中显示的图表中包含彩色图。但是由于本书只采用了黑色(black)和蓝绿色(cyan)这两种颜色印刷，因此彩色图会以深浅不同的黑色和蓝绿色表示。实际的输出结果，参考示例程序。

从花萼(sepal)的宽度和长度的散点图可以看到，对Iris–versicolor和Iris–virginica的值进行明确的区分是比较困难的，但是可以看到Iris–setosa与其他两个品种相比呈现出不同趋势。

下面以同样的方式将花瓣(petal)的长度和宽度用散点图进行可视化处理。变量x和y的值变更为花瓣(petal_width、petal_length)，使用plot方法绘制散点图(程序清单9.19)。

程序清单 9.19 按颜色区分品种的散点图（x轴为petal_width、y轴为petal_length）

In

```
x, y = 'petal_width', 'petal_length'
```

```
ax1 = vers.plot(kind=k, x=x, y=y, label=ls[0], color='r', ➡
figsize=(10,5))
virg.plot(kind=k, x=x, y=y, label=ls[1], color='b', ax=ax1)
seto.plot(kind=k, x=x, y=y, label=ls[2], color='g', ax=ax1)
```

Out

```
<matplotlib.axes._subplots.AxesSubplot at 0x11dcf5198>
```

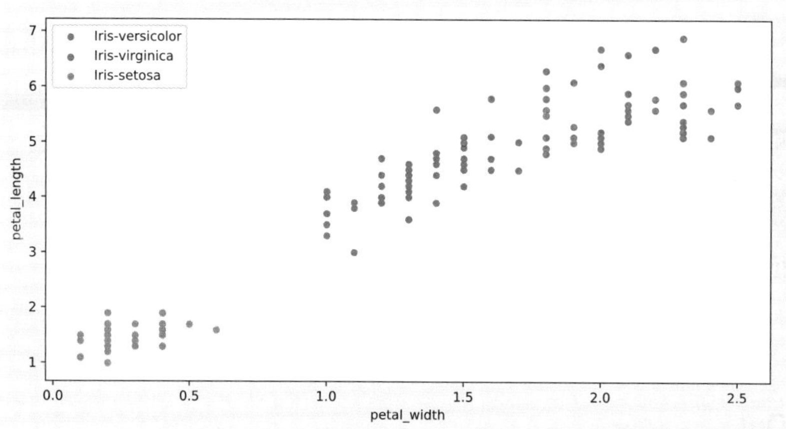

如果对花瓣的长度和宽度进行比较，就可以看到所有品种之间都有比较明显的区别。像这样通过可视化处理把握数据的变化趋势，在EDA中是非常重要的一个过程。

接下来，将使用pd.plotting模块的scatter_matrix方法对散点图矩阵（参考第8.2.7小节）进行绘制。通过散点图矩阵可以同时对数值数据的散点图和直方图进行确认。scatter_matrix方法中也提供了color参数。color参数可以指定为与已保存标识颜色字符串的DataFrame对象长度相同列表中颜色。下面将基于列class的值对标识颜色进行指定。

首先创建需要在color参数中指定的包含标识颜色的字符串列表。鸢尾花数据是按照DataFrame对象开头的50行为Iris–setosa，之后的50行为Iris–versicolor，最后的50行为Iris–virginica数据的顺序保存的。对每个品种分别创建包含g（green）、r（red）、b（blue）字符串的列表，使用len函数就可以确认列表colors与DataFrame对象的长度相同（程序清单9.20）。

程序清单 9.20　将标识颜色的字符串保存到列表中

In

```
colors = ['g']*50 + ['r']*50 + ['b']*50
len(colors) == len(df)
```

Out

```
True
```

下面将使用scatter_matrix方法绘制散点图矩阵。在color参数中指定程序清单9.20中创建的列表colors，在figsize参数中可以指定散点图矩阵的大小（程序清单9.21）。

程序清单 9.21　scatter_matrix 方法

In

```
pd.plotting.scatter_matrix(df, color=colors, figsize=(➡
10,10))
```

Out

```
array([[<matplotlib.axes._subplots.AxesSubplot object ➡
at 0x11e969fd0>,
        <matplotlib.axes._subplots.AxesSubplot object ➡
at 0x11e9d1860>,
        <matplotlib.axes._subplots.AxesSubplot object ➡
at 0x11ea088d0>,
        <matplotlib.axes._subplots.AxesSubplot object ➡
at 0x11ea419b0>],
       [<matplotlib.axes._subplots.AxesSubplot object ➡
at 0x11ea7a9b0>,
        <matplotlib.axes._subplots.AxesSubplot object ➡
at 0x11ea7a9e8>,
        <matplotlib.axes._subplots.AxesSubplot object ➡
at 0x11eae8470>,
        <matplotlib.axes._subplots.AxesSubplot object ➡
at 0x11eb24470>],
       [<matplotlib.axes._subplots.AxesSubplot object ➡
at 0x11eb5c470>,
```

```
       <matplotlib.axes._subplots.AxesSubplot object ➡
at 0x11eb2d978>,
       <matplotlib.axes._subplots.AxesSubplot object ➡
at 0x11ebc0518>,
       <matplotlib.axes._subplots.AxesSubplot object ➡
at 0x11ebfb978>],
      [<matplotlib.axes._subplots.AxesSubplot object ➡
at 0x11ec33eb8>,
       <matplotlib.axes._subplots.AxesSubplot object ➡
at 0x11ec77438>,
       <matplotlib.axes._subplots.AxesSubplot object ➡
at 0x11eca4278>,
       <matplotlib.axes._subplots.AxesSubplot object ➡
at 0x11ecda208>]],
     dtype=object)
```

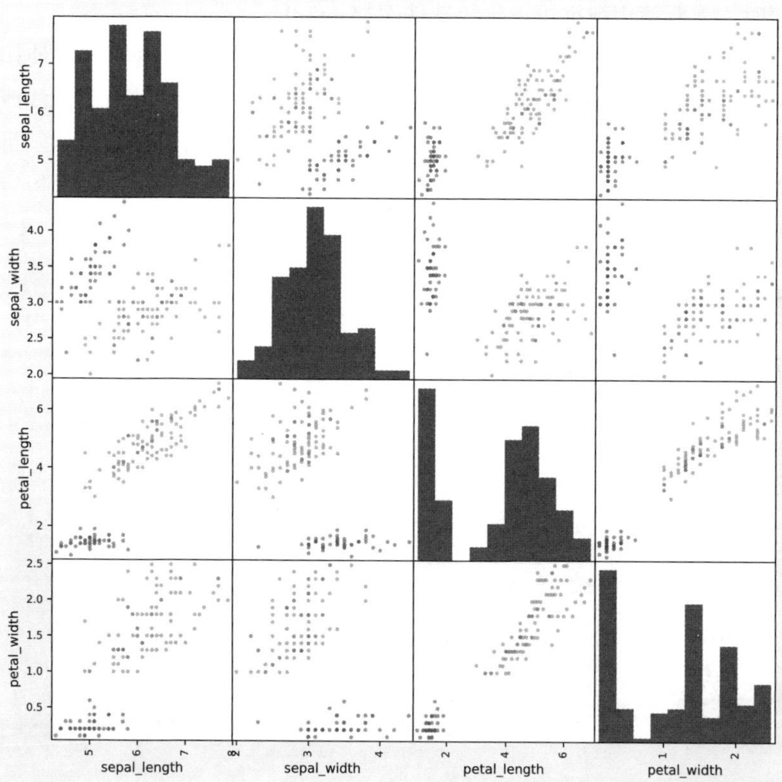

散点图的标识中淡蓝色（代表绿色）为Iris–setosa，深蓝色（代表蓝色）为Iris–virginica，深灰色（代表红色）为Iris–versicolor。对角线上显示的是每列的直方图。如果确认不同品种的两个列的散点图，就可以看到Iris–setosa（淡蓝色）和其他两个品种的分布是不同的。此外，可以看到Iris–virginica（深蓝色）和Iris–versicolor（深灰色）的有些列的分布是相似的。

使用DataFrame对象的corr方法可以对包含数值数据的两个列之间的相关系数进行计算。所谓相关系数，是指表示两个数据的关系的指标，包含–1 ~ 1的值。

pandas中提供了可以根据数据调整输出DataFrame对象时产生的HTML和CSS的Styler对象。使用DataFrame对象的style属性可以对其进行访问。Styler对象中提供了可以根据DataFrame对象的值对背景色进行渐变处理的background_gradient方法。使用background_gradient方法时，需要使用数据可视化的软件库Matplotlib。

下面将使用corr方法计算每列的相关系数，然后再基于该值使用background_gradient方法像绘制热图（将表数据的各元素的值以深浅或不同颜色显示的一种可视化方法）那样对DataFrame对象进行显示。可以在background_gradient方法的cmap参数中指定颜色图，这里将指定coolwarm并进行确认（程序清单9.22）。

程序清单 9.22　使用 DataFrame 对象中 corr 方法的热图

In

```
df.corr().style.background_gradient(cmap='coolwarm')
```

Out

	sepal_length	sepal_width	petal_length	petal_width
sepal_length	1	-0.11757	0.871754	0.817941
sepal_width	-0.11757	1	-0.42844	-0.366126
petal_length	0.871754	-0.42844	1	0.962865
petal_width	0.817941	-0.366126	0.962865	1

虽然鸢尾花数据集中包含数值数据的列只有4列，但是处理列数较多的数据时，采用类似上述方法的热图有助于从视觉上直观地理解数据。

EDA是在机器学习或数据分析中的初始阶段执行的任务之一。建议在执行EDA处理的过程中，从收集数据时的错误检查、理解数据结构和特征，到对数据进行假设或对建模方法进行探讨等各方面，脑海中要对各种可能出现的情况和存在的问题有所准备。

9.2 整齐数据

很多人都说数据分析中80% 的工作都用在数据的准备和预处理阶段。在本节中，将对Wickham提出的整齐数据的概要和使用pandas转换整齐数据的操作进行讲解。

9.2.1 整齐数据的概要

整齐数据（Tidy Data）是在面向统计分析的编程语言（R语言）中，由知名数据科学家Hadley Wickham提出的概念。Wickham是R语言集成开发环境（IDE）RStudio的首席科学家，同时也是美国斯坦福大学的兼职讲师。

实际上，现实中的数据往往是采用各种格式保存的。为了更高效且正确地进行数据分析而对数据的格式进行转换的操作，称为数据清洗。在数据分析任务中，数据清洗占较大比重的情况很常见。Wickham在其2014年发表的论文（*Tidy data*）及此后撰写的R语言书籍*Rfor Data Science*中提出了数据清洗的标准思路和概念。

何谓整齐数据

将整齐数据看成“变量”（variable）和“观测”（observation）就可以很容易地被理解了。表格数据由行和列组成，是数值的集合。所有的数值都属于“变量”和“观测”。变量的值是按照同一属性（如身高、体重或温度）测量到的值。而观测的值则是按照整体属性，使用同一单位（如1人、1日或1个）测量到的值。

下面将使用具体的数据对变量和观测进行讲解。图9.1是总结了3名学生的语文和数学考试分数的表格数据。这一表格数据中包含“学生名称”“科目”“分数”3个变量。

科目 / 学生名称	语文	数学
山田	87	92
铃木	91	88
高桥	78	87

学生名称
科目
分数

图 9.1 保存了 3 名学生两个科目分数的表格数据

下面将确认图9.1所示表格数据中是如何表示观测的。观测的值是使用整体属性的同一单位测量的。例如，“铃木的语文分数是91分”，这就是一个观测（图9.2）。如果以同样的方式对观测进行计数，就可以看到该表格中有6个观测。

科目 / 学生名称	语文	数学
山田	87	92
铃木	91	88
高桥	78	87

图 9.2　表格数据中某一个观测的示意图

同样的表格数据也可以如图9.3所示的那样表示。图9.3是将图9.1中数据的行和列进行了调换。虽然图9.1和图9.3的表格数据的格式是不同的，但是两者以交叉表形式表示数据的思路是相同的。

学生名称 / 科目	山田	铃木	高桥
语文	87	91	78
数学	92	88	87

图 9.3　不同格式的表格数据

对上述这样的数据（变量、观测的值相同）也可以用另一种形式进行表示，如图9.4所示。虽然图9.4同样也是表格数据，但是它的格式与上述表格是截然不同的。在图9.4中，一个列中由一个变量负责，且一个行中仅有一个观测。类似这样格式的数据称为“整齐数据”。

学生名称	科目	分数
山田	语文	87
山田	数学	92
铃木	语文	91
铃木	数学	88
高桥	语文	78
高桥	数学	87

图 9.4　整齐数据

● 整齐数据需满足的条件

整齐数据的一个特点是：数据的结构与含义是一致的。数据是否“整齐有序”取决于为行和列中分别包含什么样的值。Wickham提出的整齐数据是指满足以下3个条件的数据。Wickham将不满足这些条件的表格数据称为杂乱数据（Messy data）。

（1）每个变量为一列。

（2）每个观测为一行。

（3）每种可观测单位的类型为一张表。

整齐数据是具有标准结构的数据，因此可以高效地提取所需的变量。这样一来，很多数据分析任务就可以高效地执行。此外，在通常的数据分析过程中，还可能需要使用数据的值或变量执行各种分析任务。由于整齐数据中每个变量的值和一个观测总是成对出现的，因此可以说是整齐数据适用于使用R语言或pandas等编程语言进行的数据分析中。

在符合整齐数据的3个条件中，第一个条件（每个变量为一列）和第二个条件（每个观测为一行）一看就能够明白，而第三个条件（每种可观测单位的类型为一张表）可能有些令人难以理解，其实它是指在同一条表格数据中不允许包含不同类型的观测。图9.4中的数据是包含了3名学生两个科目分数的表格数据。如果假设这一条表格数据中还包含每个班级人数的数据，那么该数据就不是整齐数据。反之亦然，如果是同一类似的观测，则它们必须是同一条表格数据。

此外，除了上述3个条件，还要满足“一个值为一个单元”的条件。如图9.5所示，分数和评价（A ~ C）的值在一个单元内。由于整齐数据规定必须一个值为一个单元，因此这个表格数据属于杂乱数据。即使是从实际分析的角度考虑，直接对这类数据结构进行分析也是非常困难的。

学生名称	科目	分数（评价）
山田	语文	87（B）
山田	数学	92（A）
铃木	语文	91（A）
铃木	数学	88（B）
高桥	语文	78（C）
高桥	数学	87（B）

图9.5　一个单元内存在多个值

读者可能会认为，整齐数据的构建思路与纵向数据和横向数据（参考第5.3.3小节）类似。然而，整齐数据是明确地对数据的意义和结构进行了定义的。

此外，整齐数据并不是在所有情况下的数据分析中都适用的格式。虽然整齐数据的结构可以有助于高效地执行各种分析任务，但是对于执行分析任务的人而言，它不一定是一种容易理解的格式。虽然图9.1中的数据属于杂乱数据，但是与整齐数据进行比较，它将数据显示得更为紧凑。使用矩阵运算等执行处理时，类似图9.1那样的格式具有可以大幅度降低计算成本的优势。

由此可见，杂乱数据（图9.1）并不一定就是不好的数据。对于开发者来说，最重要的是根据数据的特性和分析任务，灵活地准备数据。

9.2.2 将杂乱数据转换成整齐数据

要将所有杂乱数据的示例列举出来是较为困难的，因此在本小节中，将列举其中具有代表性的3种，并使用pandas将杂乱数据转换成整齐数据。要处理的杂乱数据示例如下。

- 列标签中包含数值。
- 变量包含于行和列中。
- 同一表格数据中包含了不同类型的数据。

这3种示例在现实中处理数据时也是很常见的。

列标签中包含数值

处理杂乱数据时，经常可以遇到表格数据的列标签中包含数值的情况。下面将这种格式的数据从CSV文件中读取出来并进行显示（程序清单9.23）。

注 意 事 项

示例程序的配置

如果使用的是Jupyter Notebook、Google Colab环境，有关CSV文件示例程序的配置方法参考第3.2.1小节CVS文件的备注。

程序清单 9.23　ex17.csv 文件的读取

In

```
df = pd.read_csv('../data/ex17.csv', )
df
```

Out

	部门	10岁	20岁	30岁
0	人事部	1	2	1
1	财务部	0	1	3
2	研发部	0	4	2

数据集df中包含3个变量，分别是部门（人事部、财务部、研发部）、年龄（10岁、20岁、30岁）和每个属性中包含的人数（整数0 ～ 4）。如程序清单9.23所示，年龄的各个值被作为列标签使用，没有满足整齐数据的“每个变量为一列”及“每个观测为一行”的条件。也就是说，这份数据属于杂乱数据。

为了使其满足整齐数据的条件，将对DataFrame对象df进行转换。使用DataFrame对象的melt方法（参考第5.3.3小节）可以高效地实现转换。在melt方法的id_vars参数中指定列“部门”，在var_name参数和value_name参数中指定作为列标签的值（程序清单9.24）。从下列结果可以看到，已经转换成了满足整齐数据条件的格式。

程序清单 9.24　DataFrame 对象的 melt 方法

In

```
df = df.melt(id_vars='部门', var_name='年龄', value_name➡
='人数')
df
```

Out

	部门	年龄	人数
0	人事部	10岁	1
1	财务部	10岁	0

```
2  研发部  10岁   0
3  人事部  20岁   2
4  财务部  20岁   1
5  研发部  20岁   4
6  人事部  30岁   1
7  财务部  30岁   3
8  研发部  30岁   2
```

虽然在转换前（程序清单9.23）是杂乱数据，但是这种数据的格式比整齐数据的格式更易于处理的情况也是存在的。对程序清单9.23的杂乱数据和程序清单9.24的整齐数据进行比较，杂乱数据的格式显示得更加紧凑，可以一目了然地对数据进行查看。此外，使用矩阵运算进行处理时，采用程序清单9.23的格式还可以大幅度降低计算成本。

要从整齐数据恢复为程序清单9.23的格式，使用DataFrame对象的pivot方法（参考第5.3.3小节）是非常方便的。下面将整齐数据恢复为原始的格式，并使用reset_index方法重新分配索引标签（程序清单9.25）。

程序清单 9.25 DataFrame 对象的 pivot 方法

In

```
df.pivot(index='部门', columns='年龄', values='人数').re➡
set_index()
```

Out

```
年龄     部门   10岁   20岁   30岁
------------------------------
  0   人事部     1      2      1
  1   财务部     0      1      3
  2   研发部     0      4      2
```

列标签中保存了多个变量值的情况也并不少见。下面将读取CSV文件，并对其示例数据进行显示（程序清单9.26）。

程序清单 9.26　ex18.csv 文件的读取

In

```
df = pd.read_csv('../data/ex18.csv', )
df
```

Out

```
        部门   20岁男性   20岁女性   30岁男性   30岁女性
------------------------------------------------
0    人事部          1         1         0         4
1    财务部          1         0         2         1
```

上述表格数据的列标签中包含“20 岁男性”这样的保存了性别和年龄两个变量的值。虽然这是非常容易理解的列标签，但是在进行数据分析的过程中它是难以处理的格式。

下面将列标签拆分为性别(男性、女性)和年龄(20岁、30岁)两个变量。这里分两个步骤将列标签进行拆分。首先使用DataFrame对象的melt方法将保存在列标签的值扩展为DataFrame对象的一个列(程序清单9.27)。

程序清单 9.27　DataFrame 对象的 melt 方法

In

```
df = df.melt(id_vars='部门', var_name='性别年龄', value_➡
name='人数')
df
```

Out

```
       部门   性别年龄   人数
------------------------
0    人事部   20岁男性     1
1    财务部   20岁男性     1
2    人事部   20岁女性     1
3    财务部   20岁女性     0
4    人事部   30岁男性     0
5    财务部   30岁男性     2
6    人事部   30岁女性     4
7    财务部   30岁女性     1
```

从上述结果可以看到，列“性别年龄”中两个变量（性别和年龄）的值已经保存在一个单元中，但这样是无法满足整齐数据的条件的。下面将使用Series对象的str属性和切片，将列“性别年龄”的字符串作为每个变量的值进行区分。由于列“性别年龄”是不需要的，因此使用drop方法将其从DataFrame对象中删除（程序清单9.28）。

程序清单 9.28　Series 对象的 str 属性

In

```
df['性别'] = df['性别年龄'].str[:2]
df['年龄'] = df['性别年龄'].str[2:]
```

In

```
df.drop('性别年龄', inplace=True, axis=1)
df
```

Out

	部门	人数	性别	年龄
0	人事部	1	男性	20岁
1	财务部	1	男性	20岁
2	人事部	1	女性	20岁
3	财务部	0	女性	20岁
4	人事部	0	男性	30岁
5	财务部	2	男性	30岁
6	人事部	4	女性	30岁
7	财务部	1	女性	30岁

至此，我们成功地将原始数据转换成了整齐数据。即每一列中保存了一个变量，且每一行中保存了一个观测。

作为数据分析的一个任务，假设需要对不同年龄的合计人数进行统计。如果转换前是DataFrame对象的格式，由于列标签中保存了混合着性别和年龄的信息，因此只计算年龄的合计人数，就需要费些工夫。相对地，如果是整齐数据，就可以使用groupby方法很简单地将其计算出来（程序清单9.29）。

程序清单 9.29　DataFrame 对象的 groupby 方法

In

```
df.groupby('年龄').sum()
```

Out

```
 年龄   人数
---------
20岁     3
30岁     7
```

变量包含于行和列中

整齐数据的格式是明确定义的，因此是明确的且只存在一种格式的。但杂乱数据是包含各种格式的。下面将对行和列中都保存了变量的情况（作为第二种情况）进行讲解。使用read_csv函数将CSV文件作为DataFrame对象读取（程序清单9.30）。

程序清单 9.30　ex19.csv 文件的读取

In

```
df = pd.read_csv('../data/ex19.csv')
df
```

Out

```
    name  type  1月   2月   3月
-----------------------------
0   A店   最低    80  100    70
1   A店   最高   120  120    90
2   B店   最低    90   90   100
3   B店   最高   110  150   110
```

ex19.csv文件中保存了某餐厅两个分店（A店、B店）1—3月相应销售分类（最高和最低）的数据。由于没有满足整齐数据的条件，因此可以说这是一份杂乱数据。具体来说，其中将销售月份变量的值作为列标签使用，且type的值是变量名（最低和最高）。也就是说，这是一份在行和列中保存了变量的杂乱数据。下面使用pandas将其转换成整齐数据。

首先，使用melt方法将列标签中使用的销售月份（1—3月）扩展为DataFrame对象的一个列。在var_name参数中用字符串'month'指定新的列标签（程序清单9.31）。

程序清单 9.31 DataFrame 对象的 melt 方法

In

```
df_tidy = df.melt(id_vars=['name','type'], var_name='mo➡
nth')
df_tidy
```

Out

	name	type	month	value
0	A店	最低	1月	80
1	A店	最高	1月	120
2	B店	最低	1月	90
3	B店	最高	1月	110
4	A店	最低	2月	100
5	A店	最高	2月	120
6	B店	最低	2月	90
7	B店	最高	2月	150
8	A店	最低	3月	70
9	A店	最高	3月	90
10	B店	最低	3月	100
11	B店	最高	3月	110

此时，虽然这程序清单9.31的结果看上去很像是一份整齐数据，但是列type中保存了销售分类“最低”“最高”字符串。这些字符串不是变量的值，而是变量的名称。下面使用pivot_table方法将列type的值转换成DataFrame对象的列标签，并通过reset_index方法将转换后的DataFrame对象的索引标签作为列使用（程序清单9.32）。

程序清单 9.32　DataFrame 对象的 pivot_table 方法

In

```
df_tidy = df_tidy.pivot_table(index=['name','month'],
                              columns='type',
                              values='value').reset_index()

df_tidy
```

Out

type	name	month	最低	最高
0	A店	1月	80	120
1	A店	2月	100	120
2	A店	3月	70	90
3	B店	1月	90	110
4	B店	2月	90	150
5	B店	3月	100	110

如程序清单9.32所示，DataFrame对象的格式中一个变量对应一个列，且一个观测为一行，这样就实现了由杂乱数据到整齐数据的转换。

同一表格数据中包含了不同类型的数据

在符合整齐数据的条件中，有一项是"每种可观测单位的类型为一张表"。下面将背离这一条件的数据从CSV文件中读取出来，并将其转换成整齐数据。从下列结果可以看到，已经从CSV文件中读取示例数据并对其进行了显示（程序清单9.33）。

程序清单 9.33　ex20.csv 文件的读取

In

```
df = pd.read_csv('../data/ex20.csv', )
df
```

Out

name	category	number of employees	city	month	sales

```
0    A店      寿司               4    东京    1月    120
1    A店      寿司               4    东京    2月    100
2    A店      寿司               4    东京    3月     90
3    B店      拉面               3    大阪    1月     80
4    B店      拉面               3    大阪    2月    120
5    B店      拉面               3    大阪    3月     70
6    C店    荞麦面               6    札幌    1月     90
7    C店    荞麦面               6    札幌    2月    150
8    C店    荞麦面               6    札幌    3月    110
```

ex20.csv文件中保存了某连锁餐厅3个分店的店面信息和前3个月的销售数据。确认数据集的每列可以看到，两个观测单位是混合在一起的。列category、列number of employees、列city是观测了每个分店的店面信息，而列month和列sales则是观测了每个分店每月销售额的值。如果要将这份数据转换成整齐数据，则需要将这两种观测单位的类型分别拆分为一条表格数据。

首先，将创建包含每个分店的店面信息变量（name、category、number of employees、city）的DataFrame对象。包含这些变量的列的值是重复的，因此需要使用drop_duplicates方法只将唯一的值提取出来。此外，使用reset_index方法重新分配新的索引标签（程序清单9.34）。

程序清单 9.34　drop_duplicates 方法和 reset_index 方法

In

```
cols = ['name', 'category', 'number of employees', 'city']
restaurant = df[cols].drop_duplicates().reset_index(dro➡
p=True)
restaurant
```

Out

```
   name  category  number of employees   city
--------------------------------------------------
0   A店      寿司                    4   东京
1   B店      拉面                    3   大阪
2   C店    荞麦面                    6   札幌
```

DataFrame对象restaurant是一份包含了各店面类别和员工人数等店面信息的表格数据。接下来，将创建包含各分店1—3月销售额的表格数据。与店面信息不同，这份数据中没有重复数据，因此可以使用copy方法简单地复制DataFrame对象的相应列实现创建表格数据（程序清单9.35）。

程序清单 9.35　特定列的引用和 copy 方法

In

```
sales = df[['name','month','sales']].copy()
sales
```

Out

```
   name  month  sales
---------------------
0   A店    1月    120
1   A店    2月    100
2   A店    3月     90
3   B店    1月     80
4   B店    2月    120
5   B店    3月     70
6   C店    1月     90
7   C店    2月    150
8   C店    3月    110
```

上面将保存在DataFrame对象df中的两个观测单位拆分成了单个的DataFrame对象。这样一来，DataFrame对象restaurant和sales都变成了整齐数据。

这里再次强调一遍，整齐数据并非对所有的分析任务都是通用的。假设考虑计算某分店员工的当月平均销售额，可以通过将列sales的值除以列“number of employees”的值计算出。如果在原始CSV文件的杂乱数据格式中，无须对数据进行转换就能计算，而如果在整齐数据（拆分成restaurant和sales后的DataFrame对象）状态下，还会增添将DataFrame对象合并（再进行计算）的任务。

在本小节中，对整齐数据的概要和使用pandas进行具体的数据转换等内容进行了讲解。如果需要掌握更加详细的与整齐数据相关的概念，请参考Wickham的论文*Tidy Data*（http://www.jstatsoft.org/article/view/v059i10网站可下载英文版）。此外，网站Colorless Green Ideas中有该论文的完整日文翻译。本书中讲解的整齐数据（Tidy Data）及杂乱数据（Messy Data）对照的是该网站的日文翻译（对日文熟悉的读者可以参考）。

备注

参考文献

- *Tidy Data*（出自The Journal of Statistical Software, vol. 59, 2014.）

  URL https://vita.had.co.nz/papers/tidy-data.pdf

- 关于整齐数据的日文翻译 | Colorless Green Ideas

  URL https://id.fnshr.info/2017/01/09/trans-tidy-data/

9.3 数据分析实例——基于 Bank Marketing 数据集

在本节中，将使用pandas对接近现实情况的数据进行基本的数据分析操作。在本节实例讲解中，会运用本书前面章节中讲解的方法和函数对数据进行详细的处理。

9.3.1 数据集的概要和数据结构

下面将使用加利福尼亚大学尔湾分校的Machine Learning Repository公布的Bank Marketing Data Set执行基本的数据分析任务。本数据集中收录了一家葡萄牙银行对4万多现有客户进行电话营销获得的相关数据。

本数据集大致包含与4个项目相关的值。第一项是与电话营销对象，即银行现有客户的相关数据（如年龄和职业等）。第二项是向每位客户进行电话营销中与最后联系时间的相关数据（如最后取得联系的月份或工作日等）。第三项是其他信息，其中包含电话营销活动中对各目标客户的联系次数或电话营销活动的结果（成功、失败或未联系）等的数据。第四项与电话营销本身的数据不同，其中包含每月消费者物价指数或欧洲银行间交易利率等表示社会和经济背景的数据。

除了上述4项电话营销相关的数据，还包含了针对每位客户的电话营销结果的值。本数据集中的电话营销活动是指银行鼓励现有客户开设定期账户的活动。表示结果的变量中保存了成功（值为yes）和失败（值为no）的值。我们将本数据集的概要总结在表9.2中。

表9.2 Bank Marketing Data Set的概要

公布来源	加利福尼亚大学尔湾分校 URL https://archive.ics.uci.edu/ml/datasets/Bank+Marketing
引用来源	S. Moro, P. Cortez, P. Rita. *A Data-Driven Approach to Predict the Success of Bank Telemarketing*. Decision Support Systems, Elsevier, 62:22-31, June 2014

下面从数据公布来源加利福尼亚大学尔湾分校的网站中读取该数据集。Bank Marketing Data Set中包含了大小不同的多个文件，本书中将使用已经保存41188位客户数据的bank-additional-full.csv文件。这个

文件会根据CSV文件的种类分成两个ZIP文件，这里使用的CSV文件是公布在下列URL中的bankadditional.zip。

- bankadditional.zip的公布网址

URL https://archive.ics.uci.edu/ml/machine-learning-databases/00222/

下面将从网站中读取CSV文件（程序清单9.36）。Python标准软件库的urllib模块是专门用于处理URL的模块，先执行导入urllib模块的操作。再将发布ZIP文件的URL作为字符串保存在变量中，并使用request.urlopen函数进行访问。

程序清单 9.36　urllib 模块的 request.urlopen 函数

In

```
import urllib
url = 'https://archive.ics.uci.edu/ml/machine-learning-➡
databases/00222/'
zfile = 'bank-additional.zip'
request = urllib.request.urlopen(url + zfile)
```

接下来，将使用Python标准软件库的io模块和zipfile模块获取包含目标CSV文件的bank-additional.zip（程序清单9.37）。

程序清单 9.37　io 模块和 zipfile 模块

In

```
import io, zipfile
file = zipfile.ZipFile(io.BytesIO(request.read()))
file
```

Out

```
<zipfile.ZipFile file=<_io.BytesIO object at 0x11a3b99e➡
8> mode='r'>
```

最后，使用extract方法扩展目标CSV文件，并使用pandas的read_csv函数将其作为DataFrame对象进行读取。由于bankadditional-full.csv的分隔符是分号（;），因此在read_csv函数的sep参数中指定';'（程序清单9.38）。

程序清单 9.38　read_csv 函数

In

```
cfile = 'bank-additional/bank-additional-full.csv'
df = pd.read_csv(file.extract(cfile), sep=';', engine=➡
'python')
```

下面将使用DataFrame对象的head方法对开头的5行进行显示。此外，使用shape属性对DataFrame对象的大小进行确认（程序清单9.39）。

程序清单 9.39　head 方法和 shape 属性

In

```
df.head()
```

Out

```
   age       job  marital    education  default  housing  loan    contact  month  day_of_week  ...  campaign
   pdays  previous     poutcome  emp.var.rate  cons.price.idx  cons.conf.idx  euribor3m  nr.employed   y
----------------------------------------------------------------------------------------------
0  56  housemaid  married     basic.4y       no       no    no  telephone    may          mon  ...         1
     999         0  nonexistent          1.1          93.994          -36.4      4.857       5191.0  no
1  57   services  married  high.school  unknown       no    no  telephone    may          mon  ...         1
     999         0  nonexistent          1.1          93.994          -36.4      4.857       5191.0  no
2  37   services  married  high.school       no      yes    no  telephone    may          mon  ...         1
     999         0  nonexistent          1.1          93.994          -36.4      4.857       5191.0  no
3  40     admin.  married     basic.6y       no       no    no  telephone    may          mon  ...         1
     999         0  nonexistent          1.1          93.994          -36.4      4.857       5191.0  no
4  56   services  married  high.school       no       no   yes  telephone    may          mon  ...         1
     999         0  nonexistent          1.1          93.994          -36.4      4.857       5191.0  no
```

In

```
df.shape
```

Out

```
(41188, 21)
```

bank-additional-full.csv文件中收录了电话营销活动的现有41188位目标客户的数据。正如本小节开头讲解的，其中收录了客户的年龄和职业等个人信息，以及电话营销活动的最后联系时间约21列数据。列y中包含了活动的结果。

9.3.2 数据的基本信息

虽然bank-additional-full.csv文件中包含了约21列数据，但是本书中使用pandas只对其中12列数据进行基本的数据分析。本书中使用的该数据集列的概要如表9.3所示。

表9.3 本书中使用的该数据集列的概要

列标签	说明	列标签	说明
age	年龄	contact	联系方式
job	职业	month	最后取得联系的月份
marital	婚姻状况	day_of_week	最后取得联系的工作日
education	学历	duration	最后取得联系的通话时间(s)
default	是否存在债务不履行	campaign	该活动中的联系次数
housing	有无房贷	y	该活动（申请办理定期存款账户）成功与否

虽然现在DataFrame对象df中约有21列数据，但是除了表9.3中显示的列，其余的列本书并不会使用，因此需要将它们删除。下面使用列表将要使用的列标签保存到变量use_cols中，并使用方括号（[ ]）进行索引引用，再结合copy方法将需要的列复制出来，便达成了将不需要的列删除的目的（程序清单9.40）。使用shape属性可以确认DataFrame对象已经从原始的21列变更成了12列。

程序清单 9.40　删除不需要的列

In

```
use_cols = ['age','job','marital','education','default' ➡
,'housing',
             'contact','month','day_of_week','duration', ➡
'campaign','y']
df = df[use_cols].copy()
df.shape
```

Out

```
(41188, 12)
```

下面将使用info方法对DataFrame对象列的概要进行显示（程序清单9.41）。info方法可以一目了然地对每列的数据类型或数据数量进行输出。下列结果可以看到，列age、列duration、列campaign为int64类型，其余的列为object类型。

程序清单 9.41　DataFrame 对象的 info 方法

In

```
df.info()
```

Out

```
<class 'pandas.core.frame.DataFrame'>
RangeIndex: 41188 entries, 0 to 41187
Data columns (total 12 columns):
age            41188 non-null int64
job            41188 non-null object
marital        41188 non-null object
education      41188 non-null object
default        41188 non-null object
housing        41188 non-null object
contact        41188 non-null object
month          41188 non-null object
day_of_week    41188 non-null object
duration       41188 non-null int64
campaign       41188 non-null int64
y              41188 non-null object
dtypes: int64(3), object(9)
memory usage: 3.8+ MB
```

这里将对数据集中是否包含缺失值进行确认。使用DataFrame对象的isna方法和sum方法对每列中缺失值的个数进行显示（程序清单9.42）。从下列结果可以看到，本数据集中没有包含缺失值。

程序清单 9.42　isna 方法和 sum 方法

In

```
df.isna().sum()
```

Out

```
age            0
job            0
marital        0
education      0
default        0
housing        0
contact        0
month          0
day_of_week    0
duration       0
campaign       0
y              0
dtype: int64
```

接下来，将对重复的值进行确认。使用DataFrame对象的duplicated方法可以将每行中所有的值为重复值时返回True，其余情况则返回False值的Series对象。将duplicated方法与sum方法结合使用，还可以对包含重复数据的行数进行确认（程序清单9.43）。从下列结果可以看到，DataFrame对象中有20行包含重复值。

程序清单 9.43　duplicated 方法和 sum 方法

In

```
df.duplicated().sum()
```

Out

```
20
```

下面将在keep参数中指定False，查找所有重复的位置，并使用方括号（[ ]）对重复位置上开头的两行进行引用（程序清单9.44）。从下列结果可以看到，由于索引标签1265和1266所在的行整行的值都是相同的，因此可以判断它们为重复数据。

程序清单 9.44 duplicated 方法和引用

In

```
df[df.duplicated(keep=False)][0:2]
```

Out

	age	job	marital	education	default	housing	contact	month	day_of_week	duration	campaign	y
1265	39	blue-collar	married	basic.6y	no	no	telephone	may	thu	124	1	no
1266	39	blue-collar	married	basic.6y	no	no	telephone	may	thu	124	1	no

在介绍重复数据（参考第6.3节）的章节中已经讲解过，重复数据的处理方法有多种。如程序清单9.44所示，索引标签1265和1266所在的行整行的元素完全是相同的值。列duration表示的是最后联系的通话时间，如果这列出现完全相同的值，那么可以认为，这极有可能是由于输入错误等原因造成的重复数据。但是，也有可能是相同年龄和职业的不同客户，碰巧最后联系的通话时间（duration）是相同的。

本书中，将这类重复数据作为无效数据考虑，并将其从DataFrame对象中删除。使用DataFrame对象的drop_duplicates方法删除重复数据，在keep参数中指定first，只将开头的重复数据作为有效数据保留在DataFrame对象中等待删除（程序清单9.45）。由于从原始的41188行数据中删除了20条重复数据，因此保留的就是41168行数据。

程序清单 9.45 drop_duplicates 方法

In

```
df.drop_duplicates(keep='first', inplace=True)
print(df.shape)
```

Out

```
(41168, 12)
```

9.3.3 客户数据分析

本数据集中保存了大致可以分为与4个项目相关的数据。首先，将对电话营销活动中现有客户的相关数据进行确认。

由于在第9.3.2小节中已经删除了重复数据，因此DataFrame中保存了41168位客户的数据。在列job中保存了字符串形式的每位客户的职业信息。下面将使用value_counts方法对客户职业的分布进行显示（程序清单9.46）。从下列结果可以看到，从业人员数量最多的职业是admin.（办公室职员），共有10418名，其次是blue-collar（体力工作者）和technician（技工），分别是9250名和6736名。特别需要指出的是，unknown（未知）有330名。

程序清单 9.46　Series 对象的 value_counts 方法

In

```
df['job'].value_counts()
```

Out

```
admin.           10418
blue-collar       9250
technician        6736
services          3967
management        2924
retired           1718
entrepreneur      1456
self-employed     1420
housemaid         1060
unemployed        1014
student            875
unknown            330
Name: job, dtype: int64
```

下面也将对列education的分布进行显示。以同样的方式，使用value_counts方法计算每个值的频率，并使用plot方法以条形图的形式输出结果（程序清单9.47）。从业人员中持相同学历最多的是university.degree（大学学历），其次是high.school（高中学历）。从下列结果可以看到，与列job同样，education中也包含unknown（未知）数据。

程序清单 9.47　value_counts 方法和 plot 方法（kind='bar'）

In

```
df['education'].value_counts().plot(kind='bar')
```

Out

```
<matplotlib.axes._subplots.AxesSubplot at 0x11ac29b38>
```

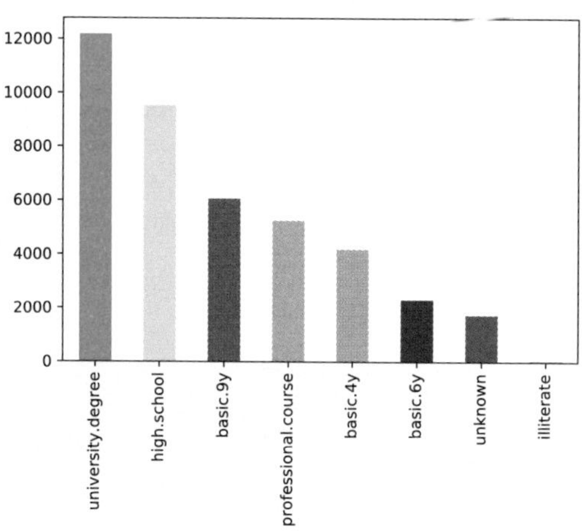

列marital中显示的是客户的婚姻状况。下面将使用plot方法以饼形图形式执行数据的可视化处理（程序清单9.48）。从下列结果可以看到，超过半数的客户婚姻状况为married（已婚）。与前面的两列相同，列marital中也包含unknown（未知）数据。

程序清单 9.48　value_counts 方法和 plot 方法（kind='pie'）

In

```
df['marital'].value_counts().plot(kind='pie', figsize=(➡
5,5))
```

Out

```
<matplotlib.axes._subplots.AxesSubplot at 0x10a541668>
```

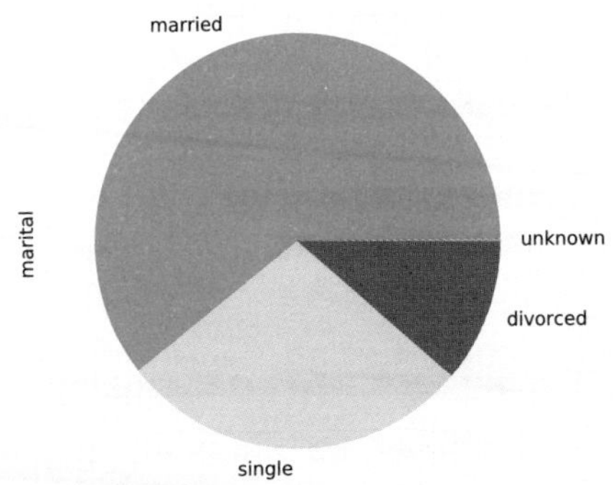

下面将对每位客户的有无房贷（housing）和是否存在债务不履行（default），以及表示活动成功与否（y）的每列使用横向条形图进行可视化处理。引用每列，并使用apply方法和Series.value_counts方法对每列唯一元素的频率进行计算。使用DataFrame对象的T属性对输出后的DataFrame对象的行和列进行调换，并使用plot方法进行可视化处理（程序清单9.49）。

程序清单 9.49　多列的 Series.value_counts 方法和 plot 方法（kind='barh'）

In

```
cnt = df[['default','housing','y']].apply(pd.Series.val➡
ue_counts)
cnt
```

Out

	default	housing	y
no	32570	18612	36529.0
unknown	8595	990	NaN
yes	3	21566	4639.0

In

```
cnt.T.plot(kind='barh')
```

Out

```
<matplotlib.axes._subplots.AxesSubplot at 0x10a850320>
```

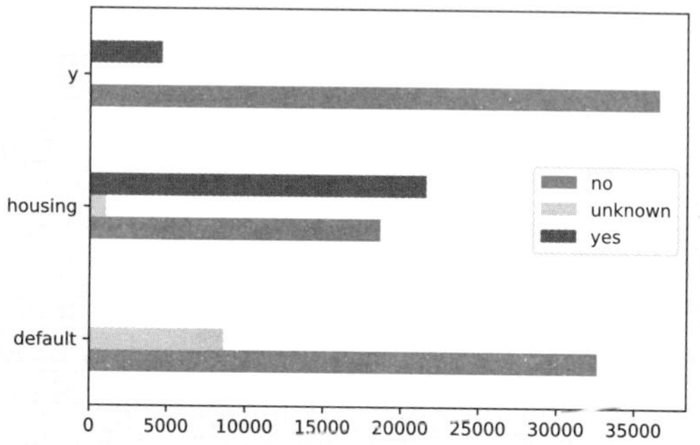

从上述结果可以看出，列housing和列default中包含未知（unknown）的值。债务不履行的客户（列default的值为yes）只有3位，占整体比率非常小。从表示活动成功与否的列y可以看到，在删除了重复数据后的41168位客户中，约有11.268%的4639位客户申请了办理定期存款账户。

至此，就完成了对职业（job）和学历（education）等客户相关分类数据的确认。接下来，将对客户相关数据中唯一的数值数据年龄（age）的分布进行确认。引用列age，并使用describe方法对概要统计量进行输出（程序清单9.50）。

程序清单 9.50　DataFrame 对象的 describe 方法

In

```
df['age'].describe()
```

Out

```
count    41168.000000
mean        40.024436
std         10.420507
min         17.000000
25%         32.000000
50%         38.000000
75%         47.000000
max         98.000000
Name: age, dtype: float64
```

除了列y，其余所有分类数据的列中或多或少都包含了unknown（未知）数据，而列age中并没有包含unknown。年龄的最小值为17岁，最大值为98岁，平均值则约为40.02岁。此外，表示数据离散程度的标准偏差（std）约为10.42。

下面使用plot方法将列age的分布用条形图进行可视化处理。使用value_counts方法获取每个年龄的频率，并使用sort_index方法按从小到大的年龄对索引标签进行排序。如程序清单9.50所示，列age的值从17岁到最高龄98岁，是一个很宽松的范围。在plot方法的figsize参数中指定图表的大小，并输出横向条形图（程序清单9.51）。

程序清单 9.51　value_counts 方法和 plot 方法（kind='bar'）

In

```
df['age'].value_counts().sort_index().plot(kind='bar', ➡
figsize=(15,3))
```

Out

```
<matplotlib.axes._subplots.AxesSubplot at 0x109ac99e8>
```

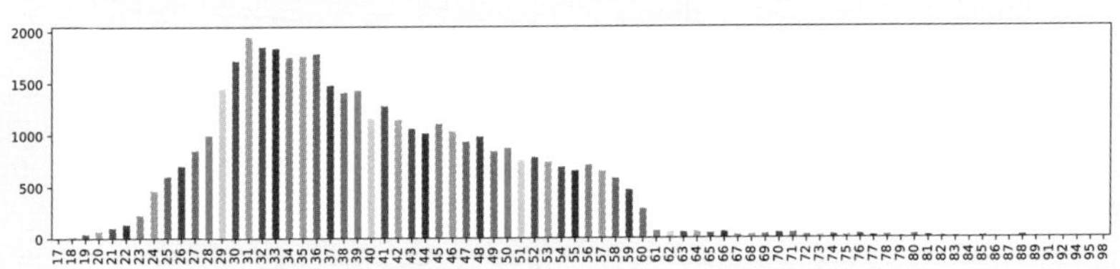

从上面的图表可以看出，客户的年龄中频率最高的是31岁，此后的数据呈缓慢减少的趋势，但是也可以看到以60岁为交界，频率数急速地下降。

至此，已经完成了对客户相关列的数据分布确认。接下来，将对每个客户属性信息的活动成功率进行确认。由于是对多个列执行同样的处理，因此需要将处理作为函数进行定义。

我们将分为三个步骤对success_rate函数进行定义（程序清单9.52）。

第一步，使用groupby方法对需要分析的列（education和marital等）和活动成功与否列（y）进行分组。根据每列的值进行分组，并使用

count方法计算频率。

第二步，将对数据进行调整，以便可以更直观地确认groupby方法返回的DataFrame对象。使用GroupBy对象的count方法返回的DataFrame对象是多重索引。将name属性变更为count，并使用reset_index方法将MultiIndex对象扩展为Index对象。使用pivot方法将列y的值作为列标签使用，列y的值yes和no的频率将按指定列（如education等）的唯一值进行显示。

第三步，将计算活动成功率并将其添加到新的列per的值中。使用sum方法将列yes的值除以每行的合计值（yes和no的频率合计）。此外，使用round函数四舍五入到小数点后两位。使用sort_values方法基于列per的值按降序进行排序并返回DataFrame对象。

程序清单 9.52 success_rate 函数的定义

In

```
def success_rate(col):
    grouped = df.groupby([col, 'y'])
    cnt = grouped['y'].count()
    cnt.name = 'count'
    cnt = cnt.reset_index()
    cnt = cnt.pivot(index=col, columns='y', values='cou ➡
nt')
    cnt['per'] = round(cnt['yes'] / cnt.sum(axis=1) * 1 ➡
00, 2)
    return cnt.sort_values(by='per', ascending=False)
```

下面将对列education（学历）的每个值进行活动成功与否的确认（程序清单9.53）。从下列结果可以看到，活动成功率最高的是illiterate（文盲），占比为22.22%。令人深思的是，成功率第二高的是unknown（未知），占比为14.51%。

程序清单 9.53 列 education 的活动成功与否确认

In

```
success_rate('education')
```

Out

```
                  y      no    yes     per
          education
----------------------------------------
         illiterate      14      4   22.22
            unknown    1479    251   14.51
  university.degree   10493   1669   13.72
professional.course    4643    595   11.36
        high.school    8480   1031   10.84
           basic.4y    3747    428   10.25
           basic.6y    2103    188    8.21
           basic.9y    5570    473    7.83
```

接下来，将对job（职业）的每个值进行活动成功与否的确认。从下列结果可以看到，活动成功率最高的是student（学生），占比为31.43%，其次是retired（退休人员）和unemployed（失业人员）（程序清单9.54）。

程序清单 9.54 列 job 的活动成功与否确认

In

```
success_rate('job')
```

Out

```
              y    no   yes    per
            job
----------------------------------
        student   600   275  31.43
        retired  1284   434  25.26
     unemployed   870   144  14.20
         admin.  9067  1351  12.97
     management  2596   328  11.22
        unknown   293    37  11.21
     technician  6006   730  10.84
  self-employed  1271   149  10.49
      housemaid   954   106  10.00
   entrepreneur  1332   124   8.52
       services  3644   323   8.14
    blue-collar  8612   638   6.90
```

这里也将对marital(婚姻状况)的每个值进行活动成功与否的确认。耐人寻味的是，single(未婚)与divorced(离异)和married(已婚)相比，成功率高出约4%(程序清单9.55)。

程序清单 9.55　列 marital 的活动成功与否确认

In

```
success_rate('marital')
```

Out

```
        y     no   yes    per
  marital
-----------------------------
  unknown     68    12  15.00
   single   9940  1620  14.01
 divorced   4135   476  10.32
  married  22386  2531  10.16
```

虽然上述内容只是基本的数据分析任务，但是我们对本数据集中客户的年龄、职业及学历等趋势有了大致的掌握。在第9.3.4小节中，将对向每位客户进行电话营销中与最后联系时间相关的数据(如最后取得联系的月份或工作日等)展开确认。

9.3.4　营销活动数据分析

在前面的第9.3.3小节中，已经对电话营销活动中目标客户的相关数据进行了确认。本小节中，将对银行向客户进行电话营销的相关数据展开确认。

每位客户的联系方式以字符串的形式保存在了列contact中。下面将使用value_counts方法对列contact值的频率进行确认(程序清单9.56)。从下列结果可以看到，有约63.46%的客户，银行是通过手机(cellular)与客户取得联系的。

程序清单 9.56　Series 对象的 value_counts 方法

In

```
df['contact'].value_counts(dropna=False)
```

Out

```
cellular      26127
telephone     15041
Name: contact, dtype: int64
```

列duration中显示的是最后取得联系的通话时间（s），列campaign中输入的是该活动中的联系次数。由于是数值数据，因此这里使用describe方法对概括统计量进行确认（程序清单9.57）。从下列结果可以看到，列duration的平均值约为258.34s。

程序清单 9.57　DataFrame 对象的 describe 方法

In

```
df[['duration', 'campaign']].describe()
```

Out

	duration	campaign
count	41168.000000	41168.000000
mean	258.335941	2.568135
std	259.324728	2.770520
min	0.000000	1.000000
25%	102.000000	1.000000
50%	180.000000	2.000000
75%	319.000000	3.000000
max	4918.000000	56.000000

从上述结果可以看到，列duration的最大值为4918s，也就是说，银行与客户大概通话了82min。下面将对最后联系客户的通话时间在4000s以上的数据进行确认（程序清单9.58）。这里有两条通话时间超过4000s的记录。列duration最大值（索引标签为24091的客户）对应的列y的值为no，也就是说，即使与客户通话超过了80min，也并没有成

功说服客户申请办理定期存款账户。

程序清单 9.58　基于列 duration 的值的索引引用

In

```
df[df['duration'] > 4000]
```

Out

	age	job	marital	education	default	housing	contact	month	day_of_week	duration	campaign	y
32192	52	blue-collar	married	basic.4y	no	no	telephone	aug	thu	4199	3	yes
24091	33	technician	single	professional.course	no	yes	telephone	nov	mon	4918	1	no

no

由于列duration中存放的是银行与客户通话时间的值，由此可以推测其与电话营销是否成功有着直接的关系。下面将使用cut函数对列duration的值进行分箱处理（参考第4.1.6小节），对每个等级的活动成功与否（列y）进行确认。使用cut函数将列duration的值切分为5个等级。向DataFrame对象df中添加新的列duration_bins，并使用value_counts方法对每个等级的频率进行确认（程序清单9.59）。从下列结果可以看到，40158位客户（约为整体的98%）的列duration值为983.6s以下。

程序清单 9.59　cut 函数和 value_counts 方法

In

```
df['duration_bins'] = pd.cut(df['duration'], 5)
df['duration_bins'].value_counts()
```

Out

```
(-4.918, 983.6]      40158
(983.6, 1967.2]        943
(1967.2, 2950.8]        52
(2950.8, 3934.4]        13
(3934.4, 4918.0]         2
Name: duration_bins, dtype: int64
```

为了对列duration的值和电话营销活动成功与否的相关性进行确认，将使用groupby方法对列duration_bins和列y进行分组。使用GroupBy

对象的size方法可以计算每组的大小（程序清单9.60）。

程序清单 9.60　groupby 方法和 size 方法

In

```
grouped = df.groupby(['duration_bins','y'])[['y']].size()
grouped
```

Out

```
duration_bins      y
(-4.918, 983.6]    no     36117
                   yes     4041
(983.6, 1967.2]    no       388
                   yes      555
(1967.2, 2950.8]   no        15
                   yes       37
(2950.8, 3934.4]   no         8
                   yes        5
(3934.4, 4918.0]   no         1
                   yes        1
dtype: int64
```

虽然按照程序清单9.60所示的方式也可以对列duration和列y的值的相关性进行确认，但是如果使用reset_index方法和pivot方法，就可以对DataFrame对象进行调整以使其显示得更为直观（程序清单9.61）。

程序清单 9.61　reset_index 方法和 pivot 方法

In

```
grouped.reset_index().pivot(index='duration_bins', colu➡
mns='y', values=0)
```

Out

```
                y     no    yes
   duration_bins
```

```
------------------------------
 (-4.918, 983.6]  36117  4041
 (983.6, 1967.2]    388   555
(1967.2, 2950.8]     15    37
(2950.8, 3934.4]      8     5
(3934.4, 4918.0]      1     1
```

从上述结果可以看出，如果列duration的值高于983.6s，列y的值就会有更高的概率呈现为yes(成功)。也就是说，这表明了在这个电话营销活动中，与客户的通话时间越长，就越可能得到好的结果。

列month和列day_of_week分别表示银行与客户最后取得联系的月份和日期。下面将对月份与日期的频率数是否有区别进行确认。使用value_counts方法和plot方法以横向条形图的形式进行可视化处理(程序清单9.62)。

程序清单 9.62　value_counts 方法和 plot 方法（kind='barh'）

In

```
df['month'].value_counts().plot(kind='barh')
```

Out

```
<matplotlib.axes._subplots.AxesSubplot at 0x11d0fa208>
```

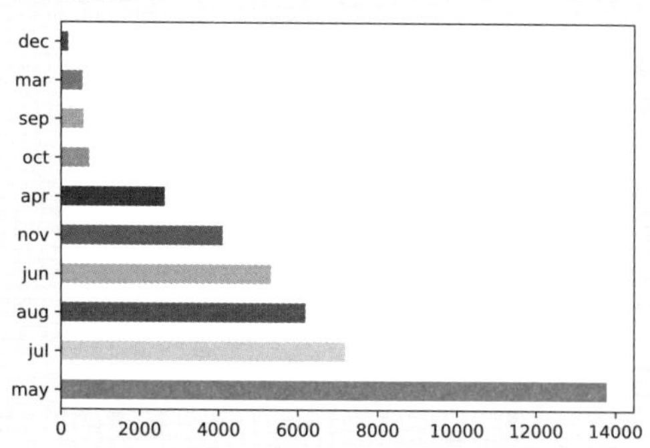

In

```
df['day_of_week'].value_counts().plot(kind='barh')
```

Out

```
<matplotlib.axes._subplots.AxesSubplot at 0x11cf79eb8>
```

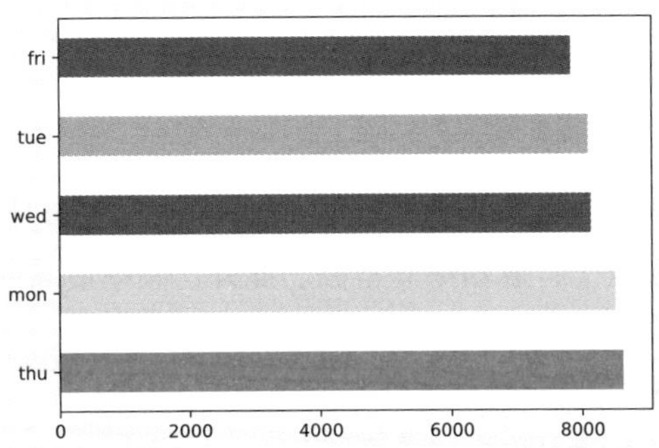

从上述结果可以看出，每个月份银行与客户联系的总数有很大的差别，而从每周的日期来看，每日的联系总数并无太大差别。此外，1月（jan）和2月（feb）及周六（sat）和周日（sun）并没有包含在其中。本数据集中收录的进行电话营销活动的数据是从2008年5月到2010年11月的数据。数据集中并不包含表示年份的值，需要注意。

下面将对最后取得联系的月份（列month）与活动成功与否（列y）的值有哪种变化趋势进行确认。使用在第9.3.3小节中定义的success_rate函数对每月的成功率进行比较（程序清单9.63）。

程序清单 9.63　列 month 的活动成功与否

In

```
success_rate('month')
```

Out

```
    y       no  yes    per
month
------------------------
   mar     270  276  50.55
   dec      93   89  48.90
   sep     314  256  44.91
   oct     402  315  43.93
```

```
apr    2092   539   20.49
aug    5518   655   10.61
jun    4759   559   10.51
nov    3683   416   10.15
jul    6521   648    9.04
may   12877   886    6.44
```

如果只从成功率考虑，3月（mar）、12月（dec）、9月（sep）、10月（oct）都在40%以上，成功率非常高。此外，频率最高的5月（may），其成功率为6.44%，比其他月份低。

下面将以同样的方式对最后取得联系的工作日（day_of_week）的活动成功与否进行确认（程序清单9.64）。从下列结果可以看到，与月份有明显的不同，日期的成功率并无太大差异。

程序清单 9.64　列 day_of_week 的活动成功与否

In

```
success_rate('day_of_week')
```

Out

```
            y    no   yes    per
day_of_week
------------------------------
         thu  7572  1044  12.12
         tue  7131   953  11.79
         wed  7182   949  11.67
         fri  6980   846  10.81
         mon  7664   847   9.95
```

在本节中，使用pandas对银行电话营销活动的数据进行了基本的分析。为了简化分析任务，本书删除了原始数据集中的某些列。如果感兴趣，建议读者可以尝试使用包括其他列在内的值来执行更为细致的数据分析任务。